이용사

실기 필기

김명수 · 정현주 공저

다락원

김명수
- (사)한국이용사회 중앙회 기술강사 위촉
- 소상공인 최고 기능인
- (사)한국이용사회 중앙회 기술위원장 역임
- 경기도 으뜸이 지정 155호
- 이용 기능기술 비법 전수자
- 법무부장관 법무 보호 위원 위촉

■ 자격증
- 이용장
- 2급 직업능력개발훈련교사

■ 한국산업인력관리공단
- NCS 과정평가형 평가위원
- 기술 검정시험 위원
- 명장 선정심사 전문위원

■ 기능경기대회
- 충북 지방기능경기 금메달
- 경기 지방기능경기 은메달
- 서울 경기 인천 지방 기능경기 심사위원 다수
- 서울 경기 지방 기능경기 대회 심사장 다수
- 47회 전국 기능경기 대회 헤어디자인 심사위원

■ 강의경력
- 전) 서경대학교 사회 교육원 강의
- 전) 서울보건대 강의
- 전) 을지대학교 강의
- 전) 우송대학교 강의

■ 수상경력
- 55회 일본 후구오카 아세아 이용 경기대회 금메달

■ 헤어쇼
- 소상공인 전국헤어기능대회 작품전시 및 헤어쇼

■ 방송 출연
- 한국경제TV 소상공인 닥터 출연 2회
- 경기 지역방송 SK (구)한빛방송 경기으뜸이 출연

정현주
- 한라대학교 정보산업대학원 미용예술학 석사

■ 자격증
- 이용장 ·미용장 ·미용사 ·이용사
- 직업능력개발훈련교사 자격증 : 미용서비스 2급, 이용서비스 2급
- 두피관리 1급 인증강사, 퍼스널 뷰티컬러 1급, 진로직업상담사 1급

■ 한국산업인력관리공단
- 대한민국 명장·우수 숙련기술인 선정 현장실사 심사위원
- 대한민국 산업현장교수 지원사업 심사위원
- 기능경기대회 헤어디자인 심사위원
- 일학습 외부평가 심사위원
- 과정평가형자격 심사위원
- 일학습병행자격 심사위원
- 이용장 심사위원
- 미용장 심사위원
- 이용사 심사위원

■ 강의경력
- 현) 안산시 평생비전센터 강사
- 현) 안산시 스마트복합문화센터 강사
- 현) 안산시 근로자종합복지관 강사
- 전) 서영대학교 겸임교수

■ 수상경력
- 서경대학교 표창장
- 국회의원 표창장

■ 작품전시 및 헤어쇼
- 대한미용학회(작품전시)
- 소상공인 KBF 전국헤어기능대회 작품전시 및 헤어쇼

■ 논문
- 사회복지 실무자의 미용자원봉사 인식과 봉사만족도 및 필요성과 의 관계 (한라대학교 석사학위논문, 2021)
- 사회복지 실무자의 노인 미용봉사 만족도와 노인 미용봉사 필요 성과의 관계 (국제보건미용학회지, 2021)

■ 저서
- 「원큐패스 이용사(이용장 포함) 실기 필기」 다락원(공저)
- 「커트의 정석」 위북스(공저)
- 「아이론&드라이」 위북스(공저)
- 「업스타일 디자인」 훈민사(공저)

머리말

현시대의 이용분야에 대한 사람들의 관심이 높아지면서 이용산업 문화에 다양한 변화가 나타나고 있습니다. 한국산업인력공단에서도 시대적인 변화에 따라 이용사 자격시험을 새롭게 시행함에 시험을 도전하는 수검자들은 지속적으로 증가하고 있습니다. 이를 대비하기 위해 이용실무 현장에서 정통 이용의 기능 기술을 바탕으로 수십 년간 실무기능을 연구한 끝에 예비 이용사들의 새로운 자격시험 대비 문제집을 집필하게 되었습니다. 정통 이용 기능인의 자존심을 걸고 이용사 시험을 응시하고자 하는 많은 예비 이용사님들이 쉽고 빨리 이해할 수 있도록 만들었습니다. 이 책이 예비 이용사님들의 꿈을 실현하는 데 큰 도움이 될 것을 확신합니다.

- 핵심 이론을 체계적으로 요약정리 하고 출제 가능한 문제들을 수록하였습니다.
- 개정된 NCS 관계법령을 토대로 문제를 수록하였으며 NCS 출제기준에 따른 이용사 실기시험 관련내용을 수록하였습니다.
- 과년도 기출문제를 바탕으로 복원한 문제를 수록하고 자세한 해설을 하였기에 혼자서 쉽게 학습할 수 있습니다.
- 필기문제와 실기과정을 함께 구성하였으므로 필기시험 합격 후에도 이 책을 통하여 실기시험 준비도 할 수 있습니다.

이용사의 첫걸음을 시작하는 많은 분들에게 큰 도움이 되길 바라면서 정통 기능 이용사(바버)가 되어서 이름을 크게 떨칠 수 있는 진정한 헤어디자이너 이용사가 되어 주시기를 기원합니다.

이 책의 시작을 있게 해준 나의 제자 현주에게 진심으로 감사의 말을 전하며,

끝으로 이 책이 나오기까지 기획, 편집, 제작에 관련하여 힘써 주신 모든 분들께 감사의 인사를 드립니다.

저자 드림

시험안내

🥸 이용사 자격시험

> ### 개요
> 이용에 관한 숙련기능을 가지고 현장업무를 수행할 수 있는 능력을 가진 전문기능인력을
> 양성하고자 자격제도 제정

> ### 수행직무
> 손님의 머리카락 및 수염을 깎거나 다듬는 등의 방법으로 손님의 용모를 단정하게 하는
> 업무수행

> ### 진로 및 전망
> – 개인 이용업소나 호텔, 공공건물, 예식장의 이용실, TV 방송국, 스포츠센타, 개인 전속
>   이용사 등으로 활동하고 있다.
> – 고객이 만족하는 개성미 창조와 고객에 대한 책임감, 공중위생의 안전 관리 및 직업 의
>   식에 대한 자부심, 이용 기술의 계승발전 및 새로운 기술을 창조하여 국민 보건 문화의
>   일부분에 기여한다는 자부심을 가질 수 있으며 직업적 안정을 가질 수 있는 직종이다.
> – 공중위생법상 이용사가 되려하는 자는 이용사자격을 취득하고 시·도지사의 면허를
>   받아야 한다(법 제9조).
> – 이용사의 업무범위 : 이발, 아이론, 면도, 머리피부손질, 머리카락 염색 및 머리감기

🥸 이용사 자격 취득

> ### 자격시험
> – 1차 필기시험 : 객관식 4지 택일형, CBT 방식, 60문항(60분)
> – 2차 실기시험 : 작업형(2시간 10분 정도)

> ### 응시료
> 필기시험 14,500원 / 실기시험 20,100원

> ### 합격 기준
> 100점 만점에 전 과목 평균 60점 이상

시험과목 및 활용 국가직무능력표준(NCS)

검정형 시험과목		NCS 능력단위
필기 과목명	이용 및 모발관리	이용 위생·안전관리, 이용 고객서비스, 모발관리, 기초 이발, 장발형 이발, 중발형 이발, 단발형 이발, 짧은 단발형 이발, 기본 면도, 기본 염·탈색, 샴푸·트리트먼트, 스캘프케어, 기본 아이론 펌, 기본 정발, 패션 가발, 공중위생관리
실기 과목명	이용 실무	이용 위생·안전관리, 기초 이발, 단발형 이발, 짧은 단발형 이발, 기본 면도, 기본 염·탈색, 샴푸·트리트먼트, 스캘프케어, 기본 아이론 펌, 기본 정발

* 국가기술자격의 현장성과 활용성 제고를 위해 국가직무능력표준(NCS)를 기반으로 자격의 내용(시험과목, 출제기준 등)을 직무 중심으로 개편하여 시행합니다(적용시기 '22.1.1.부터).

시험 일정

구분	필기원서접수	필기시험	필기합격발표	실기원서접수	실기시험	최종합격자 발표일
정기기능사 1회	2025.1.6.~ 2025.1.9. [빈자리접수 : 2025.1.15.~ 2025.1.16.]	2025.1.21.~ 2025.1.25.	2025.2.6.	2025.2.10.~ 2025.2.13.	2025.3.15.~ 2025.4.2.	1차: 2025.4.11. 2차: 2025.4.18.
정기기능사 2회	2025.3.17.~ 2025.3.21.	2025.4.5.~ 2025.4.10.	2025.4.16.	2025.4.21.~ 2025.4.24.	2025.5.31.~ 2025.6.15.	1차: 2025.6.27. 2차: 2025.7.4.
	산업수요 맞춤형 고등학교 및 특성화고등학교 필기시험 면제자 검정 ※일반 필기시험 면제자 응시 불가			2025.5.19.~ 2025.5.22.	2025.6.14.~ 2025.6.24.	1차: 2025.7.18. 2차: 2025.7.25.
정기기능사 3회	2025.6.9.~ 2025.6.12.	2025.6.28.~ 2025.7.3.	2025.7.16.	2025.7.28.~ 2025.7.31.	2025.8.30.~ 2025.9.17.	1차: 2025.9.26. 2차: 2025.9.30.
정기기능사 4회	2025.8.25.~ 2025.8.28.	2025.9.20.~ 2025.9.25.	2025.10.15.	2025.10.20.~ 2025.10.23.	2025.11.22.~ 2025.12.10.	1차: 2025.12.19. 2차: 2025.12.24.

* 원서접수시간은 원서접수 첫날 10:00부터 마지막날 18:00까지임
* 시험 일정은 종목별, 지역별로 상이할 수 있으므로 자세한 일정은 한국산업인력공단 Q-net(www.q-net.or.kr)에서 확인

합격률
- 2023년 : 필기 60% / 실기 46.9%
- 2022년 : 필기 64.8% / 실기 48%
- 2021년 : 필기 64.6% / 실기 47.3%

차례

Ⅱ 필기시험

I

실기시험

수험자 지참 재료목록
시험 과제 유형
기초 이발

실기시험 안내

1 수험자 지참 재료목록

일련 번호	재료명	규격	단위	수량	비고
1	남성용 인모 새치머리형 마네킹 (면체가 가능하고 재질이 부드럽고 말랑한 것)	1cm 이상의 면체 작업 가능한 수염이 나있는 마네킹 (수염을 제외한 나머지는 원형대로인 상태이어야 함)	개	1	사전에 약품처리를 하거나 아이론 작업을 하지 않은 것
2	가위	이용용	〃	1	장가위
3	틴닝가위(숱가위)	〃	〃	1	–
4	빗 및 브러시	조발 및 정발용 빗(대, 중, 소), 정발용 브러시(클래식브러시 (일명, 덴맨브러시))	세트	1	빗 3개, 브러시 1개 이상
5	이용용 면도기	면체용	개	1	면도날 포함
6	면도컵 및 면도브러시	〃	세트	1	비누 포함
7	커트보	조발용	장	1	–
8	샴푸보	세발용	〃	1	염색보와 구분할 것
9	타월	흰색	〃	6	6장 이상
10	털이개	조발용	개	1	–
11	위생복	이용사용	벌	1	가운 형
12	위생마스크	면체용	개	1	흰색
13	분무기	조발용	〃	1	
14	화장수(스킨) 및 로션	남성용 50mL/병	병	각 1	사용하던 것도 무방함
15	헤어크림	〃	〃	1	〃
16	포마드	〃	〃	1	〃
17	샴푸 및 트리트먼트제	각 50mL/병	병	각 1	좌식샴푸용 용기 포함
18	첨가분(천가분)	조발용	개	1	사용하던 것도 무방함
19	목종이(넥페이퍼)	두루말이	cm	100	〃
20	티슈(크리넥스)	화장용	장	15	〃
21	에탄올	기구소독용, 200mL 이상/병	병	1	〃
22	위생봉지(투명)	쓰레기 처리용	장	1	투명비닐
23	이용용 헤어드라이어	정발용	개	1	220V용
24	전기클리퍼	건전지용(또는 충전식)	개	1	–

일련 번호	재료명	규격	단위	수량	비고
25	아이론	6mm, 12mm	개	각 1	220V용
26	아이론 오일	–	통	1	–
27	아이론 빗	–	개	1	–
28	염모제	12레벨	개	1	멋내기용
29	염모제	흑갈색	개	1	새치머리용
30	탈색제	파우더타입	개	1	–
31	산화제	6%	개	1	–
32	염색 보울	–	개	1	–
33	염색 빗	–	개	1	–
34	염색용 장갑	–	켤레	1	–
35	비닐 캡	–	개	1	–
36	소독용 솜		개	1	필요량
37	히팅 캡	–	개	1	–
38	앞치마	염색용	개	1	–
39	염색보	염색용	개	1	–
40	호일	탈색용	개	1	필요량
41	집게핀	탈색용	set	1	필요량
42	오일	기구 정비용	개	1	필요량
43	우드스틱	스케일링용	개	5	–
44	면 솜	스틱봉용 적정사이즈	개	5	필요량
45	거즈	스틱봉용 잘라진 것	개	5	–
46	스케일링제	용기 포함	개	1	필요량
47	종이 테이프	우드스틱 제조용	개	1	필요량

1. 각 기구는 완전히 잘 정비된 것이어야 하고 검정 중 고장으로 인한 손해는 수험자 책임임
2. 소독제는 소독용 에탄올(70~85%)이어야 함
3. 수험자지참공구목록 이외에 실기시험에서 요구한 지정 기구에 영향을 주지 않는 범위 내에서 수험자가 이용 작업에 필요하다고 생각되는 도구 및 화장품은 추가 지참할 수 있음
4. 마네킹 준비 시 수염은 얼굴에 난 털로 미간, 콧수염, 구레나룻, 턱수염만 수염으로 간주하며, 목 뒤쪽(네이프), 목 옆쪽(귀 뒤쪽) 헤어라인의 털은 머리카락으로만 간주됨
5. 전기클리퍼의 경우 덧날이나 자동조절 클리퍼의 지참 및 사용을 금함
6. 염·탈색의 경우 정확한 작업이 가능한 제품을 사용할 것

2 시험 과제 유형

구분	단발형 이발 (하상고)		단발형 이발 (중상고)		짧은 단발형 이발 (둥근형)	
시험시간	2시간 10분		2시간 10분		2시간	
주요 작업명	1	이용기구소독 및 정비	1	이용기구소독 및 정비	1	이용기구소독 및 정비
	2	헤어커트	2	헤어커트	2	헤어커트
	3	면도	3	면도	3	면도
	4	탈색	4	염색	4	염색
	5	샴푸·트리트먼트	5	샴푸·트리트먼트	5	두피스케일링 및 샴푸·트리트먼트
	6	정발	6	정발	6	아이론 펌
	7	아이론 펌	7	아이론 펌		

3 기초 이발

[아이론 기계 잡는 법]

엄지는 그루프 컨트롤에 대주고 나머지 검지, 중지, 약지, 소지 네 손가락은 그루프 자루를 잡는다.

[덴멘브러시 잡는 법]

브러시 손잡이 머리 쪽을 엄지와 검지로 잡고 중지와 약지는 검지와 같은 방향으로 잡고 소지는 엄지와 검지가 움직이고자 할 때 보조 역할을 한다.

[덴멘브러시 사용법]

[일자빗 잡는 법]

엄지는 빗 몸 쪽에 대주고 검지는 빗살 끝 쪽에 대주고 중지는 빗 손잡이 바깥쪽에 대주면서 손가락 끝을 엄지손가락 안쪽 첫마디에 살짝 대준다. 약지와 소지는 사용하지 않는다.

[일자빗 사용법]

[옆가위법과 수정커트법]

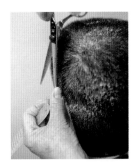

옆가위법의 가위와 손의 위치 | 스포츠형 상부모발 옆가위법 | 옆면 옆가위법

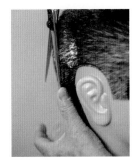
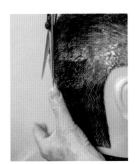

우측면 옆가위법 | 우측측면 가위와 손의 위치 | 후면 상단 손과 가위의 위치

[클리퍼 사용법]

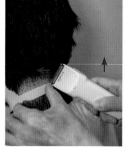

1 클리퍼와 손의 위치

2 클리퍼 날과 손의 위치 주시

3 클리퍼 날을 싱글링 각도로 함

4 날 뒷면 손가락 주시

[틴닝 질감 방법]

1

2

3

[드라이 웨이브 방법]

1 브러시와 드라이를 뿌리 끝부터 진행한다.

2 브러시 화살표와 드라이 화살표를 주시한다.

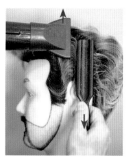

3 드라이와 브러시는 역방향으로 사용한다.

4 반드시 역방향을 준수한다.

5 홈을 빗을 수 있는 전용 빗이어야 한다.

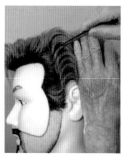

6 빗자국과 릿지를 선명하게 세팅한다.

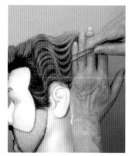

7 릿지와 릿지 사이가 벌어지지 않도록 주의한다.

8 세팅이 완료된 상태 옆모습

[숫돌 연마법]

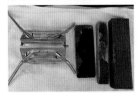
숫돌 거치대 / 면도 숫돌 / 가위
숫돌 / 거진 공구 시 숫돌

거치대와 숫돌 장착한 모습(옆)

거치대와 숫돌 장착한 모습(위)

연마할 가위

1 연마할 가위 이물질 제거

2 연마 동작 자세

3 15°각도로 숫돌에 대준다.

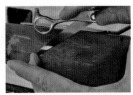
4 가위 날 끝 부분에 중지 끝을
대고 왼손 엄지는 우측 엄지
위에 대고 전후방 움직인다.

5 가위 연마 미는 동작

6 숫돌 끝 지점까지 민다.

7 앞 끝 지점까지 몸쪽으로 당
긴다.

8 반대날도 같은 방법으로 진
행한다.

9 손을 조심하여 가위를 깨끗하게 닦는다.

10 날이 섰는지 손 끝 감각으로
확인한다.

11 끝을 모아 약간의 힘을 주며
밀면서 연다.

12 가위 연마 후 날이 물리지
않게 날을 엇박으로 밀어내
기 하는 행위.

13 휴지에 물을 분무하여 잘라 연마가 잘 되고 안 된 것을 확인한다.

단발형 이발
(하상고)

시험시간		2시간 10분	
	1	이용기구소독 및 정비	5분
	2	헤어커트	30분
	3	면도	15분
주요 작업명	4	탈색	35분
	5	샴푸 · 트리트먼트	10분
	6	정발	15분
	7	아이론 펌	20분

1 요구사항
※ 지참한 마네킹에 다음 요구사항에 적합하도록 작업을 하시오.

1. 이용기구소독 및 정비 5분

소독약(에탄올)을 사용하여 작업에 사용될 가위, 빗, 면도기, 클리퍼를 소독하고, 가위와 클리퍼를 오일을 사용하여 정비하시오.

(면도기는 소독 후 면도날을 끼워서 조립하고, 클리퍼의 경우 몸체와 날을 분리하여 소독 후 재결합 하시오.)

작업순서

기구 분해하기 → 기구 소독하기 → 오일정비하기 → 정리 정돈하기

유의사항

※가위(장가위, 틴닝가위), 빗(대, 중, 소), 면도기, 클리퍼를 소독하시오.
※소독약의 취급, 소독처리 및 클리퍼 재결합에 유의하시오.

2. 헤어커트 30분

가위를 사용하여 도면과 같이 머리카락이 귀 부분을 덮지 않은 단정한 머리형으로 조발하시오.

(단, 지간깎기는 전두부에서부터 후두부 상단, 양측두부, 후두부 순으로 진행하고, 하단부 그라데이션은 넥라인(목 뒷부분) 2cm 정도, 사이드 라인 1cm 정도로 표현하시오.)

작업순서

커트보 치기 → 머리 물 분무하기 → 가르마 타기(빗질하기) → 지간깎기 → 하단부 떠내깎기 → 숱고르기 → 하단부 그라데이션 만들기 → 싱글링 연결 커트하기 → 첨가분 칠하기 → 수정커트, 옆선 및 뒷선 정리하기 → 머리카락 털기 및 커트보 정리하기 → 뒷면도하기 → 정리정돈하기

※두발은 남성적이며, 자연스럽게 연결되고, 전체적인 색조와 균형이 이루어지도록 하시오(뒷면도 포함).
※'숱고르기'는 틴닝가위, 이외에는 장가위를 사용하시오.
※'뒷면도하기' 범위
　• 목 뒤쪽(네이프), 목 옆쪽(귀 뒤쪽) 헤어라인의 털
　• 구레나룻(수염) 1cm 정도

3. 면도 15분

마네킹의 얼굴을 면도하시오.

작업순서

마스크 착용하기 → 면도 준비하기(의자위치, 수건대기) → 면도 거품 내고 도포하기 → 온습포대기 → 얼굴면도하기 → 얼굴 습포 세척하기 → 스킨·로션 바르기 → 정리정돈하기

유의사항

마네킹의 피부표면이 상하지 않도록 수염방향에 맞게 면도하시오.
(면도 시 면도 자세, 방법에 유의하여 2가지 이상의 다양한 면도 기법으로 작업하시오.)

4. 탈색 35분

마네킹의 천정부(인테리어) 부위에 최종 7레벨(황갈색) 정도가 되도록 탈색 작업(좌우 각각 가로섹션 3개, 세로섹션 3개, 총 12개의 호일을 이용한 작업)을 하시오.

작업순서

탈색준비하기 → 두정부 호일 작업하기 → 전두부 호일 작업하기 → 방치하기 → 탈색제 씻어내기 → 드라이하기

유의사항

※가로섹션은 전두부, 세로섹션은 두정부 부위에 작업하시오(측면 기준).
※준비작업 시 앞장, 탈색약 조제, 헤어라인 크림도포 등 탈색에 필요한 작업을 하시오(호일링 시 핀셋의 개수와 사용유무 제한은 없음).
※탈색 방치 동안 주변을 정리하시오.

5. 샴푸 · 트리트먼트 10분

마네킹의 두발을 좌식 샴푸 및 정확한 동작으로 스캘프 매니플레이션 하시오.

작업순서

세발앞장치기 → 샴푸 및 세척하기 → 트리트먼트제 도포하기 → 스캘프 매니플레이션하기 → 모발 세척하기 → 얼굴 및 머리부위 물기 제거하기 → 타월 드라이하기 → 정리정돈하기

유의사항

※샴푸 시 순서는 두정부, 전두부, 측두부, 후두부 순이며, 두피 모발 세척 시 마네킹의 두피에 샴푸제가 남아있지 않도록 하시오.
※스캘프 매니플레이션 시 두피관리를 위한 3가지 이상의 다양한 손동작을 사용하시오.
※타월드라이는 정발 전단계로써의 완성도를 갖도록 작업하시오.

6. 정발 15분

드라이어와 브러시, 일자빗을 사용하여 기초작업은 덴맨브러시로 뿌리 몰딩하고 빗으로 정발하시오.
(단, 가르마는 마네킹의 좌측 7:3 가르마로 표현하시오.)

작업순서

수건대기 → 핸드드라이하기 → 정발제 도포하기 → 머리정발하기 → 정리정돈하기

유의사항

두발을 기초손질한 후 마네킹의 두발 성질에 적합한 정발 용품을 선택하여 사용하되 작품의 초점, 크기, 흐름 및 전체 조화미가 있도록 정발하며 필요시 작품의 보정을 하시오.

7. 아이론 펌 20분

마네킹 천정부(인터레어) 부위의 두발을 아이론 펌하시오.
(사전샴푸 및 수분조절 시간 5분 별도 부여)

작업순서

재커트하기(필요시) → 센터 중심으로 수평와인딩하기 → 양쪽 사이드 사선와인딩하기 → 정리정돈하기

유의사항

배열, 균일성에 유의하여 와인딩 하시오.
(12mm 아이론을 사용하여 센터 중심으로 수평 9개 이상, 양쪽 사이드 사선으로 5개 이상 와인딩 하시오.)

1. 휴게 시간에 작업에 적합한 도구 및 재료를 사전에 준비하여 시작 지시와 동시에 바로 작업을 할 수 있도록 하시오.

2. 이용기구소독 작업에서 클리퍼는 날과 몸체를 분리하여 날부분을 소독액에 담궈 소독 후 재결합을 하시오(단, 윗날은 분해하지 않음).

3. 커트순서는 바르고 체계 있도록 하시오.

4. 헤어커트 시 두발 양에 따른 얼굴형과의 조화를 위하여 과정에 따라 이용용 가위(장가위, 틴닝가위 등)를 사용하여 작업하시오.

5. 면도 시 이용용 면도날을 사용하며 안전에 유의하여 작업하시오.

6. 화장품을 사용할 때 오염이 없도록 하며, 용기의 파손이 없도록 유의하시오.

7. 아이론 펌 과제 시작 전 별도의 사전샴푸 및 수분조절 시간 5분을 부여합니다.

8. 일반적으로 염·탈색 시 열처리를 지양하나, 효율적인 시험의 운영을 위해 수험자의 판단에 따라 필요시 열처리를 할 수 있습니다.

9. 작업에 필요한 각종 도구와 재료(염탈색제, 소독제 등)를 바닥에 떨어트리는 일이 없도록 하며, 특히 가위, 면도날 등을 조심성 있게 다루어 안전사고가 발생되지 않도록 주의하여야 합니다.

10. 다음 사항은 실격에 해당하여 채점 대상에서 제외됩니다.

- 수험자 본인이 수험 도중 시험에 대한 기권 의사를 표현하는 경우
- 수험 중 시험장을 무단으로 이탈하는 경우
- 실기시험 과정 중 1개 과정이라도 불참한 경우
- 수험 중 타인의 도움을 받거나 타인의 수험을 방해한 경우
- 공지된 규격에 맞지 않는 마네킹을 지참하여 시험에 응시하는 경우(수염을 제외한 나머지는 사전 작업을 하지 않은 원형 그대로 물기 없이 지참하여야 함)
- 위생복을 착용하지 않고 시험에 응시하는 경우

11. 다음 사항은 해당 주요 작업이 전체 0점 처리됩니다.

- 지참 재료 목록 이외의 것을 무단 사용하는 경우
- 주요 작업 제한 시간 내에 작품을 완성하지 못한 경우
- 주요 작업별 요구사항의 작업순서를 지키지 않은 경우

01 기구 소독 전 손 소독을 실시한다.

02 에탄올을 용기에 적당량 따른다.

03 클리퍼 날을 분리한다.

04 핀셋과 솜을 이용하여 소독한다.

05 기구 전체를 소독하고 수분을 제거한다.

06 사용한 솜 수거용 비닐을 설치한다.

07 빗을 소독한다.

08 빗살, 빗등 모두 소독한다.

09 면도칼 자루도 소독한다.

10 소독 후 면도날을 삽입한다.

11 칼날을 분리시키는 개폐기를 잠근다.

12 클리퍼 날을 건져 휴지에 올린다.

13 날을 감싸주어 수분을 제거한다.

14 클리퍼 날 사이 수분까지 모두 제거한다.

15 면봉을 이용하여 이물질을 닦는다.

16 클리퍼 몸통과 날을 재결합한다.

17 클리퍼 정비용 오일을 발라준다.

18 작동 소리를 확인한다.

19 가위에 정비용 오일을 도포한다.

20 클리퍼를 흔들어 남은 수분을 확인한다.

21 사용한 소독 솜은 수거용 비닐에 넣는다.

22 소독 정비 완료 상태

도면

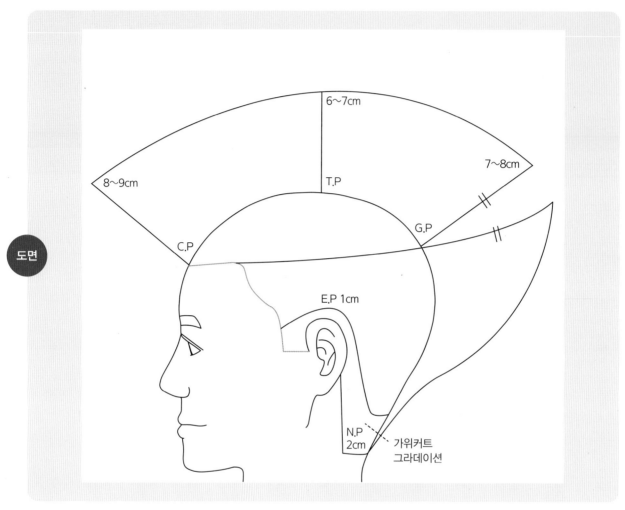

6~7cm

7~8cm

8~9cm

T.P

G.P

C.P

E.P 1cm

N.P
2cm

가위커트
그라데이션

시술
전

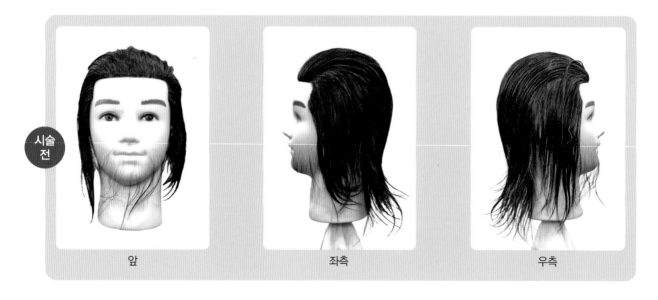

앞

좌측

우측

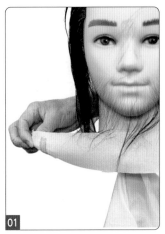

커트 준비 및 목 페이퍼를 두른다.

목 페이퍼 위 타월을 두른다.

타월 위 커트보를 두른다.

미간 폭으로 커트 가이드를 만든다.

탑 포인트(T.P) 커트 가이드 길이를 만든다.

센터 포인트(C.P)와 T.P를 연결 커트한다.

골덴 포인트(G.P) 가이드를 만든다.

T.P와 G.P를 연결 커트한다.

C.P, T.P, G.P를 연결 가이드로 인테리어 부분 지간 자르기한다.

10 판넬 우측에 가이드를 확인한다.

11 상부머리 유파트 내 안쪽 수평을 맞춘다.

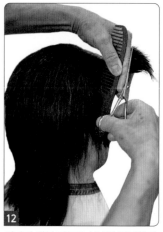

12 버티컬 섹션 커트로 상부와 연결한다.

13 장가위로 이어 라인 주변을 커트한다.

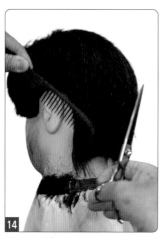

14 후두면 좌측 이어 라인을 연결하며 돌려깎기한다.

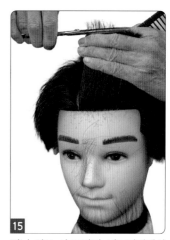

15 틴닝 커트 시 모발의 1/2 지점에서 노멀 테이퍼링한다.

16 C.P에서 T.P를 연결하여 노멀 테이퍼링한다.

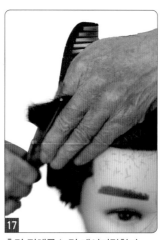

17 측면 전체를 노멀 테이퍼링한다.

18 측두부 전체를 노멀 테이퍼링한다.

19 전체 모발이 같은 명암이 되도록 노멀 테이퍼링, 커트한다.

20 커트선도 틴닝 가위를 사용하여 떠깎기로 맞춘다.

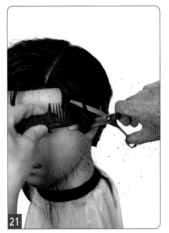

21 프론트 사이드 포인트(F.S.P) 부분이 무겁지 않도록 질감처리한다.

22 사이드 포인트(S.P) 부분의 모발도 가볍게 처리한다.

23 좌측 측두면이 두꺼우면 틴닝커트로 모량을 정리한다.

24 측면 부분이 두상과 얼굴 이미지를 조성한다.

25 길이는 각도에 따라 커트한다.

26 네이프 포인트(N.P)에서 백 포인트(B.P)는 떠깎기로 진행한다.

27 B.P에서 G.P로 떠깎기로 연결한다.

28

돌아가면서 뭉친 곳을 확인한다.

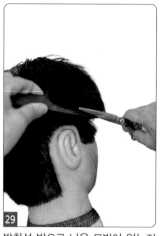

29

발취선 밖으로 나온 모발이 없는지 확인한다.

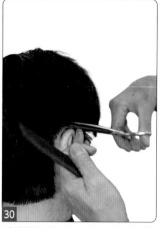

30

빗질하며 밖으로 나온 모발이 있을 시 커트한다.

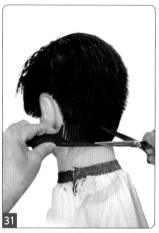

31

네이프 커트선을 일자로 맞춘다.

32

네이프 라인을 2cm 그라 각도로 싱 글링 마무리 한다.

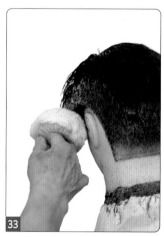

33

천가분을 도포하여 높이차를 확인 한다.

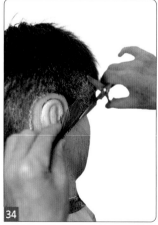

34

높이차를 확인하고 마무리 커트를 진행한다.

35

사이드 라인을 1cm 그라각도로 싱 글링 마무리 한다.

36

측면도 후두부 방향으로 진행하며 수정 커트한다.

면도선 자리를 낸다.

우측도 동일하게 진행한다.

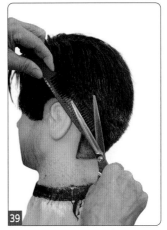

깔끔한 면도선이 확인되어야 한다.

목 옆 선을 연결하여 마무리한다.

장가위를 세워서 엄지에 대고 개폐하며 수정커트 마무리한다.

면도 용품 – 로션

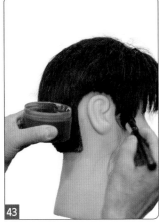

면도할 페이스 라인 부분에 붓으로 로션을 바른다.

귀 뒷부분까지 도포한다.

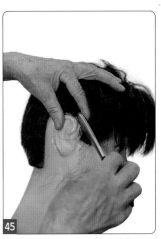

면도 순서는 중상고(72쪽)와 동일하다.

면도순서

1. 오른쪽 구렛나루 프리핸드 면도
2. 오른쪽 사이드 라인 프리핸드 면도
3. 네이프 라인 프리핸드 뒷면도
4. 왼쪽 구렛나루 면도칼 백핸드 면도
5. 왼쪽 사이드 라인 백핸드 면도
6. 스킨 바르기

완성

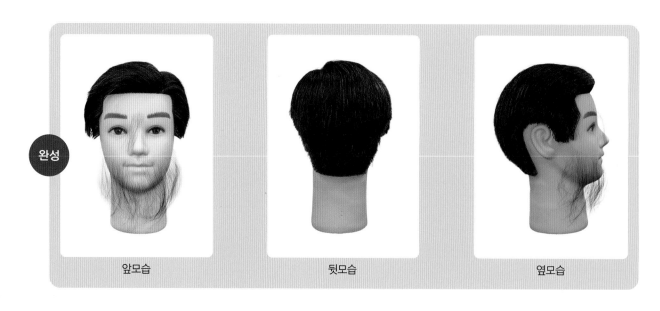

| 앞모습 | 뒷모습 | 옆모습 |

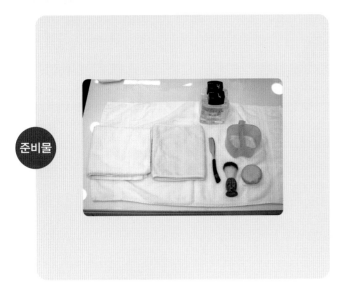

준비물

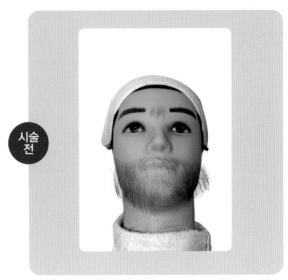

시술
전

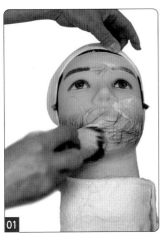

01

버블을 우측에서 좌측으로 도포한다.

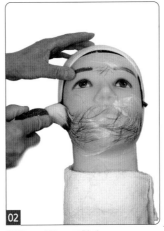

02

원을 그리듯 도포한다.

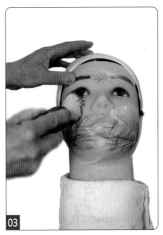

03

골고루 전면 도포한다.

04

이마 전면에 도포한다.

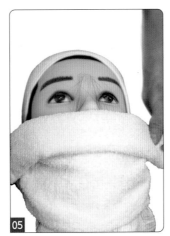

05

온습포 처리 손동작

06

온습포 처리 모습

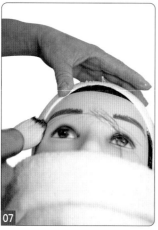

이마 버블을 재도포한다.

면도는 이마, 우측 볼, 좌측 볼, 인중, 턱 순서로 진행되며 이마 우측에서 좌측으로 면도한다.

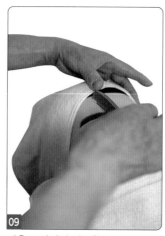

좌측 코너까지 면도한다.

좌측 미간도 면도한다.

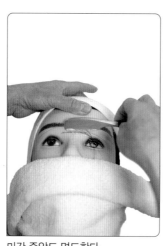

미간 중앙도 면도한다.

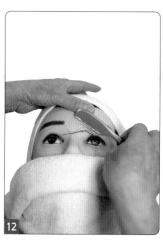

눈썹 라인도 정리 면도한다.

온습포를 제거한 후 버블 재도포한다.

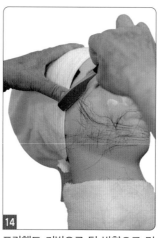

프리핸드 기법으로 턱 방향으로 면도한다.

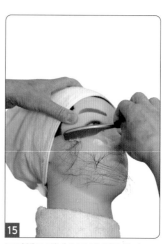

프리핸드 기법으로 볼 면도한다.

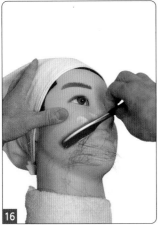

16 우측 입술, 콧수염, 턱수염 순으로 면도한다.

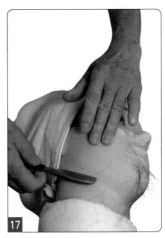

17 역방향 면도한다.

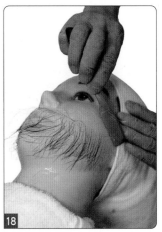

18 턱 방향으로 푸시 기법을 사용하여 면도한다.

19 칼날을 몸쪽 방향에 두고 바깥 방향으로 밀어 닦는다.

20 칼날이 바깥 방향일 때 몸쪽 방향으로 당겨 닦는다.

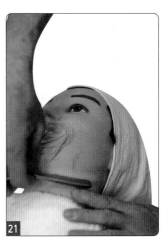

21 칼 뒤에 검지를 대고 올려 깎는다.

22 콧수염과 턱수염을 연속 면도한다.

23 프리핸드 기법으로 대각선 면도한다.

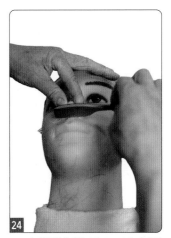

24 코 밑 인중부분을 밑으로 당기면서 면도한다.

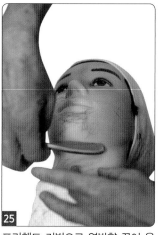
프리핸드 기법으로 역방향 끌어 올린다.

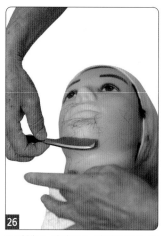
프리핸드 기법으로 아랫입술을 끌어당겨 면도한다.

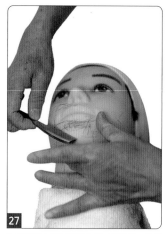
프리핸드 기법으로 턱 부위를 사선으로 면도한다.

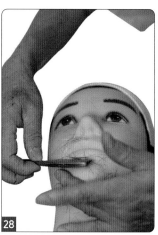
턱선에서 아랫입술까지 면도한다.

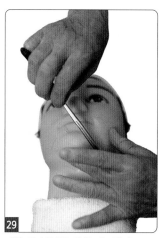
좌측 턱 부분을 사선 면도한다.

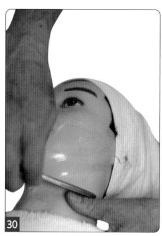
버블 도포 후 면도 순서는 동일하다.

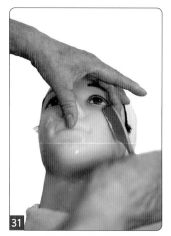
콧수염, 턱수염 방향으로 면도한다.

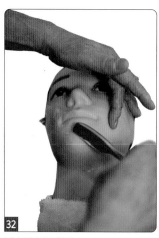
턱수염 면도한다.

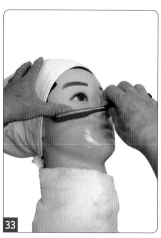
프리핸드 기법으로 면도 순서는 동일하다.

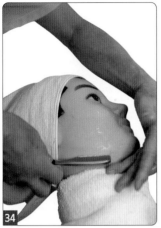

34 역방향으로 면도한다.

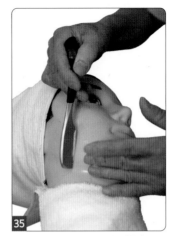

35 펜슬핸드로 아래턱을 면도한다.

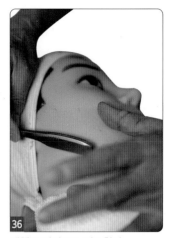

36 백핸드 기법으로 면도한다.

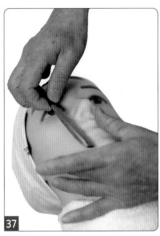

37 프리핸드 기법으로 칼 안쪽으로 윗입술을 면도한다.

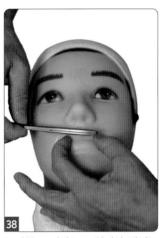

38 프리핸드 기법으로 엄지와 검지로 잡고 면도한다.

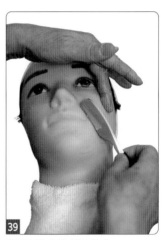

39 윗입술을 수정 면도한다.

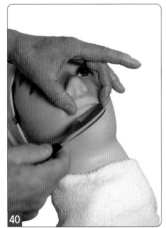

40 스틱 기법으로 아랫입술을 면도한다.

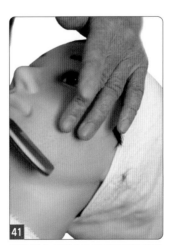

41 우측 펜슬 기법으로 앞당김 면도한다.

42 마무리 타월로 얼굴 감싸는 모습

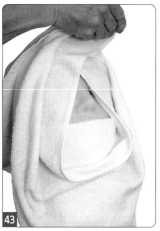

타월 사용 모습

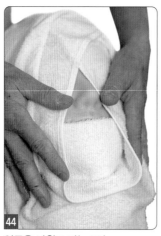

얼굴을 타월로 닦는 모습

타월 양쪽 끝을 잡고 진행한다.

이마, 눈, 코, 볼, 턱 순으로 닦는다.

턱에서 귀 방향으로 마무리하여 닦는다.

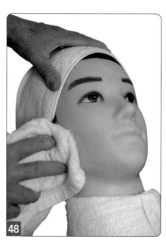

귀 근처는 섬세하게 닦는다.

스킨을 적당량 손에 따른다.

얼굴에 바르고 핸드링 모습

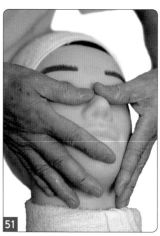

핸드링 모습

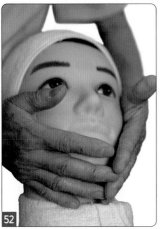

52 마무리 핸드링

53 로션을 적당량 손에 따른다.

54 얼굴에 바르고 핸드링 모습

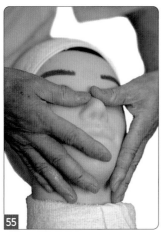

55 핸드링 모습

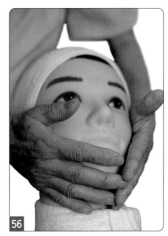

56 마무리 핸드링

준비물

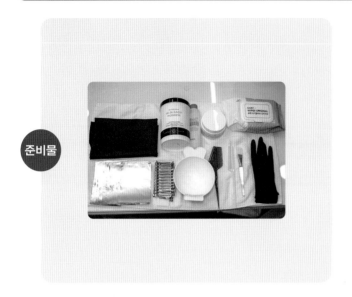

시술 전

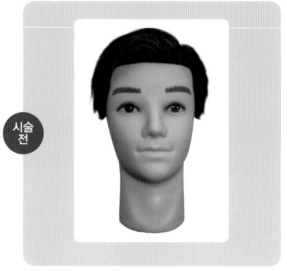

01

탈색 준비 앞장

02

페이스 라인 크림 도포 준비

03

페이스 라인 크림 도포

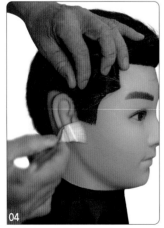

04

구렛나루 이어 라인 크림 도포

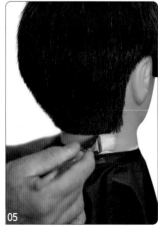

05

네이프 크림 도포

06

탈색제 준비 및 계량

탈색제 혼합

센터 중앙을 4등분으로 나눈다.

두정부 우측 영역을 시작으로 가로 섹션하여 작업한다.

호일을 이용하여 도포한다.

호일 위에 모발을 올리고 염색 빗을 이용하여 약액을 도포한다.

한 등분당 은박지를 이용한 도포는 3개를 실시한다.

두정부 좌측도 두정부 우측(9~12번)과 동일하게 작업한다.

도포해 올라간다.

두정부 좌우등분 3개씩 실시하여 6개가 되어야 한다.

16 측두부 우측 시작 판넬 모발을 나눈다.

17 측두부 우측도 아래부분부터 호일을 이용하여 도포한다.

18 호일 위에 모발을 올리고 염색 빗을 이용하여 약액을 도포한다.

19 측두부 우측도 호일 판넬 3개를 작업한다.

20 측두부 좌측도 측두부 우측(17~19번)과 동일하게 작업한다.

21 두정부는 은박지를 뒤쪽으로 내려주고 측두부는 옆으로 내려준다.

22 측두부 도포 완성된 모습

23 두정부 뒷부분 도포 완료

24 드라이어로 호일에 열을 가한다.

25 측두부의 열도포 모습
두정부는 시간차를 두고 실시한다.

26 앞뒤로 잡고 연전달이 골고루 되도록
한다.

27 호일 위아래로 골고루 드라이 해준다.

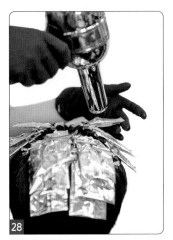

28 좌우 동일하게 해준다.

29 측두부, 두정부 중 늦게 바른 부분부
터 열처리해준다.

30 마지막 도포한 부분부터 먼저 체크
한다.

31 순서대로 확인한다.

32 두정부 좌측 부분 판넬도 체크 한다.

33 제일 처음 도포한 판넬 부분까지 컬
러체크 한다.

34

호일을 제거하고 자연방치할 수도
있다.

35

자연방치 들어갈 수 있다.

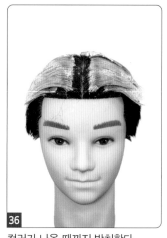

36

컬러가 나올 때까지 방치한다.

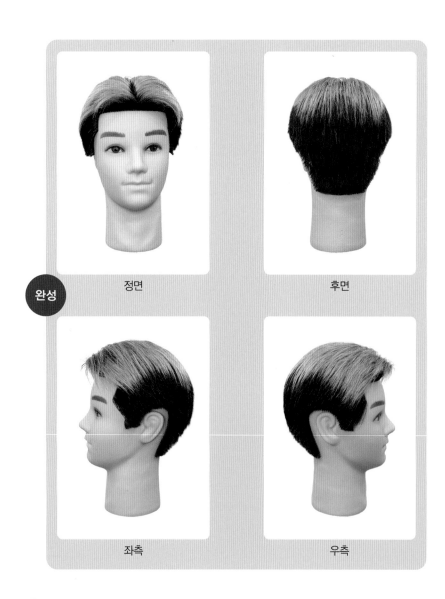

완성

정면

후면

좌측

우측

Chapter 05 샴푸·트리트먼트

※작업과정이 동일하여 중상고로 보여드립니다.
학습에 참고 바랍니다.

준비물

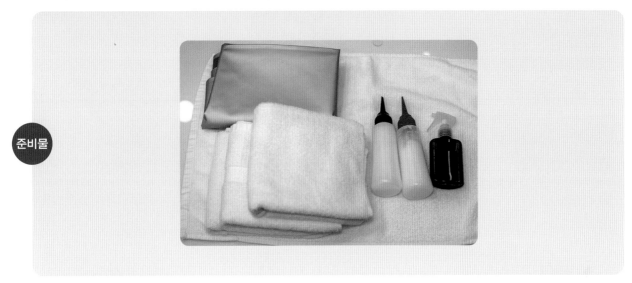

01 목에 타월을 두른다.

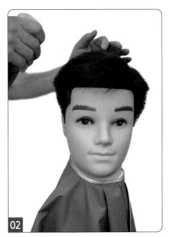

02 타월 위 세발보를 두른다.

03 수분을 골고루 분무한다.

04 샴푸제를 골고루 도포한다.

05 거품이 주변에 튀지 않도록 두정부에서 전두부로 교차 테크닉 진행한다.

06 두정부 문지르기 매니플레이션을 한다.

07 두정부에서 측두부로 연결동작으로 한다.

08 전두부에 지그재그 테크닉으로 두피 자극 마사지를 실시한다.

09 지그재그 또는 튕기기, 당기기 등의 테크닉을 사용하여 정확한 두피 마사지 연결동작을 한다.

10 앞부분부터 거품을 모아야 한다.

11 거품을 크라운 지점으로 모은다.

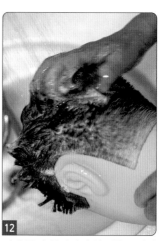

12 귀에 물이 들어가지 않도록 주의하며 헹군다.

13 샴푸제를 깨끗이 씻어낸다.

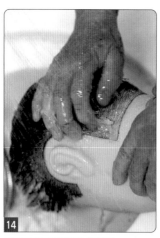

14 네이프까지 꼼꼼히 헹군다.

15 모발의 수분이 흘러내리지 않도록 살짝 닦아준다.

16 트리트먼트제를 손바닥에 덜어준다.

17 트리트먼트제를 모발에 도포한다.

18 모발 부분에 골고루 도포한다.

19 두피 지압 마사지 방법으로 두피 혈행에 도움을 준다.

20 두피까지 깨끗이 헹군다.

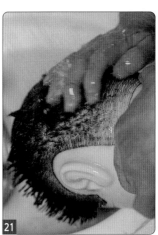

21 잔여물이 남지 않도록 꼼꼼히 헹군다.

22 두피를 비벼주면서 헹군다.

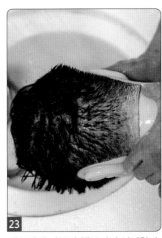

23 깨끗하게 마무리 헹굼까지 실시한다.

24 모발의 수분을 닦는다.

25 타월의 양끝을 잡고 좌우로 흔든다.

26 흔들 때 모근부를 제외하고 모발부
만 흔들어 건조한다.

27 측두부도 동일하게 건조한다.

28 트리트먼트 완성된 모습

※작업과정이 동일하여 중상고로 보여드립니다.
학습에 참고 바랍니다.

준비물

01 포마드를 사용량만큼 떠낸다.

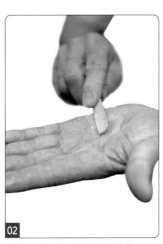

02 떠낸 포마드는 손에 준비한다.

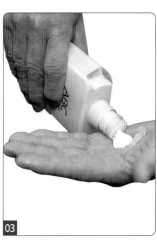

03 떠낸 포마드는 헤어크림과 손에 희석한다.

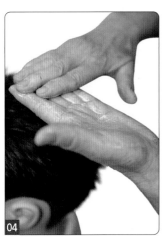

04 손 전체에 고르게 펴준다.

05 손가락 끝으로 도포해 나간다.

06 앞머리까지 고르게 도포한다.

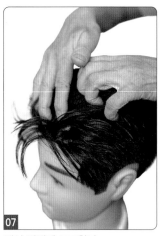
헤어 전체에 도포한다.

뒷머리 전체를 위로 밀면서 훑어준다.

7:3 가르마 분말선을 만든다.

뿌리 작업용 덴멘 브러시 잡는 모습

뿌리를 브러시로 90도 세운다.

좌측 모발 뿌리도 세운다.

브러시 옆면으로 다림질한다.

우측으로 돌아가면서 작업한다.

후두 상부 모발은 상부방향으로 각도를 올려 세운다.

가르마 시작 방향으로 이동하며 뿌리 작업한다.

브러시 측면으로 다림질한다.

템플 포인트 뿌리를 90도로 세우고 다림질한다.

가르마선 방향으로 드라이 해나간다.

모발도 누르지 않고 다림질한다.

앞머리 뿌리 부분을 정확하게 해준다.

가르마 선은 뜨지 않게 정리한다.

앞은 높이감 있게 하고 위로가면서 낮아지게 정리한다.

앞머리는 뿌리를 90도로 세워 모발을 다림질한다.

25 모발 끝 부분은 뜨지 않게 마무리한다.

26 앞머리부터 정수리까지 수평이 되어야 한다.

27 빗으로 가르마 선의 높이차가 없도록 다림질한다.

28 일자 빗으로 다림질한다.

29 매끈하게 광택선이 확인되어야 한다.

30 가르마 선의 끝 정리가 잘 되어야 한다.

31 좌측 부분 모발의 수평과 높이에 유의한다.

32 앞부분 가르마의 높이를 비슷하게 만든다.

33 측면 모발을 붙여서 연결한다.

34 정면 거울을 보면서 측면 각도를 확인한다.

35 후두부는 깔끔하게 연결한다.

36 가르마 끝 부분을 꺾어 다림질한다.

37 매끈도와 좌우 균형을 맞춘다.

38 앞 모발의 모양을 병 모양처럼 둥글게 한다.

39 두발 높이차가 없도록 해야 한다.

40 앞 모발의 한 가닥도 떨어지지 않게 유의한다.

41 뿌리는 서있고 모발은 매끄럽게 한다.

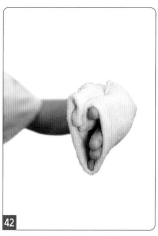

42 손으로 젖은 타월 잡는 방법

젖은 타월을 이용해 이어 라인을 눌러 모발을 붙혀준다.

측두부와 후두부를 연결하여 잔머리가 뜨지 않도록 동일하게 작업한다.

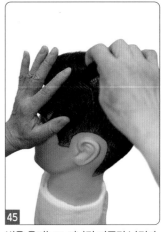

빗을 올려놓고 지나간 자국만 남긴다.

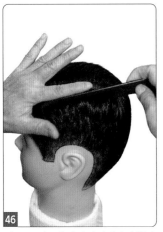

빗 몸통 뒤로 손가락이 따라가야 한다.

빗 몸통 뒤에 손을 대면 모발이 서지 않는다.

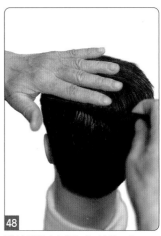

빗살 끝을 뉘여서 내려 빗는다.

동일하게 빗는다.

손목 텐션을 빼고 지나만 간다.

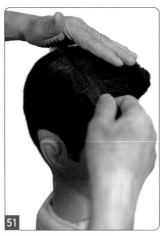

귀 방향으로 내려 빗는다.

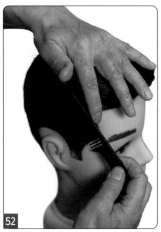

구렛나루 방향으로 약간 돌리면서
빗는다.

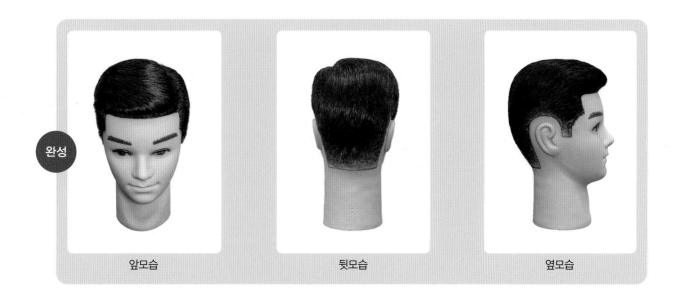

완성

| 앞모습 | 뒷모습 | 옆모습 |

※작업과정이 동일하여 중상고로 보여드립니다.
학습에 참고 바랍니다.

준비물

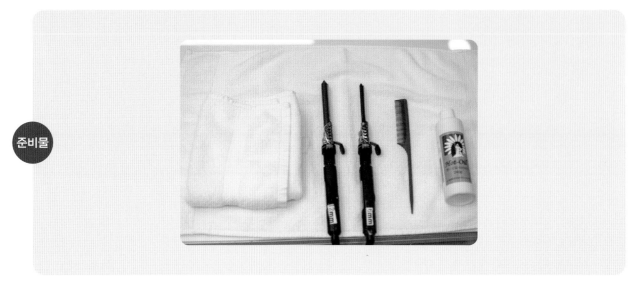

01 10% 수분 유지를 위한 오일 도포 후 와인딩

02 균일하고 매끈하게 와인딩한다.

03 뿌리를 살리고 간격을 좁게 와인딩한다.

04 기존 와인딩은 건드리지 않도록 주의한다.

05 와인딩 끝에 빗을 대주며 기계를 빼준다.

06 와인딩 크기는 균일해야 한다.

매끈하며 윤택이 있어야 한다.

와인딩 폭도 균일해야 한다.

상부 9개 와인딩 모습

측두부 시술 시 기존 와인딩에 주의한다.

크기는 상부와 동일하게 시술한다.

측두부 5개 와인딩 모습

측면 1번과 상부 4번 와인딩 각도 모습

상부 와인딩을 건드리지 않도록 주의한다.

측면 2번과 센터 6번 와인딩 각도 모습

Part 1 단발형 이발 (하상고) | **55**

완성

앞모습

뒷모습

좌측 모습

우측 모습

단발형 이발
(중상고)

시험시간		2시간 10분	
주요 작업명	1	이용기구소독 및 정비	5분
	2	헤어커트	30분
	3	면도	15분
	4	염색	35분
	5	샴푸·트리트먼트	10분
	6	정발	15분
	7	아이론 펌	20분

1 요구사항

※ 지참한 마네킹에 다음 요구사항에 적합하도록 작업을 하시오.

1. 이용기구소독 및 정비 5분

소독약(에탄올)을 사용하여 작업에 사용될 가위, 빗, 면도기, 클리퍼를 소독하고, 가위와 클리퍼를 오일을 사용하여 정비하시오.
(면도기는 소독 후 면도날을 끼워서 조립하고, 클리퍼의 경우 몸체와 날을 분리하여 소독 후 재결합 하시오.)

작업순서

기구 분해하기 → 기구 소독하기 → 오일정비하기 → 정리 정돈하기

유의사항

※가위(장가위, 틴닝가위), 빗(대, 중, 소), 면도기, 클리퍼를 소독하시오.
※소독약의 취급, 소독처리 및 클리퍼 재결합에 유의하시오.

2. 헤어커트 30분

가위와 클리퍼를 사용하여 도면과 같이 머리카락이 귀 부분을 덮지 않은 단정한 머리형으로 조발하시오.
(단, 지간깎기는 전두부에서부터 후두부 상단, 양측두부, 후두부 순으로 진행하고, 클리퍼는 넥라인(목 뒷부분) 3cm 이하, 사이드라인 2cm 이하의 범위로만 사용하여 올려깎기 한 후, 클리퍼 커트한 부위에 가위를 사용하여 싱글링 그라데이션 하시오.)

작업순서

커트 앞장치기 → 머리 물 분무하기 → 가르마 타기(빗질하기) → 지간깎기 → 하단부 떠내깎기 → 숱고르기 → 클리퍼 조발하기 → 가위와 빗으로 싱글링 커트하기 → 첨가분 칠하기 → 수정커트, 옆선 및 뒷선 정리하기 → 머리카락 털기 및 커트보 정리하기 → 뒷면도하기 → 정리정돈하기

유의사항

※두발은 남성적이며, 자연스럽게 연결되고, 전체적인 색조와 균형이 이루어지도록 하시오(뒷면도 포함, 클리퍼는 지정된 부위만 사용하여야 하며, 사용 시 덧날과 빗 사용 금지).
※'숱고르기'는 틴닝가위만, '가위와 빗으로 싱글링 커트하기'와 '수정커트, 옆선 및 뒷선 정리하기'는 장가위만 사용하시오.
※'뒷면도하기' 범위
· 목 뒤쪽(네이프), 목 옆쪽(귀 뒤쪽) 헤어라인의 털
· 구레나룻(수염) 1cm 정도

3. 면도 15분

마네킹의 얼굴을 면도하시오.

작업순서

마스크 착용하기 → 면도 준비하기(의자위치, 수건대기) → 면도 거품 바르기 → 온습포대기 → 얼굴 면도하기 → 얼굴 습포 세척하기 → 스킨·로션 바르기 → 정리정돈하기

유의사항

마네킹의 피부표면이 상하지 않도록 수염방향에 맞게 면도하시오.
(면도 시 면도 자세, 방법에 유의하여 2가지 이상의 다양한 면도 기법으로 작업하시오.)

4. 염색 35분

마네킹의 모발에 멋내기 염색을 하시오(최종 5레벨(밝은 갈색) 정도 되도록 염색).

작업순서

멋내기 염색준비하기 → 염색하기 → 방치하기 → 염색제 씻어내기 → 드라이하기

유의사항

※준비작업 시 앞장, 염색약 조제, 헤어라인 크림도포 등 염색에 필요한 작업을 하시오.
※염색 시 4등분으로 구획하고, 작업순서는 후두부(두정부 포함), 측두부, 전두부 순으로 작업하시오.
※염색 후 방치하는 동안 주변을 정리하시오.

5. 샴푸 · 트리트먼트 `10분`

마네킹의 두발을 좌식 샴푸 및 정확한 동작으로 스캘프 매니플레이션 하시오.

작업순서

세발앞장치기 → 샴푸 및 세척하기 → 트리트먼트제 도포하기 → 스캘프 매니플레이션하기 → 모발 세척하기 → 얼굴 및 머리부위 물기 제거하기 → 타월 드라이하기 → 정리정돈하기

유의사항

※샴푸 시 순서는 두정부, 전두부, 측두부, 후두부 순이며, 두피 모발 세척 시 마네킹의 두피에 샴푸제가 남아있지 않도록 하시오.
※스캘프 매니플레이션 시 두피관리를 위한 3가지 이상의 다양한 손동작을 사용하시오.
※타월드라이는 정발 전단계로써의 완성도를 갖도록 작업하시오.

6. 정발 `15분`

드라이어와 브러시, 일자빗을 사용하여 기초작업은 덴맨브러시로 뿌리 몰딩하고 빗으로 정발하시오.
(단, 가르마는 마네킹의 좌측 7:3 가르마로 표현하시오.)

작업순서

수건대기 → 핸드드라이하기 → 정발제 도포하기 → 머리정발하기 → 정리정돈하기

유의사항

두발을 기초손질한 후 마네킹의 두발 성질에 적합한 정발 용품을 선택하여 사용하되 작품의 초점, 크기, 흐름 및 전체 조화미가 있도록 정발하며 필요시 작품의 보정을 하시오.

7. 아이론 펌 `20분`

마네킹 천정부(인터레어) 부위의 두발을 아이론 펌하시오.
(사전샴푸 및 수분조절 시간 5분 별도 부여)

작업순서

재커트하기(필요시) → 센터 중심으로 수평와인딩하기 → 양쪽 사이드 사선와인딩하기 → 정리정돈하기

유의사항

배열, 균일성에 유의하여 와인딩 하시오.
(12mm 아이론을 사용하여 센터 중심으로 수평 9개 이상, 양쪽 사이드 사선으로 5개 이상 와인딩 하시오.)

2 수험자 유의사항

1. 휴게 시간에 작업에 적합한 도구 및 재료를 사전에 준비하여 시작 지시와 동시에 바로 작업을 할 수 있도록 하시오.

2. 이용기구소독 작업에서 클리퍼는 날과 몸체를 분리하여 날부분을 소독액에 담궈 소독 후 재결합을 하시오(단, 윗날은 분해하지 않음).

3. 커트순서는 바르고 체계 있도록 하고, 클리퍼 사용 시 덧날과 빗은 사용하지 마시오.

4. 헤어커트 시 두발 양에 따른 얼굴형과의 조화를 위하여 과정에 따라 이용용 가위(장가위, 틴닝가위 등)를 사용하여 작업하시오.

5. 면도 시 이용용 면도날을 사용하며 안전에 유의하여 작업하시오.

6. 화장품을 사용할 때 오염이 없도록 하며, 용기의 파손이 없도록 유의하시오.

7. 클리퍼 커트의 경우, 덧날 및 자동조절 클리퍼의 사용을 금지하므로 유의하시오.

8. 아이론 펌 과제 시작 전 별도의 사전샴푸 및 수분조절 시간 5분을 부여합니다.

9. 일반적으로 염·탈색 시 열처리를 지양하나, 효율적인 시험의 운영을 위해 수험자의 판단에 따라 필요시 열처리를 할 수 있습니다.

10. 작업에 필요한 각종 도구와 재료(염탈색제, 소독제 등)를 바닥에 떨어트리는 일이 없도록 하며, 특히 가위, 면도날 등을 조심성 있게 다루어 안전사고가 발생되지 않도록 주의하여야 합니다.

11. 다음 사항은 실격에 해당하여 채점 대상에서 제외됩니다.

- 수험자 본인이 수험 도중 시험에 대한 기권 의사를 표현하는 경우
- 수험 중 시험장을 무단으로 이탈하는 경우
- 실기시험 과정 중 1개 과정이라도 불참한 경우
- 수험 중 타인의 도움을 받거나 타인의 수험을 방해한 경우
- 공지된 규격에 맞지 않는 마네킹을 지참하여 시험에 응시하는 경우(수염을 제외한 나머지는 사전 작업을 하지 않은 원형 그대로 물기 없이 지참하여야 함)
- 위생복을 착용하지 않고 시험에 응시하는 경우

12. 다음 사항은 해당 주요 작업이 전체 0점 처리됩니다.

- 지참 재료 목록 이외의 것을 무단 사용하는 경우
- 주요 작업 제한 시간 내에 작품을 완성하지 못한 경우
- 주요 작업별 요구사항의 작업순서를 지키지 않은 경우

13. 다음 사항은 헤어커트 작업 중 해당 세부 항목이 0점 처리됩니다.

- 덧날이나 자동조절 클리퍼를 사용한 경우

Chapter 01

이용기구소독 및 정비

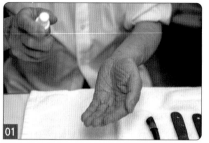

01 기구 소독 전 손 소독을 실시한다.

02 에탄올을 용기에 적당량 따른다.

03 클리퍼 날을 분리한다.

04 핀셋과 솜을 이용하여 소독한다.

05 기구 전체를 소독하고 수분을 제거한다.

06 사용한 솜 수거용 비닐을 설치한다.

07 빗을 소독한다.

08 빗살, 빗등 모두 소독한다.

09 면도칼 자루도 소독한다.

10 소독 후 면도날을 삽입한다.

11 칼날을 분리시키는 개폐기를 잠근다.

12 클리퍼 날을 건져 휴지에 올린다.

13 날을 감싸주어 수분을 제거한다.

14 클리퍼 날 사이 수분까지 모두 제거한다.

15 면봉을 이용하여 이물질을 닦는다.

16 클리퍼 몸통과 날을 재결합한다.

17 클리퍼 정비용 오일을 발라준다.

18 작동 소리를 확인한다.

19 가위에 정비용 오일을 도포한다.

20 클리퍼를 흔들어 남은 수분을 확인한다.

21 사용한 소독 솜은 수거용 비닐에 넣는다.

22 소독 정비 완료 상태

도면

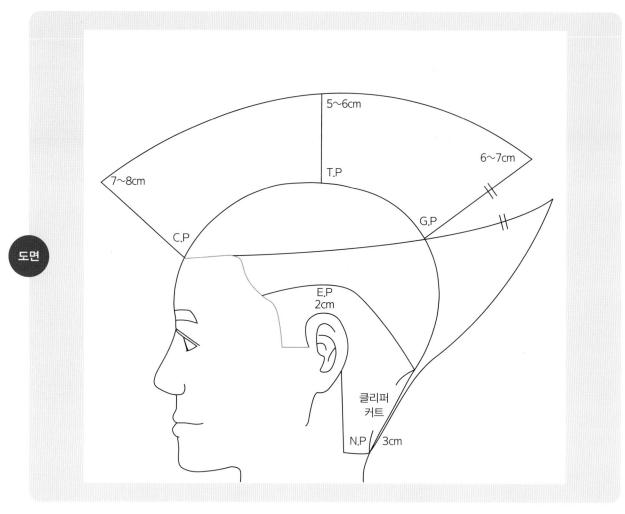

시술
전

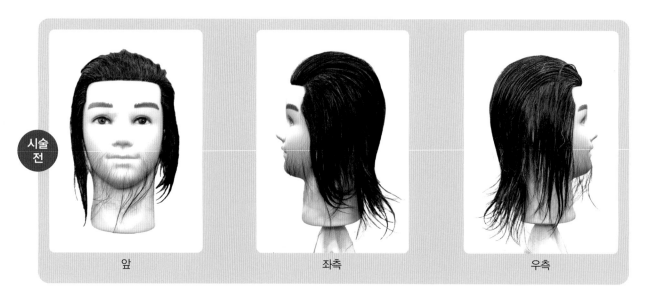

앞   좌측   우측

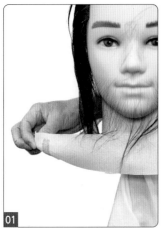

01 커트 준비 및 목 페이퍼를 두른다.

02 목 페이퍼 위 타월을 두른다.

03 타월 위 커트보를 두른다.

04 미간 폭으로 커트 가이드를 만든다.

05 탑 포인트(T.P) 커트 가이드 길이를 만든다.

06 센터 포인트(C.P)와 T.P를 연결 커트한다.

07 골덴 포인트(G.P) 가이드를 만든다.

08 T.P와 G.P를 연결 커트한다.

09 우측 사이드 포인트와 센터 포인트(C.P) 연결커트 한다.

좌측 사이드 포인트와 C.P 연결커트 한다.

상부를 지간자르기 커트한다.

상부를 지간자르기 연결 커트한다.

상부머리 유파트 내 안쪽 수평을 맞춘다.

측면 커트를 위해 프리커트한다.

이어 백과 목 옆 선 기장도 자른다.

네이프 기장도 자른다.

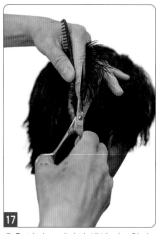

우측 사이드 버티컬 섹션 커트한다.

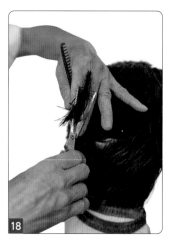

측면을 버티컬 섹션 커트하며 후두부로 연결한다.

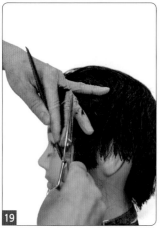

19 좌측 사이드 버티컬 섹션 커트한다.

20 장가위로 중상고 형태로 가이드 커트한다.

21 우측 이어 라인 가이드 커트한다.

22 떠깎기로 가이드를 만든다.

23 떠올려깎기 커트한다.

24 이어 백까지 떠올려깎기한다.

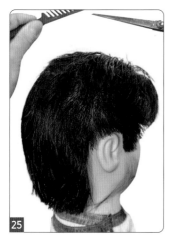

25 우측면 커트라인 가이드 완성 모습

26 좌측 이어 라인 가이드 커트한다.

27 장가위로 중상고 형태로 가이드 커트한다.

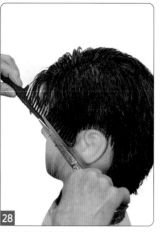

28

커트 형태를 만든다.

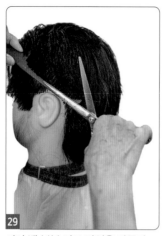

29

이어 백 부분 커트 라인을 만든다.

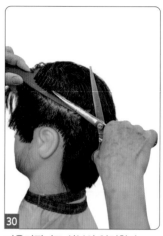

30

떠올려깎기로 상부와 연결한다.

31

네이프 중앙 커트 가이드 만든다.

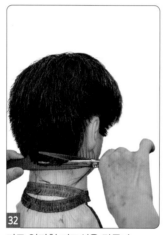

32

가로 일자형 커트선을 만든다.

33

커트 순서대로 틴닝으로 노멀테이 퍼링 커트한다.

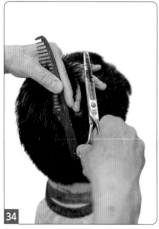

34

측면도 돌아가면서 틴닝 커트한다.

35

뭉침이 없도록 틴닝 커트한다.

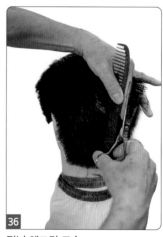

36

틴닝 체크컷 모습

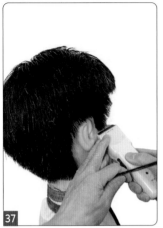

37 사이드는 2cm 이하 클리퍼 사용

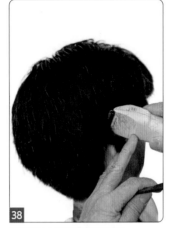

38 클리퍼 날 한쪽은 들어준다.

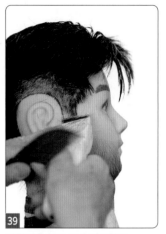

39 발취선을 깔끔하게 처리한다.

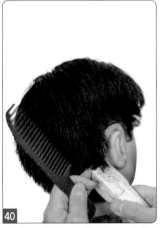

40 네이프 사이드 포인트(N.S.P)에서 이어 백까지 연결한다.

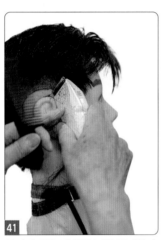

41 클리퍼 사용 시 한쪽 날을 들어준다.

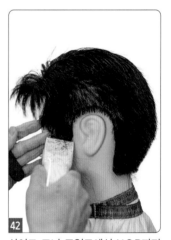

42 사이드 코너 포인트에서 N.S.P까지 연결한다.

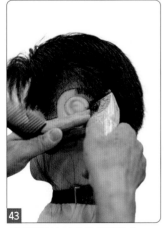

43 이어 백에서 이어 탑 연결한다.

44 한쪽 날을 들어서 사선으로 돌면서 커트한다.

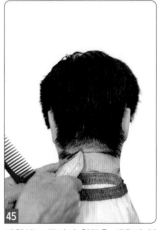

45 발취선도 클리퍼 한쪽을 세우면 연결이 잘 된다.

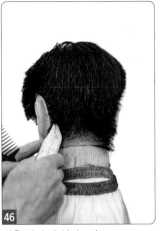

46 좌측 이어 백 연결 모습

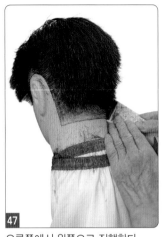

47 오른쪽에서 왼쪽으로 진행한다.

48 연속깎기로 코너를 만든다.

49 떠깎기로 상부와 연결한다.

50 이어 백까지 상부와 연결한다.

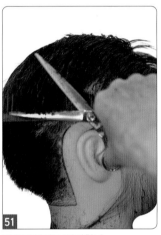

51 떠올려깎기로 연결한다.

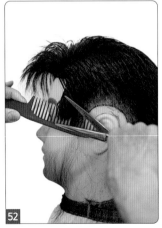

52 연속깎기로 코너를 만든다.

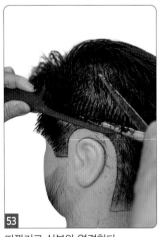

53 떠깎기로 상부와 연결한다.

54 명암(커트색)을 확인하며 커트한다.

正

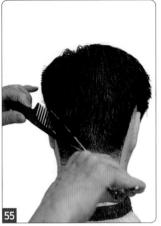

N.S.P에서 이어 백까지 연결한다.

이어 백까지 연결 커트 모습

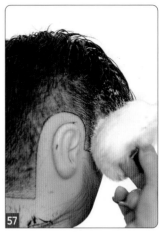

천가분을 모발 끝에 바른다.

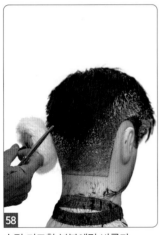

수정 커트할 부분에만 바른다.

사이드 포인트부터 수정 커트한다.

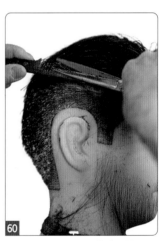

커트 순서에 따라 수정 커트한다.

좌측도 우측과 동일하게 진행한다.

명암(커트색)을 확인하며 싱글링한다.

네이프에서도 커트 명암을 체크한다.

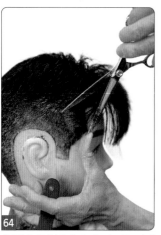

측두부 우측부터 수정 커트를 시작한다.

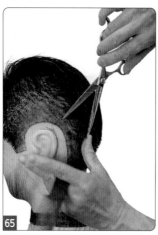

후두부에서 좌측 후두부 연결 수정 커트한다.

측두부 좌측 수정 커트 마무리한다.

구레나룻에서 수염 1cm 부분 정도까지 일자로 면도한다.

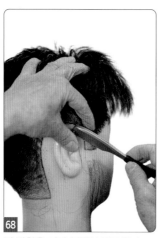

귀 방향을 따라 돌면서 면도한다.

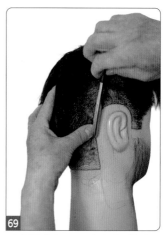

이어 백에서 N.S.P까지 면도한다.

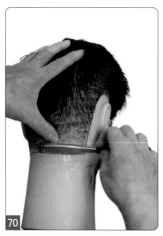

네이프도 일자로 깨끗하게 면도한다.

🪒 면도순서

1. 오른쪽 구렛나루 프리핸드 면도
2. 오른쪽 사이드 라인 프리핸드 면도
3. 네이프 라인 프리핸드 뒷면도
4. 왼쪽 구렛나루 면도칼 백핸드 면도
5. 왼쪽 사이드 라인 백핸드 면도
6. 스킨 바르기

완성

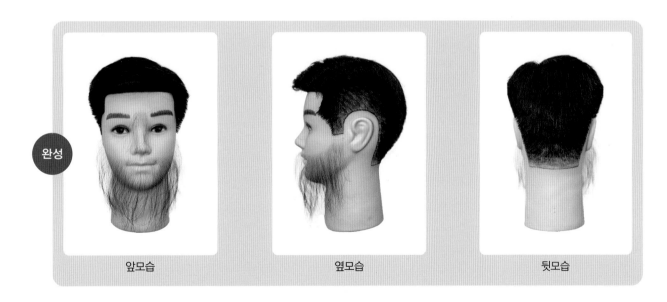

| 앞모습 | 옆모습 | 뒷모습 |

준비물

시술 전

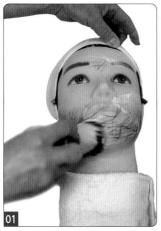

01

버블을 우측에서 좌측으로 도포한다.

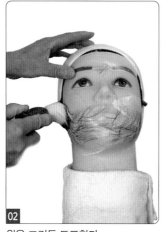

02

원을 그리듯 도포한다.

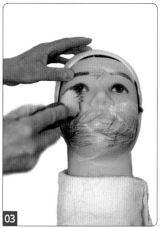

03

골고루 전면 도포한다.

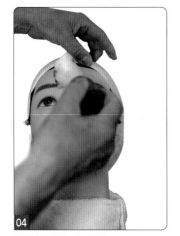

04

이마 전면에 도포한다.

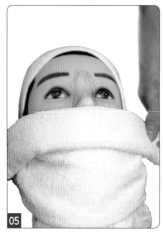

05

온습포 처리 손동작

06

온습포 처리 모습

이마 버블을 재도포한다.

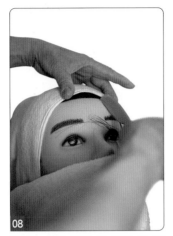

면도는 이마, 우측 볼, 좌측 볼, 인중, 턱 순서로 진행되며 이마 우측에서 좌측으로 면도한다.

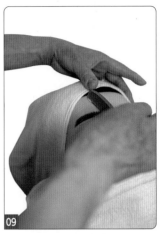

좌측 코너까지 면도한다.

좌측 미간도 면도한다.

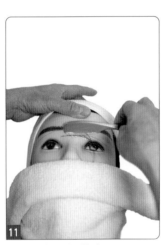

미간 중앙도 면도한다.

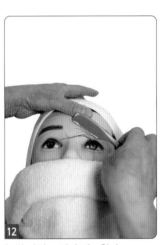

눈썹 라인도 정리 면도한다.

온습포를 제거한 후 버블 재도포한다.

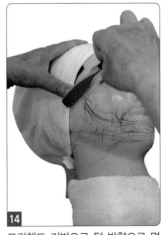

프리핸드 기법으로 턱 방향으로 면도한다.

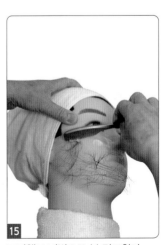

프리핸드 기법으로 볼 면도한다.

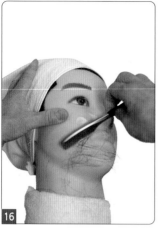

16 우측 입술, 콧수염, 턱수염 순으로
면도한다.

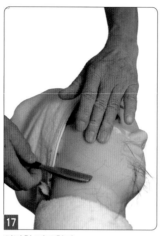

17 역방향 면도한다.

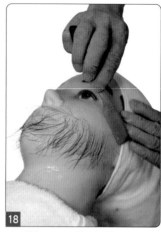

18 턱 방향으로 푸시 기법을 사용하여
면도한다.

19 칼날을 몸쪽 방향에 두고 바깥 방향
으로 밀어 닦는다.

20 칼날이 바깥 방향일 때 몸쪽 방향으
로 당겨 닦는다.

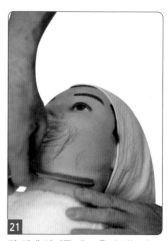

21 칼 뒤에 검지를 대고 올려 깎는다.

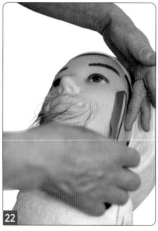

22 콧수염과 턱수염을 연속 면도한다.

23 프리핸드 기법으로 대각선 면도한다.

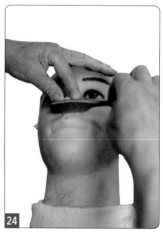

24 코 밑 인중부분을 밑으로 당기면서
면도한다.

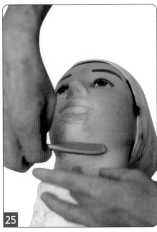

프리핸드 기법으로 역방향 끌어 올린다.

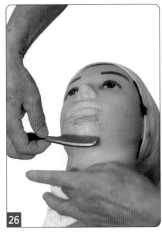

프리핸드 기법으로 아랫입술을 끌어당겨 면도한다.

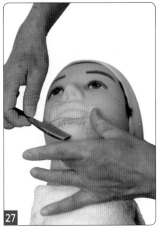

프리핸드 기법으로 턱 부위를 사선으로 면도한다.

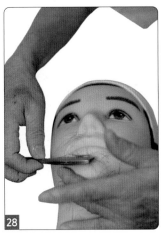

턱선에서 아랫입술까지 면도한다.

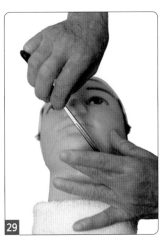

좌측 턱 부분을 사선 면도한다.

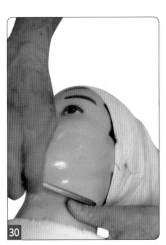

버블 도포 후 면도 순서는 동일하다.

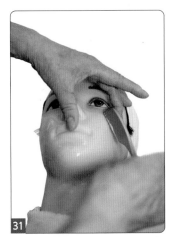

콧수염, 턱수염 방향으로 면도한다.

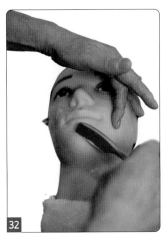

턱수염 면도한다.

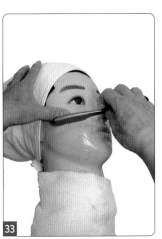

프리핸드 기법으로 면도 순서는 동일하다.

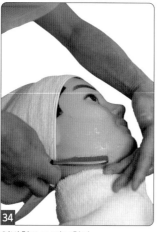

34 역방향으로 면도한다.

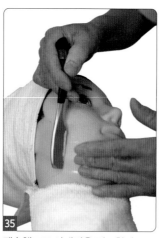

35 펜슬핸드로 아래턱을 면도한다.

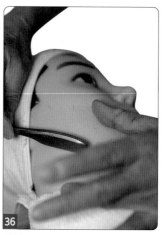

36 백핸드 기법으로 면도한다.

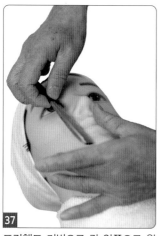

37 프리핸드 기법으로 칼 안쪽으로 윗입술을 면도한다.

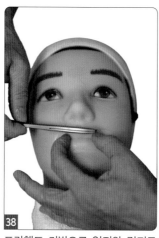

38 프리핸드 기법으로 엄지와 검지로 잡고 면도한다.

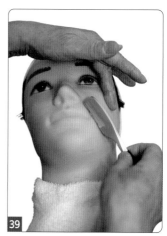

39 윗입술을 수정 면도한다.

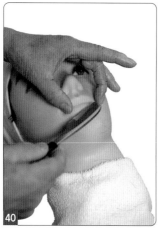

40 스틱 기법으로 아랫입술을 면도한다.

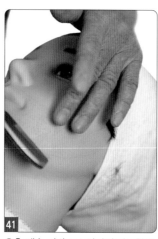

41 우측 펜슬 기법으로 앞당김 면도한다.

42 마무리 타월로 얼굴 감싸는 모습

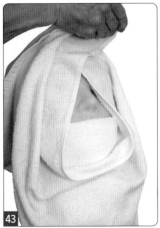

43 타월 사용 모습

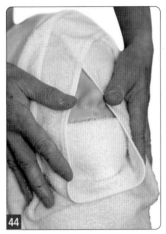

44 얼굴을 타월로 닦는 모습

45 타월 양쪽 끝을 잡고 진행한다.

46 이마, 눈, 코, 볼, 턱 순으로 닦는다.

47 턱에서 귀 방향으로 마무리하여 닦는다.

48 귀 근처는 섬세하게 닦는다.

49 스킨을 적당량 손에 따른다.

50 얼굴에 바르고 핸드링 모습

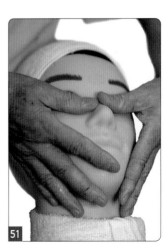

51 핸드링 모습

52
마무리 핸드링

53
로션을 적당량 손에 따른다.

54
얼굴에 바르고 핸드링 모습

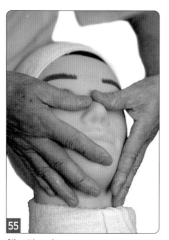

55
핸드링 모습

56
마무리 핸드링

Chapter 04

염색

준비물

시술 전

01

크림 준비

02

크림 도포 시작

03

크림 도포 – 햄라인 전체

04

크림 도포 – 사이드 우측 코너

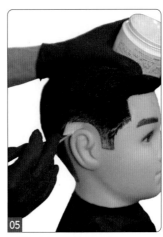

05

크림 도포 – 우측 이어 백

06

크림 도포 – 사이드 좌측 코너

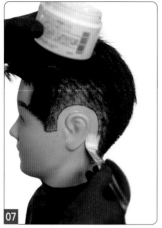

크림 도포 – 좌측 이어 백

크림 도포 – 네이프

멋내기 염색제 2제 계량

염색제 1제 계량

계량 후 혼합

센터 중앙부터 네이프 중앙까지 나누기

네이프 중앙 나누기 위해 염색약 도포

우측 탑에서 이어 탑까지 "+"로 분리하여 파트 나누기

우측 후두부 네이프 포인트부터 백 포인트로 올라가며 두정부까지 도포한다.

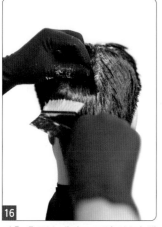

좌측 후두부 네이프 포인트부터 백
포인트로 올라가며 도포한다.

좌측 후두부 백 포인트부터 골덴 포
인트로 올라가며 도포한다.

후두부 정중선 부분도 염색제 도포
확인하며 도포한다.

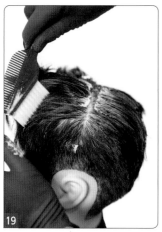

염색제 뒷부분 도포 완료 모습

우측 이어 탑 도포한다.

우측 측두부 도포한다.

우측 측두부 마무리 도포한다.

좌측 이어 탑을 도포한다.

좌측 측두부 도포한다.

25 좌측 측두부 마무리 도포한다.

26 센터 중앙 마무리 도포 모습

27 우측 페이스 라인 마무리 도포 모습

28 좌측 페이스 라인 마무리 도포 모습

29 전두부 좌측 염색빗을 사용하여 세로 섹션 체크한다.

30 전두부 우측 염색빗을 사용하여 세로 섹션 체크 후 꼬리빗으로 모발을 젓히며 세워준다.

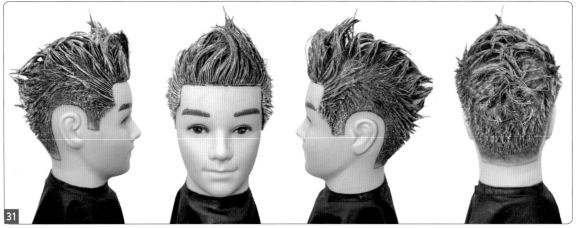

31 도포가 끝난 모습

레벨 확인한다. 샴푸 시 물을 살짝 적신 후 에
멀전한다.

염색제를 씻어낸다.

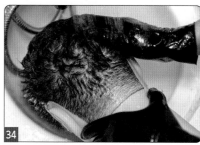

깨끗이 헹구어 준다.

샴푸를 도포한다.

샴푸 시 핸드 테크닉을 사용한다.

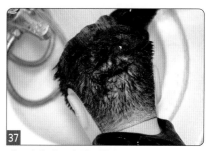

깨끗하게 마무리 헹굼한다.

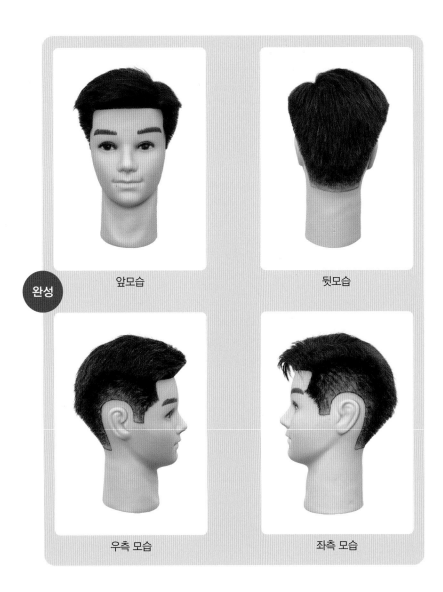

완성

앞모습

뒷모습

우측 모습

좌측 모습

Chapter 05 샴푸·트리트먼트

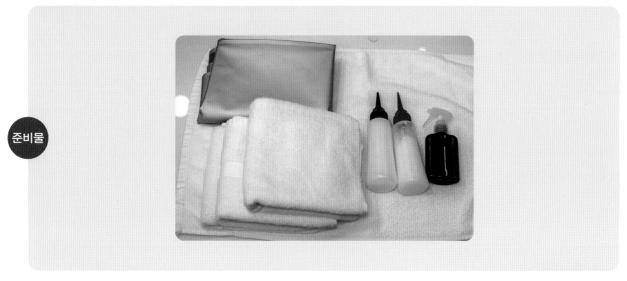

준비물

01 목에 타월을 두른다.

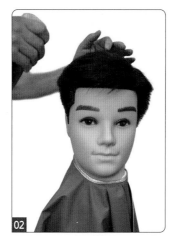

02 타월 위 세발보를 두른다.

03 수분을 골고루 분무한다.

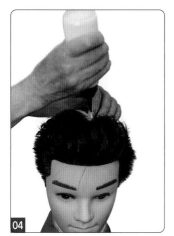

04 샴푸제를 골고루 도포한다.

05 거품이 주변에 튀지 않도록 두정부에서 전두부로 교차 테크닉 진행한다.

06 두정부 문지르기 매니플레이션을 한다.

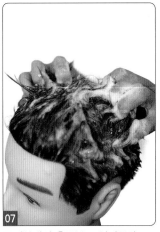

두정부에서 측두부로 연결동작으로 한다.

전두부에 지그재그 테크닉으로 두피 자극 마사지를 실시한다.

지그재그 또는 튕기기, 당기기 등의 테크닉을 사용하여 정확한 두피 마사지 연결동작을 한다.

앞부분부터 거품을 모아야 한다.

거품을 크라운 지점으로 모은다.

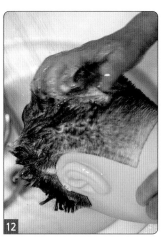

귀에 물이 들어가지 않도록 주의하며 헹군다.

샴푸제를 깨끗이 씻어낸다.

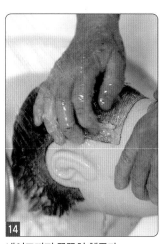

네이프까지 꼼꼼히 헹군다.

모발의 수분이 흘러내리지 않도록 살짝 닦아준다.

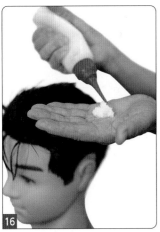

16 트리트먼트제를 손바닥에 덜어준다.

17 트리트먼트제를 모발에 도포한다.

18 모발 부분에 골고루 도포한다.

19 두피 지압 마사지 방법으로 두피 혈행에 도움을 준다.

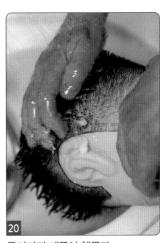

20 두피까지 깨끗이 헹군다.

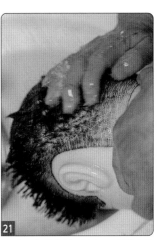

21 잔여물이 남지 않도록 꼼꼼히 헹군다.

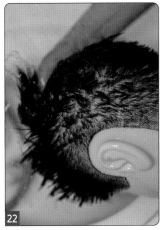

22 두피를 비벼주면서 헹군다.

23 깨끗하게 마무리 헹굼까지 실시한다.

24 모발의 수분을 닦는다.

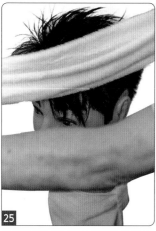

25 타월의 양끝을 잡고 좌우로 흔든다.

26 흔들 때 모근부를 제외하고 모발부만 흔들어 건조한다.

27 측두부도 동일하게 건조한다.

28 트리트먼트 완성된 모습

Chapter 06 정발

준비물

01 포마드를 사용량만큼 떠낸다.

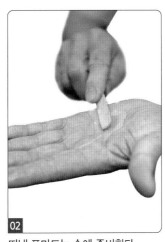

02 떠낸 포마드는 손에 준비한다.

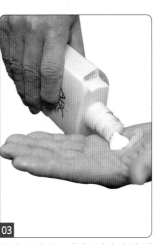

03 떠낸 포마드는 헤어크림과 손에 희석한다.

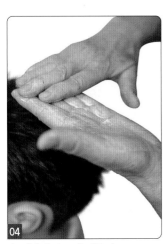

04 손 전체에 고르게 펴준다.

05 손가락 끝으로 도포해 나간다.

06 앞머리까지 고르게 도포한다.

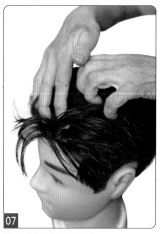
헤어 전체에 도포한다.

뒷머리 전체를 위로 밀면서 훑어준다.

7:3 가르마 분말선을 만든다.

뿌리 작업용 덴멘 브러시 잡는 모습

뿌리를 브러시로 90도 세운다.

좌측 모발 뿌리도 세운다.

브러시 옆면으로 다림질한다.

우측으로 돌아가면서 작업한다.

후두 상부 모발은 상부방향으로 각도를 올려 세운다.

가르마 시작 방향으로 이동하며 뿌리 작업한다.

브러시 측면으로 다림질한다.

템플 포인트 뿌리를 90도로 세우고 다림질한다.

가르마선 방향으로 드라이 해나간다.

모발도 누르지 않고 다림질한다.

앞머리 뿌리 부분을 정확하게 해준다.

가르마 선은 뜨지 않게 정리한다.

앞은 높이감 있게 하고 위로가면서 낮아지게 정리한다.

앞머리는 뿌리를 90도로 세워 모발을 다림질한다.

25 모발 끝 부분은 뜨지 않게 마무리
한다.

26 앞머리부터 정수리까지 수평이 되
어야 한다.

27 빗으로 가르마 선의 높이차가 없도
록 다림질한다.

28 일자 빗으로 다림질한다.

29 매끈하게 광택선이 확인되어야 한다.

30 가르마 선의 끝 정리가 잘 되어야
한다.

31 좌측 부분 모발의 수평과 높이에 유
의한다.

32 앞부분 가르마의 높이를 비슷하게
만든다.

33 측면 모발을 붙여서 연결한다.

34 정면 거울을 보면서 측면 각도를 확인한다.

35 후두부는 깔끔하게 연결한다.

36 가르마 끝 부분을 꺾어 다림질한다.

37 매끈도와 좌우 균형을 맞춘다.

38 앞 모발의 모양을 병 모양처럼 둥글게 한다.

39 두발 높이차가 없도록 해야 한다.

40 앞 모발의 한 가닥도 떨어지지 않게 유의한다.

41 뿌리는 서있고 모발은 매끄럽게 한다.

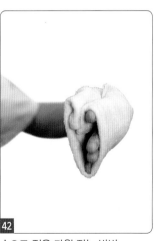

42 손으로 젖은 타월 잡는 방법

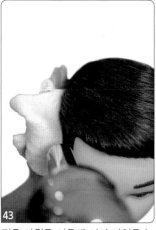

43 젖은 타월을 이용해 이어 라인을 눌러 모발을 붙혀준다.

44 측두부와 후두부를 연결하여 잔머리가 뜨지 않도록 동일하게 작업한다.

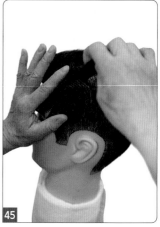

45 빗을 올려놓고 지나간 자국만 남긴다.

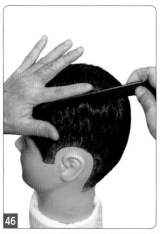

46 빗 몸통 뒤로 손가락이 따라가야 한다.

47 빗 몸통 뒤에 손을 대면 모발이 서지 않는다.

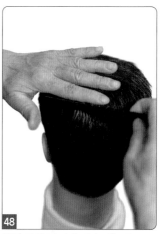

48 빗살 끝을 뉘여서 내려 빗는다.

49 동일하게 빗는다.

50 손목 텐션을 빼고 지나만 간다.

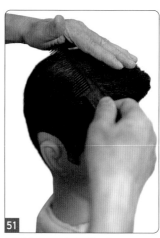

51 귀 방향으로 내려 빗는다.

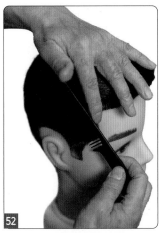

구렛나루 방향으로 약간 돌리면서
빗는다.

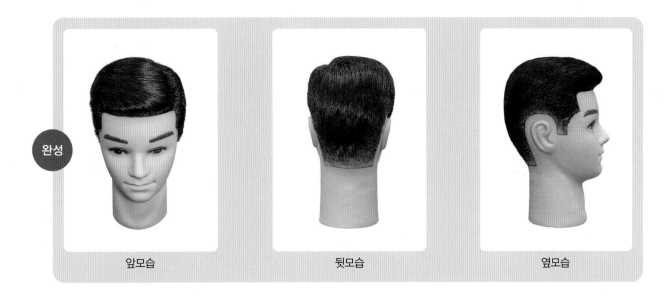

완성

앞모습   뒷모습   옆모습

준비물

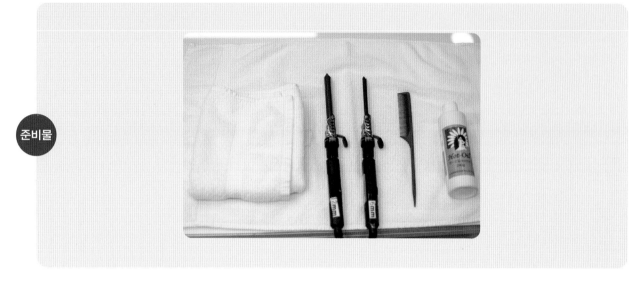

01 10% 수분 유지를 위한 오일 도포 후 와인딩

02 균일하고 매끈하게 와인딩한다.

03 뿌리를 살리고 간격을 좁게 와인딩한다.

04 기존 와인딩은 건드리지 않도록 주의한다.

05 와인딩 끝에 빗을 대주며 기계를 빼준다.

06 와인딩 크기는 균일해야 한다.

07 매끈하며 윤택이 있어야 한다.

08 와인딩 폭도 균일해야 한다.

09 상부 9개 와인딩 모습

10 측두부 시술 시 기존 와인딩에 주의
한다.

11 크기는 상부와 동일하게 시술한다.

12 측두부 5개 와인딩 모습

13 측면 1번과 상부 4번 와인딩 각도
모습

14 상부 와인딩을 건드리지 않도록 주
의한다.

15 측면 2번과 센터 6번 와인딩 각도
모습

완성

앞모습

뒷모습

좌측 모습

우측 모습

짧은 단발형 이발
(둥근형)

시험시간		2시간	
주요 작업명	1	이용기구소독 및 정비	5분
	2	헤어커트	30분
	3	면도	15분
	4	염색	30분
	5	두피 스케일링 및 샴푸·트리트먼트	20분
	6	아이론 펌	20분

1 요구사항
※ 지참한 마네킹에 다음 요구사항에 적합하도록 작업을 하시오.

1. 이용기구소독 및 정비 5분

소독약(에탄올)을 사용하여 작업에 사용될 가위, 빗, 면도기, 클리퍼를 소독하고, 가위와 클리퍼를 오일을 사용하여 정비하시오.
(면도기는 소독 후 면도날을 끼워서 조립하고, 클리퍼의 경우 몸체와 날을 분리하여 소독 후 재결합 하시오.)

작업순서

기구 분해하기 → 기구 소독하기 → 오일정비하기 → 정리 정돈하기

유의사항

※가위(장가위, 틴닝가위), 빗(대, 중, 소), 면도기, 클리퍼를 소독하시오.
※소독약의 취급, 소독처리 및 클리퍼 재결합에 유의하시오.

2. 헤어커트 30분

빗과 클리퍼를 사용하여 도면과 같이 머리카락이 귀 부분을 덮지 않은 단정한 머리형으로 조발하시오.
(단, 클리퍼 조발하기는 전두부에서부터 후두부 상단, 양측두부, 후두부 순으로 진행하되, 1차로 거칠게 자른 후 2차로 세밀하게 진행하고, 올려깎기는 넥라인(목 뒷부분) 4cm 이하, 사이드 라인 3cm 이하의 범위로만 작업하시오.)

작업순서

커트 앞장치기 → 머리 물 분무하기 → 클리퍼 조발하기 → 숱고르기 → 첨가분 칠하기 → 수정커트하기 → 머리카락 및 커트보 정리하기 → 뒷면도하기 → 정리정돈하기

유의사항

※두발은 남성적이며, 자연스럽게 연결되고, 전체적인 색조와 균형이 이루어지도록 하시오(뒷면도 포함, 클리퍼 사용 시 덧날 사용은 금지됩니다).

※빗과 클리퍼로 마네킹 조발(지간잡기 금지) 후 숱고르기와 수정커트 하되, 숱고르기 시 틴닝가위, 수정커트 시 장가위를 사용하여 커트합니다.

※'뒷면도하기' 범위
- 목 뒤쪽(네이프), 목 옆쪽(귀 뒤쪽) 헤어라인의 털
- 구레나룻(수염) 1cm 정도

3. 면도 15분

마네킹의 얼굴을 면도하시오.

작업순서

마스크 착용하기 → 면도 준비하기(의자위치, 수건대기) → 면도 거품 바르기 → 온습포대기 → 얼굴면도하기 → 얼굴 습포 세척하기 → 스킨·로션 바르기 → 정리정돈하기

유의사항

마네킹의 피부표면이 상하지 않도록 수염방향에 맞게 면도하시오.
(면도 시 면도 자세, 방법에 유의하여 2가지 이상의 다양한 면도 기법으로 작업하시오.)

4. 염색 30분

마네킹의 전체 모발에 새치머리 염색을 하시오.

작업순서

새치머리 염색준비하기 → 염색하기 → 방치하기 → 염색제 씻어내기 → 드라이하기

유의사항

※준비작업 시 앞장, 염색약 조제, 헤어라인 크림도포 등 염색에 필요한 작업을 하시오.
※작업순서는 양측두부, 전두부, 두정부, 후두부 순으로 작업하시오.
※염색 후 방치하는 동안 주변을 정리하시오.

5. 두피 스케일링 및 샴푸·트리트먼트 20분

스케일링제를 사용하여 마네킹의 두피 전체를 스케일링 한 후, 두발을 좌식 샴푸 및 정확한 동작으로 매니플레이션 하시오.

> **작업순서**
>
> 세발앞장치기 → 스틱봉 만들기 → 두피 스케일링하기 → 샴푸 및 세척하기 → 트리트먼트제 도포하기 → 스캘프 매니플레이션하기 → 모발 세척하기 → 얼굴 및 머리부위 물기 제거하기 → 타월 드라이하기 → 정리정 돈하기

> **유의사항**
>
> ※두피스케일링 시 스틱봉(우드스틱의 뭉툭한 부분에 탈지면을 감은 후 거즈로 마무리, 4개 제조)을 3개 이상 사용하여 스케일링하시오.
> ※스케일링은 우드스틱의 뾰족한 부분으로 섹션을 가르며 전두부, 두정부, 우측두부, 후두부, 좌측두부 순으로 작업하시오.
> ※샴푸 순서는 두정부, 전두부, 측두부, 후두부 순이며, 모발 세척 시 마네킹의 두피에 샴푸제가 남아있지 않도 록 하시오.
> ※스캘프 매니플레이션 시 두피관리를 위한 3가지 이상의 다양한 손동작을 사용하시오.
> ※타월드라이는 아이론 펌 전단계로써의 완성도를 갖도록 작업하시오.

6. 아이론 펌 20분

마네킹 천정부(인터레어 라인) 부위의 두발을 아이론 하시오.

> **작업순서**
>
> 센터 중심으로 수평와인딩하기 → 양쪽 사이드 사선와인딩하기 → 정리정돈하기

> **유의사항**
>
> ※배열, 균일성에 유의하여 와인딩 하시오.
> (6mm 아이론을 사용하여 센터 중심으로 수평 9개 이상, 양쪽 사이드 사선으로 5개 이상 와인딩 하시오.)

2 수험자 유의사항

1. 휴게 시간에 작업에 적합한 도구 및 재료를 사전에 준비하여 시작 지시와 동시에 바로 작업을 할 수 있도록 하시오.

2. 이용기구소독 작업에서 클리퍼는 날과 몸체를 분리하여 날부분을 소독액에 담궈 소독 후 재결합을 하시오(단, 윗날은 분해하지 않음).

3. 커트순서는 바르고 체계 있도록 하고, 클리퍼 사용 시 덧날은 사용하지 마시오.

4. 헤어커트 시 두발 양에 따른 얼굴형과의 조화를 위하여 과정에 따라 이용용 가위(장가위, 틴닝가위 등)를 사용하여 작업하시오.

5. 면도 시 이용용 면도날을 사용하며 안전에 유의하여 작업하시오.

6. 화장품을 사용할 때 오염이 없도록 하며, 용기의 파손이 없도록 유의하시오.

7. 클리퍼의 경우, 덧날 및 자동조절 클리퍼의 사용을 금지하므로 유의하시오.

8. 일반적으로 염·탈색 시 열처리를 지양하나, 효율적인 시험의 운영을 위해 수험자의 판단에 따라 필요시 열처리를 할 수 있습니다.

9. 작업에 필요한 각종 도구와 재료(염탈색제, 소독제 등)를 바닥에 떨어트리는 일이 없도록 하며, 특히 가위, 면도날 등을 조심성 있게 다루어 안전사고가 발생되지 않도록 주의하여야 합니다.

10. 다음 사항은 실격에 해당하여 채점 대상에서 제외됩니다.

- 수험자 본인이 수험 도중 시험에 대한 기권 의사를 표현하는 경우
- 수험 중 시험장을 무단으로 이탈하는 경우
- 실기시험 과정 중 1개 과정이라도 불참한 경우
- 수험 중 타인의 도움을 받거나 타인의 수험을 방해한 경우
- 공지된 규격에 맞지 않는 마네킹을 지참하여 시험에 응시하는 경우(수염을 제외한 나머지는 사전 작업을 하지 않은 원형 그대로 물기 없이 지참하여야 함)
- 위생복을 착용하지 않고 시험에 응시하는 경우

11. 다음 사항은 해당 주요 작업이 전체 0점 처리됩니다.

- 지참 재료 목록 이외의 것을 무단 사용하는 경우
- 주요 작업 제한 시간 내에 작품을 완성하지 못한 경우
- 주요 작업별 요구사항의 작업순서를 지키지 않은 경우

12. 다음 사항은 헤어커트 작업 중 해당 세부 항목이 0점 처리됩니다.

- 덧날이나 자동조절 클리퍼를 사용한 경우

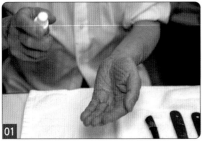

01 기구 소독 전 손 소독을 실시한다.

02 에탄올을 용기에 적당량 따른다.

03 클리퍼 날을 분리한다.

04 핀셋과 솜을 이용하여 소독한다.

05 기구 전체를 소독하고 수분을 제거한다.

06 사용한 솜 수거용 비닐을 설치한다.

07 빗을 소독한다.

08 빗살, 빗등 모두 소독한다.

09 면도칼 자루도 소독한다.

10 소독 후 면도날을 삽입한다.

11 칼날을 분리시키는 개폐기를 잠근다.

12 클리퍼 날을 건져 휴지에 올린다.

13 날을 감싸주어 수분을 제거한다.

14 클리퍼 날 사이 수분까지 모두 제거한다.

15 면봉을 이용하여 이물질을 닦는다.

16 클리퍼 몸통과 날을 재결합한다.

17 클리퍼 정비용 오일을 발라준다.

18 작동 소리를 확인한다.

19 가위에 정비용 오일을 도포한다.

20 클리퍼를 흔들어 남은 수분을 확인한다.

21 사용한 소독 솜은 수거용 비닐에 넣는다.

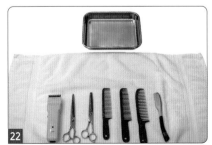

22 소독 정비 완료 상태

도면

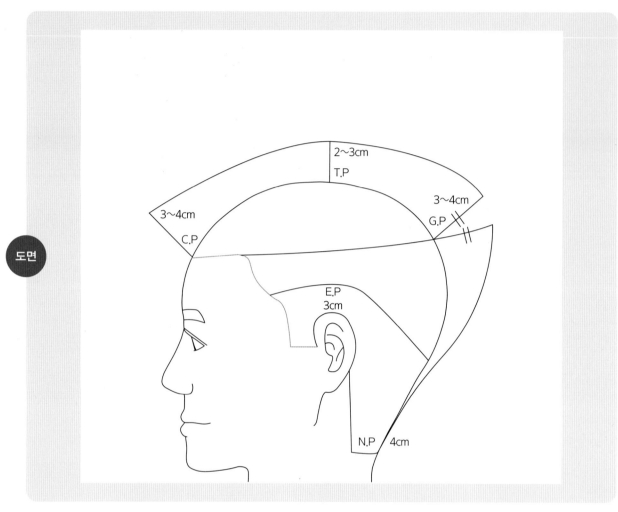

시술 전

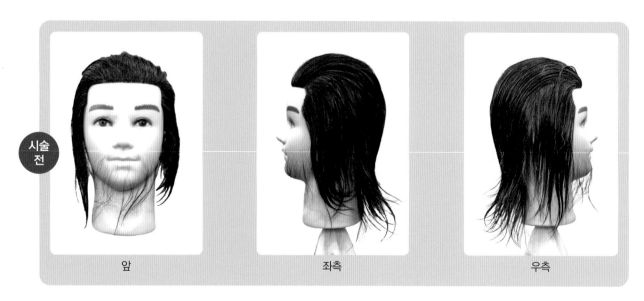

| 앞 | 좌측 | 우측 |

01 커트 준비 및 목 페이퍼를 두른다.

02 목 페이퍼 위 타월을 두른다.

03 타월 위 커트보를 두른다.

04 미간 가이드를 만든다.

05 센터 가이드 설정 후 커트한다.

06 센터 포인트 탑 포인트 가이드 연결 커트한다.

07 골덴 포인트 부분 가이드 커트한다.

08 앞머리를 밀어 깎기로 가이드 커트한다.

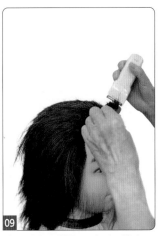

09 상부 좌우 균형을 보며 커트한다.

10 이어 탑부터 사이드 부분은 클리퍼 날을 세워 커트한다.

11 이어 백과 두정부를 연결해 준다.

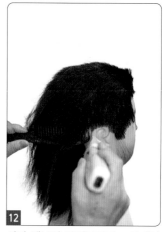

12 이어 백부터 두정부까지 그라데이션 커트한다.

13 백 포인트 아래부터 네이프까지 커트한다.

14 네이프 중앙에서 좌측 이어 백까지 커트한다.

15 사이드 부분을 커트한다.

16 구렛나루 부분을 커트한다.

17 사이드와 프론트 사이드를 연결해 준다.

18 이어 백을 떠깎기로 커트한다.

이어 백에서 위로 연결 커트한다.

정중선 가이드를 만든다.

네이프 중앙에서 두정부 방향으로 연결 커트한다.

가이드 뒤에서 앞으로 오며 커트한다.

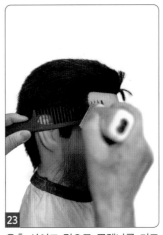

우측 사이드 밑으로 구렛나루 커트한다.

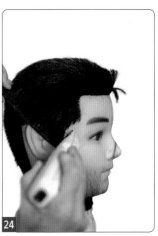

구렛나루 주변을 정리한다.

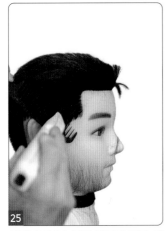

구렛나루부터 이어 탑까지 정리 커트한다.

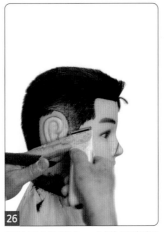

이어 탑 부분은 3cm 이하 클리퍼를 사용한다.

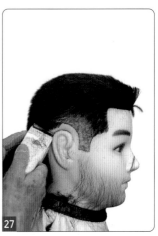

이어 백부터 이어 탑까지 연결한다.

28 이어 백을 정리한다.

29 이어 백부터 이어 탑까지 연결한다.

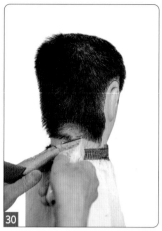

30 네이프 중앙 부분은 4cm 이하 클리퍼를 사용한다.

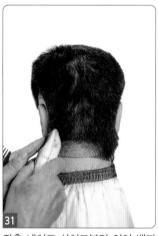

31 좌측 네이프 사이드부터 이어 백까지 연결한다.

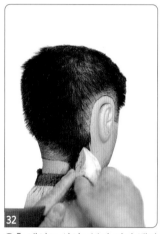

32 우측 네이프 사이드부터 이어 백까지 연결한다.

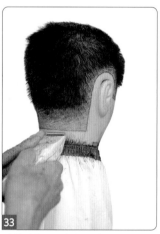

33 발취선을 클리퍼로 깔끔하게 정리한다.

34 천가분을 바르고 장가위로 싱글링한다.

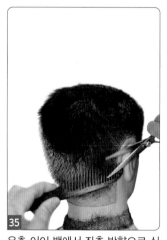

35 우측 이어 백에서 좌측 방향으로 싱글링한다.

36 구렛나루에서 사이드 포인트까지 싱글링한다.

37 장가위로 좌측면 형태를 만들어 준다.

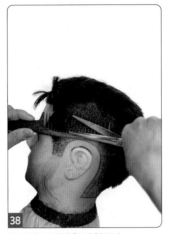

38 장가위로 명암을 맞춰준다.

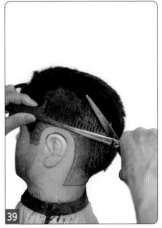

39 이어 탑에서 후두부로 돌아가면서 명암을 맞춰준다.

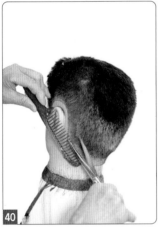

40 후두부 좌측 커트 명암을 확인한다.

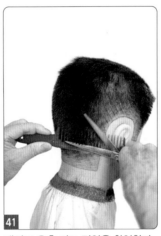

41 네이프 우측 커트 명암을 확인한다.

42 네이프 중앙 커트 명암을 확인한다.

43 발취선 싱글링을 해준다.

44 상부 모발을 밀어 깎기로 커트한다.

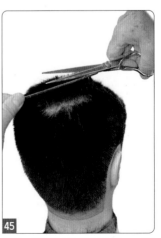

45 상부 모발은 X자 형으로 체크 커트한다.

상부 모발을 X자 형으로 연결 커트
한다.

측두정부는 각지지 않게 둥근형을
만들며 수정 커트한다(13쪽 참고).

뒷면도를 위한 크림을 도포한다.

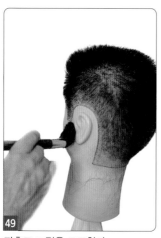

좌측도 크림을 도포한다.

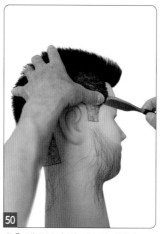

우측 템플부터 면도를 시작한다.

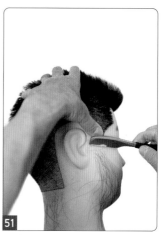

구렛나루 부분 면도는 일자로 내린다.

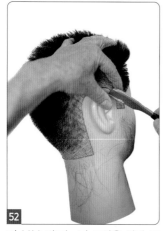

귀 부분 면도는 귀 모양을 따라 조
금씩 돌아간다.

이어 탑에서 이어 백 방향으로 면도
한다.

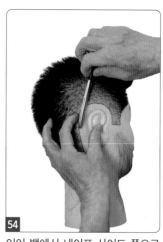

이어 백에서 네이프 사이드 쪽으로
면도한다.

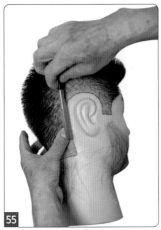

55 네이프 사이드 방향으로 내려온다.

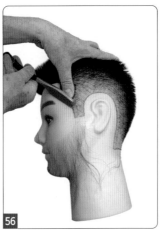

56 좌측 템플부터 면도를 시작한다.

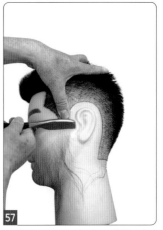

57 구렛나루 부분 면도는 백핸드기법 일자로 내린다.

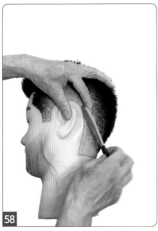

58 이어 백에서 귀 모양을 따라 앞쪽으로 돌아온다.

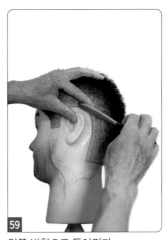

59 앞쪽 방향으로 돌아간다.

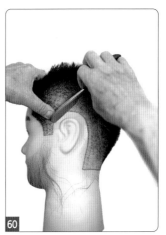

60 구렛나루로 연결한다.

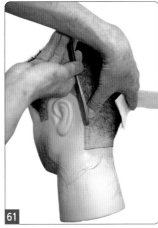

61 네이프 사이드 방향으로 내려간다.

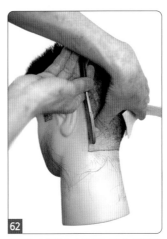

62 귀 뒤, 네이프 사이드 아래 잔털도 정리한다.

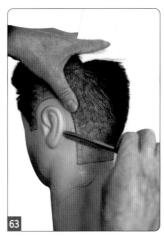

63 목 옆선 솜털까지 정리한다.

해어커트

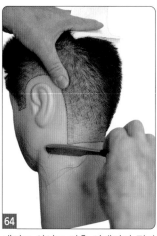

64

네이프 사이드 좌측 아래까지 정리
한다.

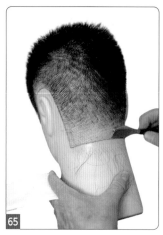

65

발취선도 잔털 정리한다.

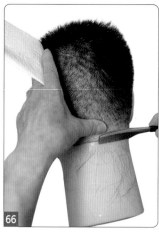

66

네이프 중앙 아래도 잔털 정리한다.
솜털이 남아있지 않도록 정리한다.

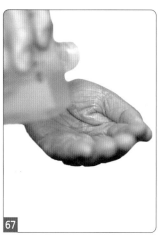

67

면도 후 스킨을 손에 따른다.

68

면도 부분에 스킨을 도포한다.

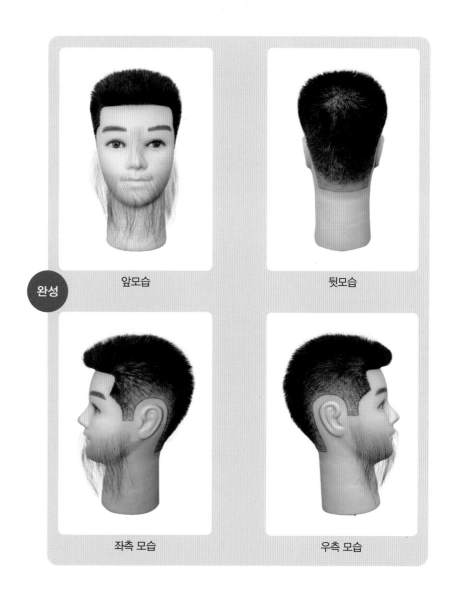

완성

앞모습

뒷모습

좌측 모습

우측 모습

헤어커트

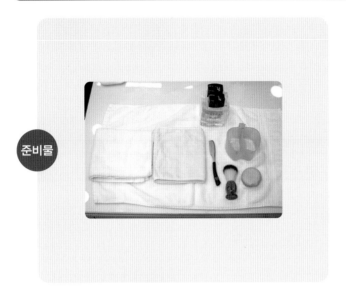

준비물

시술 전

01 버블을 우측에서 좌측으로 도포한다.

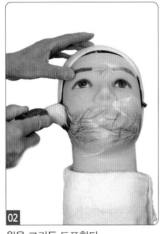

02 원을 그리듯 도포한다.

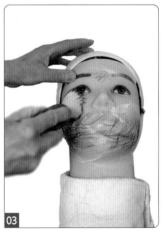

03 골고루 전면 도포한다.

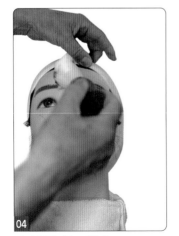

04 이마 전면에 도포한다.

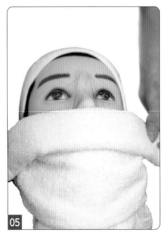

05 온습포 처리 손동작

06 온습포 처리 모습

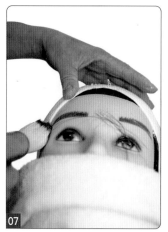

07

이마 버블을 재도포한다.

08

면도는 이마, 우측 볼, 좌측 볼, 인
중, 턱 순서로 진행되며 이마 우측에
서 좌측으로 면도한다.

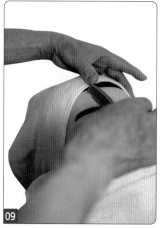

09

좌측 코너까지 면도한다.

10

좌측 미간도 면도한다.

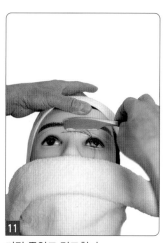

11

미간 중앙도 면도한다.

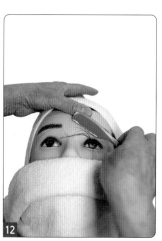

12

눈썹 라인도 정리 면도한다.

13

온습포를 제거한 후 버블 재도포한다.

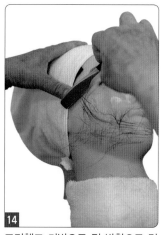

14

프리핸드 기법으로 턱 방향으로 면
도한다.

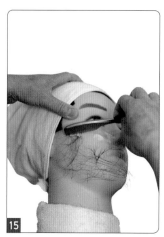

15

프리핸드 기법으로 볼 면도한다.

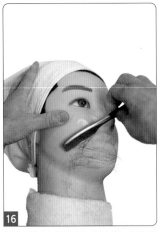

우측 입술, 콧수염, 턱수염 순으로 면도한다.

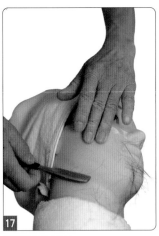

역방향 면도한다.

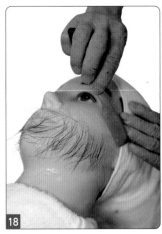

턱 방향으로 푸시 기법을 사용하여 면도한다.

칼날을 몸쪽 방향에 두고 바깥 방향으로 밀어 닦는다.

칼날이 바깥 방향일 때 몸쪽 방향으로 당겨 닦는다.

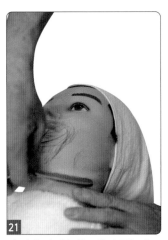

칼 뒤에 검지를 대고 올려 깎는다.

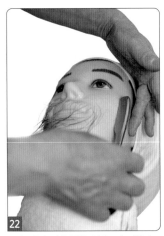

콧수염과 턱수염을 연속 면도한다.

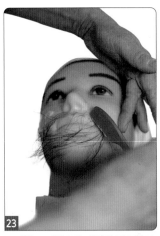

프리핸드 기법으로 대각선 면도한다.

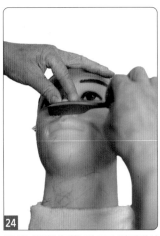

코 밑 인중부분을 밑으로 당기면서 면도한다.

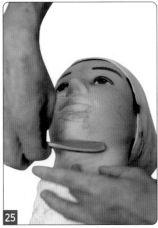

프리핸드 기법으로 역방향 끌어 올린다.

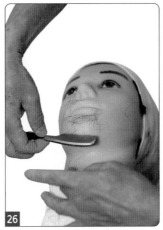

프리핸드 기법으로 아랫입술을 끌어당겨 면도한다.

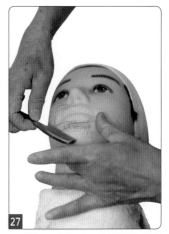

프리핸드 기법으로 턱 부위를 사선으로 면도한다.

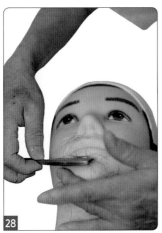

턱선에서 아랫입술까지 면도한다.

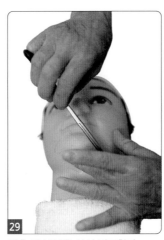

좌측 턱 부분을 사선 면도한다.

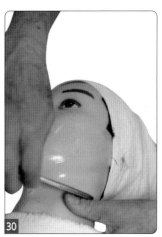

버블 도포 후 면도 순서는 동일하다.

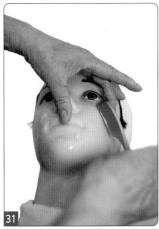

콧수염, 턱수염 방향으로 면도한다.

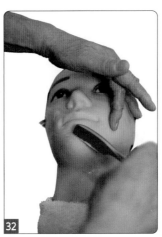

턱수염 면도한다.

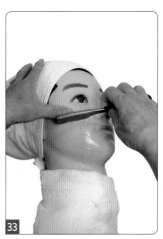

프리핸드 기법으로 면도 순서는 동일하다.

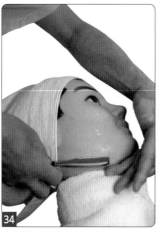

34 역방향으로 면도한다.

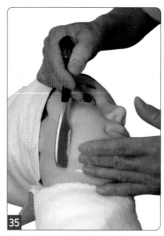

35 펜슬핸드로 아래턱을 면도한다.

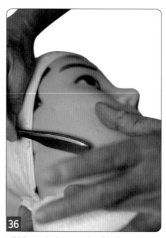

36 백핸드 기법으로 면도한다.

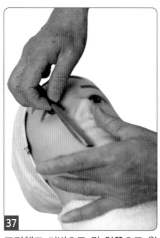

37 프리핸드 기법으로 칼 안쪽으로 윗입술을 면도한다.

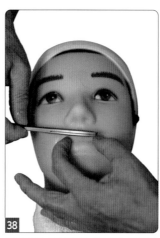

38 프리핸드 기법으로 엄지와 검지로 잡고 면도한다.

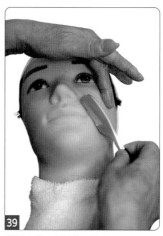

39 윗입술을 수정 면도한다.

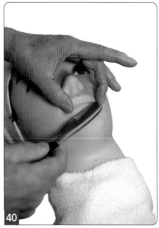

40 스틱 기법으로 아랫입술을 면도한다.

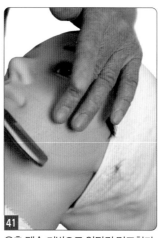

41 우측 펜슬 기법으로 앞당김 면도한다.

42 마무리 타월로 얼굴 감싸는 모습

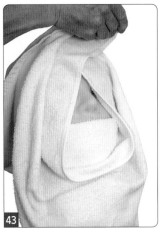

타월 사용 모습

얼굴을 타월로 닦는 모습

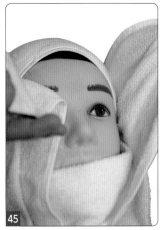

타월 양쪽 끝을 잡고 진행한다.

이마, 눈, 코, 볼, 턱 순으로 닦는다.

턱에서 귀 방향으로 마무리하여 닦는다.

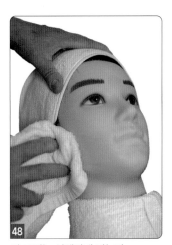

귀 근처는 섬세하게 닦는다.

스킨을 적당량 손에 따른다.

얼굴에 바르고 핸드링 모습

핸드링 모습

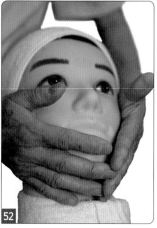

52 마무리 핸드링

53 로션을 적당량 손에 따른다.

54 얼굴에 바르고 핸드링 모습

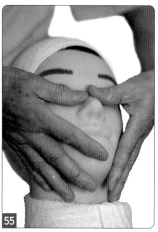

55 핸드링 모습

56 마무리 핸드링

Chapter 04 염색

준비물

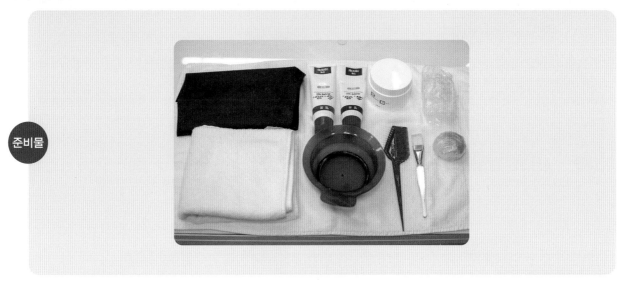

01 크림 도포 준비

02 페이스 라인 크림 도포하기

03 우측 프론트 사이드 코너 포인트를 포함하여 햄라인 전체에 크림 도포한다.

04 사이드 측면 크림 도포한다.

05 이어 탑 크림 도포한다.

06 이어 포인트에서 네이프 사이드 포인트 연결 스킨 부분에 크림 도포한다.

07 좌측도 동일하게 진행한다.

08 염색제 1제 계량 (비율 1:1)

09 염색제 2제 계량 (비율 1:1)

10 좌측 측면 염색제 도포한다.

11 좌측 측두부 도포한다.

12 우측 측두부 도포한다.

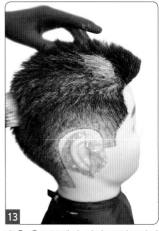

13 우측 측두부에서 이어 포인트까지 연결 도포한다.

14 페이스 라인 도포한다.

15 센터 중앙 부분 도포한다.

16

우측 프론트 사이드에서 사이드로
내려가며 도포한다.

17

좌측 프론트 사이드에서 사이드로
내려가며 도포한다.

18

탑에서 골덴 포인트 정중선 라인 도
포한다.

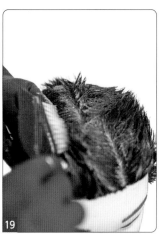

19

정중선 라인 염색제 도포 확인한다.

20

상부 모발 도포 완료

21

우측 후두부 탑 포인트부터 백 포인
트를 기준으로 내려가면서 도포한다.

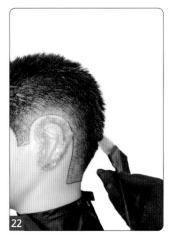

22

백 포인트 도포한다.

23

좌측 후두부 탑 포인트부터 백 포인
트를 기준으로 내려가면서 도포한다.

24

전체 염색빗을 이용하여 세로 섹션
체크한다.

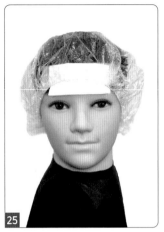

25 도포 완료 후 비닐캡 씌우기

26 레벨 확인한다. 샴푸 시 물을 살짝 적신 후 에멀젼한다.

27 염색제를 씻어낸다.

28 깨끗이 헹구어 준다.

29 샴푸를 도포한다.

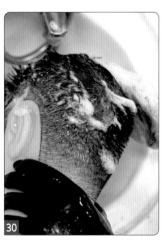

30 샴푸 시 핸드 테크닉을 사용한다.

31 깨끗하게 마무리 헹굼한다.

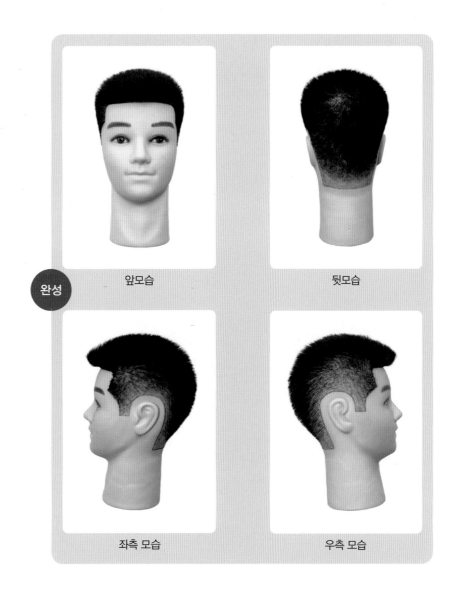

완성

앞모습

뒷모습

좌측 모습

우측 모습

준비물

시술 전

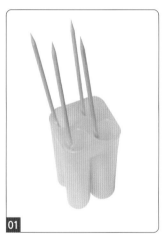

01 스틱봉 용기에 4개 이상 준비한다.

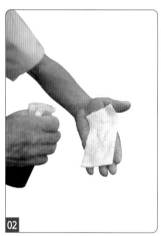

02 솜에 적당량 수분을 분무한다.

03 스틱봉을 솜으로 뭉치지 않게 손가락으로 잡아주며 감아준다.

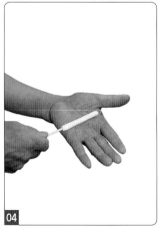

04 솜을 스틱봉에 감은 모습

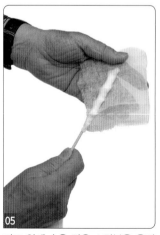

05 거즈 위에 솜을 감은 스틱봉을 올려준다.

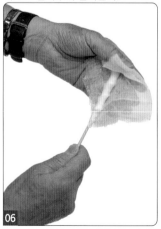

06 스틱봉 위에 거즈 부분을 접는다.

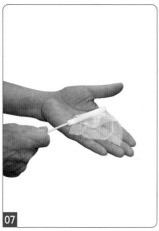

07

거즈를 봉에 감아준다.

08

마무리된 끝 지점에 테이프를 감는다.

09

브러시를 이용하여 모발을 고루 빗어준다.

10

전두부, 두정부, 우측두부, 후두부, 좌측두부 순으로 빗어준다.

11

측두부 빗는 모습

12

용기에 스켈프 제품을 1/2 담는다.

13

스틱봉에 제품을 묻혀 페이스라인 도포 후 전두부부터 시술한다.

14

스틱봉을 두정부 두피에 대고 도포 시술한다.

15

스틱봉을 측두부 두피에 대고 도포 시술한다.

우측 후두부 시술 모습

우측 후두부 시술 진행 모습

우측 네이프(발취선)까지 시술 진행한다.

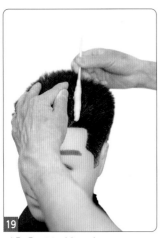

좌측 측두부 시술 모습

좌측 측두부 시술 진행 모습

좌측 후두부 시술 모습

좌측 후두부 시술 진행 모습

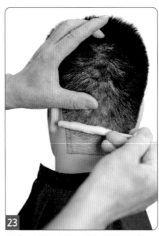

좌측 네이프 방향 시술 진행 모습

우측 페이스 라인 시술 모습

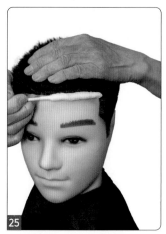

25

좌측 페이스 라인 시술 모습

26

두피스케일링 완성 모습

Chapter 06

샴푸·트리트먼트

※작업과정이 동일하여 중상고로 보여드립니다.
학습에 참고 바랍니다.

 준비물

01 목에 타월을 두른다.

02 타월 위 세발보를 두른다.

03 수분을 골고루 분무한다.

04 샴푸제를 골고루 도포한다.

05 거품이 주변에 튀지 않도록 두정부에서 전두부로 교차 테크닉 진행한다.

06 두정부 문지르기 매니플레이션을 한다.

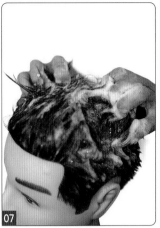

두정부에서 측두부로 연결동작으로
한다.

전두부에 지그재그 테크닉으로 두
피 자극 마사지를 실시한다.

지그재그 또는 팅기기, 당기기 등의
테크닉을 사용하여 정확한 두피 마사
지 연결동작을 한다.

앞부분부터 거품을 모아야 한다.

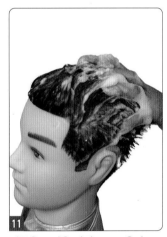

거품을 크라운 지점으로 모은다.

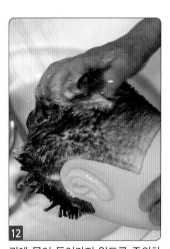

귀에 물이 들어가지 않도록 주의하
며 헹군다.

샴푸제를 깨끗이 씻어낸다.

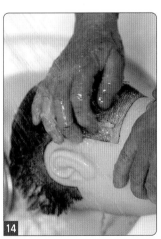

네이프까지 꼼꼼히 헹군다.

모발의 수분이 흘러내리지 않도록
살짝 닦아준다.

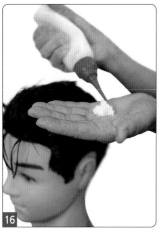

트리트먼트제를 손바닥에 덜어준다.

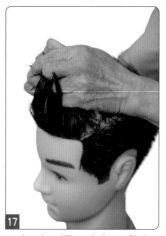

트리트먼트제를 모발에 도포한다.

모발 부분에 골고루 도포한다.

두피 지압 마사지 방법으로 두피 혈행에 도움을 준다.

두피까지 깨끗이 헹군다.

잔여물이 남지 않도록 꼼꼼히 헹군다.

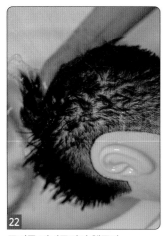

두피를 비벼주면서 헹군다.

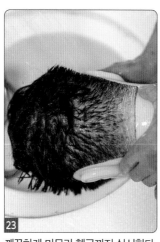

깨끗하게 마무리 헹굼까지 실시한다.

모발의 수분을 닦는다.

25 타월의 양끝을 잡고 좌우로 흔든다.

26 흔들 때 모근부를 제외하고 모발부
만 흔들어 건조한다.

27 측두부도 동일하게 건조한다.

28 트리트먼트 완성된 모습

※작업과정이 동일하여 중상고로 보여드립니다.
학습에 참고 바랍니다.

준비물

01 10% 수분 유지를 위한 오일 도포 후 와인딩

02 균일하고 매끈하게 와인딩한다.

03 뿌리를 살리고 간격을 좁게 와인딩한다.

04 기존 와인딩은 건드리지 않도록 주의한다.

05 와인딩 끝에 빗을 대주며 기계를 빼준다.

06 와인딩 크기는 균일해야 한다.

매끈하며 윤택이 있어야 한다.

와인딩 폭도 균일해야 한다.

상부 9개 와인딩 모습

측두부 시술 시 기존 와인딩에 주의
한다.

크기는 상부와 동일하게 시술한다.

측두부 5개 와인딩 모습

측면 1번과 상부 4번 와인딩 각도
모습

상부 와인딩을 건드리지 않도록 주
의한다.

측면 2번과 센터 6번 와인딩 각도
모습

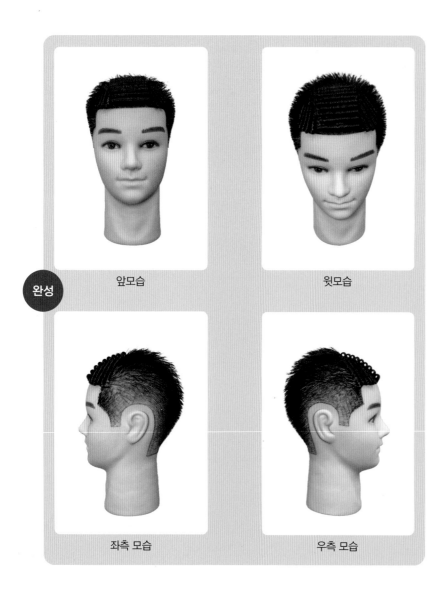

완성

앞모습

윗모습

좌측 모습

우측 모습

작품

★ 모든 커트 길이는 작품에 따라 부분적으로 달라질 수도 있음 ★

★ 달라질 수 있는 곳 : 탑 포인트, 골덴 포인트, 백 포인트, 네이프 ★

★ 정통작품의 길이와 나만의 작품 길이가 혼합된 길이 설정임 ★

정통 클래식

고저차가 없는 상부 스퀘어를 만들고 측면은 방사선 형태 80° 각도를 형성하는 방법을 중심으로 스퀘어 각과 수직으로 세운 눈높이와 위치 비례값을 잘 살피고 방향성 각과 광택선 빗질의 선 등 이용의 모든 기능이 집약되어 있는 클래식 작품이다. 이용장 실기시험의 단골 작품이라 할 수 있다.

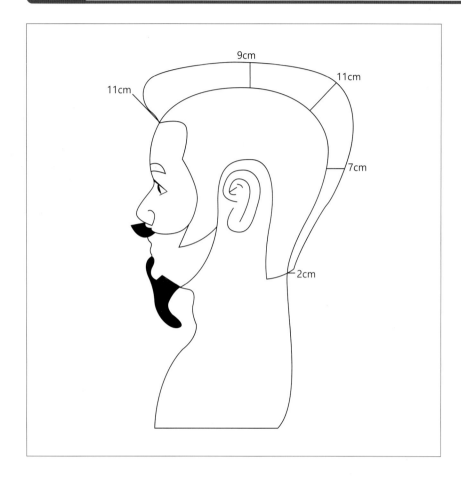

센터 중앙	11cm
탑	9cm
골덴포인트	11cm
백 포인트	7cm
네이프	2cm

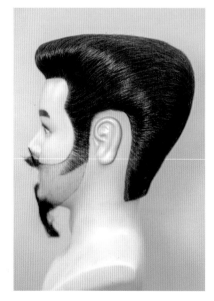
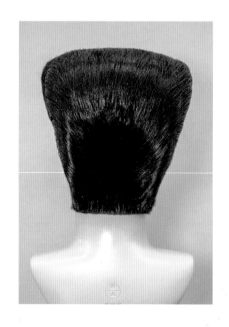

클래식 변형

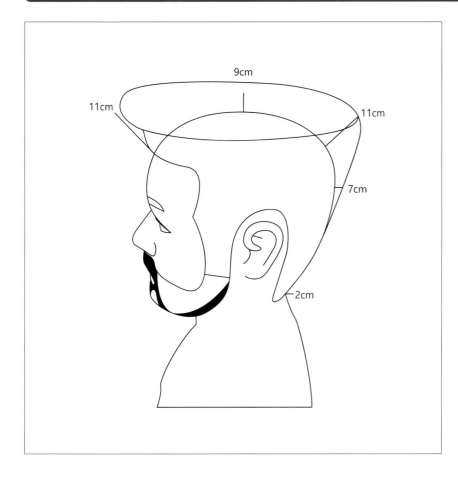

앞머리는 S컬로 세워주며 끝머리는 시계 방향으로 돌려주고 측면은 플랫하게 형성해주며 스퀘어각을 만들어주고 상부모발은 뱅을 기준으로 360° 시계방향으로 돌려주며 수평 스퀘어가 나오도록 하며 후두모발은 양쪽 모두 방사형태의 빗질로 혼합되는 곳은 틴닝 처리 후 클래식 뒷머리 각도로 만드는 변형 클래식 태풍 작품이다. 이용장 실기시험에 도면으로 나왔던 작품이다.

센터 중앙	11cm
탑	9cm
골덴포인트	11cm
백 포인트	7cm
네이프	2cm

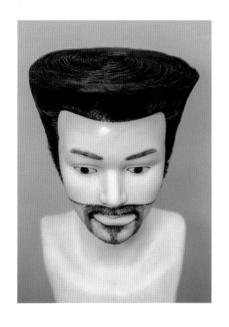

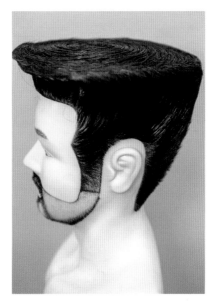

스트럭처 작품

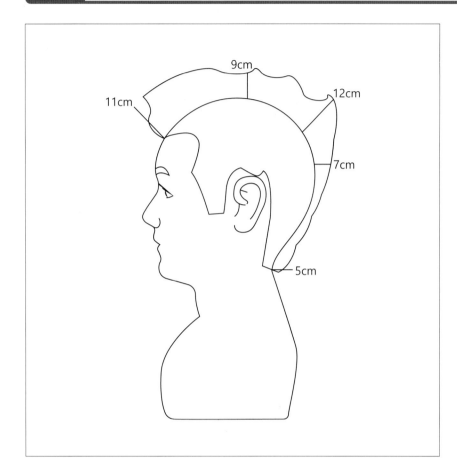

고전적인 클래식과 역동적이고 S컬 형태의 컬을 만든 형태의 작품으로서 리지와 리지를 연결하는 작품으로 클래식 작품 위에 웨이브 옷을 입히듯 수평과 수직각도 개념 속에 웨이브 연결을 매우 중요시 한다. 이 작품도 이용장 실기시험에 일부는 응용되고 있는 하나의 작품이라 할 수 있다.

센터 중앙	11cm
탑	9cm
골덴포인트	12cm
백 포인트	7cm
네이프	5cm

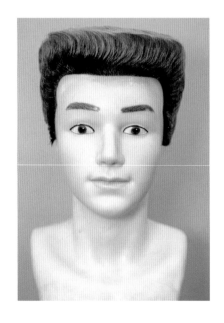
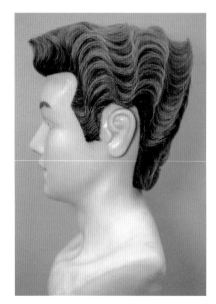
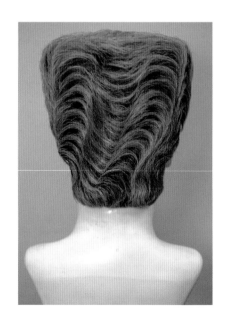

프로그레이시브 작품

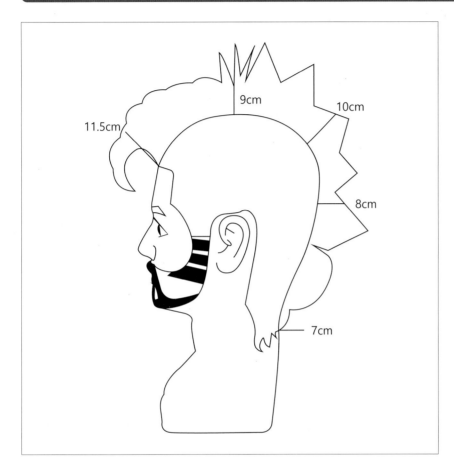

창조적이며 파격적인 디스커넥션 커트로 형태의 구조와 다양한 입체적 컬러를 시대 흐름에 맞추어 독창적인 작품으로 완성한다. 무대, 공연, 패션쇼, 파티 등에 활용되는 작품이다.

센터 중앙	11.5cm
탑	9cm
골덴포인트	10cm
백 포인트	8cm
네이프	7cm

핸드 드라이 작품

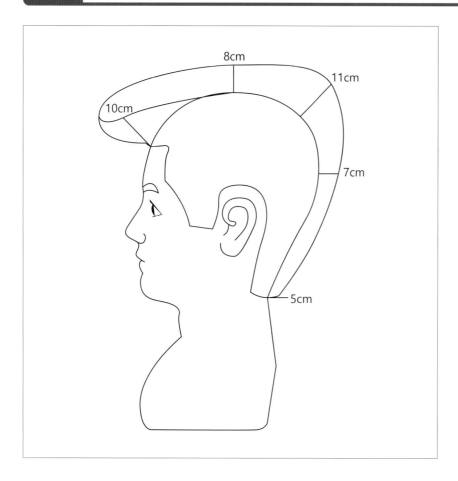

아이론펌을 이용해 웨이브의 볼륨감과 갓을 형성하는 과정에 오르지 손가락으로만 제작을 하며 클래식 작품 스퀘어를 유지하도록 하고 전체적으로 웨이브의 릿지를 표현해주는 핸드 드라이 작품이다. 이용장 실기 시험에 응용되는 작품이다.

센터 중앙	10cm
탑	8cm
골덴포인트	11cm
백 포인트	7cm
네이프	5cm

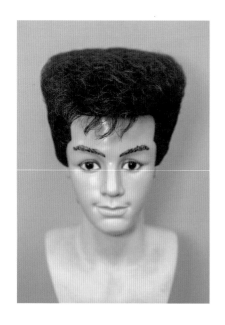
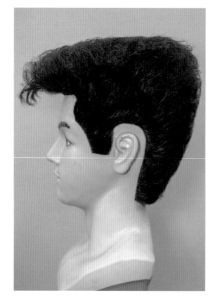

크레이티브 작품

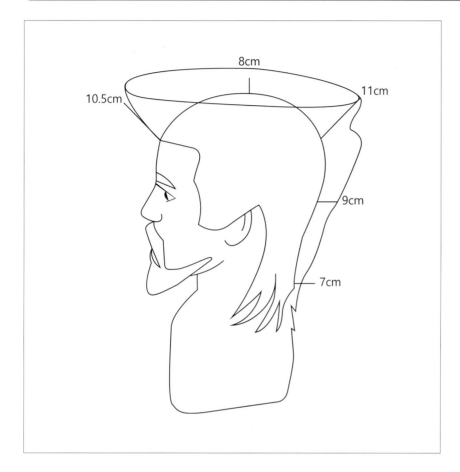

8cm

10.5cm

11cm

9cm

7cm

창조적이며 미래지향적인 새로운 운영형태로 화려한 컬러 작품으로 빗자국의 방향성과 연결이 매우 중요하고 각과 선을 중요시 하는 작품이다. 이용장 실기시험에 응용되고 있는 작품이라 할 수 있다.

센터 중앙	10.5cm
탑	8cm
골덴포인트	11cm
백 포인트	9cm
네이프	7cm

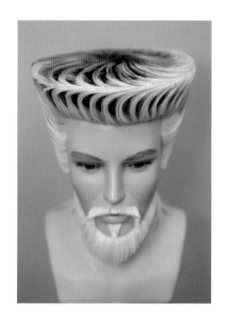

7:3 가르마형 작품

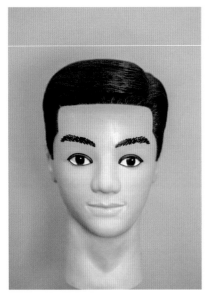 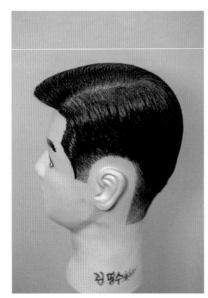 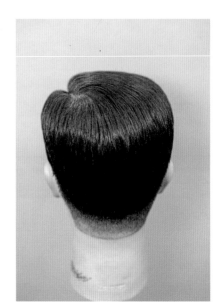

현시대에 거리 패션으로 젊은 세대들의 유행을 불러일으킨 7:3 바버작품으로 각광을 받는다. 이용장 실기시험 등장에도 배재할 수 없는 작품이다.

3:8형 스타일 작품

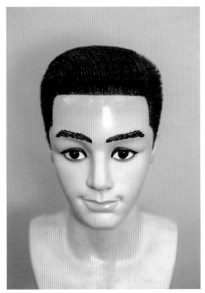 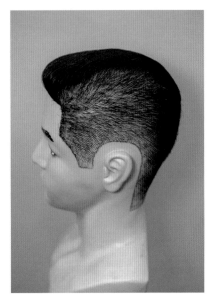 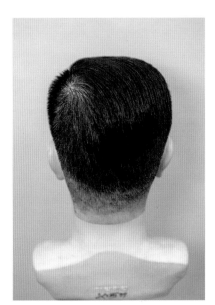

이 작품은 3:8 3쪽 부분을 드라이한 작품 높이로 깎아주고 나머지 8쪽 부분은 정상적으로 셋팅한다. 이용장 실기시험 등장에도 배재할 수 없는 작품이다.

둥근 스포츠 작품

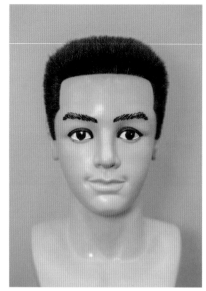 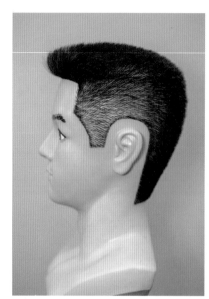 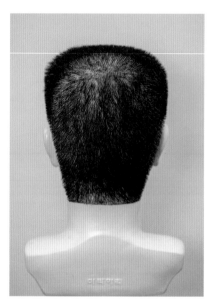

정통 스포츠 작품에서 모든 각을 없애주고 상부 모발을 라운드로 만들어 주면 되는 작품이다.

이용사
[이용장 포함]
실기

실기

탑클래스 전문가가 알려주는 합격 비법과 꿀팁 대방출
혼공을 위한 디테일한 사진과 일러스트

정가 **27,000**원

9788927774259

13590

ISBN 978-89-277-7425-9

(주)다락원 경기도 파주시 문발로 211

☎ (02)736-2031 (내용문의: 내선 291~296 / 구입문의: 내선 250~252)

📠 (02)732-2037

☕ www.darakwon.co.kr

💻 http://cafe.naver.com/1qpass

출판등록 1977년 9월 16일 제406-2008-000007호

원큐패스 QPASS

원큐패스는 수험생들이 한번에 합격하기를 응원합니다.

혼공비법

이용사
[이용장 포함]
필기

김명수 · 정현주 공저

이용의 거장과 이용장이
이용인의 실력향상을 위해 뭉쳤다!

기본 다지기부터 실전까지
이용인 기본 지침서

다락원

Ⅱ

필기시험

I

이용 위생 서비스 및 모발관리

Chapter 01 이용사 위생관리

1 이용사 건강 및 질병 관리

① 건강관리 : 인간과 환경 사이의 상호작용을 기초로 하여 단지 건강 유지에 그치지 않고 증진시킬 목적으로 질병의 예방은 물론 의료, 재활 훈련까지도 포함하는 종합적인 활동
② 이용사는 잘못된 시술 자세로 인한 통증, 불규칙한 식사로 인한 소화기계 질환, 여러 가지 약품으로 인한 접촉성 피부염 등 다양한 건강 이상 증상들이 나타날 수 있음
③ 설사, 발열, 복통, 구토 등의 감염병 증상이 의심되거나 위생에 영향을 미칠 수 있는 질환이 있으면 작업을 중지하고 의사의 진단을 받음
④ 연 1회 이상 정기적으로 건강 검진을 받아 건강 관리

2 이용사 개인 위생관리

다수의 고객을 대하는 이용사의 위생은 질병·감염병을 예방하는 위생 관리의 자세가 요구되고, 이용사 자신이 병인(병원체를 가진 병원소)이 되어 감염을 일으키지 않도록 건강과 청결, 단정한 용모를 관리할 수 있어야 함
① 두발에서 냄새가 나거나 미관상 불쾌한 느낌이 들지 않도록 청결을 유지
② 수염은 단정하고 깔끔한 이미지를 주기 위해 일반적으로는 깔끔하게 면도를 권하지만 이용 업무에서는 업무의 특성상 전문가다운 외모 연출을 위해 멋지게 길러 개성을 표현할 수 있음
③ 손톱 또한 일반적으로는 손톱 밑에 세균이 잠복하기 쉽고 손톱이 길면 샴푸 등의 작업에서 고객 두피에 상처를 줄 수 있어서 짧게 자르도록 권장
④ 평소에도 손 씻기를 생활화 하는 자세가 필요함
⑤ 식사 및 흡연 후 양치질이나 구강 청정제를 이용하여 고객에게 불쾌감을 주지 않도록 하며, 기침이 심한 고객을 관리한 후에는 코나 입을 통한 감염을 예방하기 위해 양치질을 하도록 함
⑥ 체취는 샤워 등을 통해 청결을 유지

3 이용사 복장 및 용모 규정

(1) 이용업의 직원 복장

① 이용업은 청결하고 단정한 복장을 원칙으로 함 : 복장(유니폼)
② 이용업은 유행과 외모 연출이 중요한 업종이므로, 업체별, 직급별, 담당 업무에 따라 다소 자유롭게 스타일을 규정하고 있음
③ 남성 이용사의 복장은 깔끔하고 신사다운 정장이나 와이셔츠와 넥타이에 위생복 또는 타바드(Tavard, 무릎 기장의 이용 앞치마)를 착용하며, 경우에 따라 소매 끝을 관리하기 위해 토시를 사용하기도 함

(2) 이용사 헤어스타일

① 스타일링 제품(왁스, 스프레이 등)을 사용하여 단정하면서 유행을 반영하는 컬러와 헤어스타일로 세련됨과 전문성을 표현
② 메이크업은 남성의 경우 피부 표현과 눈썹 정리로 깔끔한 이미지를 연출
③ 헤어스타일은 깔끔하고 남성스러운 스타일을 연출하거나 길게 연출할 수도 있음
④ 수염은 길러 좀 더 멋스러운 연출을 할 수도 있음

Chapter 02 영업장 위생관리

1 환경 위생의 정의

세계보건기구(WHO)는 환경 위생을 '인간의 신체 발육, 건강과 생존에 유해한 영향을 미치거나 미칠 가능성이 있는 인간의 물리적 생활환경에서의 모든 요인을 통제하는 것'이라고 정의함

2 업소 시설 및 설비 관리

① 영업장은 주택과 같은 인위적 환경으로 시설 및 설비 등 여러 가지 관리가 필요함
② 이용업소 시설에는 업소마다 조금씩 다를 수 있지만 일반적 내부 시설로는 작업장, 고객 대기 공간, 판매 제품 진열대, 수납장, 샴푸대, 화장실 등으로 구성되어, 공간의 천장 및 바닥, 벽 등이 있고, 외부 시설로는 계단, 외관 벽면, 간판 및 입간판, 현수막 등도 관리가 필요함
③ 이용업소에서 갖추어야 할 설비는 환기, 조명, 급배수, 음향, 소방 및 전기 설비 등이 있으며 여러 가지 시설과 설비는 이용업소 고객과 종업원의 안전과 위생에 직결되므로 철저히 관리해야 함

3 영업장 환경의 청결유지

(1) 이용업소 외부 위생

① 이용업소 출입구 및 주변 청소
② 이용업소 출입구 및 계단 청소
③ 이용업소 계단 손잡이 및 출입문 손잡이 닦기
④ 이용업소 주변 쓰레기를 청소하고 화분이 있는 경우 화분에 물주기
⑤ 이용업소 내·외 유리 청소
⑥ 건물 입구 및 외관, 계단, 벽, 복도 등의 얼룩이나 찌꺼기 등은 청소 세제와 수세미 등을 이용하여 제거

(2) 이용업소 내부 위생

① 안내 데스크 및 선반 위 먼지를 제거하고 불필요한 물건을 정리
② 컴퓨터 및 관련 기기와 명함 케이스의 먼지 제거
③ 락커 룸이 있는 경우 먼지를 제거하고 락커 열쇠 점검
④ 락커 룸의 가운을 정리하고 채워 넣기

(3) 고객 대기 공간 청소

① 책장, 소파, 탁자 등의 먼지를 털어내고 닦기
② 이용 신문, 잡지, 책 등 정리
③ 접객용 다과 준비

(4) 샴푸실 청소

① 타월 등을 정리하여 채우기
② 샴푸대의 거름망 안의 이물질을 제거한 후 물기와 먼지 닦아 내기
③ 샴푸, 린스, 트리트먼트 등 제품의 양 확인
④ 샴푸실 바닥을 깨끗이 청소하고 이물질 및 물기 제거

(5) 화장실 청소
① 화장실 각 칸을 포함한 모든 쓰레기통 비우기
② 화장실 변기와 바닥을 쓸고 닦기
③ 거울, 세면대, 벽면, 문 등 닦기
④ 쓰레기통을 비우고 정리

(6) 제품 준비실 청소
① 선반 및 서랍 먼지를 제거하고 닦아 내기
② 시술에 사용된 도구를 세척한 후 정리
③ 제품 수량을 점검한 후 부족한 제품을 채워 놓기
④ 바닥을 쓸고 닦아 이물질과 먼지 등 제거

(7) 시술 라인 청소
① 시술 의자, 발판, 이용 경대 선반 및 서랍에 있는 머리카락을 털고 닦기
② 이용 경대의 거울과 뒷거울을 깨끗하게 닦기
③ 커트보, 염색보, 드라이보 등의 냄새와 얼룩 확인 후 깨끗한 것으로 준비

(8) 바닥 청소
이용업소 바닥 전체를 구석구석 깔끔하게 쓸고 걸레로 닦기

(9) 이동식 작업대 및 사용기기 청소
① 모든 이동식 작업대와 사용 기기 닦기
② 다양한 열펌기 정리
③ 이용업소에서 매일 시술 후 배출되는 쓰레기를 분리 배출
④ 재활용이 가능한 품목과 가능하지 않은 품목을 구분하여 재활용이 가능한 품목을 품목별로 분리 배출하여 분류한 쓰레기를 해당 장소에 분리 배출

(10) 용기 안의 내용물 제거
① 퍼머넌트 웨이브 1제 및 2제 용기, 염모제 1제 및 2제 용기, 용기 안에 남은 내용물을 깨끗하게 제거
② 염색 시술이 끝난 후 볼에 남은 약액은 물로 씻어 낼 경우 수질 오염의 우려가 있으므로 휴지로 닦아 볼은 물로 깨끗하게 씻기

4 업소 도구 및 기기 관리

(1) 이용업소 도구 관리
① 도구는 어떤 일을 할 때 사용하는 연장 종류로 이용 도구는 이용사의 업무를 돕는 기능이 있는 것으로서 가위 종류, 클리퍼, 면도기, 빗, 핀셋, 브러시, 펌 로드 등이 있음
② 이용 시술 중 고객의 머리카락이나 두피에 직접 닿았던 도구는 세균 감염의 우려가 있으므로 사용 후 각각 도구의 재질에 맞게 소독하여 정해 놓은 위치에 보관함

(2) 이용업소 기기 관리
① 기기는 기구와 기계를 포함하는 의미이며 기구는 넣어 두고 담아 두는 그릇으로, 소독기, 샴푸 볼, 화장대, 이용 경대 및 의자, 정리장 등을 말함
② 기계는 동력에 의해 움직이는 장치를 말하며, 드라이기, 클리퍼, 전기 종합 미안기 등이 있음

5 **이용업소 타월 및 가운 세탁 방법**

(1) 타월 세탁

① 이용업소에서 매일 샴푸 등 이용 시술에 사용되는 타월은 물기를 잘 흡수하고 먼지가 많이 나지 않으며 쉽게 건조되어야 하고, 너무 두껍거나 크거나 작지 않아야 함

② 한 번 사용한 타월은 자체적으로 세탁기 등을 이용해서 세탁을 하거나 세탁 전문 업체를 통해 단체 세탁을 맡기기도 함

(2) 가운류 세탁

① 이용업소에서 이용 시술 시 사용되는 가운류에는 커트보, 염색보, 파마보, 드라이보, 세발보가 있으며 방수 및 방염의 기능을 갖추고 있음

② 가운류는 제때 세탁이 안 될 경우 냄새가 날 수도 있으므로 이를 방지하기 위해 한 번 사용한 가운류는 당일 세탁 후 잘 건조시켜 위생적인 관리가 이루어질 수 있도록 해야 함

6 **이용 도구의 살균과 소독**

(1) 살균과 소독

① 이용업소에서 행하는 이용 시술은 이용사의 손과 미용 기구, 제품을 가지고 고객의 모발과 두피에 행해지므로 이용사와 고객의 위생을 위해 철저한 살균과 소독이 중요함

② 살균 : 어떤 사물을 무균 상태로 만드는 것

③ 소독 : 병원균의 성장을 억제하거나 그 자체를 죽여 없애는 것

(2) 물리적 방법

① 습열 : 100℃ 물에 20분간 끓여 살균하는 방법

② 건열 : 타월, 거즈, 면직물 등의 물건을 살균하는 데 사용

③ 자외선 : 전기 위생기의 자외선은 미용업소에서 위생 처리된 기구들을 위생적으로 보관하는 데 사용함

(3) 화학적 방법

① 좋은 효과를 기대할 수 있는 살균 소독 방법

② 많은 미용업소에서 박테리아를 없애거나 그 번식을 방지하기 위해 사용하고 있음

③ 몇 가지 화학제품은 살균제와 소독제로 분류할 수 있으며, 강하고 독한 용제는 살균제로 쓰이고, 약한 용제는 소독 방부제로 쓰임

> 🌼 **좋은 살균제의 조건**
> • 준비하기 편해야 함
> • 냄새가 적고 부식성이 없어야 함
> • 경제적이고 피부에 자극이 없어야 함
> • 효과가 빨리 나타나야 함

영업장 안전사고 예방 및 대처

1 안전사고

안전 위험이 발생할 수 있는 장소에서 안전 교육의 미비, 안전 수칙 위반, 부주의 등으로 발생하는 사람 또는 재산 피해를 주는 사고

2 이용업소 전기 안전 지식

(1) 합선 및 누전 예방

① 이용 시술에 사용하는 전기 기기는 용량에 적합한 제품 사용
② 피복이 벗겨지지 않았는지 수시로 확인
③ 천장 등 보이지 않는 장소에 설치된 전선의 정기 점검을 통하여 이상 유무 확인
④ 회로별 누전 차단기 설치
⑤ 이용업소 바닥이나 문틈을 지나는 전선이 손상되지 않도록 보호관을 설치하고 열이나 외부충격에 노출되지 않도록 하여야 함

(2) 과열 및 과부하 예방

① 한 개의 콘센트에 열기구, 드라이기, 매직기 등 전기 기기의 플러그를 꽂아 사용하는 문어발식 사용을 하지 않음
② 이용 전기 기기의 전기 용량 및 전압에 적합한 규격 전선을 사용
③ 사용한 전기 기기는 반드시 플러그를 뽑아 놓음
④ 자동 온도 조절기의 고장 여부를 수시로 확인

(3) 이용업소 감전사고 예방 점검 사항

① 손에 물기가 없는지 확인
② 전기 기기의 전선이 벗겨진 부분은 없는지 확인
③ 전기 기기 사용 전 고장 난 부분이 없는지 확인
④ 플러그를 꽂거나 뽑을 때 플러그 부분을 잡았는지 확인
⑤ 전기 기기 사용 후 전원의 off 상태 확인

3 소방 안전 지식 및 심폐 소생술

(1) 소화기 관리 방법

① 이용업소에서 소화기를 비치할 때에는 눈에 잘 띄고 통행에 지장을 주지 않도록 함
② 습기가 적고 서늘한 곳이 좋으며 받침대 위에 올려놓거나 벽에 걸어 놓아 눈에 잘 띄도록 함
③ 화재 시 대피할 것을 고려해 문 가까운 곳에 비치
④ 옥내 소화전 문을 열고 호스를 빼고 노즐을 잡고 밸브를 돌려 불을 향해 쏨

(2) 심폐 소생술 순서

① 심폐 소생술을 할 때에는 먼저 의식 및 호흡 확인
② 주변 사람에게 119 신고 요청
③ 가슴 압박 30회와 인공호흡 2회를 119 구급대가 도착할 때까지 실시

Chapter 04 피부의 이해

① 피부

1 피부의 정의

① 피부는 외부를 덮고 있는 기관
② **피부의 구성** : 바깥쪽에서부터 표피, 진피, 피하조직
③ **표피** : pH 4.5~6.5의 약산성, 복잡한 그물 모양의 구조
④ **진피** : 콜라겐 섬유와 탄력 섬유와 같은 기질 단백질로 구성, 표피 아래에 위치하며 혈관, 신경, 땀샘 등이 있음
⑤ **피하지방층** : 지방세포로 구성
⑥ 체온 조절과 외부 환경에 대한 장벽으로의 기능 등 다양한 기능
⑦ **피부의 무게** : 체중의 약 16%

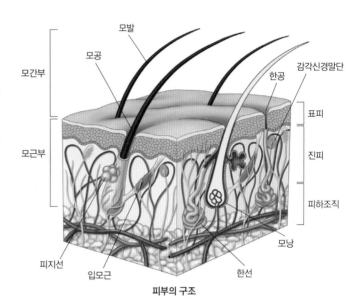

피부의 구조

2 피부의 기능

보호 작용	대부분 피부 두께는 6mm 이하에 불과하지만 탄탄한 보호막 역할을 한다. 피부 표면을 구성하는 주요 성분은 거친 섬유성 단백질인 케라틴이고, 털과 손톱에도 이 성분이 포함되어 있으며 건강한 피부는 과도한 수분 손실을 막아주고, 외부 미생물과 유해물질을 막아낼 수 있는 매우 효율적인 장벽이다. 피부에 상처가 생기면 평소 피부에 서식하는 미생물이 이 피부 상처를 통해 혈류로 침투할 수 있다. 피지는 피지선에서 분비되는 기름기 있는 액체로, 피부를 유연하게 해주고 방수 기능을 한다. 목욕을 할 때 스펀지처럼 물을 흡수하지 않는 이유는 피부의 방수 효과 때문이다.
감각 작용	우리가 피부를 통해 느끼는 감각은 피부의 진피층에 있는 압력, 진동, 열, 추위, 통증에 대한 수용체를 통해 이루어지며 매초마다 외부로부터 들어오는 수백만 개의 신호는 이 수용체에서 감지되어 뇌로 전달된다. 뇌는 이러한 신호로부터 이미지를 형성하며 뜨거운 조리기구 같은 위험 상황에 대해 경각심을 갖게 하고 손가락 끝에는 이러한 수용체가 밀집해 있다.
체온 조절 작용	피부는 필요한 것보다 훨씬 많은 혈액 공급이 가능해서, 복사, 대류, 전도 등에 의한 에너지 손실을 정밀하게 조정할 수 있게 하며 팽창된 혈관들은 관류와 열 손실을 증가시키는 반면, 수축된 혈관들은 피부의 혈액 공급을 크게 줄이고 열을 보존시키는 역할을 한다.
분비, 배설 작용	땀에는 요소가 들어있으나, 그 농도는 소변의 1/130에 불과하여, 땀을 통한 배설은 잘해봐야 땀을 통해 수행하는 보조기능 정도이다.
흡수 작용	산소, 질소와 이산화탄소는 표피에 약간 흡수될 수 있어, 몇몇 동물은 피부를 유일한 호흡 기관으로 사용한다. 더구나, 약품은 피부를 통해서도 처방될 수 있어, 연고나 니코틴 패치나 전리 요법과 같은 접착성의 패치가 사용되기도 한다. 피부는 다른 많은 생명체에게도 중요한 물질 운송 기관이다.

재생 작용	피부의 재생능력은 커서 피부에 상당히 넓은 결손이 생겨도 차츰 나아지게 된다. 또한 표피에만 결손이 생길 경우 기저 세포가 남아 있으면 차츰 재생되어 상처 자국을 남기지 않고 회복된다. 그러나 기저층이나 모낭, 한관 등이 모두 손상되면 그 부위에 상처 자국이 남게 된다.
저장과 합성 작용	지질과 수분의 저장 기능을 하는 동시에, 피부 특정 부분에서는 UV 작용을 통한 비타민 D의 합성 기능도 수행한다.
증발의 조절	피부는 수분 손실에서 상대적으로 마르고 불투과성의 장벽을 제공하며 이 기능의 손실 때문에 화상을 입었을 때 막대한 수분 손실이 생긴다.

3 표피

(1) 표피의 특징
① 외부 환경과 직접 접촉하는 부분
② 육안으로 볼 수 있는 겉껍질
③ 상피조직으로 구성되어 있는 피부의 가장 바깥쪽의 층
④ 두께는 보통 0.07~0.12mm
⑤ 구성 세포 : 각질형성세포가 대부분을 차지, 멜라닌세포, 랑게르한스세포, 부정형세포, 메르켈세포 존재

(2) 표피의 기능
① 외부의 유해한 자극에 대한 장벽 역할(체내 조직 보호)
② 수분과 전해질의 외부 유출 방지(수분 손실 조절)
③ 체온 조절
④ 배설되지 않는 몸속의 노폐물, 기름, 땀 등을 분비
⑤ 촉각, 압각, 통각, 온도 자극 등에 대한 감각기능 수행
⑥ 면역기능 수행
⑦ 비타민 D 합성
⑧ 내부 장기의 이상을 표현하는 기관
⑨ 약물을 투입하는 통로

(3) 표피의 구조

각질층	• 표피의 가장 바깥에 위치함 • 두피에서 직접 만질 수 있는 층 • 납작한 비늘 형태의 핵이 없는 편평한 세포가 10~20층으로 겹쳐져 있음 • 정상 피부 19~20장, 예민성 두피, 민감성 두피 10~12장, 지성 두피 14~15장으로 구성 • 형성 세포 : 케라틴, 세포간지질, 천연보습인자, 수분 • 죽은 세포는 각화산물로 되어 있어 클렌징, 마사지, 샴푸, 빗질 등으로 약 0.2~2g씩 매일 떨어져 나감
투명층	• 각질층 바로 아래에 있는 얇고 투명한 층 • 단백질로 구성되어 있음 • 아래의 과립층에서 만들어진 과립세포에서 윗층의 각질층에 있는 각질세포로 넘어가는 엘라이딘 존재 • 엘라이딘 : 유상으로 녹아 반 고형의 상태, 반유동성 • 색과 핵이 없는 무색과 무핵의 납작하고 투명한 상피세포로 구성 • 2~3층으로 쌓여 있음

과립층	• 투명층 아래 3~5층의 납작한 과립세포로 구성 • 표피에서 가장 많은 변화가 일어나는 곳 • 과립세포 : 과립층 아래에 있는 유극층의 유극세포에서 이행되어 온 것, 유극세포보다 수분이 30% 정도 감소된 상태 • 케라토히알린 과립 함유 : 케라틴 단백질과 지방이 뭉쳐져 생성된 것, 수분 과잉 또는 증발, 수분 침투 억제, 유해물질 침투 억제, 피부 건조 방지
유극층	• 표피 중에서 가장 두꺼운 층 • 8~10개 층의 다각형 케라노사이트로 구성 • 데스모좀 존재 : 교소체, 벽돌을 쌓을 때 벽돌끼리 접착 시켜주는 시멘트와 같은 일 • 세포간의 결합이 약해지면 외부에서 들어오는 박테리아, 자외선, 알러젠 등을 막아내는 힘이 약해져 알러지 반응을 쉽게 일으킬 수 있음
기저층	• 분열층이라고도 불림 • 표피의 가장 아랫부분, 진피의 바로 위에 위치 • 정육면체 형태의 세포로 이어진 물결모양의 단일층 • 케라티노사이트 : 새포분열을 통해 기저층에서 형성되며 표피 상층부의 죽은 세포들을 계속해서 대체함

4 진피

(1) 진피의 특징
① 콜라겐 섬유와 탄력 섬유가 대부분을 차지함
② 털샘피지 단위, 에크린 및 아포크린 땀샘 단위, 손발톱 등의 피부부속기를 포함

(2) 진피의 구조

유두층	• 표피의 맨 아래층인 기저층과 접하는 진피의 가장 윗부분 • 유두돌기 분포, 수많은 모세혈관이 얽혀져 있어 표피와 진피에 산소와 영양분 공급 • 교원섬유가 불규칙 배열됨 • 수분함유량이 많아 피부의 탄력도에 영향을 줌
망상층	• 그물모양으로 생김 • 진피의 대부분을 차지함 • 섬유성 단백질인 교원섬유와 탄력섬유가 일정한 방향으로 배열되어 있고 피부를 지지하고 탄력을 유지시켜 줌 • 피부의 탄성을 좌우하는 것 : 망상층의 콜라겐, 엘라스틴 등 • 모세혈관이 거의 존재하지 않고 피지선과 신경 분포

(3) 진피의 구성 물질

교원섬유 (콜라겐)	• 진피의 70%를 차지하는 섬유상 단백질 • 탄력성을 제공하는 데 도움 • 외부의 영향으로부터 보호하는 역할 • 자연노화, 자외선 등의 자극으로 인해 형태 변화 • 탄력있는 피부를 위해 콜라겐 케어가 중요함
탄력섬유 (엘라스틴)	• 탄력이 있는 섬유 단백질 • 피부에 탄력을 주는 역할을 하고 노화가 진행됨에 따라 탄력 섬유가 파괴되어 주름이 생김
기질 (히알루론산)	• 천연보습인자 중 하나 • 수분을 끌어당기는 능력으로 수분 유지 능력이 가장 뛰어남 • 연령이 많아질수록 감소함

5 **피하조직**

① 진피 아래에 있는 조직
② 신경, 혈관, 피부부속기를 통하여 구조 및 기능적으로 진피와 밀접한 관련을 가지고 있음
③ **지방세포 발달** : 피하지방을 생산하여 체온과 수분을 조절, 탄력성을 유지하여 외부의 충격으로부터 몸을 보호하고 영양소를 저장하는 기능

2 피부 부속 기관

1 **피부 부속 기관의 정의**

① 피부를 보호하고 기능을 도와주기 위해서 피부 자체로부터 발생하고 진화한 기관
② 한선, 피지선, 모발, 손/발톱 등

2 **한선**

(1) 한선의 특징

① 땀을 분비하기 때문에 땀샘이라고도 함
② 거의 전 피부에 도포되어 있으며 특히, 손바닥, 발바닥, 겨드랑이, 이마에 많이 분포됨

(2) 한선의 기능

① 땀을 만들어 피부 표면에 분비하며 노폐물을 배출
② 피부의 각질층을 습하게 만들어 마찰을 감소시킴으로써 피부를 보호

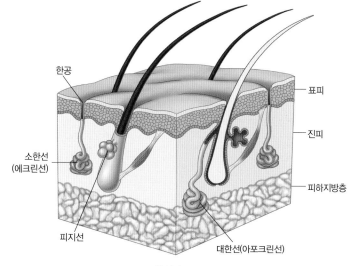

한선의 구조

(3) 한선의 종류

소한선 (에크린선)	• 태어날 때부터 피부에 생겨있는 것 • 일반적으로 말하는 땀을 분비하는 땀샘 • 점막과 입술 경계부 등의 피부 경계부, 소음순, 귀두부, 조갑상을 제외한 전신의 피부에 존재 • 여러 가지 운동으로 인해 체온이 상승하거나 고온에 노출되는 경우 땀을 분비하여 체온을 저하시킴 • 신맛과 매운맛을 내는 음식물이나 정신적인 스트레스에 의하여 분비 • 소한선에서 나는 땀 : 무색, 무취, 99% 수분, 주 성분은 소금(NaCl), 약산성으로 세균의 번식 억제
대한선 (아포크린선)	• 모낭에 부착된 작은 나선형의 구조 • 모낭과 연결되어 모공을 통해 땀을 분비 • 겨드랑이, 사타구니, 음낭, 항문 주위 등의 털이 있는 부위, 남성과 여성의 유두 주위에 분포 • 감정이 변화될 때, 호르몬에 의하여 분비 • 대한선에서 나는 땀 : 독특한 향

3 **피지선**

① 손바닥, 발바닥을 제외한 전신의 피부에 존재
② 주로 얼굴의 T존 부위와 목, 가슴, 등에 존재
③ 일반적으로 남성이 여성에 비하여 피지선의 크기가 크고, 피지 분비량도 많음
④ 피지의 구성성분 : 중성지질이 대부분, 왁스, 스쿠알렌, 콜레스테롤 등
⑤ 피지의 기능 : 각질층의 수분증발 억제, 유연성 부여
⑥ 땀과 섞여서 피지막 형성 : 피부의 pH를 4.5~5.5로서 일정한 약산성 유지, 외부로부터 유해한 물질이나 세균의 침입을 막아 피부를 보호하는 기능

> 🐝 **피부의 변성물**
> 모발, 손톱, 발톱

4 **손톱과 발톱**

(1) 조갑의 기능

일반적으로 손가락과 발가락을 보호하고 지지함

(2) 조갑의 구조

네일 자체	조근 (네일 루트)	손톱뿌리라고 하며, 얇고 부드러운 피부로 손톱이 자라기 시작하는 부분	
	조체 (네일 바디)	사각형으로 보이는 부분으로 신경조직은 없고, 여러 개의 얇은 층으로 구성	
	자유연 (프리에지)	손톱의 끝부분	
네일 밑	조모 (매트릭스)	손톱뿌리 바로 밑에 있으며, 모세혈관, 림프, 신경조직 등이 존재, 손톱을 만드는 세포를 생성, 성장시키는 역할	
	조상 (네일 베드)	네일 바디 밑에 있는 피부로, 지각 신경조직과 모세혈관 존재	
	반월 (루눌라)	조체의 시작 부분에 있는 완전히 케라틴화되지 않은 반달모양의 흰색 부분	
네일을 둘러싼 피부	조소피 (큐티클)	손톱부분을 덮고 있는 피부, 미생물 등의 침입을 막음	
	하조피 (하이포니키움)	손톱 끝의 피부, 박테리아의 침입에서 보호	
	상조피 (에포니키움)	반달을 덮고 있는 손톱 위의 얇은 피부 조직	
	조구 (네일 그루브)	네일 베드를 따라 자라는 손톱 옆의 피부	
	조벽 (네일 월)	손톱의 양측을 지지하는 피부 부분	

1 정상피부

(1) 정상피부의 특징
① 적당한 피지분비량
② 트러블이 잘 나지 않고 모공이 눈에 띄게 크지도 않음
③ 각질층이 20여 층으로 적당
④ 여름에는 약간의 지성 피부타입, 겨울에는 건성 피부타입

(2) 정상피부의 관리법
① 꾸준한 관리가 없다면, 피부 타입이 바뀔 수 있음
② 유수분 밸런스를 유지해 여름은 산뜻하고 겨울은 유수분 충전을 충분히 해주어야 함
③ 주 2회 정도 딥클렌징을 해주어 피지 분비가 원활하게 작용할 수 있도록 함
④ 세안 : 아침에는 약산성 비누를 사용, 저녁에는 메이크업에 따라 클렌저를 선택해 지워낸 후 미지근한 물로 씻어내 찬물로 마무리

2 건성피부

(1) 건성피부의 특징
① 피부 표피가 얇아 외부환경으로부터 민감한 편이며 실핏줄이 비치는 경우가 많음
② 수분부족건성 : 피지는 정상이지만, 수분 부족으로 인해 메마르고 거친 타입
③ 유분부족건성 : 피지가 부족해 건조한 타입
④ 세안을 각별히 신경 써야하는데 세안으로 인해 수분을 지나치게 빼앗기지 않도록 해야 함
⑤ 보습효과가 큰 크림을 사용해 피부 표면 수분을 적당히 유지시켜 주어야 함

(2) 건성피부의 관리법
① 낮과 밤을 나눠 따로 관리해주는 것이 좋음
② 낮에는 자극 없는 세안제로 얼굴을 깨끗하게 씻은 후 보습 성분을 함유한 토너를 솜에 묻혀 고르게 바르고 건조시켜 줌
③ 하루 8시간 정도 충분히 수면을 취해야 부족한 피지와 수분이 올라옴
④ 다른 피부 타입에 비해 피부 표면에 각질이 많아 피부가 칙칙하고 얼룩져 보이므로 일주일에 한번은 스크럽을 통해 혈액순환을 활발하게 해주는 것이 좋음

3 지성피부

(1) 지성피부 특징
① 정상피부와 비교할 때 기름샘과 땀샘 활동이 매우 활발해 피지가 과다하게 분비되는 타입
② 피부가 번들거리거나 화장이 잘 지워지고, 시간이 지나면 메이크업이 칙칙해지는 경우가 많음
③ 다양한 피부타입 중 여드름이나 뾰루지, 트러블이 가장 많이 생기는 타입
④ 모공이 넓고 피부가 두꺼워 보임

(2) 지성피부의 관리법
① 피지분비가 활발해 기름기가 자주 올라오기 때문에 수시로 세안해주는 것이 좋음
② 주 4회 딥클렌징 세안을 해주고 피지 주변에 먼지가 얼굴에 달라붙는 노폐물 제거를 해야 함
③ 세안 : 철저한 이중세안이 필요하며 화장을 하지 않은 날에도 이중 세안을 해서 모공 속에 박힌 유분기까지 꼼꼼히 씻어내는 것이 중요, 모공이 충분히 열릴 수 있도록 따뜻한 물을 사용해 피지를 씻어내야 함

4 **복합성 피부**

(1) 복합성 피부 특징

① 부분 건성 : T존은 정상이면서 그 외의 부위는 건조, 자신이 건성이라고 생각해 유분기 많은 제품을 바름으로써 뾰루지나 트러블을 유발하기 쉬움, 피부 손질할 때 세심한 신경을 써야 함

② 부분 지성 : 피부 표면엔 기름기가 있지만 피지와 수분이 모두 부족한 상태라 거칠어지거나 피부 트러블을 일으키기 쉬움, 번들거림이 심한 T존은 유분을 제거하면서 거칠어지기 쉬운 눈, 입 주위의 피부에는 수분을 공급하는 피부 손질을 해주어야 함

(2) 복합성 피부의 관리법

① T존 부위는 기름기가 없는 상태를 유지시키는 것이 좋음

② 탈지력이 강한 비누를 사용하는 것이 좋음

③ 모공을 막는 성분이 들어간 제품은 일체 멀리해야 함

④ 적당한 수분과 유분 공급이 중요하므로 이중으로 팩을 함(피지 분비가 많은 T존에는 각질제거 기능이 강한 클렌징팩, 건조하고 푸석푸석한 볼은 영양팩)

⑤ 외출할 때에는 여드름을 유발시키지 않는 자외선 차단제를 바름

5 **민감성 피부**

(1) 민감성 피부 특징

① 피부가 가렵고 따끔거림, 화끈거림이 느껴지고 각질이나 뾰루지가 일어나거나 피부 표현이 거칠음

② 다른 피부 타입에 아무런 반응이 없는 약간의 자극에도 알레르기 반응을 일으킴

③ 건강한 피부가 민감성으로 바뀌는 이유는 공해, 스트레스, 생활 자외선, 심한 기후 변화, 부실한 음식 섭취 등 수많은 자극으로부터 피부가 노출되어 있기 때문

④ 선천적인 원인 : 피부 표피가 얇아 많은 자극을 느낄 수 있음

⑤ 후천적인 원인 : 피부 관리를 잘못했거나 음식물을 잘못 섭취하여 일어남

(2) 민감성 피부의 관리법

① 피부의 노폐물을 깨끗하게 제거하는 것이 가장 중요

② 천연, 저자극의 세안제를 통해 부드럽게 마사지하듯 노폐물을 녹여줌

③ 자외선이나 온도, 습도 등 외부 환경의 급격한 변화를 피하는 것이 좋음

④ 천연선크림을 바르거나 미스트를 주변에 뿌리기 또는 가습기를 설치해 습도 조절

⑤ 균형 있는 식사, 과민성 전문화장품 사용

6 **그 외 피부**

노화피부	• 신체의 신진대사 활동의 저하로 혈액순환 및 호르몬의 영향을 받아 변화가 나타남 • 피부의 자가치유력이 감퇴하는 것 • 꾸준한 손질로 피부의 노화를 지연시킬 수 있으므로 많은 관심과 손질 필요
모세혈관 확장 피부	• 표피 가까이에 있는 모세혈관이 약화되거나 파열 또는 확장되어 외관까지 붉은 실핏줄이 드러나는 붉은 피부
여드름 피부	• 모공의 염증성 질환으로 만성적으로 반복 • 성 호르몬 분비가 시작되는 사춘기에 많으며 나이가 들면서 자연히 없어지기도 함

> 🌸 **피부의 유형에 영향을 미치는 요인**
> • 피부의 색, 매끄러움, 거침, 탄력성처럼 육안으로 보이는 요인
> • 피지의 분비량, 각질의 수분량, 표피의 각화도, 혈행의 정도 등 여러 가지 요인
> • 한선과 피지선의 기능 감소와 증가에 따른 유분과 수분의 양이 커다란 영향을 미침

1 영양소의 개요

(1) 영양소의 정의
① 영양 : 생명을 유지, 성장, 발육을 위하여 필요한 에너지로 몸에 필요한 구성 성분을 음식물을 통하여 섭취, 소화, 흡수, 배설 등의 생리 기능을 하는 과정
② 영양소 : 생명체가 영양을 유지할 수 있도록 하는 식품에 들어있는 양분의 요소

(2) 영양소의 작용 및 종류

열량소	작용	열량공급(에너지원)
	종류	탄수화물, 지방, 단백질
구성소	작용	인체 조직 구성 작용과 혈액 및 골격 형성
	종류	탄수화물, 지방, 단백질, 무기질, 물
조절소	작용	인체 생리적 기능의 조절
	종류	단백질, 무기질, 물, 비타민

(3) 영양소의 분류
① 3대 영양소 : 탄수화물, 지방, 단백질
② 5대 영양소 : 탄수화물, 지방, 단백질, 무기질, 비타민
③ 6대 영양소 : 탄수화물, 지방, 단백질, 무기질, 비타민, 물
④ 7대 영양소 : 탄수화물, 지방, 단백질, 무기질, 비타민, 물, 식이섬유

(4) 영양소의 기능
① 인체조직의 형성과 보수 및 에너지 공급과 신체의 체온 유지에 도움을 줌
② 인체 혈액 및 골격 형성과 체력 유지에 관여
③ 피부의 건강 유지를 도움, 인체생리 기능의 조절 작용

2 3대 영양소

(1) 탄수화물
① 1g당 4kcal의 에너지 공급
② 혈당 유지, 중추 신경계를 움직이는 에너지원
③ 75%가 에너지원으로 사용되며 남은 것은 지방으로 전환되어 근육과 간에 글리코겐 형태로 저장
④ 세포를 활성화하여 건강한 피부의 유지에 도움
⑤ 급원식품 : 감자, 고구마, 밥, 빵, 국수 등
⑥ 부족 시 : 기력 부족, 체중 감소, 신진대사의 저하로 피부의 기능이 떨어짐
⑦ 과용 시 : 피부의 산성화로 지성 피부, 접촉성 피부염이나 부종을 일으킬 수 있음

(2) 단백질
① 1g당 4kcal의 에너지 공급
② 주요 생체 기능을 수행하며 피부, 모발, 손발톱, 골격, 근육 등의 체조직의 구성 및 성장을 촉진
③ pH 평형 유지, 효소와 호르몬 합성, 면역세포와 항체 형성 역할
④ 체내의 수분 조절 및 질병에 대한 저항력 강화에 도움
⑤ 진피의 망상층에 있는 결합조직(콜라겐)과 탄력섬유(엘라스틴) 등은 단백질 성분으로 단백질 섭취는 피부미용에 필수

⑥ 급원식품 : 소고기, 돼지고기, 달걀, 우유, 치즈 등
⑦ 부족 시 : 발육저하, 빈혈, 조직노화, 피지분비 감소
⑧ 과용 시 : 신경과민, 혈압상승, 불면증을 유발하여 피부에 악영향을 미침

(3) 지방(지질)

① 1g당 9kcal의 에너지 공급
② 체지방의 형태로 에너지가 저장됨
③ 체조직 구성, 피부의 건강과 저항력 및 탄력 증진, 유지
④ 피하지방이 과하면 비만이 되고, 부족하면 피부노화를 초래함
⑤ 급원식품 : 버터, 식용유, 참기름, 땅콩 등
⑥ 부족 시 : 세포의 활약 감소로 피부가 거칠어지며 체중 감소, 신진대사 저하
⑦ 과용 시 : 콜레스테롤이 모세혈관을 촉진 시켜 피부 탄력 저하
⑧ 필수지방산의 효과 : 피부 유연, 산소 공급, 세포 활성화로 화장품 원료로 사용
⑨ 포화지방산과 불포화지방산

포화지방산	• 상온에서 고체 또는 반고체 상태 유지 • 육류, 유제품 • 심혈관 질환
불포화지방산	• 상온에서 액체 상태 유지 • 올리브유, 식용유, 생선 • 콜레스테롤 억제 기능, 항노화 기능

③ 무기질과 비타민

(1) 무기질(미네랄)

① 열이나 빛, 산, 알칼리에 의해 분해되지 않으며 생리적 기능을 조절하는 작용
② 다량 무기질

칼슘(Ca)	• 골격과 치아 형성, 혈액 응고, 근육 수축 및 이완 • 부족 시 : 구루병, 골다공증
인(P)	• 세포의 핵산·세포막 구성, 골격과 치아 형성, 산과 알칼리의 균형 유지
마그네슘(Mg)	• 탄수화물, 지방, 단백질의 대사에 관여, 삼투압 조절, 근육 활성 조절
나트륨(Na)	• 체내의 산과 알칼리의 평형 유지, 수분 및 균형 유지, 삼투압 조절, 근육의 탄력 유지 • 부족 시 : 근육경련, 시력감퇴, 구토, 설사
칼륨(K)	• pH 균형과 삼투압 조절, 신경과 근육 활동

③ 미량 무기질

철분(Fe)	• 헤모글로빈의 구성요소로 면역기능 및 피부의 혈색 유지 • 급원 식품 : 시금치, 조개류, 소·닭의 간 등 • 부족 시 : 빈혈, 손·발톱 약화, 면역기능 저하
요오드(I)	• 갑상선 호르몬 구성 요소, 모세혈관 기능의 정상화로 탈모 예방, 지방과잉 분비를 연소
구리(Cu)	• 효소의 성분 및 효소 반응의 촉진 작용
아연(Zn)	• 생체막 구조 기능의 정상유지 도움
셀레늄(Se)	• 항산화 작용 및 면역기능, 노화억제

(2) 비타민

① 지용성 비타민 A, D, E, K

비타민 A (레티놀)	• 피부각화 정상화, 피지 분비 억제, 멜라닌색소 합성 억제 효과, 피부의 재생, 주름·각질 예방, 노화 방지, 면역 강화 • 급원 식품 : 시금치, 당근, 간유, 버터, 달걀, 우유 • 부족 시 : 피부건조, 색소침착, 세균 감염, 야맹증, 모발 퇴색, 손톱 균열
비타민 D (칼시페롤)	• 칼슘과 인의 흡수를 도와 뼈의 발육 촉진, 자외선에 의해 비타민 D의 합성으로 골다공증 예방 • 부족 시 : 구루병, 골다공증, 구순염, 피부병
비타민 E (토코페롤)	• 항산화 기능으로 노화 방지 및 피부 건조 방지, 혈액순환 촉진, 호르몬 생성, 생식 기능의 유지, 피부 청정 효과 • 급원 식품 : 유색채소, 두부 • 부족 시 : 불임증, 신경체계 손상
비타민 K	• 출혈 발생 시 혈액 응고 촉진, 지혈 작용 • 부족 시 : 혈액응고 저하로 과다 출혈 발생, 피부염 발생, 모세혈관 약화

② 수용성 비타민 B, C, H, P

비타민 B$_1$ (티아민)	• 피부 면역력에 관여, 당질 대사의 보조효소로 작용 • 급원 식품 : 쌀의 배아, 두류, 돼지고기 • 부족 시 : 각기병, 피부윤기 저하, 붓는 현상, 피로감 유발
비타민 B$_2$ (리보플라빈)	• 피부미용에 중요한 역할, 피부염증 예방, 피부보습 유지, 영유아의 성장 촉진, 입안의 점막보호, 구강 질병에 효과 • 급원 식품 : 우유, 치즈, 달걀흰자 • 부족 시 : 구순염, 습진, 부스럼, 피부염, 과민피부
비타민 B$_3$ (나이아신)	• 피부 탄력에 도움, 염증 완화시킴 • 급원 식품 : 땅콩, 우유, 생선 • 부족 시 : 피부병, 현기증, 설사, 우울증
비타민 B$_4$ (피리독신)	• 피부염에 중요한 항피부염 비타민, 모세혈관이 확장된 여드름 피부에 효과적 • 급원 식품 : 효모, 밀, 옥수수 • 부족 시 : 구각염, 구토, 접촉성 피부염, 지루성 피부염
비타민 B$_{12}$ (시아노코발라민)	• 조혈작용에 관여, 신경 조직의 정상적 활동에 기여 • 급원 식품 : 육류, 어패류, 달걀 • 부족 시 : 악성 빈혈, 아토피, 지루성 피부염, 신경계 이상, 세포 조직 변형
비타민 C (아스코르빈산)	• 미백효과, 교원질 형성, 모세혈관 강화, 노화예방, 항산화 작용, 멜라닌색소의 형성 억제(기미, 주근깨 완화) • 급원 식품 : 과일류, 야채류 • 부족 시 : 괴혈병, 빈혈, 피부를 창백하게 함
비타민 H (바이오틴)	• 신진대사 왕성, 피부탄력, 피부병 치료 • 부족 시 : 피부색 퇴색, 피부염, 피지 저하, 피부 건조
비타민 P (바이오 플라보노이드)	• 노화방지, 모세혈관 강화, 부종 정상화, 알레르기 예방, 피부병 호전 • 부족 시 : 모세혈관 약화, 만성부종, 출혈

4 체형과 영양

(1) 체형

① 체형의 변화 요인

경제 발전, 소득의 증가와 바쁜 일상으로 인한 식생활 및 환경변화로 불규칙한 식사, 간식과 야식, 과식과 폭식 등의 잘못된 식습관 및 생활습관 등은 신체활동이나 운동량 감소에 따른 미소진된 에너지의 과도한 체내 저장(비만)과 밀접하게 연관되어 있음

② 체형의 분류

내배엽형 (비만형)	하복부가 크고 복부와 옆구리에 지방이 많으며 엉덩이가 처져 둥근 체형으로 키가 작고 어깨 폭이 좁은 데 비하여 몸통이 굵음
중배엽형 (투사형)	근골이 건장한 근육형으로 팔다리의 근육이 매우 발달되어 있으며 다른 체형에 비해 같은 자극에도 근육이 쉽게 발달되는 체형으로 어깨 폭이 넓음
외배엽형 (세장형)	키가 크고 뼈나 근육의 발달이 나빠 근육이 잘 붙지 않는 체형

(2) 비만

① 비만의 원인

잘못된 식습관으로 음식의 섭취량과 소비열량 간의 불균형으로 인해 나타나며 운동량 부족과 유전적 요인 및 스트레스로 인한 내분비계 이상이나 호르몬 기능 저하 등의 원인도 있음

② 비만의 유형

셀룰라이트 비만	• 우리 몸의 대사 과정에서 피부조직에 정체되어 있어 비만으로 보이며 림프 순환이 원인으로 노폐물, 독소 등이 배출되지 못함 • 여성에게 많이 나타나며 소성결합조직이 경화되어 뭉치고 피하지방이 비대해져 피부 위로 울퉁불퉁한 살이 도드라져 보임 • 셀룰라이트는 운동만으로는 제거하기 어렵고 임신 및 폐경, 피임약 복용 등으로 인한 여성 호르몬 이상으로 발생
피하지방 비만	• 신체 전반적으로 발생하며 물렁물렁하고 번들거리는 지방 • 과도한 열량섭취와 운동 부족으로 발생 • 운동과 식이요법으로 개선 가능
내장지방 비만	• 내장의 체지방층과 다른 내장의 막 사이에 체지방이 과잉 축적된 형태 • 복부비만이 대표적인 형태로 윗배만 불룩 튀어나온 복부비만으로 식이요법과 운동으로 개선 가능

> 🦋 **비만으로 인한 성인병**
> • 복부지방 : 고혈압, 당뇨병, 고지혈증
> • 팔다리 지방 : 정맥류, 관절염
> • 기타 : 만성피로, 호흡곤란, 편두통, 우울증

(3) 체형과 영양

탄수화물과 체형	탄수화물의 섭취가 부족하면 체중감소 현상이 나타나며 과다 섭취 시 비만과 체질의 산성화를 일으키며 조섬유소로 장의 연동운동과 음식물의 부피 증가로 인해 변비 예방에 효과적이다.
단백질과 체형	단백질은 체형을 구성하는 대표적인 영양소로 근육을 만드는데 도움을 주며 체형관리 보충제로 많이 이용되나 칼로리를 줄이지 않고 과다 섭취하면 체중이 증가할 수 있다.
지방과 체형	지방의 부족은 체중 감소로 이어지며 과다 섭취 시에는 당뇨, 고혈압, 지방간을 유발하고 피하지방층의 과다 축적으로 비만을 초래할 수 있으며 섭취는 총 열량의 20~25%를 넘기지 않는 것이 바람직하다.
무기질과 체형	체내 수분과 근육의 탄력을 유지시켜주는 영양소로 무기질 섭취가 부족하게 되면 오히려 지방이 분해되는 것을 막아 살이 찔 수 있으며 무기질은 생체 내의 대사 조절원의 역할을 하는 물질이다.
비타민과 체형	비타민은 꾸준한 섭취로 체중 유지에 도움을 주며 다른 영양소의 작용을 도와 인체 생리기능 조절에 중요한 역할을 한다.

⑤ 피부와 광선

1 자외선

(1) 자외선의 정의

태양광의 스펙트럼 사진을 찍었을 때, 눈에 보이지 않는 빛으로 가시광선보다 짧은 파장(200~400nm)

(2) 자외선의 종류

자외선 A (UV-A)	• 장파장, 320~400nm • 진피층까지 침투하여 주름을 생성하고 색소 침착을 유발하며 피부의 탄력 감소와 건조 • 인공선탠
자외선 B (UV-B)	• 중파장, 290~320nm • 표피 기저층 및 진피 상부까지 침투하여 기미, 주근깨, 수포, 일광화상, 피부홍반을 유발하여 각질세포 변형을 줌 • 유리에 의해 차단 가능
자외선 C (UV-C)	• 단파장, 200~290nm • 오존층에 의해 차단되나 최근 오존층 파괴로 인체와 생태계에 많은 영향을 미치는 가장 강한 자외선 • 살균작용 및 피부암의 원인

(3) 자외선차단지수(SPF, Sun Protection Factor)

① UV-B 방어 효과를 나타내는 지수
② 수치가 높을수록 자외선 차단 지수가 높음
③ 피부의 멜라닌 양과 자외선에 대한 민감도에 따라 효과가 달라질 수 있음
④ 자외선 차단 제품을 사용했을 때와 사용하지 않았을 때의 최소 홍반량 비율

$$자외선차단지수 = \frac{자외선\ 차단제를\ 도포하지\ 않은\ 대조\ 부위의\ 최소\ 홍반량}{자외선\ 차단제를\ 도포한\ 피부의\ 최소\ 홍반량} \times 100$$

⑤ SPF 30은 30×10=300분(5시간)의 자외선 차단이 가능하다는 의미

(4) 자외선이 피부에 미치는 영향

긍정적인 영향	• 혈액순환 촉진, 식욕과 수면의 증진, 내분비선 활성화 등의 강장효과 • 소독 및 살균 효과가 높음 • 비타민 D 합성으로 구루병 예방
부정적인 영향	• 과도하게 노출될 경우 멜라닌의 과다 증식으로 색소침착 • 피부 건조, 수포생성 및 홍반반응, 일광화상, 광노화, 피부암

2 적외선

(1) 적외선의 정의
가시광선보다 파장이 길고 피부 깊숙이 침투하며 열을 발산하여 피부로 온도를 느낄 수 있음

(2) 적외선이 피부에 미치는 효과
① 피부에 열을 가하여 피부를 이완시키는 역할
② 피부 깊숙이 침투하여 생성물의 흡수를 도움
③ 온열작용으로 혈류 증가 촉진
④ 신경말단 및 근조직에 영향을 주어 근육이완 및 통증, 긴장감 완화에 도움

(3) 적외선등의 이용법
① 온열작용을 통하여 화장품 흡수를 도움
② 건성, 주름, 비듬성 피부 등에 효과적
③ 과량 조사 시 현기증 및 두통, 일사병 등 유발

6 피부면역

1 면역의 종류

(1) 면역의 정의
① 외부의 미생물(세균, 바이러스)이나 화학물질로부터 생체를 방어하는 기능
② 특정 병원체나 독소에 대한 저항력을 가지는 상태

(2) 면역의 종류
① 선천적 면역 : 태어날 때부터 가지고 있는 면역체계로 인종, 종족에 따른 차이가 있다.
② 후천적 면역 : 후천적으로 형성된 면역

능동면역	자연능동면역	전염병 감염에 의해 형성된 면역
	인공능동면역	예방접종의 결과로 획득된 면역
수동면역	자연수동면역	모체로부터 생성된 면역
	인공수동면역	면역 혈청주사에 의해 획득된 면역

2 피부와 면역

표피	랑게르한스세포, 각질형성세포(사이토카인 생성) 면역반응
진피	대식세포, 비만세포가 피부면역의 중요한 역할
각질층	라멜라 구조로 외부로부터 보호
피지막	박테리아 성장을 억제(땀과 피지가 피부표면에 막을 형성)

3 면역 반응(면역 메커니즘)

B 림프구	• 특정 항원에만 반응하는 체액성 면역 • 특정 면역에 대해 면역글로불린이라는 항체를 생성하여 면역 역할 수행
T 림프구	• 직접 항원을 파괴하는 세포성 면역 • 피부 및 장기 이식 시 거부반응에 관여 • 세포 대 세포의 접촉을 통해 직접 항원을 공격

⑦ 피부노화

1 피부노화

피부는 연령과 함께 변화하며 사춘기에서 25세까지 가장 아름다우며 이후 노화가 시작되며 40대 이후부터 눈에 띄게 되고 이 노화의 속도에는 개개인의 차이가 있으며 노인성 변화는 외부로부터 자극을 받기도 하고 내부에 영향을 받기도 한다. 신체의 신진대사 활동의 저하로 혈액순환 및 호르몬의 영향을 받아 변화가 나타나며 피부의 자가치유력이 감퇴하는 것이다.

2 노화의 원인

① 노화유전자와 세포의 노화
② 활성산소 라디칼
③ 신경세포의 피로
④ 신진대사 과정에서 발생하는 독소
⑤ 텔로미어 단축

> 🎋 **텔로미어(Telomere)**
> 세포 속에 있는 염색체의 양 끝단에 붙어있는 반복 염기서열로, 세포분열이 일어날수록 길이가 점점 짧아져 나중에는 매듭만 남게 되고 세포복제가 멈추어 죽게 되면서 노화가 일어남

⑥ 아미노산 라세미화

> 🎋 **라세미화(Racemization)**
> 광학활성물질 자체의 선광도가 감소하거나 완전히 상실되는 현상으로, 생체에서 대사의 과정에서 아미노산이나 당 등이 라세미화 됨으로써 노화의 원인이 됨

3 피부 노화 현상

(1) 내인성 노화(생리적 노화)
① 나이가 들면서 피부가 노화되는 자연스러운 현상
② 표피와 진피의 두께가 얇아지고, 각질층의 두께가 두꺼워짐
③ 피하지방세포 감소로 유분이 부족
④ 세포와 조직의 탈수현상으로 피부가 건조해지고 잔주름 증가
⑤ 면역(랑게르한스세포 감소), 신진대사 기능 저하
⑥ 멜라닌 색소 감소로 피부색이 변함
⑦ 탄력섬유와 교원섬유의 감소와 변성으로 탄력성 저하, 피부 처짐 및 주름 발생

(2) 광노화(환경적 노화)
① 생활환경, 외부환경 등 외부 인자에 의해 피부가 노화되는 현상
② 표피와 진피의 두께가 두꺼워짐
③ 탄력성 감소로 인한 피부 늘어짐, 피부 건조
④ 색소의 불균형으로 과색소침착
⑤ 면역성 감소(랑게르한스세포 수 감소)
⑥ 진피 내의 모세혈관 확장
⑦ 콜라겐의 변성과 파괴가 일어남

8 피부장애와 질환

1 피부의 질환

피부의 상태는 사람에 따라서 또는 연령이나 신체 상태, 외계로부터의 자극에 따라 달라질 수 있다. 피부는 정상을 유지해야 하지만 정상적인 피부의 상태가 허물어졌을 경우를 피부 질환이라고 한다.

2 피부상태

피부의 외피를 이루는 케라틴은 멜라닌 세포와 각질 세포라고 하는 살아 있는 세포로 구성되어 있으며 피부 세포의 이상 각화나 각질 증식증으로 피부 상태가 여러 가지로 변화한다.
① 이상 각화증(부전 각화증) : 표피의 각질층에서 상피의 핵이 없어지지 않고 각화가 불완전한 채 끝나는 상태
② 해면 상태 : 피부의 세포간의 부종으로 인하여 세포 간격이 넓어지며 나타나는 접촉성 피부염
③ 소양증 : 피부가 염증을 일으키기 위하여 가려워지는 현상

3 피부장애

(1) 피부의 병변
피부의 병변이란 질병이나 피부 상태나 그 원인이 되어 피부 조직에 일어나는 구조적인 변화를 말하며 피부 병변 중 원발진은 질환의 초기 병변으로 건강한 피부에서 발생한 변화를 말하며, 속발진은 원발진에서 진전된 것이나 외상 또는 외적 요인에 의해 변화된 병변을 말한다.

(2) 원발진

반점	• 피부 반점이나 얼룩이 융기나 함몰이 없이 만져지지 않으며 색조 변화만 나타나 눈으로 분간할 수 있음 • 형태는 원형이거나 타원형 • 약간의 융기가 생기는 반점도 있음 • 주근깨, 홍반, 기미, 백반, 몽고반점 등
구진	• 피부 표면으로 나온 단단한 발진 • 지름이 5~10mm 정도 • 융기부의 끝은 뾰족하거나 둥글며 원추상 • 여드름, 사마귀 등
결절	• 구진보다 더 크고 단단함 • 지름은 1cm 이상부터 다양한 형태 • 피하지방층과도 관련이 있을 수 있음 • 섬유종, 황색종 등
종양	• 큰 결절로 호도 크기보다 큼 • 지름이 2cm 이상 • 양성과 악성이 있으며 연하거나 단단함 • 잘 움직이거나 고정된 종괴
팽진	• 가려우면 부종성의 평평한 융기이고 부풀어 오르는 발진 • 두드러기(담마진), 모기 등의 곤충에 물렸을 때나 주사 맞은 후에 발생할 수 있음
수포	• 표피 안이나 표피 바로 밑에 존재하는 발진 • 체액, 혈장 또는 피 등의 지름 0.5mm~1cm이며 농은 들어 있지 않음 • 가벼운 손상에도 쉽게 터져서 얇은 가피를 형성하기도 하며 화상 등에서 볼 수 있음
농포	• 피부의 염증을 포함하는 수도 있고 단일 또는 군집으로 생김 • 농포로 생기기도 하나 구진과 수포로부터 생기기도 하며 여드름 등에서 볼 수 있음

(3) 속발진

인설	• 비듬이나 불완전한 각화로 떨어져 나오는 각질조각 • 표피성 진균증, 건선 등에서 나타남
가피	• 표피가 손실된 부위에 표피성 물질, 혈장, 세포 조각 등에 분비물이 말라 붙은 것
상흔(반흔)	• 질병 등에 의해 진피까지 손상되거나 또는 더 깊은 층까지의 손상으로 표피로부터 훼손된 부분이 복구되지 못한 상태 • 흉터, 상처
궤양	• 피부 깊이의 손실과 고름을 동반한 몸의 점막 • 피부의 열려진 상태의 병변 • 위궤양
위축	• 표피와 진피의 변성 • 상피의 편평 세포층이 감소되어 피부가 얇고 정맥이 비침 • 노인성 위축증
착색	• 색소 침착 • 출혈이나 이물질 또는 염증 후에 멜라닌 색소의 증가 때문에 나타나는 피부의 변색
변지	• 피부의 한 부분에 힘이 가해지면서 각질이 증식하여 피부가 딱딱해지고 두꺼워지는 현상 • 굳은살

1 화장품 기초

1 화장품의 정의

화장품은 인체를 청결, 보호, 미화하여 용모를 밝게 변화시키는 목적으로 사용되어지는 물품이며 피부나 두발을 청결히 하여 건강 유지 및 보호하는 역할을 함으로써 일상생활에서 많이 사용되어지고 있는 다양한 기능을 갖춘 제품을 말한다. 단, 의약품에 해당하는 제품은 제외한다.

2 화장품의 사용 목적

① 피부와 모발을 청결하게 유지·관리하기 위함
② 각자의 개성과 스타일을 연출함으로써 성별에 관계없이 아름다움에 대한 욕구를 만족시키기 위함
③ 외부의 자극(자외선, 건조, 한냉, 열 등)으로부터 피부를 보호하고 노화를 늦추어 젊고 아름다움을 오래 유지하기 위함

3 화장품의 4대 조건

안전성	장기간 지속적으로 사용하므로 피부에 자극이나 알레르기, 경구 독성 등이 없어야 함
안정성	제품에 사용 시 보관 방법에 따른 변질, 변색, 변취, 미생물(세균)의 오염 등이 없어야 함
사용성	사용자의 편리성에 따라 피부 사용감이 좋아야 함
유효성	사용 목적에 적합한 기능으로 피부에 보습, 자외선 차단, 세정, 색채 등의 효과가 있어야 함

4 화장품의 구분

안정성과 유효성에 따라 화장품, 의약외품, 의약품 등으로 구분한다.

구분	화장품	의약외품	의약품
사용대상	정상인	정상인 및 환자	환자
사용목적	미화, 청결	미화, 위생	질병 치료 및 진단, 예방
사용기간	장기간, 지속적	장기간, 지속적	일정기간
사용범위	전신	특정 부위	특정 부위
부작용	없어야 함	없어야 함	어느 정도는 무방

5 **화장품 사용 시 주의사항**

① 제조 연월일 및 사용 기간을 확인 후 반드시 표시 기간 내 사용
② 상처 부위나 피부질환 등의 이상이 있는 부위에는 사용하지 말 것
③ 사용 중 피부에 붉은 반점, 가려움증 등의 이상 증상 발생 시 사용을 중지하고 의사에게 상담
④ 고온 또는 저온의 장소 및 직사광선을 피하고 서늘한 곳에 보관할 것
⑤ 사용 후 반드시 뚜껑을 닫아 보관할 것
⑥ 유·소아의 손이 닿지 않는 곳에 보관할 것

6 **화장품 용기 기재 사항(화장품법)**

① 화장품의 명칭
② 영업자의 상호 및 주소
③ 해당 화장품 제조에 사용된 모든 성분
④ 내용물의 용량 또는 중량
⑤ 제조번호
⑥ 사용기한 또는 개봉 후 사용기한
⑦ 가격
⑧ 사용할 때의 주의사항

② 화장품 제조

1 **화장품 원료**

(1) 수성 원료

정제수	• 세균과 금속이온 Mg^2, Ca^2 등이 없는 물로 화장품의 기초 물질 • 수분 공급과 용해 기능을 통하여 피부를 촉촉하게 가꾸어 줌
에탄올	• 피부에 청결, 수렴, 살균제 효과 부여(휘발성) • 다른 원료와 섞어주면 그 원료를 녹이는 용매 역할 • 토너, 화장수, 향수 등

(2) 유성 원료

액체 원료와 고체 원료로 나누어지며 액체 원료는 오일로, 고체 원료는 왁스로 구분

(3) 계면활성제

① 한 분자 내에 물에 녹기 쉬운 친수성 성분과 기름에 녹기 쉬운 친유성 부분을 동시에 가지고 있는 물질
② 구조에 따라 유화, 가용화, 분산, 습윤, 세정, 대전방지 등의 기능을 가지고 있음
③ 물에 용해되는 이온화 여부에 따라 계면활성제는 양이온성 계면활성제, 음이온성 계면활성제, 양쪽성 계면활성제, 비이온성 계면활성제로 나눌 수 있음

(4) 보습제

① 수용성 물질로서 피부에 수분을 공급하여 촉촉하게 하는 작용을 하며 수분 보유제로서 작용을 하는 물질
② **구분** : 폴리올(Polyol), 천연보습인자(Natural maturizing factor), 고분자 보습제

(5) 방부제

화장품에는 각종 유수분, 보습제 및 활성 성분 등이 함유되어 있고 이들이 미생물에 오염되면 감염증을 유발할 수 있으며 품질력의 저하로 미생물에 오염원을 줄이기 위한 노력이 필요하며 이러한 미생물의 억제를 위해 화장품 제조시에 소비자가 안전하게 사용할 수 있도록 방부제를 첨가함

(6) 화장품 색소

① 채색의 역할을 하기도 하고, 자외선 차단과 피부 결점을 감추어 건강하고 아름다운 피부를 표현
② 유기합성색소와 무기안료 및 천연색소로 나눌 수 있음

(7) 기타첨가제

① 산화방지제 : 유지의 산화 방지, 화장품의 안정된 품질 유지 목적
② 금속이온 차단제 : 금속이온의 활성산화 촉진, 변색, 변취 등 화장수의 침전물을 억제하는 작용

(8) 활성 성분

① 동·식물 추출물, 비타민, AHA, BHA, 클레이, 알긴산 등
② 물질의 기능성과 약리 효과를 이용하여 화장품에 첨가하여 유효성을 얻고자 함

2 화장품의 제조 기술

(1) 가용화(Solubilization)

① 물(수성 성분)에 녹지 않는 소량의 오일(유성 성분)을 계면활성제의 미셀 형성 작용을 이용하여 투명하게 용해 시키는 상태
② 가용화 현상을 이용한 화장품 : 포마드, 헤어토닉, 네일 에나멜, 립스틱, 향수, 스킨 토너, 에센스 등

(2) 유화(Emulsion)

① 물과 상호 혼합되지 않는 유성 성분인 오일이 미세한 입자의 상태로 분산되어 빛을 통과 시키지 못하고 산란 시키기 때문에 뿌옇게 우유처럼 백탁화되어 있는 상태
② 혼합하는 기술에 의해 유화의 형태에 따라 구분

수중유적형 (Oil in Water, O/W형)	흡수가 빠르고 사용감이 산뜻하나 지속성이 낮아 지성피부, 여드름피부에 적당하며 로션류 등에 사용
유중수적형 (Water in Oil, W/O형)	유분이 많아 흡수가 더디고 사용감이 무거우나 지속성이 높아 크림류에 사용

(3) 분산(Dispersion)

① 오일이나 물의 미세한 고체 입자를 균일하게 혼합하는 기술
② 현탁 : 액체·고체의 분산계는 안료 등의 고체 입자를 액체 속에 균일하게 혼합시키는 것
③ 분산 기술을 이용한 화장품 : 메이크업 베이스, 파운데이션, 아이섀도우, 크림 마스카라, 립스틱, 아이라이너, 네일 에나멜 등과 같은 색조화장품

1 화장품의 분류

화장품은 효능·효과를 중요시 하며 각기 목적에 맞게 화장품을 구분하여 사용

영·유아용 제품류	영·유아용 샴푸, 영·유아용 린스, 영·유아용 로션, 영·유아용 크림, 영·유아용 오일, 영·유아 목욕용 제품 등
목욕용 제품류	세정 오일·정제·캡슐, 소금류, 버블 베스 등
인체 세정용 제품류	액체 비누, 폼 클렌저, 바디 클렌저, 외음부 세정제, 클렌징 티슈 등
색채 효과용 제품류	아이브로우 펜슬, 아이라이너, 아이섀도, 눈썹·속눈썹 마스카라, 아이 메이크업 리무버, 볼연지, 페이스 파우더, 페이스 케이크, 리퀴드·크림·케이크 파운데이션, 메이크업 베이스, 메이크업 픽서티브, 립스틱, 립라이너, 립 글로즈 등
방향용 제품류	향수, 분말향, 향낭, 코롱 등
두발용 제품류	헤어 틴트, 헤어 컬러스프레이, 염모제, 탈염·탈색용 제품, 헤어 컨디셔너, 헤어토닉, 헤어 그루밍 에이드, 헤어 크림·로션, 헤어 오일, 포마드, 헤어 왁스, 헤어 스프레이, 무스, 젤, 샴푸, 린스, 헤어 스트레이트너 등
손발톱용 제품류	베이스 코트, 언더 코트, 네일 폴리시, 네일 에나멜, 톱 코트, 네일 크림·로션·에센스 등
면도용 제품류	애프터 셰이브 로션, 남성용 탤컴, 프리셰이브 로션, 피부보호 셰이빙 크림, 셰이빙 폼 등
기초 화장품류	수렴·유연·영양화장수, 마사지 크림, 에센스, 오일, 파우더, 바디 제품, 팩, 마스크, 눈 주위 제품, 로션, 크림, 손·발의 피부연화 제품, 클렌징 워터, 클렌징 오일, 클렌징 로션, 클렌징 크림, 메이크업 리무버 등
체취 방지용 제품류	데오도란트 등
체모 제거용 제품류	제모제, 그 밖의 체모 제거용 제품류 등

2 기초 화장품

(1) 세안 화장품

① 목적 : 피부에서 분비되는 땀, 피지, 각질, 노폐물과 외부에서 피부에 흡착되는 먼지, 메이크업 잔여물 등의 제거

② 종류

계면활성제형 세정 화장품	비누, 폼 클렌저, 페이셜스크럽 등
용제형 세정 화장품	클렌징 크림, 클렌징 로션, 클렌징 겔, 클렌징 오일 등

(2) 화장수(Skin lotion, 토너 : Toner)

① 목적 : 세안 후 피부를 유연하게 하고 각질층에 수분을 공급하며, 세안 후 피부의 pH가 일시적 알칼리성이 되는 것을 화장수의 사용으로 원래의 약산성으로 되돌리며 남은 메이크업 잔여물을 제거하므로 피부를 진정시키며 피부를 청결하게 유지시킴

② 종류

유연 화장수	화장품이 잘 흡수되도록 해주며 pH를 원래의 약산성으로 만들어 줌
수렴 화장수	• 청량감과 수렴 효과를 부여하며 일시적으로 단백질을 수축시키며 과잉 분비되는 땀과 피지를 억제시킴 • 아스트린젠트 화장수를 사용하여 세균의 번식을 막아 주며 모공을 수축시켜 피부결을 정돈

(3) 유액(Lotion, 에멀션 : Emulsion)

① 목적 : 보습제, 계면활성제의 주성분으로 유동성을 가지고 있으며 세안 후 건조해진 피부에 유·수분 밸런스를 조절하며 피부에 수분과 영양분을 공급

② 종류

유분제 함량 배합	건성 피부용, 중성 피부용, 지성 피부용, 복합성 피부용, 민감성 피부용
사용 목적	모이스처, 마사지, 클렌징, 선블럭, 핸드 로션, 바디 로션 등

(4) 에센스(Essence)

① 목적 : 각종 보습 성분 및 유효 성분을 다량으로 함유하고 있어 거칠어진 피부 개선과 피부 수분 손실에 대한 보정 등 영양 공급

② 종류

제형	스킨 타입, 유화 타입, 오일 타입, 겔 타입
기능	미백 에센스, 주름 개선 에센스, 보습 에센스, 여드름 진정 에센스 등

(5) 크림(Cream)

① 목적 : 세안 후 일시적으로 피부 표면을 덮고 있던 천연보습인자가 씻겨 소실되므로 인공적인 방법으로 보충하여 외부로부터 피부를 보호하기 위해 사용되는 제품

② 종류

제형	O/W형, W/O형, W/O/W형, S/W형, W/S형 등
사용법	아이 크림, 화이트닝 크림, 마사지 크림(콜드크림), 클렌징 크림, 각질제거 크림 등

(6) 팩(Pack)

① 목적 : 보습, 청정, 혈액순환 촉진 작용 등
② 사용 방법 : 도포 후 일정시간을 방치하여 팩 속의 유효 성분이 피부에 흡수되도록 함
③ 성분 : 피막 형성제와 보습제를 기본으로 하여 에탄올과 가용화제 등이 배합
④ 구분 : 외부 공기를 통과시키면 팩, 외부 공기를 차단하면 마스크

④ 메이크업 화장품

1 베이스 메이크업(Base Make-up)

① 목적 : 색조의 기본이 되는 제품, 피부 질감 정돈, 피부 혈색을 좋게 함, 피부에 있는 잡티 등의 결점 보완, 자외선으로부터 피부를 보호

② 종류

메이크업 베이스	목적	색소 침착을 방지하며 피부의 혈색 보정 및 피부색을 균일하게 정돈하여 파운데이션의 밀착력을 좋게 하고 화장의 지속력을 높여 줌
	종류	피부톤에 맞는 컬러
파운데이션	목적	피부결을 정돈하며 결점을 커버하고 광택과 투명감, 탄력을 부여하므로 피부색을 표현하기 위해 사용하는 제품
	종류	리퀴드, 크림, 케이크, 컨실러 타입

파우더	목적	파운데이션의 유분기를 잡아주고 피부의 번들거림을 방지하여 피부색을 화사하게 조정하는 베이스 메이크업을 마무리하기 위해 사용하는 제품
	종류	분말 타입 루스 파우더, 압축 고형 콤팩트 파우더

🐝 피부톤에 맞는 메이크업 베이스 컬러

※	피부톤	메이크업 베이스 컬러
1	여드름이 있는 붉은톤의 피부	초록색
2	혈색이 없는 창백한 피부	분홍색
3	노란빛 피부	보라색
4	거칠고 건조한 피부	베이지색
5	잡티 피부	푸른색
6	피부톤을 어둡게 할 때	오렌지색

2 포인트 메이크업

아이브로우	눈썹의 형태 표현(펜슬, 케이크 타입)
아이섀도	눈매에 음영을 표현(펜슬, 크림, 케이크 타입)
아이라이너	눈의 윤곽을 표현(리퀴드, 케이크, 펜슬 타입)
마스카라	속눈썹을 풍성하고 길어 보이게 표현(롱 래시형, 볼륨형)
립스틱	입술에 영양과 탄력 및 펄감, 색감, 광택, 윤기 부여(립라이너, 립글로스, 립 밤)
블러셔	얼굴 윤곽에 음영 및 입체감을 부여하며 건강한 혈색을 표현하여 얼굴에 생동감을 나타냄

3 모발 화장품

(1) 세발용 화장품
① 샴푸 : 두피나 모발의 노폐물을 세정·제거하여 청결 유지
② 린스 : 손상된 모발을 보호하고 윤기를 부여하며 모표피에 양이온성 계면활성제의 함유로 정전기를 방지

(2) 정발용 화장품
① 수분, 유분, 광택, 향 등이 첨가되어 있으며 물리적 힘으로 모발을 다듬어 스타일링과 형태를 세팅해 고정시키는 역할
② 정발제 : 포마드, 유성 헤어오일, 헤어크림, 헤어 스프레이, 세트 로션, 리퀴드, 왁스

(3) 헤어 트리트먼트 화장품
① 모발의 손상의 예방 및 복구에 도움을 주어 모발에 영양공급
② 헤어 트리트먼트 화장품 : 트리트먼트 크림, 헤어팩, 헤어코트

(4) 양모제(두피용) 화장품
두피를 청결하게 하여 쾌적함과 혈액순환 촉진, 비듬과 가려움을 제거하여 모근 강화에 도움을 주는 두피용 제품

(5) 헤어 컬러링 화장품

① 모발의 착색 및 염·탈색의 목적

② 헤어 컬러링 화장품 : 염모제, 탈색제, 코팅제

(6) 퍼머넌트 웨이브 화장품

모발에 웨이브를 부여하거나 혹은 스트레이트의 목적으로 사용하며 웨이브 로션은 1제 환원제와 2제 산화제로 구성

(7) 제모제 화장품

의약외품으로 취급되며 미용상의 목적으로 겨드랑이, 팔, 다리, 비키니라인 등의 잔털을 제거

4 바디(Body) 관리 화장품

(1) 바디 화장품의 정의

바디 화장품은 얼굴과 모발을 제외한 몸의 모든 부분을 청결하게 유지하며 피부의 유·수분의 밸런스를 유지하기 위해 사용되어지는 화장품

(2) 바디 화장품의 종류 및 사용 목적

세정제	• 바디의 청결을 위해 오염을 제거 • 바디 세정제 : 비누, 바디 워시, 바디 샴푸, 버블 바스
트리트먼트 (보습제)	• 건조한 바디에 수분과 영양을 공급하여 매끄럽고 탄력 있는 피부를 유지 • 바디 트리트먼트 : 바디 로션, 바디 크림, 바디 오일, 풋 로션, 풋 크림
각질제거제	• 피부의 유연성을 부여하기 위해 노화된 각질을 제거 • 바디 각질제거제 : 솔트, 스크럽
체취 방지용	• 인체의 체취를 제한 또는 방취 • 바디 체취 방지용 : 데오도란트 로션, 스프레이, 파우더
일소 방지제 (자외선 차단제)	• 자외선으로부터 피부를 보호 • 자외선 차단제 : 선 스크린 겔, 선 스크린 크림, 선탠 겔, 선탠 오일

5 네일 화장품

베이스 코트	네일 에나멜의 착색·변색을 예방하며 에나멜의 밀착력을 높이고 손톱 표면을 부드럽게 함
네일 에나멜 (네일 폴리시)	손·발톱에 광택과 색상을 부여하는 제품으로 래커라고도 함
네일 에나멜 리무버	네일 에나멜을 제거할 때 사용하는 용제
톱코트	네일 에나멜 위에 도포하여 에나멜의 유지력을 높이고 광택을 줌
큐티클 리무버	상피 조직을 부드럽게 하여 제거하기 위해 사용하며 큐티클 오일이라고도 함

6 **방향 화장품**

(1) 향수의 기본조건

① 일정 시간 동안 지속성, 향의 조화가 조화롭게 잘 이루어져 유지력과 향의 특징이 있어야 함

② 농도에 따른 구분

구분	부향률(%)	지속 시간	특징
퍼퓸(Perfume)	15~30	6~7	농도와 향이 짙음
오데퍼퓸(EDP)	7~15	5~6	지속적인 향을 가지고 있으며 경제적임
오데토일렛(EDT)	6~10	3~5	상쾌한 향으로 가장 많이 쓰임
오데코롱(EDC)	5~7	1~2	신선한 향
샤워코롱	3~5	1	바디용 방향제품으로 전신 사용이 가능

(2) 향수의 발향 단계에 따른 분류

베이스노트 (Base note)	• 휘발성이 낮음 • 우디, 머스크, 발삼, 오리엔탈, 시프레
미들노트 (Middle note)	• 향의 풍요로운 중간 느낌으로 알코올 휘발 후의 향 • 플로랄, 프루티, 쟈스민, 장미, 알데히드, 그린계열
톱노트 (Top note)	• 향수의 첫 느낌의 향으로 휘발성이 높은 향 • 프루티, 시트러스(레몬, 오렌지, 라임 등) 계열

7 **에센셜(아로마) 오일 및 캐리어 오일**

(1) 천연향의 추출 방법

① **증류법** : 물 증기법, 수증기 증류법을 이용해 증발되는 향기 물질을 냉각시켜 오일을 추출하는 방법

② **압착법** : 열매, 과실 껍질에서 추출하는 방법으로 레몬, 라임, 만다린, 시트러스 등을 압착하여 추출하는 방법, 콜드 압착법이라 부름

③ **용매 추출법** : 휘발성이나 비휘발성 용매를 이용하여 향기 성분을 녹여 추출하는 방법

(2) 에센셜(아로마) 오일

① 뿌리, 줄기, 잎, 꽃, 열매 등에서 추출한 오일로 고농축의 오일 상태라 에센셜 오일이라고도 함

② 항염, 항균, 피부미용, 혈액순환 촉진, 면역력 강화 기능이 있으나 사용 전 피부 테스트 후 사용하는 것이 좋음

③ 체내에 흡수하는 방법에 따라 족욕법, 마사지법, 흡입법, 목욕법, 확산법, 습포법 등으로 나뉘며 적정량을 희석해서 사용하는 것이 중요

④ 심장병 환자, 고혈압 환자, 임산부, 과민한 사람은 사용의 자제를 권장하고 빛이나 열에 약하므로 갈색병에 담아 보관

(3) 캐리어(베이스) 오일

① 에센셜 오일의 자극을 낮추고 피부 흡수를 높임

② 공기 중에 노출하게 되면 산패되므로 반드시 밀봉하여 냉장 보관해야 함

③ 식물성 오일을 말하며 피부에 흡수율을 높이기 위해 사용하며 베이스 오일이라고도 함

④ 종류 및 특성

호호바 오일	인체의 피지와 유사하여 피부 흡수율이 높고, 지성피부, 여드름 피부, 모발영양, 습진 케어 등에 효과적
아보카도 오일	모든 피부에 적절하며 비타민, 단백질 등 영양성분이 풍부하여 노화, 습진, 건성 피부에 효과적
아몬드 오일	땀띠, 튼 손, 거친 피부, 가려움증 등 염증 부위에 크림, 마사지 용도로 사용하면 효과적
올리브 오일	유분함량이 매우 높아 튼살에 효과적
윗점 오일	혈액의 응고를 막아주며 콜레스테롤 수치를 낮추며 습진, 건성, 피부노화 방지 효과
캐롯 시드 오일	비타민 B, C, D, E, 베타카로틴이 풍부한 오일로 단독 사용 불가하며 10% 정도 희석해서 사용해야 하며 건성 피부의 가려움증, 습진, 피부 재생에 효과적

8 기능성 화장품

(1) 기능성 화장품의 정의

화장품 중에서 피부의 미백, 주름 개선, 자외선으로부터 피부를 보호하는 데에 도움을 주는 제품

(2) 기능성 화장품의 종류

① 미백개선 화장품

닥나무 추출물	뽕나무의 식물로 티로시나아제 성분으로 미백, 항산화 효과
알부틴	배나무와 월귤나무 잎에서 추출하며, 하이드로퀴논 배당체라고도 하며 티로시나아제 활성을 저해
비타민 C와 유도체	수용성 비타민으로 감귤, 레몬, 감자 등의 식물에 존재하며 진피의 콜라겐 합성에 관여하며 항산화, 항노화, 미백재생, 멜라닌 생성을 감소시키는 역할
감초 추출물	줄기와 뿌리에서 추출하며 상처치유, 소염, 해독, 자극을 완화시키는 역할
코직산	누룩의 발효를 통해 얻을 수 있는 물질

② 주름개선 화장품

레티놀	콜라겐 생성을 촉진, 표피의 두께 증가, 히알루론산 생성 촉진, 진피 내 섬유 정상화 효능을 나타내는 지용성 비타민으로 세포를 재생시키며 주름을 개선시키고 탄력을 증대시킴
레티닐 팔미데이트	레티놀보다 안정성은 우수하나 흡수성은 떨어지며 에스테라아제에 의해 분해되어 레티놀을 거쳐 레티노산으로 대사되어 효과를 발휘
아데노신	낮과 밤에 사용할 수 있으며 섬유아세포의 DNA 합성을 촉진하고 단백질 합성을 증가시키며 피부 탄력과 주름 형성을 개선 시킴

③ 자외선차단 화장품

자외선 산란제 (물리적 방법)	• 피부에 바른 후 시간의 경과에 따른 차단 효과의 저하가 없음 • 안전성 높음 • 백탁 현상 : 미용적인 면이나 사용감 면에서 만족스럽지 못하기 때문에 많은 양의 배합 불가능 • 대표적 차단제 : 이산화티탄, 산화아연
자외선 흡수제 (화학적 방법)	• 자외선을 흡수시켜 소멸시키는 자외선 차단 방법 • 차단 효율이 낮은 유기물질을 이용한 화학적인 방법 • 미용적인 면이나 사용감에 있어서 만족스러움 • 접촉성 피부염을 일으킬 수 있으므로 주의

> **자외선차단지수(SPF, Sun Protection Factor)**
>
> 자외선 차단 제품을 사용했을 때와 사용하지 않았을 때의 최소 홍반량 비율
>
> $$자외선차단지수 = \frac{자외선\ 차단제를\ 도포하지\ 않은\ 대조\ 부위의\ 최소\ 홍반량}{자외선\ 차단제를\ 도포한\ 피부의\ 최소\ 홍반량}$$

Chapter 06 이용 고객서비스

1 고객 응대

1 응대의 중요성
① 맨 처음 만난 직원의 응대가 그 기업의 이미지를 결정하는 중요한 역할을 함
② 직원은 고객의 입장이 되어 고객의 행동을 이해하고 친절한 말씨와 세련된 화술, 적극적인 마음가짐, 정직한 매너와 자세가 필요함

2 고객 응대 기법
(1) 맞이하기
① 상대방과 대화에서 어떻게 반응하여 표현하였는가에 따라 고객과의 관계가 형성됨
② 메러비안의 법칙 : 말이 아닌 다른 요소의 중요성 강조(말 7%, 목소리 38%, 신체·생리적 표현 55%)

(2) 라포(Rapport) 형성
① 주로 두 사람 사이의 상호 신뢰 관계를 나타내는 심리학 용어
② 마음이 통하는 관계

(3) 고객 접점(Moment of Truth, MOT)
고객이 처음 기업과 접촉해 서비스가 마무리될 때까지의 전 과정

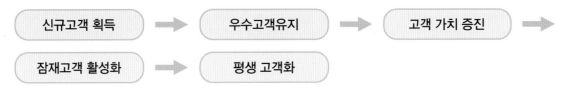

신규고객 획득 ➡ 우수고객유지 ➡ 고객 가치 증진 ➡

잠재고객 활성화 ➡ 평생 고객화

MOT 사이클 차트

3 고객 접점 3요소

시설	Hardware	고객이 보고 느끼는 인테리어, 브랜드 파워, 편의시설 등 매장의 이미지
운영 시스템	Software	서비스 시스템, 고객관리 시스템, 부가 서비스 등
인적 시스템	Humanware	표정, 대화, 복장, 용모, 전화 응대, 자세, 태도 등 직원들의 접객 서비스

1 고객 상담의 목적

고객 상담을 통해 알게 된 다양한 정보는 목적을 파악하고 마케팅이나 다양한 곳에 적용하여 고객이 원하는 방향으로 개선하여 고객 상담의 방향을 제시해야 하고 마케팅뿐만 아니라 소비자의 욕구를 충족시키기 위함

2 상담 매뉴얼 구축

상담 시기에 따라 사전상담과 사후상담 단계로 분류하여 각 단계에 고객의 요구 사항을 파악하고 충분한 대화를 통해 불안감을 해소시켜 고객의 만족도를 최대한 높여야 함

사전상담	• 고객이 어떠한 서비스를 원하는지 사전상담을 통해 정확하게 파악 • 서비스를 제공하고 시술 후에 고객의 만족감을 충족 • 시술 과정 중의 불안감을 없애기 위해 소요 시간과 서비스 요금 및 시술 후의 상태를 명확하게 제시
사후상담	• 고객이 항상 만족하도록 사후 관리법과 스스로 감당할 수 있는 방법 설명 • 고객 카드에 현재 받은 서비스 정보를 세세하게 명시하여 재방문 시 활용 • 각종 매체를 통한 새로운 정보를 알려주어 고객이 폭넓은 선택을 할 수 있게 함

3 고객 상담 안전·유의 사항

① 고객이 원하는 스타일을 확인
② 고객의 라이프 스타일과 그에 맞는 스타일을 제안
③ 고객에게 관리 요령과 주의 사항을 설명
④ 고객의 욕구를 적극적으로 수용하여 상담
⑤ 고객이 요구하는 스타일이나 프로그램이 고객 측의 문제에 의해 불가능한 경우 단점을 직설적으로 지적하지 말고 우회적으로 표현하며 단점을 극복하는 시술 방법을 제안

4 고객 상담 차트

(1) 고객과 상담을 통해 고객 차트를 작성

① 고객 정보 작성
② 고객의 선호하는 스타일을 조사하여 작성
③ 고객의 모발 관련 정보를 조사하여 작성
④ 고객의 두피 관련 정보를 조사하여 작성
⑤ 시술 내역을 디테일하게 작성
⑥ 시술 순서와 사용하는 제품을 명시
⑦ 상담 및 특이 사항에 대해 작성
⑧ 홈케어 방법에 대해 작성

(2) 상담 차트

고객 상담 차트

● 고객 정보

담당 디자이너		상담일		고객 성명	
연락처		생년월일		직업	
주소					

● 고객 선호도

모발 길이	숏 □ 미디움 □ 롱 □		선호 스타일	C컬 □ S컬 □ 직모 □
기존 헤어 컬러	밝은 갈색 □ 갈색 □ 어두운 갈색 □ 블랙 □ 기타 ( )		선호 색상	
원하는 시술	컷 □ 컬러 □ 펌 □ 세팅 □ 디지털 □ 매직 □ 클리닉 □ 두피 케어 □ 기타 ( )			

● 모발 관련 정보

최근 시술일	년 월 일	시술명	
샴푸 횟수	회	전 시술 만족도	
컨디셔너	사용 □ 미사용 □	스타일링 제품	
모발 굵기	굵음 □ 보통 □ 얇음 □	모발 손상도	극손상 □ 손상 □ 보통 □ 건강 □
현재 모발 길이			

● 두피 관련 정보

두피 유형	중성 □ 건성 □ 지성 □ 민감성 □ 지루성 □ 복합성 □
두피 질환	염증 □ 반점 □ 비듬 □ 여드름 □ 탈모 □ 기타 ( )

● 시술 내역

사용 제품 및 시술 순서 :

상담 및 특이 사항 :

홈 케어 방법 :

(3) 고객 카드 작성 목적

① 고객에게 이용 시술과 서비스를 제공할 때 정확하게 할 수 있음
② 이용 시술 시 사전 부작용을 막고 트러블이 일어나는 제품을 자제할 수 있음
③ 다음 시술 시 고객이 사전의 시술과 같은 결과를 원한다면 동일하게 진행할 수 있음
④ 시술 후 만족도를 묻거나 만약 불만족한다면 재시술을 권할 때 사용됨
⑤ 고객의 AS[사후 처리] 차원이나 DM[생일, 크리스마스카드, 결혼기념일, 홍보] 발생 시 이용
⑥ 각각의 이용 시술 때마다 고객의 변화를 인지할 수 있음

③ 고객 관리

1 고객 관리 프로그램(Customer Relationship Management, CRM)

(1) 고객 관리 프로그램 효과

고객 관계 강화를 통한 수익성 증대	고객과 지속적인 관계 유지를 통해 고객 데이터를 확보하며 이탈 고객을 방지함으로써 매출을 창출할 수 있음
재방문율 향상	개인적인 관심과 개인화된 서비스로 인해 만족한 고객들은 재방문할 가능성이 높으며, 기존 고객에 대한 데이터베이스를 분석함으로써 고객 미래의 구매 특성과 시기를 알아내어 그들의 방문을 유지할 수 있음
충성도 향상 및 신규 고객의 창출	CRM을 통해 고객들과 좋은 관계를 구축함으로써 충성도를 고취 시키고 구전으로 퍼트려 신규 고객 확보에 도움을 줌
비용 절감	고객이 될 가능성이 낮은 대상에 불필요한 마케팅 비용을 최소화함으로써 효율성을 높일 수 있음
정기적 분석	경영 실적을 정기적으로 분석, 검토하여 성공 사례와 실패 원인을 분석하고 파악하여 이를 토대로 다음 경영 활동에 적절한 해결 방안을 찾아 동일한 시행착오를 방지

(2) 고객 관리 프로그램 주요 기능

고객 관리	• 고객 회원 정보를 관리하고 직장 정보, 그룹별로 등록하여 관리
상담 관리	• 고객별 기간별 다양한 상담 이력 관리가 가능 • 무료 통화인 브릿지콜 기능과 고객이 매장 통화 후 홍보 문자를 보내는 콜백 전화 기능제공 • 상담 내역별 엑셀 파일 저장 기능
판매 관리	• 회원의 제품 판매 내역 기록 • 제품 판매 내역 물품별, 결제 방법별 통계제공 • 전자영수증 발급이 가능
예약 관리	• 예약 관리 시스템을 파악 스케줄을 관리 • 예약 기능을 제공 • (일별, 주별, 월별) 스케줄 관리 • 예약 리스트에 따라 예약 문자 발송 기능
통계 사항	• 회원 통계, 판매 통계, 상담 통계, 예약 통계, 매출 통계 • 회원별 합산 금액을 한눈에 파악 가능 • 누계 자료 회원권 현황, 포인트 조회 가능

2 고객 관리하기

(1) 고객 관리 주기

고객이 매장에 대한 정보를 접하고 방문하여 상담을 통해 원하는 관리를 받으며 다시 매장을 방문하기까지 각 시점에 따라 고객을 관리하는 것

매장 노출	매장을 방문하지 않았거나, 앞으로 이용할 가능성이 있는 잠재 고객을 대상으로 고객을 관리하는 것을 뜻하며, DM, SNS, 온라인 매체를 통해 매장을 홍보하고 주기적으로 고객에게 노출시켜 매장의 방문을 유도
방문 주기	다양한 관리 프로그램을 만들어 고객의 재방문율을 높일 수 있는 전략이 필요
시술 주기	고객이 커트나 펌, 염색, 클리닉, 두피 관리 등 시술하는 주기를 파악하고 시기에 맞추어 고객이 필요한 부분을 시각 광고, 문자를 통해 노출 시켜 회전율을 높임
상담 주기	고객과의 첫 상담은 신뢰를 쌓는 가장 중요한 부분으로 고객의 회원권 구매와 앞으로 매장을 이용할 것인지 결정하는 단계로 이러한 상담은 정기적으로 진행해야 하며 고객이 받고 싶은 부분을 지속적인 상담을 통해 추가적인 시술과 홈 케어 제품 판매 증가

3 불만 고객 관리

(1) 불만 고객

고객이 상품을 구매하거나 서비스가 시행되는 과정에서 고객이 기존 매장에 대한 기대에 대해 서비스 결과가 미치지 못한 경우 문제가 발생하는데 직원의 불친절, 서비스 불만족, 스타일링이 만족스럽지 못한 경우 등의 이유로 불만을 제기하는 것

(2) 불만 고객 응대 방법

도움이 되는 응대 방법	• 고객의 말에 공감하여 경청 • 고객의 불만 핵심에 대해 질문을 통해 정확하게 이해하고 있다는 것을 확인시킴 • 고개 끄덕임, 눈 맞춤으로 대화를 진행함 • 반론을 이야기 할 때 쿠션 화법으로 진행함 : "고객님의 입장 충분히 이해합니다. 그렇지만~"
하지 말아야 할 응대 방법	• 무성의한 말투 : "저희 문제는 아닌 것 같습니다." • 의심하는 말투 : "제대로 확인해 보신 것은 맞습니까?" • 흥분하는 말투 : "제가 그런 것은 아니잖아요." • 미루는 말투 : "일단 기다려 보세요." • 고객이 틀렸다는 것을 증명하는 것은 좋지 않음

> ✿ **원활한 대화를 위해 필요한 요소**
> • 공감 : 상대방의 입장을 이해하여 같은 기분을 경험하거나, 상대방에게 자신의 입장을 적절히 전달하여 상대방이 자신을 이해할 수 있도록 하는 능력으로 대인 관계를 원활히 하는데 필요한 정서 능력으로써 사회적 민감성, 감정이입 등과 관련이 있음
> • 경청 : 상대의 말을 듣기만 하는 것이 아니라, 상대방이 전달하고자 하는 말의 내용은 물론이며, 그 내면에 깔려있는 동기나 정서에 귀를 기울여 듣고 이해된 바를 상대방에게 피드백하여 주는 것

Chapter 07 | 모발관리

① 모발진단

1 두피 유형 및 분석

(1) 중성 두피(정상 두피)

특징	• 두피의 피지 분비량이 적당한 경우 • 두피가 적당히 탄력이 있으며 항상 표면이 촉촉하고 두피색이 맑고 투명하며 윤기가 있음 • 1개의 모공에 서로 다른 모주기를 가진 2~3개의 모발이 자라고 있음
관리 방법	• 올바른 샴푸 • 과도한 미용시술 자제 • 올바른 식생활 • 주기적인 스케일링 • 두피와 모공에 쌓인 각질과 피지 제거

(2) 건성 두피

특징		• 두피의 피지 분비량이 적음 • 유·수분 부족으로 두피 표면이 건조하며 윤기가 없음 • 모공부위에 노화된 각질이 두껍고 하얗게 쌓여있음 • 두피가 불규칙하게 갈라져 있으며 모발 역시 푸석푸석한 느낌을 볼 수 있음
원인	외적 요인	• 모발이 심하게 당겨져 두피의 산성막이 전체적으로 혹은 부분적으로 박리되고 가벼운 염증을 일으켜서 정상적인 각화 작용이 되지 않아 발생 • 잦은 샴푸, 부적절한 드라이 방법, 잦은 펌이나 염색으로 인한 두피 자극
	내적 요인	• 비타민 부족, 일상적인 스트레스, 신진대사의 이상, 노화과정, 호르몬의 이상 등
관리 방법		• 두꺼워진 각질을 제거하고 막힌 모공을 열어주며 혈행 촉진을 유도하는 것 • 각질이 제거된 두피에 충분한 유·수분을 공급하여 각질 세포들을 진정시켜 유지막을 형성하여 외부자극으로부터 방어할 수 있는 능력을 회복시키는 것 • 강한 샴푸, 유분이 많은 헤어제품, 강한 알코올 성분을 함유한 헤어로션 등은 피함 • 표피의 오래된 각질 및 비듬의 제거와 피지 분비가 원활히 이루어질 수 있도록 보습성분이 많이 함유된 약산성 샴푸를 사용

(3) 지성 두피

특징		• 두피의 피지샘 기능이 활성화되어 피지분비가 중성 두피 분비량보다 많은 두피 • 많은 피지량 분비로 인해 모공이 커지고, 커진 모공이 다시 이물질과 피지 산화물의 잔류로 막혀서 피부 조직이 두꺼워지고 축축하며 끈적거림과 악취가 나는 경우도 있음 • 만성화되면 비듬 및 지루성 피부염과 탈모로 이어질 수 있음 • 지성 상태의 모발이 이마 등의 피부에 닿으면 생리적인 독소 등에 의해 뾰루지 등이 생기기도 함
원인	외적 요인	강한 마사지, 두피 불청결 등
	내적 요인	호르몬 밸런스의 이상, 스트레스, 불규칙한 식생활 등

관리 방법	• 모공의 피지 응고물을 제거하고 모공을 열어 청결을 유지하며 피지 분비를 조절해 두피를 자극하지 않는 것 • 두피내의 신진대사가 원활하도록 하여 세균에 대한 저항력을 키움 • 스트레스, 인스턴트 식품, 기름진 음식을 피함 • 유·수분 조절이 가능한 샴푸와 트리트먼트를 이용하여 관리 • 두피 세정과 피지 조절에 초점을 맞춤 • 피지를 조절하는 두피 스케일링 피지조절 앰플 팩을 병행하여 관리하는 것이 좋음 • 지성용 샴푸 사용 • 주 1~2회 정도 전문적인 두피관리를 받음 • 지성 두피의 모발은 피지 분비량의 과다로 노폐물 및 먼지 등이 흡착하여 모발이 축 늘어지기 쉬우므로 샴푸 전에 브러싱을 통해 비듬이나 노폐물 등을 제거하고 혈행을 촉진시켜 결을 고르게 하여 마사지를 함 • 브러시는 부드럽고 탄력 있는 끝이 둥근 것을 사용하는 것이 좋음 • 모발 전체를 한손으로 잡고 긴 머리는 안쪽에서부터 빗질을 하는 것이 좋음

(4) 민감성 두피

특징	• 건성, 지성, 지루성 등 모든 유형으로 전이될 수 있는 민감한 두피 피부 • 각화 주기의 이상 현상 • 전체적으로 붉어 보임 • 실핏줄에 의해 모세관 확장과 혈액순환 저하에 의해 나타나는 붉은 반점과 뾰루지 등과 함께 염증을 동반
원인	• 유전적인 체질 • 불규칙한 호르몬 분비 • 세균 감염 또는 과다한 화학제품 사용에 의한 두피 자극
관리 방법	• 미세한 자극에도 쉽게 반응하며 치료 후에도 재발 가능성이 매우 높아 일시적인 관리보다는 장기적인 관리가 효과적

(5) 지루성 두피(지루성 피부염)

특징	• 머리, 이마, 겨드랑이 등 피지의 분비가 많은 부위에 잘 발생하는 만성 염증성 피부 질환 • 지루성 습진이라고도 함 • 홍반(붉은 반점), 가느다란 인설(비듬) • 생후 3개월 이내, 40~70세 사이에 발생 빈도가 높음 • 성인 남자의 3~5%에서 발생하는 매우 흔한 종류의 습진
원인	• 유전적 요인, 가족력, 음식물, 곰팡이균의 활동, 세균 감염, 호르몬의 영향, 정신적 긴장 등 여러 요인이 작용하는 것으로 추측

(6) 비듬성 두피

건성 비듬	두개 피부톤	백색톤으로 모공 주변이 얼룩져 있음
	노화 각질 및 피지 산화물	모공 주변을 막고 각질 들뜸 현상과 함께 가려움, 당김 등 부분적 염증에 의해 예민화되어 있음
	모공 상태	불규칙하며 연모화되거나 막혀 있음
지성 비듬	두개 피부톤	황색 톤으로서 불투명
	노화 각질 및 피지 산화물	눅눅하게 두껍게 존재하며 피지냄새가 강하고 다량의 피지로 인해 염증과 함께 부분적으로 예민화되어 있음
	모공 상태	막혀 있음

	두개 피부톤	얼룩이 있고 붉은 톤을 띰
혼합 비듬성	노화 각질 및 피지산화물	두개 피부층이 얇으며 피지와 수분 분비량은 고르지 않아 가려움, 염증, 홍반이 나타남
	모공 상태	두개피부 부위에 따라 다양하게 막혀있음
	한선	형태 불분명

2 모발의 구성 성분과 작용

(1) 모발의 정의
모낭에서 자라 나온 털

(2) 모발의 역할
① 외부의 환경으로부터 두부를 보호
② 신체의 노폐물을 배출
③ 장식기능이 있어 아름다움을 표현
④ 신체의 보호, 보온, 촉각 등에 있어서 매우 중요한 역할

(3) 모발의 수
① 우리 몸의 피부 전체에 약 130~140만 개가 분포
② 인종, 색, 모질 등에 따라 개인차가 있음
③ 남성보다 여성이 모발의 수는 많음
④ 금발 14만개, 옅은 갈색 11만개, 황인종의 검은 갈색 10만개, 붉은색 9만개 정도 분포
⑤ 손바닥, 발바닥, 입술, 유두 등 일부 피부에는 없음
⑥ 모발에서 두발은 약 10만개를 차지하고 눈썹, 속눈썹, 코털, 귀털 등이 있음

(4) 모발의 성장과 수명
① 성장속도 : 하루에 0.35mm, 한 달에 1~1.5cm
② 낮보다는 밤에, 가을과 겨울보다는 봄과 여름에 성장이 빠름
③ 두발의 일반적 수명 : 4~5년
④ 속눈썹의 일반적 수명 : 2~3월
⑤ 모발성장 : 발생기 → 성장기 → 휴지기 → 탈락기

(5) 모발의 구성 성분
① 케라틴이라는 경단백질로 구성
② 모발 : 케라틴 단백질(80~90%), 수분(10~15%), 지질(1~8%), 멜라닌색소(3% 이하), 미량원소(0.6~1%)
③ 케라틴 : 약 18종류의 아미노산[탄소(50~60%), 산소(25~30%), 질소(8~12%), 수소(4~5%), 황(2~4%)] 으로 구성
④ 건강한 두발을 유지하려면 동물성 단백질을 주로 섭취

(6) 모발의 산도
① 모발의 pH : 5.0 전후
② 강알칼리성 비누로 세발하면 비듬이 생김

(7) 모발에 관계되는 영양소
① 비타민 A : 강유, 당근(부스럼방지)
② 비타민 B, C : 배아, 효모(비듬방지)
③ 비타민 E, F : 요오드, 우유, 깨, 콩(모발윤택)

(8) 모발의 종류

경모(억센 털)	장모(긴 털)	두발, 수염, 겨드랑이털 등
	단모(짧은 털)	눈썹, 속눈썹, 귀털 등
연모(솜털)	얼굴, 몸통, 사지에 돋아있는 섬세한 털 이외에 액모, 흉모, 음모, 비모, 이모, 취모(잔털) 등	

3 모발 구조

(1) 모발의 구조

모간, 모근, 모낭이 있으며 모간은 피부 표면에 나와 있는 부분, 모근은 피부 속에 있는 부분, 모낭은 털뿌리를 싸고 있는 부분

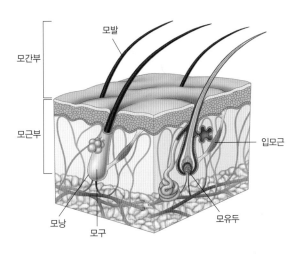

	모표피	제일 겉층으로 각화작용
모간	모피질	멜라닌 색소를 함유하며 모발색을 형성(예 : 염색, 탈색)
	모수질	수질세포로 내부에 기포가 있으며 잔털(취털)에는 없음
모근	피부 안의 털 부분이며 모낭(털주머니)으로 싸여져 있음	
모유두	모발에 필요한 영양은 모유두의 혈관에서 공급	
모낭	모근을 둘러싼 부분(모공 : 피부에 털이 나는 구멍)	

(2) 모낭의 구조

① 모낭(모포)은 모근을 싸고 있으며 내·외층의 피막으로 이루어짐
② 내층은 모근을 직접 싸고 있으면서 표피에 연결되어 있고 외층은 진피에 연결되어 있음
③ 내·외층의 피막은 모낭의 아래쪽에 위치한 모구부에서 발생한 모발을 완전히 각화가 종결될 때까지 보호하면서 운송하는 역할을 함

(3) 모낭 주변의 구조

모구	• 모낭의 아래쪽에 약간 부풀어 있는 둥근 부분 • 모발을 생장시키는 데 있어서 중요한 곳
모유두	• 모구의 중심부 • 모세혈관과 신경이 있어 모발에 영양을 공급하는 역할

모모 세포	• 모유두에 영양을 공급받아 분열하고 있는 세포 • 분열, 증식을 끊임없이 하면서 모발을 만들고 있으며 각화하며 위로 밀고 올라감
모공	• 모낭이 피부 표면으로 열려 있는 곳에 각화된 피부 바깥으로 나오는 것
입모근	• 모낭에 붙어 있으며 피지선 아래에 위치 • 아래쪽에서 표피까지 연결되어 있는 일종의 근육이며 모발의 수축과 관계
피지선	• 피지가 공급되어 모발에 윤기를 줌

(4) 모발의 구조

① 피부 바깥으로 나와 있는 모발은 가장 외측부터 큐티클, 피질, 수질의 세 부위로 이루어져 있음
(수질은 모발에 따라 없는 경우도 있음)
② 큐티클은 모발의 내부를 외부로부터 보호하기 위한 딱딱한 각질층이며 7~8겹으로 이루어져 있음
③ 피질과 수질은 모발의 형태를 유지해 주는 역할을 하며 주로 케라틴이라는 단백질로 이루어진 섬유들로 채워져 있음
④ 태아에서 모낭 성장의 과정을 folliculo-genesis라고 함

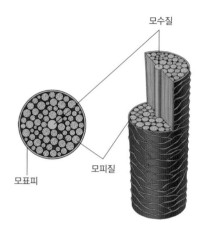

모수질
모피질
모표피

모표피 (Cuticle)	• 모발의 가장 바깥쪽 • 생선의 비늘 모양 • 에피큐티클, 에소큐티클, 엔도큐티클 층으로 나누어져 각각 외부 화학제품으로부터 모피질부를 보호 • 모발 전체의 10~15% 정도가 여기에 해당됨 • 모발의 손상 정도와 굵기 등에 따라서 에피큐티클, 에소큐티클, 엔도큐티클은 5~15층의 반투명 막이 겹겹이 쌓여있음 • 모표피 부분이 차지하는 비율이 높고, 큐티클 조직이 조밀하게 겹겹이 쌓여있을수록 단단하고, 윤기 있는 건강한 모발을 유지할 수 있음		
	에피큐티클 (Epicuticle)	• 모표피 중 최외측 • 화학적 시술과 물리적인 자극에 대해서는 약하지만 화학약품의 공격에는 매우 강하게 저항하는 부분 • 피지선에서 분비된 피지와 가장 먼저 맞닿는 부분 • 알칼리성에 강한 친유성의 성질 • 수증기는 통과하지만 물에 대해서는 저항성을 지님	
	에소큐티클 (Exocuticle)	• 알칼리성 약품 펌제나 염모제 등의 약품에 대해 작용을 받기 쉬움	
	엔도큐티클 (Endocuticle)	• 모표피층 가장 안쪽 • 피질부와 맞닿아 있음 • 알칼리성 제품에 대한 저항성이 약함 • 세포막 복합체인 CMC(Cell Membrane Complex)가 존재해 인접한 표피를 밀착시키는 역할을 함	

모피질 (Cortex)	*모발 전체의 80~90%를 차지 *모발의 탄력과 강도, 모발 색과 모질 등을 결정짓는 중요한 역할을 하는 곳 *주성분 : 케라틴 단백질 *멜라닌 색소가 함유되어 있으며 모발의 색을 결정 *모발의 질감, 화학적·물리적 작용에 대한 손상도, 모발의 탄력도에 변화가 생기는 부분 *모발 관리에서 가장 중요한 부분	
	피질세포 (헤리칼 프로테인)	*결정 영역 *긴 폴리펩타이드가 규칙적으로 배열된 섬유 다발이 안정적으로 결합 *화학반응에 대하여 강한 저항력을 지님
	간층물질 (세포간 결합물질)	*비결정 영역 *결정 영역에 비해 짧은 폴리펩타이드 연결이 코일 형태로 불규칙적으로 결합 *외부자극과 화학반응으로 손상되거나 외부로 유출되어 모질이 나빠지는 원인으로 작용 *외부로부터 간층물질 성분과 유사한 성분을 침투시키기도 하지만, 10% 정도밖에 침투되지 않는 점을 감안하면 사전에 충분한 영양공급을 하도록 하는 것이 중요하고 잦은 화학적 시술은 피하는 것이 좋음
모수질 (Medulla)	*모발의 가장 안쪽, 모발 중심부에 위치 *약간의 멜라닌색소 입자를 갖고 있는 유재형 세포로 이루어져 있음 *모발에 따라 비율이 높거나 또는 존재하지 않을 수도 있음(연모의 경우 대부분 존재하지 않으며, 경모의 경우에도 털이 존재하는 부위에 따라 수질의 차지 비율이 다름) *부분적으로 빈 구멍이 존재하면서 공기를 함유 *모수질이 차지하는 비율이 높을수록 펌이나 염색 시술에 다량의 시술제와 시간이 소요된다는 점으로 미루어 봤을 때 모수질의 빈 구멍에까지 화학제가 침투하는 것으로 보여짐 *추운 지방에 사는 동물일수록 모수질이 높은 비율을 차지하는 것을 보면 온도와도 밀접한 관계가 있는 것으로 보임	

(5) 모발의 성장주기

인간의 모발은 독립된 주기를 가지며, 일생 동안 성장과 탈모를 약 23~25회를 반복하며 1개, 1개가 각각 독립된 주기를 갖고 있어 불규칙적으로 돌아가면서 빠지므로 눈에 잘 띄지 않음

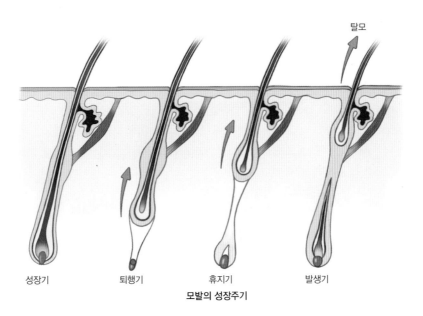

모발의 성장주기

성장기 (Anagen)	• 여성은 4~6년, 남성은 3~5년 정도 유지 • 전체 모발의 85%가 이에 해당 • 모발이 건강하게 자라기 위해 중요한 단계 • 모근 대사가 활발하여 세포분화가 빠르기 때문에 머리카락이 길어지고 새로운 머리카락이 많이 발생 • 성장기 때 모발은 환경, 영양, 질병, 스트레스에 민감하기 때문에 모근 활성이 쉽게 중단되고 성장기가 짧 아질 수 있으며 성장기와 휴지기 비율이 맞지 않아 모발이 빠져 탈모가 될 수도 있음
퇴행기 (Catagen)	• 성장이 멈추고 세포 분열은 하지 않으며 휴지기로 넘어가기 위해 세포 분열이 점점 느려져 위축됨 • 모근 파괴, 상피막 수축과 함께 혈액공급이 제대로 되지 않아 모근의 크기가 감소하게 되어 모발이 자연 스럽게 탈락하게 됨
휴지기 (Telogen)	• 모낭 위축, 모유두와 완전히 분리되면서 모근이 두피 표면으로 올라가 머리카락이 쉽게 빠지게 됨 • 3~4개월 정도 지속되고 기존 머리카락이 새머리카락에 밀려 빠지면서 새롭게 다시 성장기 시작
발생기 (New anagen)	• 모낭에 있는 모구부가 결합하여 새로운 모발을 성장시키는 시기 • 새로운 모발은 휴지기의 모발을 위로 밀어 올리면서 성장해가며 휴지기 모발을 자연탈락(탈모) 시킴

4 모발의 특성

(1) 모발의 흡습성

① 모발은 친수성을 가지고 있기 때문에 수분을 흡수하는 성질이 큼
② 보통 상태의 공기 중 : 10~15%
③ 샴푸 직후 : 약 30%
④ 블로우 드라이어로 건조한 후 : 10% 전후
⑤ 손상이 많은 모발, 건성 모발 : 10% 이하로 떨어져 모발이 푸석거리며 거친 느낌을 줌
⑥ 모발의 수분 흡수율은 다른 합성 섬유와 비교해도 매우 큰 차이를 나타냄

섬유 \ 습도	100(%)	65(%)	흡수율의 차
모발	43	15	28
양모	27	17	10
목면	16	5	11
나일론	7	4	3

(2) 모발과 유지 흡수

① 모발의 유지 흡수량 : 식물성 유지 〈 광물성 유지(유동 파라핀이 가장 큼)
② 모피질은 친수성이지만 외표피는 친유성이기 때문에 유지의 흡수는 주로 모표피의 표면에서 행해짐
③ 화학 처리, 외부적 요인에 의해 모표피가 변성, 탈락, 손상된 경우 유지에 대한 친화성 감소(흡수량 감소)
④ 모발의 유지에 대한 흡수율은 물에 대한 흡수율에 비해 적음
⑤ 헤어트리트먼트의 경우 피질의 친수성을 이용해 O/W형, 모표피의 친유성을 이용해 W/O형의 향장품을 사용하며 사용 목적에 따라 각각의 형을 선택할 필요가 있음

(3) 모발의 팽윤성

① 팽윤 : 어떤 물체가 액체를 흡수하여 그 본질은 변화하지 않고 체적을 늘이는 현상

유한팽윤	• 어느 정도 진행되면 더 이상 진행되지 않는 팽윤 • 모발 • 수분에 의해 부풀리는 힘과 화학적 결합으로 줄어들려는 힘이 균등해지면서 나타남
무한팽윤	• 제한 없이 진행되어 최후에는 용액이 되어버리는 팽윤 • 케라틴 • 케라틴을 강산이나 강알칼리와 같은 약품에 처리하면 결국은 녹아버리게 됨

② 온도에 비례, 처리하는 용액의 pH에 따라 등전점에서 낮고 산성과 알칼리성에서 높음
③ 모발을 물에 적셔두면 길이는 1~2% 길어지고, 두께는 12~15% 정도 두꺼워지며, 중량은 30~40% 증가(길이의 변화보다는 직경의 변화가 더 큼)
④ 모발이 수중에서 팽윤평행에 달하는 데는 실온에서 15분 이상, 고온에서는 5분 이내의 시간이 걸림

(4) 모발의 열변성

① 열에 의해 모발이 변화되는 상태
② 건열과 습열에 따라 다름 : 습열에서 더 많은 손상

건열	• 80~100℃ : 기계적인 강도 약화 • 120℃ : 팽윤 • 130~150℃ : 변색, 시스틴의 감소 • 180℃ : 케라틴 구조의 변형 • 270~300℃ : 타서 분해되기 시작
습열	• 100℃ : 시스틴 감소 • 130℃ : 케라틴 구조의 변형

③ 모발에 약품이 묻어있거나 샴푸 시 잘 헹구지 않아서 세제가 모발에 남아 있을 때 열을 가하면 변성을 촉진시킴
④ 드라이보다 아이론이 모발 손상과 모발의 변성에 많은 영향을 미침

블로우 드라이	약 90℃ 전·후
압축식 아이론	100℃가 훨씬 넘음

⑤ 아이론과 드라이를 사용하는 경우 모발의 수분을 제거하고 사용하는 것이 손상을 줄일 수 있음

(5) 모발의 광변성

① 태양광선을 쬐면 피부와 마찬가지로 모발도 변성을 일으키는 성질
② 적외선과 자외선

적외선	• 태양광선 중 파장이 가장 긺 • 열선으로 모발에 강한 열을 발생시킴
자외선	• 태양광선 중 파장이 가장 짧음 • 모발의 시스틴 함량을 줄어들게 하고 멜라닌 색소를 파괴함으로써 모발의 탈색과 손상에 가장 큰 영향을 초래

③ 해안 거주자들의 퍼머넌트 형성력이 낮고 쉽게 풀어지는 것은 자외선에 의한 모발케라틴의 변성 때문임

(6) 모발의 대전성

① 모발을 빗질하면 마찰에 의한 전기가 발생하게 되는 현상
② 모발은 (+)전하, 빗은 (−)전하를 띠고 (+)전하를 띤 모발들이 서로 반발하게 되어 정전기 발생
④ 마찰 전기가 모유두로 흘러 들어 탈모의 원인이 되기도 함
⑤ 정전기는 건조한 경우에 일어나기 쉬움(겨울)
⑥ 정전기 방지제로 린스나 트리트먼트와 같은 제품을 도포하여 주는 것이 좋음

5 모발 손상의 유무 진단기법

(1) 모발 상태 진단기법

① 홈 스타일 케어의 내용은 라이프 스타일 등에 관한 문진으로 구별함
② 마이크로스코프 또는 관찰 등을 통해 두개피를 시진으로 구별함
③ 질감 또는 감촉, 빗질 등은 손가락으로 느낄 수 있는 촉진으로 구별함
④ 모발의 직경, 신장률, 인장 강도, 흡수율 등을 마이크로 게이지(모발의 두께 측정), 아쿠아 체커(수분량계), 텐션메타 등의 기기를 사용하여 구별함

(2) 물리적 손상

① 마찰에 의한 모표피의 손상을 관찰함
② 과도한 빗질, 거품화가 되지 않은 상태의 샴푸에 깨진 비늘(모표피) 가장자리의 박리 등에 의해 모피질의 간충 물질 유출에 따른 물리적 손상을 일으킴
③ 가위나 면도날 등 거친 날을 가진 도구로 모발 커트 시 모피질의 노출 상태의 범위가 넓어 모발의 수분 증발 및 단백질 유실에 의해 기모나 열모를 만듦
④ 열풍과 냉풍을 이용한 블로 드라이 연출 시 모발의 반복 시술 시 모피질 내부의 단백질이 산화된 유분과 함께 내부적 손상 즉 기포를 형성함
⑤ 펌제로 인해 연화 상태인 모발을 강하게 밴딩하거나 핀닝 시 물리적 변형을 만듦
⑥ 왁스와 같은 스타일링제를 모발에 사용 시 인접해 있는 모표피에 마찰 저항력을 높여 손상을 만듦
⑦ 대기 중의 티끌, 먼지 등도 모표피의 흡착으로 물리적 손상을 줌

(3) 화학적 손상

① 실리콘류가 첨가된 강한 코팅제는 모발의 결정수(10~15%)에 대한 수분량 조절에 지장을 주며 특히 모발 표면을 완전히 덮으므로 모발 단백질을 변성시킴
② 염·탈색 처리에 의한 모발 팽윤과 연화 현상으로 모표피를 녹이거나 왜곡시키므로 손상을 확장함
③ 모발에서의 환원제의 과잉 반응으로 산화제의 도포 조작 시 부적절한 용제 선택, 사용방법, 시간 등이 적절하지 못할 때 발견됨
④ 로드 제거 후 충분히 세발 되지 못함에 따른 알칼리 펌제의 잔류 상태는 케라틴 단백질 또는 멜라닌 색소의 퇴색이나 변성시킴으로 손상을 확장함
⑤ 웨이브 상태의 모발을 직모로 교정시키기 위한 패널 사용 시 모 다발을 무리하게 붙이면 모발 단면을 변형시켜 손상을 확장함
⑥ 장시간 모발에 강 알칼리제를 노출 시키면 모발 내에 간충 물질인 케라틴 성분의 유실로 손상이 확장됨
⑦ 축모 교정 시 200℃ 이상의 고온 프레스 작업과 함께 필요 이상 압력을 동반하면 모발 단면의 편평화 및 모발 단백질 변성, 모발 탄화 등의 손상이 확장됨
⑧ 모피질의 바이라테랄 구조인 오쏘와 파라 코텍스는 알칼리제에 반응하기 쉬운 오쏘 코텍스가 오버 타임됨으로써 손상을 확장함

1 모발의 흡습 메커니즘

(1) 모발과 물

모발에 흡착된 물은 α 물과 β 물로 구분됨

직접 접착수 (a물, 결정수, 고정수)	• 모발 섬유 고분자의 친수기와 직접 결합된 물 • 모발에서의 강도, 탄성도 및 팽윤도, 흡습도 등에 관계함
간접 접착수 (β물, 자유수)	• 직접 접착수에 다시 결합된 간접 접착수 • 수분이 증발할 때 불안정하게 결합된 β물이 먼저 증발

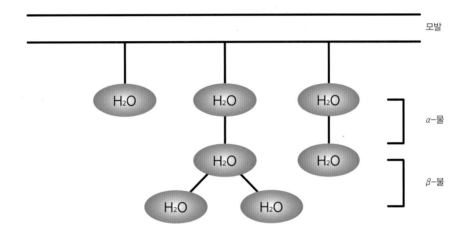

(2) 수분 흡수 평형

건조한 모발은 수분이 많은 습한 공기 중에서는 속도가 점차 감소하며 수분을 흡수하고, 수분이 많은 젖어 있는 모발은 수분이 적은 건조한 공기 중에서 수분을 탈수하지만 그 이상의 이띠힌 변화도 일어나지 않는 동적 평형 상태를 유지함

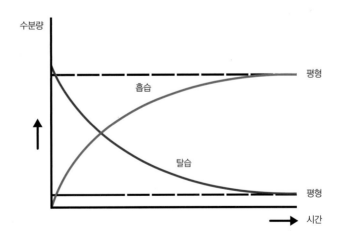

2 모발의 물리적 손상

(1) 열에 의한 손상

헤어드라이어와 전기아이론, 전기세팅기 등 열기구를 사용하여 적정 온도 이상을 모발에 가하면 모발 손상이 일어나게 됨

헤어드라이어	• 바람이 나오는 출구 방향에 모발을 밀착시켜 사용하면 모발이 건조해지고 피지 분비를 방해하여 비듬이 생길 수 있으므로 약간 거리를 두고 사용 • 온도는 90℃ 전후가 적당
전기 아이론	• 가장 뜨거운 열을 사용하므로 신속한 동작으로 모발에 닿는 시간을 적절하게 조절 • 온도는 180℃ 전후가 적당 • 250℃ 전후에서 약 1분간 사용하면 모표피가 녹게 됨
전기 세팅기	• 모발이 마른 상태에서 강한 열을 가하므로 시술 전에 손상을 최소화할 수 있는 제품을 사용하여 사전 처리를 해주는 것이 중요 • 온도는 130~140℃가 적당

(2) 마찰에 의한 손상

① 모발의 가장 바깥에 위치한 모표피층은 비늘 모양의 단단한 케라틴 단백질이 5~15겹으로 모간 쪽으로 겹겹이 쌓여 있어서 외부의 자극에 충분히 견디어 낼 수 있지만 일상에서 빈번하게 일어나는 샴푸, 타월드라이, 브러싱, 빗질 등에 의해 강한 자극을 받게 되면 모발 사이의 마찰이 생겨서 모표피층이 손상을 입게 됨
② 무리하게 빗질하는 것을 피하고 브러싱 전에는 반드시 브러성제를 사용하여 모표피에 얇은 피막을 만들어 브러시와의 마찰을 감소시킴

(3) 잘못된 커트에 의한 손상

원인	• 심하게 건조한 모발을 컷트 • 테이퍼링, 스트록 컷, 슬라이싱 등의 테크닉을 사용한 경우 • 날이 날카롭지 못한 가위로 커트 • 커트 기술이 미숙하여 모표피를 깎아 버리는 경우
손상	• 커트한 자리와 손상된 자리로부터 모피질의 수분이 증발하거나 약제가 침투하기 쉽게 되어 기모와 분열모가 쉽게 발생
방지	• 잘 드는 가위를 사용 • 모발의 절단면을 트리트먼트 등으로 보호

1 모발의 화학적 손상

모발의 화학적 손상은 퍼머, 염색, 탈색을 하는 과정에서 발생

(1) 퍼머넌트 약품에 의한 손상

퍼머넌트 약품의 처리시간, 방법, 온도 등의 처리 미숙 때문에 모발 손상이 일어나게 됨

원인	결과
2욕식 콜드의 퍼머넌트 웨이브제를 가온기 등을 사용하여 시술 모발 질에 대한 약제의 선정을 잘못했을 경우	제1제가 모발에 대해서 과잉하게 반응
제2제의 처리 불량, 방치 시간부족 등	모발이 제1제로 환원된 과정 그대로 있으므로 모발이 약하게 되어 손상으로까지 연결됨
로드 제거 후 모발에 대한 애시드 린스 처리가 불충분하여 모발 중에 알칼리가 잔류하거나 산화제가 남아있음	케라틴 단백질의 변성과 멜라닌 색소의 퇴색을 일으키게 됨

(2) 염·탈색에 의한 손상

① 염·탈색은 모발 손상을 일으키는 가장 큰 이유
② 염·탈색제의 알칼리제는 모발의 결합력을 약화시키고 멜라닌 색소의 산화로 인한 탈색 작용을 일으키는 과산화수소를 함유하고 있기 때문
③ 염모제의 성분이 피부 단백질과 결합해 항원이 되어 체내에서 항체를 만들기 때문에 사람의 체질에 따라 알레르기 반응을 유발할 수 있으며, 심한 경우 탈모를 동반할 수도 있음
④ 잦은 탈·염색으로 인해 모발의 팽윤(膨潤), 연화(軟化)가 반복되거나 모표피가 비틀려 구부러지는 현상이 발생할 수 있음

(3) 태양광선에 의한 손상

태양광선에서 모발에 영향을 주는 것은 적외선과 자외선

적외선	• 열선 : 물체에 닿으면 열을 발생시킴 • 모발의 케라틴 단백질이 손상을 입게 됨
자외선	• 화학선 : 직접 열을 느낄 수 없음 • 바다, 산, 스키 등에서 피부가 타는 원인 • 모발 손상 : 건조해짐, 거칠어짐, 윤기 없어짐, 색이 바램, 잘 부러짐 등 • 강한 자외선은 단백질 변성을 일으킬 수 있음 • 모표피에서 시작된 손상은 모피질에 영향을 미치고 멜라닌 색소가 산화반응을 일으켜 탈색이 나타날 수 있음

(4) 생활환경적인 요소에 의한 손상

① 자동차 배기가스에서 나온 유황산 화합물(SO_2, SO), 질소산화물(NO, NO_2) 등의 모발 부착
② 대기 중의 티끌, 먼지 등에 의한 모표피의 물리적 손상
③ 수영장의 소독 약품에 자주 노출
④ 바닷가의 해풍이나 해수에 모발이 노출
⑤ 스프레이나 무스 등 헤어 스타일링제 등의 사용으로 불결한 상태가 지속

2 모발의 화학구조

모발은 아미노산을 기본단위로 케라틴이라 하는 단백질로 구성된 물질

(1) 아미노산의 기본 구조

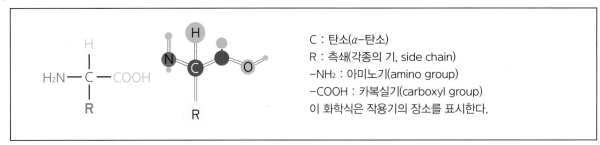

C : 탄소(α-탄소)
R : 측쇄(각종의 기, side chain)
-NH₂ : 아미노기(amino group)
-COOH : 카복실기(carboxyl group)
이 화학식은 작용기의 장소를 표시한다.

아미노산의 기본 구조식

(2) 펩타이드 결합

① 펩타이드 공식

아미노산 구조를 기단위로 한 축·중합 과정은 물이 제거되고 공유 결합되는 화학 결합을 일컫으며 아미노산 기본 구조식 첫 번째 카복실기(-COOH)의 OH와 두 번째 아미노산의 아민기(NH_2) H가 결합되어 물(H_2O)이 되어 증발하고 남은 펩타이드 공식을 가짐

② 펩타이드 결합에 따른 주쇄와 측쇄

펩타이드 결합은 모든 단백질 분자의 주축을 이루고 있으며 아미노산 간의 축·중합 반응은 주쇄 결합(Polypeptide)를 이루고 측쇄의 R기를 연결시킴

글루탐산   라이신

아스파라트산   라이신

3 **pH 농도에 따른 모발 손상처치**

(1) 모발과 pH

① pH : 산성, 알칼리성의 강도를 숫자로 나타내는 표시법
② 피부와 모발이 가장 건강한 상태의 pH는 약 4.5~6.5 정도
③ 모발 성분은 70~80% 단백질로 알칼리의 영향을 받으면 구조가 느슨해져 팽윤·연화가 되고 반대로 산성에는 강하고 조여져서 단단해지지만 강한 산에서는 모발이 분해되며 강알칼리에는 용해됨
④ 산성 모발과 알칼리성 모발의 차이점

	산성 모발	알칼리성 모발
pH	pH 1.5~2	pH 11~14
특징	딱딱하게 경화	부드럽고 연화
단백질	단백질 수축	단백질 분해
저항력	강함	약함
손상도	적음	큼

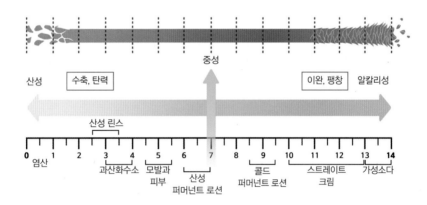

(2) 모발의 화학적 손상 처치

① 모발 제품에 많이 들어 있는 헤어 토닉, 스프레이 제품 등의 지속적 사용은 결국 모발의 단백질 변성으로 인한 변화로 손상을 초래
② 알칼리성 제품은 모발 내 모피질을 팽윤시켜 모표피의 비늘층이 열려 알칼리화된 pH 상태로 만듦
③ 모발 내에 잔류된 알칼리는 산성 제품 또는 산 균형(pH balance) 컨디셔너를 인위적으로 처치[사용]함으로써 모발 구조를 수축시키고 건강한 상태로 환원시킴

> 🐝 처치로서 케미컬 스타일링 작업이 끝나면 양전하로 충전된 산 균형(Acid balance) 제품을 사용하여 모발 본래의 등전가로 되돌릴 수 있다. 이러한 제품(pH 3)은 두개피의 약산성막과 유사한 pH 균형을 이루어 모발 케라틴을 팽윤(Swelling)시키지 않고 본래의 모발 상태를 유지시킴

II

이용 시술

Chapter 01 기초 이발

① 이용의 역사

1 한국의 이용

(1) 옛부터 두발을 깎는 것을 금기시
① 유교의 영향
② 두발은 부모가 물려 준 신체의 일부(身體髮膚受之父母)

(2) 조선 최초의 공식적인 커트 기록
① 1881년 신사유람단으로 일본을 건너간 서광범이 체류 중에 상투를 풀어 머리카락을 자른 것
② 신사유람단 이후부터 조선 남성의 머리 형태에 변화가 보이기 시작

(3) 일본이 강제로 상투 자름
① 고종황제의 상투 : 정병화에 의해서 잘림
② 왕세자의 상투 : 유길준에 의해서 잘림

(4) 김홍집 내각의 단발령(1894년 11월 15일)
① 고종황제 때 종래의 상투를 틀었던 풍습을 없앰
② 고종 자신부터 머리를 자르고 하이칼라 머리를 함
③ 전국으로 체두관을 보내어 단발머리를 하도록 함

(5) 최초의 이용원(1901년)
① 동호이발소 : 유양호, 인사동의 조선극장 터
② 태성이발소 : 안종호, 광화문 세종로 부근
③ 최초의 미용실인 경성 미용실보다 20여년이 앞선 것으로서 우리나라의 역사로 볼 때에는 근대적인 이용의 역사는 미용보다 조금 빨랐다고 할 수 있음

(6) 최초의 이발사 시험제도(1923년)
① 일제시대 야마모토라는 일본인이 주축이 되어서 최초의 강습회를 시작하여 그해 가을에 처음으로 시행
② 시험 출제 : 당시 의학박사인 주방주의 저서인 위생독본이라는 책에서 출제
③ 시험 과목 : 생리해부학, 소독법, 전염병학, 면접시험, 실기시험

(7) 이·미용업의 전성기
① 1961년 12월 5일 이용사 및 미용사법이 제정·공포되면서 이·미용업의 전성기로 호황을 누림
② 1986년 5월 10일 공중위생법 제정·공포

2 서양의 이용

① 기원전 1900년 당시 유럽의 헤브라이(Hebrai)족 족장이 죄인을 벌할 때 두발을 다 밀어 삭발하게 하여 그 두발이 다시 다 자랄 때까지 죄를 반성하게 하던 유래에서 찾을 수 있음

② 중세시대 전쟁을 치르면서 두부에 부상을 입거나 상처가 났을 때 두발을 삭발하고 치료해 주는 외과 의사와 이용사의 업무를 병행하였는데 이를 이발외과라 함

③ 1250년 프랑스에는 이발사를 위한 학교가 세인트 코스마스 협회에 의해 설립되었고 4년간의 수련과정을 이수하여야만 이발사가 될 수 있었음

④ 1292년 프랑스 파리에는 151명의 이발사가 있었으며, 일요일과 축제일에는 이발사들도 노동금지령을 정하여 휴식을 시행함

⑤ 영국에서 1308년에 이용 외과 조합이 창설되었고 전문 외과의와 이용 외과의는 청, 백, 적을 색칠한 나무 막대기를 영업장 앞에 설치

⑥ 15세기에 접어들면서 마사지와 샴푸 그리고 고객의 목욕에 이르기까지 그 영역을 넓혀 나가면서 여러 가지 시술을 병행하였는데, 오늘날의 공중목욕탕의 이발관에서 이발사가 고객의 머리카락을 손질하게 된 시초라 볼 수 있음

⑦ 1416년에 전문 외과의와의 영역에 대한 분쟁 끝에 외과의와 영역을 분리

⑧ 1450년에는 전문 외과의와 합동조합을 결성하였고 이용 외과의 지방의 지도급이나 대학의 해부학자로서의 지위를 가지게 되었으며, 황후에게 시술하는 자를 리바비어(Liebbarbier)라 부르기도 함

⑨ 1616년 이용원 사인보드를 만들어 청색, 적색, 백색은 당시 병원을 의미하며 현재까지 이용원에서 사용하고 있음

🐝 **사인보드**
- 청색 : 정맥
- 적색 : 동맥
- 백색 : 붕대

⑩ 18세기 중반 전문의와 이용 외과의의 차이가 크게 벌어져 1745년에 다시 분리됨

⑪ 1804년에 세계최초 이용사 장 바버(Jean Barber)가 외과와 이용을 완전히 분리하여 전문직으로 구분하였는데, 현재의 이용원이 그의 이름을 따서 바버 숍(Barber Shop)으로 부르고 있음

⑫ 1871년에 프랑스의 기계 제작 회사인 바리캉 마르(Barriquand et Marre) 제작소에서 바리캉(bariquant)이 발명되었고 그 후 바리캉이라는 명칭은 전 세계에 통용됨

⑬ 이용외과의 영역은 헤어커트와 마사지, 매니큐어 등 단순한 기술만이 남게 되었고 19세기 중엽을 지나서는 이용 외과의 영역을 상실함

> 🐝 동양에서 현대적인 의미에서의 이용을 가장 빨리 받아 들여 직업으로서의 영역을 가지게 된 나라는 일본이며 1860년경 삼본정길(杉本貞吉) 등이 요코하마에 정박한 포르투갈 선원 이용사로부터 서구 기술을 견습한 것이 일본 이용의 시초였다. 그 후 일본의 이용 기술은 급속한 발전을 이루어 이용 선진국이라 할 만큼 각종 이용 용구 및 기계가 전 세계적으로 보급되고 있다.

3 이발 도구의 변천사

(1) 빗

(2) 가위

(3) 이발기

① 양수기

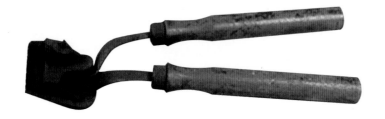

② 편수기

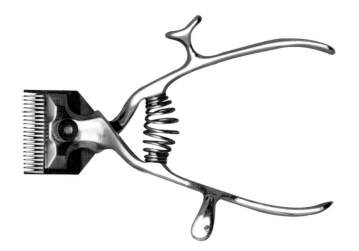

③ 전기이발기

(4) 면도기

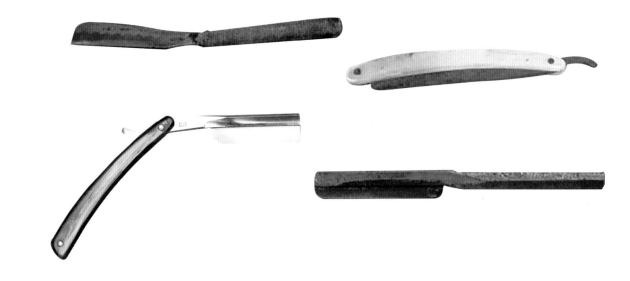

(5) 드라이어

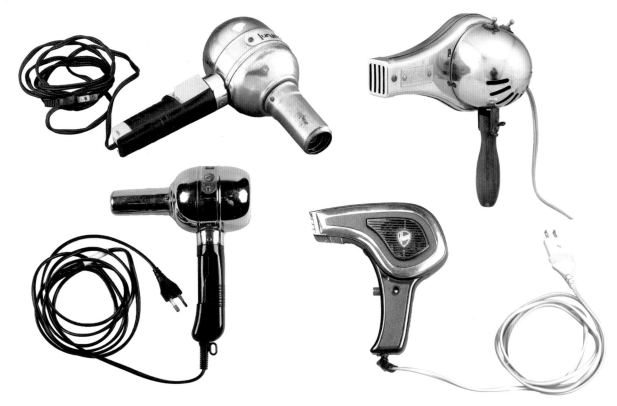

(6) 기타 이발 도구

① 수건소독통

② 가위꽂이

③ 숫돌

④ 가죽숫돌

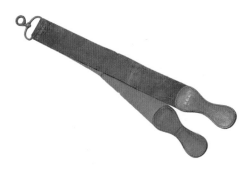

⑤ 면도솔

⑥ 면도솔 보관통

⑦ 물뿌리개

4 **이발 스타일의 변천사**

(1) 한국의 남성헤어 스타일

① 1895년 고종 32년 11월 단발령 이후 남자의 머리모양을 일컫는 말로 하이칼라 스타일이 유행했다.

② 1960년대 대표적인 남성헤어 스타일로는 스포츠머리와 상고머리가 있었으며, 상고머리는 가르마를 타는 머리형과 가르마를 타지 않고 앞머리를 넘기는 올백형과 맘보머리가 유행했다.

③ 1970년대에는 장발이 유행하여 바람 머리스타일 등을 많이 하였으나 장발 스타일은 풍속과 맞지 않는다 하여 단속을 하기도 했다.

④ 1980년대에는 교복 자율화와 두발 규제가 완화되면서 획일적인 머리모양에서 다양화 되었다. 80년대 중반부터는 남성들도 미용실에서 머리를 하기 시작하였는데 머리스타일은 펑크스타일, 상고스타일과 스포츠 스타일을 많이 하였다. 핀컬 퍼머 등을 해서 컬과 볼륨을 강조하는 스타일로 웨이브 스타일을 하였다. 아직 남성 퍼머의 개념과 특성이 성립되지 않아서 주로 퍼머를 하면 아줌마 퍼머 스타일이 되어버렸다. 이때부터 미용제품이 다양하게 보급되어서 남성들도 무스, 젤, 웰라-폼, 스프레이 등을 사용하여 다양하게 스타일링을 하게 되었다.

⑤ 1990년대에 들어와서는 힙합머리 뻗침머리(칼머리), 아이롱 퍼머와 같은 헤어 스타일이 유행하였으며 프랜차이즈 형태로 남성전용 미용실이 등장하였다. 그 당시만 해도 국내 남성커트전문점이 블루오션으로 떠오르기도 했다

⑥ 20세기 후반부터는 남성고객들의 니즈가 더욱 다양화 되었고, 바람머리, 웨이브 머리, 샤기 커트와 같은 헤어스타일이 유행이 되었다. 복고풍이 재등장, 재창조하였고, 염색이 대유행하여 총천연색으로 염색하는 것이 보편화 되었지만, 무분별하고 지나친 염색으로 인하여, 염색을 하면 머리가 상한다고 생각하여, 그 후 몇 년 동안은 어두운 색 위주로 염색을 하게 되었다.

⑦ 2000년대에 들어와서는 커트와 파마의 전성시대로 커트의 비율과 질감, 색상을 자유자재로 결정하는 개성 강한 샤기 커트, 댄디 커트, 댄디 리젠트 커트, 투블럭 커트, 스왓 커트, 베리숏 커트 스타일이 유행하기 시작했다.

(2) 유럽의 남성 헤어스타일

① 19세기 당시 세부적인 스타일이 어떠하던 간에 유행하는 머리형은 복고풍으로 그리스와 로마시대의 것에 근거한 것이었다. 머리는 정수리에서 사방으로 빗질하게 되고 자연스럽게 이마로 흘러내리게 하였다.

② 1930년대 런던의 리젠트가(街)라는 유명한 패션 거리의 청년들의 즐겨하던 올백 헤어스타일(리젠트 스타일)이 인기를 끌어 세계적으로 유행하였다.

③ 1950년대 크루 컷이 유행했다. 엘비스 프레슬리를 대표로 하는 피프티즈룩의 머리형으로서 유명하다.

④ 1960년대는 남자의 헤어스타일에서 큰 변화가 있었다. 젊은이들은 머리를 기르기 시작했으며, 콧수염, 턱수염, 구레나룻을 하는 남자들도 많아졌다. 당시 인기를 끌었던 비틀스의 헤어스타일은 머리카락이 이마와 목덜미를 덮는 헤어스타일로 사회적 관습에 맞지 않았고, 부모세대는 이에 거부감을 느꼈다. 그러나 고등학생이나 대학생들은 어깨 아래로 내려오는 긴 머리가 금지되었음에도 불구하고, 비틀스 헤어스타일을 좇았다.

⑤ 1970년대에는 커트는 그냥 자르는 것이 아닌 기하학적 선을 이용하여 자른다는 개념으로 바뀌면서 비달사순의 등장에 헤어스타일을 독점했다. 쉐기 커트와 매쉬 커트가 대표적 헤어스타일이다.

⑥ 1980년대 콜드웨이브 퍼머넌트를 이용한 스타일이 유행하였다.

⑦ 1990년대 레이저의 가벼운 칼날 끝을 이용하여 가볍고 날아갈 듯한 가벼운 커트선과 단발 펑키 스타일로 전체적으로 가볍게 커트하여 턱선에 자연스럽게 연결되도록 커트 한 다음 자연스럽게 웨이브를 준 헤어로 거기에 염색을 더하여 열정과 강열함을 표현한 헤어스타일이다.

⑧ 2000년대 모히칸 헤어스타일은 머리의 좌우를 바싹 자르거나 삭발을 하고 가운데 부분만 기르는 헤어스타일로, 언뜻 닭 벼슬처럼 보이기도 한다고 해서 닭 벼슬머리라고도 한다. 영국축구선수 데이비드 베컴이 즐겨하던 스타일이다.

1 가위(Scissors)

빗과 함께 가위는 커팅에 필요한 도구로 전달날이 교차되어 두발을 자르는 지레의 원리를 이용한 것이다.

(1) 가위의 역사
① 세계 최초의 가위는 후지점(後支点) 가위로 그리스시대 이전부터 사용되었다고 전해져 오고 있음
② 중지점(中支点) 가위는 로마 시대부터 사용

(2) 재질에 따른 분류

착강 가위	협신부(연강)와 날(특수강)이 서로 다른 재질의 강철로 제작된 가위		
전강 가위	모든 부분이 특수강으로 제작된 가위		

(3) 사용 용도별 분류

커팅 가위	두발 커트 및 싱글링 커트 시 주로 사용함		
틴닝 가위	두발의 길이는 자르지 않고 모량을 제거할 때 사용함		
R형 가위	가위 모양이 내곡선을 띠며 세밀한 수정이나 곡선 처리에 적합		
미니 가위	크기는 4~5.5인치로 정밀한 블런트 커트 및 곱슬머리 퍼머넌트 커트에 사용하기에 적합		

(4) 가위의 크기
가위의 크기는 대(22cm), 중(20cm), 소(18cm), 미니(11cm)의 종류로 구분

(5) 가위 선택법 및 주의사항
① 두께는 얇고 선회축(피벗)이 강한 것이 좋음
② 양날의 견고함이 동일해야 함
③ 가위 내면의 곡선과 마무리 공정이 깨끗해야 함
④ 조임쇠가 느슨하지 않고 견고한 것이어야 함
⑤ 커트 시 사용하기 쉽고 잡기에 편리해야 함
⑥ 가위의 엄지공과 약지공이 시술자의 손가락에 적합해야 함

(6) 가위 각부의 명칭

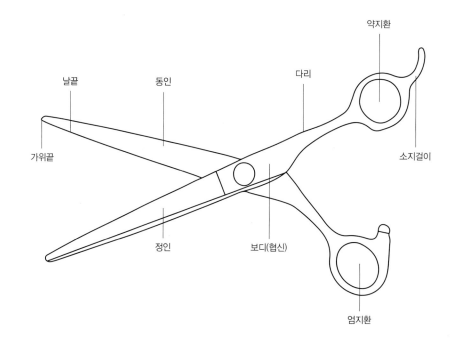

2 면도기

(1) 면도기의 역사

① 수염을 깎는 관습은 서양에서는 신석기 시대(기원전 3500년경)부터 시작되었다고 전해지고 있음
② BC 600년 경 로마에 들어와서 일반에게 널리 확대 보급
③ 레이저 재질이 청동에서 쇠로 바뀌고 다시 강철의 발명과 함께 발달
④ 종교적인 목적이 아닌 실용적인 측면에서의 면도가 일반화된 것은 그리스와 로마 군대에서였으며 알렉산더 대왕은 부하들이 백병전을 치를 때 적에게 긴 수염을 잡히지 않도록 수염을 자르라고 명령했고, 로마군은 적과의 식별을 쉽게 하기 위해 수염을 깎음
⑤ 14세기경부터 영국의 세필드와 독일의 조링겐에서 우수한 철강이 발굴되어 이곳에서 특히 발달하게 됨
⑥ 우리나라에서는 1895년 11월(고종 32년)에 내려진 단발령과 함께 상투가 잘려 나가는 일대의 변혁을 맞으면서 면도를 시작하게 됨

(2) 면도기의 종류와 특징

일자면도기	일반식 레이저	• 칼 몸 전체가 같은 강재로 만들어져 있음 • 칼몸 양 면이 좌우 대칭이며 요면과 경사부가 있음 • 날이 일체형으로 날을 매번 사용 전, 후에 가죽에 연마하여 사용하여야함
	교환식 레이저	• 칼날을 전용 홀더에 끼워서 사용 • 장점 : 연마할 필요가 없고 간단히 칼날을 갈아 끼울 수 있음 • 단점 : 때가 생기기 쉽고 분해해서 소독해야 함
세이프티 레이저	안전 면도기	

(3) 면도기의 구분

일도	몸체와 핸들이 일자 형태로 되어 있는 것		
양도	시술 시에는 펴서 사용하며 시술 후에는 접어서 보관		

(4) 면도기 선택법
① 등과 평행하며 비틀리지 않아야 함
② 양면의 외곡선상이 날 등에서 날 끝까지 고른 곡선상이 좋음
③ 날 어깨의 두께가 일정한 것이 좋음
④ 면도날의 형태

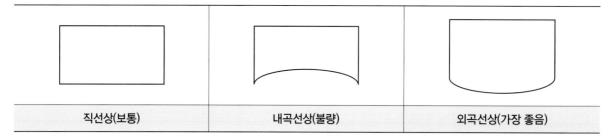

직선상(보통)	내곡선상(불량)	외곡선상(가장 좋음)

(5) 면도기 각부 명칭

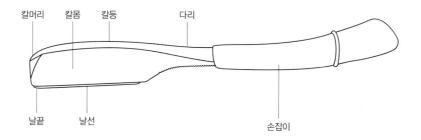

(6) 레이저(일도 면도기)의 손질법
① 예리한 날을 지니도록 정비함
② 녹슬지 않도록 기름으로 닦아 줌
③ 날이 빨리 무디어지는 단점이 있음

(7) 레이저(면도기) 사용 방법
① 면도용으로 사용
② 한 면을 연마하여 사용
③ 단단하면서 가벼워 사용하기 편리함
④ 수염이 세고 많은 사람은 신속하고 아프지 않게 면도할 수 있음

3 클리퍼(Clipper)

서로 접촉하는 윗날과 밑날에 끼워진 모발을 윗날이 좌우로 움직이면서 모발을 자르는 원리이며, 주로 짧은 머리에 많이 사용한다.

(1) 클리퍼의 역사
① 1871년 프랑스에서 발명
② 1890년 프랑스식 편수 바리캉 제작
③ 1888년 일본에서 양수 바리캉 인쟈키 제작
④ 1920년 일본에서 전기 클리퍼 제작

(2) 클리퍼의 구조와 기능
① 윗날 : 좌우로 움직이며 밑날과 함께 모발을 절단하는 역할
② 밑날 : 윗날과 함께 모발을 절단하며 모발을 같은 길이로 모아주는 역할
③ 내부 홈 : 밑날에 위치한 긴 홈으로 모발 사이를 원활히 잘 나가게 함

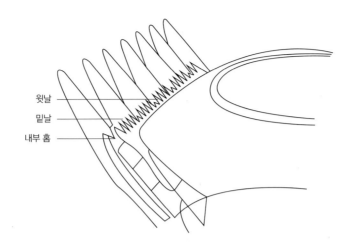

윗날
밑날
내부 홈

(3) 클리퍼 종류

두께에 의한 분류	• 밑날의 두께가 감소됨에 따라 날의 폭이 좁아짐 • 기본 7종(1mm, 1.5mm, 2mm, 3mm, 5mm, 7mm, 9mm)의 밑날 두께로 구분되며, 1mm 이하 또는 10mm 이상도 사용
구조에 따른 분류	• 일렉트릭 바리캉 : 전기의 작용을 이용하여 모발을 자르는 구조로, 소형 모터가 장착된 모터식 바리캉, 전자식·진동간·되돌림 스프링으로 구성된 마그넷식 바리캉이 있음 • 핸드바리캉 : 수동식 바리캉으로 손가락으로 굴신과 스프링의 탄력으로 모발을 자름

(4) 클리퍼의 선택법

① 윗날, 밑날 부분은 강철이며 핸들은 주철로 단단해야 함
② 윗날과 밑날의 길이가 균등하고 똑같이 겹쳐져 있어야 함
③ 클리퍼 작동시 윗날과 밑날의 접촉이 원활하여야 함
④ 편안한 그립감이 느껴지고 중량감이 적당하며 신축성이 있어야 함

(5) 클리퍼 손질법

클리퍼를 사용 후 클리퍼에 남아있는 모발털을 제거하고 소독수에 잠시 담가 두었다가 수분을 제거한 후 마찰된 부분마다 기계 기름을 고루 바르고 작동 확인 후 소독장에 보관한다.

4 드라이어(Drier)

드라이어는 원래 건조기란 뜻으로 고체에 포함되어 있는 수분을 증발시키는 장치이다. 최초의 헤어드라이어는 젖은 모발을 건조시키기 위하여 사용되었으나, 그 후 단순한 모발의 건조만이 아니고 수분을 함유한 모발에 열풍을 가하거나 자연 냉각, 냉풍을 작용시키면서 변화된 상태를 일시적으로 정착시킬 수 있게 되었으며 건조 능률을 높이는 동시에 모발에 일정한 방향을 주거나 볼륨을 만들어 다양한 헤어스타일을 만드는데 사용하게 되었다.

(1) 드라이어의 역사

드라이어는 1936년부터 1939년에 걸친 퍼머넌트 웨이브의 대유행에 의해 보급

(2) 드라이어 구조

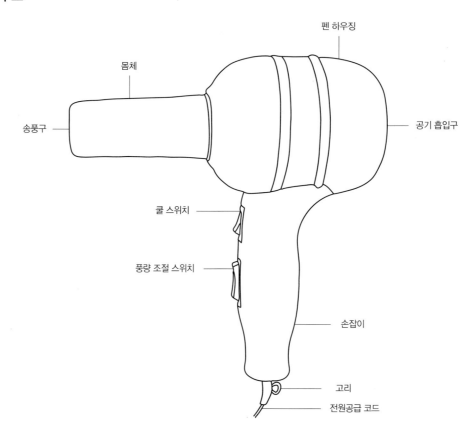

(3) 드라이어 사용법

① 빗이나 브러시로 모근쪽을 걸어서 앞으로 밀면서 빗은 항상 45°가 유지되도록 함
② 드라이어 정발은 집풍기를 부착하여 사용하는 경우도 있음
③ 드라이어의 바람은 반드시 모근방향에서 끝방향으로 모류에 역행되지 않도록 댐(모발 끝방향에 대면 모발이 날려 버리기 때문)

(4) 드라이기 종류 및 특징

	유도 전동기식 드라이어	드라이어의 송풍 방법은 원심력을 이용하는 방식으로 모터의 회전수가 정류자 전동기식의 조용하고 마모 부분이 적고 수명이 길지만 약간 무겁고 소형화될 수 없음
모터의 종류에 의한 분류	정류자 전동기식 드라이어	드라이어의 송풍 방식은 원심식과 축류식의 두 가지로 축류식은 모터의 회전수가 빨라서 풍량이 많고 가벼우며 소형이라 많이 사용되고 있음

형태에 의한 분류	핸드 드라이어	손으로 잡고 사용하는 드라이어를 말하며 바람을 직접 불어내는 구조로 되어 있고 집 풍기를 달아서 사용할 수도 있음
	스탠드 드라이어	블로우 타입(Blow type)과 터비네이트 타입(Turbinate type)이 있으며 후드(Hood)내의 바람을 팬(Fan)으로 흡입하여 다시 불어내는 구조의 터비네이트 타입이 많음
	램프 드라이어	모발을 상하지 않게 건조시키고 시술 효과를 높이기 위해 사용되고 있으며 빛과 열만으로 건조시키는 스탠드식과 핸드 드라이어식의 발열기 부분에 적외선을 사용하는 것 등이 있음
기타	드라이 에어 드라이어	건조한 공기의 선회 순환 방식을 이용하여 모발을 건조시키는 것을 말함
	암(arm) 드라이어	터비네이트 타입의 드라이어와 구조가 같으나, 천정이나 벽에 부착시켜 사용할 수 있게 고안되었으며 핸드 드라이어에 비해 사용 시간이 짧고 능률적이고, 건조가 고르지 않고 소리가 큰 것이 단점임

(5) 드라이 사용 취급 시 주의사항

① 사용 전에 스위치의 정확한 움직임과 전원 코드의 이상 여부를 확인
② 드라이어를 지나치게 사용하면 모발의 수분이 부족해져 윤기가 없고 열모 등의 원인이 되며 피부의 수분을 흡수하여 피부 표면의 윤기가 부족하게 됨
③ 드라이어는 노후되면 모터와 니크롬선의 손상으로 한쪽만 건조되는 경우가 있게 되므로 이런 경우에는 점검하여 수리해야 함
④ 램프 드라이어는 헤어 세팅이나 안면 처치(미안술)에 쓰이고 있으며 목적에 따라 필요한 부위에 적당한 거리를 두고 적정 시간만 사용(헤어 세팅의 경우에는 20~30cm 정도의 거리를 두고 6~7분 정도 사용하고 거리나 시간이 적정하지 않으면 위험하며 심할 때는 염증을 일으킬 수 있으므로 주의)
⑤ 사용 후에는 플러그를 콘센트에서 빼내어 먼지나 수분을 깨끗이 제거해 줌

5 아이론(Iron)

일시적으로 두발에 물리적인 힘을 가해 웨이브를 형성시킨다. 여성의 웨이브용으로 유럽에 보급되었다. 20세기 초에 유행한 카이젤 수염을 정리하기 위하여 소형의 남성용 아이론이 사용되었다.

(1) 아이론의 역사

1875년 프랑스의 마셀 그라또우가 마셀 아이론과 그 사용 방법을 발표함으로써 시작

(2) 아이론의 구조와 기능

① 핸들 : 손잡이 부분
② 프롱 : 쇠 막대기 부분으로 위에서 눌러 주는 작용
③ 그루브 : 홈 부분으로 아래에서 두발을 고정해 주는 작용
④ 스위치 : 아이론을 켜고 끌 수 있는 전원 장치
⑤ 온도조절 : 사용에 따라 적정한 온도로 맞출 수 있는 장치

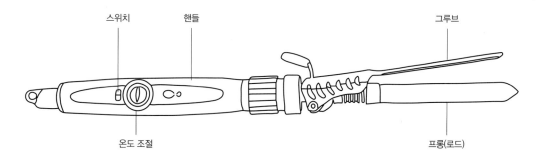

(3) 아이론의 사용 목적

① 모발에 변화를 주어 다양한 형태로 만들 수 있음
② 거친 모발 또는 모류를 자연스러워 보이게 처리할 수 있음
③ 모발의 양을 풍성하게 많아 보이게 할 수 있음
④ 곱슬머리의 교정 가능
⑤ 웨이브를 형성시키므로 자연스러운 머리 모양을 오랫동안 지속시킬 수 있음

(4) 아이론의 종류

① 일반 아이론 : 불에 달구어 사용하는 아이론
② 전기아이론(Electric iron, 1925년) : 전기를 이용하여 사용하는 아이론, 다양한 두께를 가지고 있음
③ 압착 아이론(Pressing iron) : 축모 모발을 스트레이트로 교정하는 데 사용하는 아이론
④ 파형 및 집게 아이론(Wave iron, Clip iron) : 아이론 자체에 홈이 있거나, 머리카락을 맞물리게 함으로써 홈에 맞는 모양의 형태를 나타냄

(5) 아이론 선정 요인

① 아이론 잠금 나사가 잘 조여져 있어야 함
② 프롱, 그루브, 스크루의 홈이 갈라진 곳 없이 잘 맞물려야 함
③ 핸들, 프롱, 스크루의 접촉면이 매끄럽고 균일하여야 함
④ 아이론의 발열상태, 전열상태가 정확하게 잘 들어오는 제품이어야 함

(6) 사용방법 및 관리 사항

① 120~140℃의 온도에서 45° 비틀어 회전시켜 사용하며 낮은 온도에서 여러 번 시술하는 것이 효과적
② 아이론의 온도는 두발의 성질, 상태에 따라서도 조절 필요
③ 과열 시 신문을 집어보아 과열 정도를 확인하는 것이 좋음
④ 샌드페이퍼를 이용하여 정기적으로 표면을 닦고 녹슬지 않도록 기름칠을 해 주어야 함

> **🍀 아이론의 운행순서**
> 두발 전체에 아이론을 델 때에도 앞줄에서 다음 줄에 작업점을 옮기는 경우에 순차적으로 아이론의 원래 부분으로 옮겨 나가는 것이다.

(7) 아이론 사용 시 주의사항

① 아이론의 온도가 지나치게 높을 경우 모발이 손상될 수 있음
② 모발에 물기가 너무 많은 상태로 열을 주면 열기가 두피로 직접 전달되므로 물기를 건조한 상태에서 아이론 시술을 진행해야 함
③ 약제를 사용하여 웨이브의 컬을 만들 경우 1제와 2제의 시간 타임은 모발의 상태에 따라 달라야 하지만 규정보다 짧으면 웨이브가 잘 나오지 않고 길면 모발이 손상될 수 있음

6 빗(Comb)

빗은 정발, 분발 외에 모발을 나누거나 직선, 곡선 등의 선이나, 평면 또는 둥근면 등을 만들고자 할 때 조발 시술의 운행 각도를 정하는 조발 가이드로도 사용되며 모발의 방향을 잡고 볼륨을 내는 중요한 역할도 한다.

(1) 빗의 역사

① 고대 시대 때부터 사용되었다고 전해짐
② 모발을 빗는 용도 외에 모발 장식, 액땜 등에 쓰인 일이 있음
③ 빗이 처음 수입된 것은 19세기 말경
④ 서양형의 빗이 본격적으로 사용되어진 시기는 20세기 초경

(2) 빗의 각부의 명칭
① 얼레살(굵은살) : 모발을 빗질하고 가지런히 정돈하거나 모량이 많은 부분을 파팅 할 때 사용
② 고운살(가는살) : 모발을 가지런히 하고 모발을 정교하게 다듬거나 정확한 커트를 할 때 사용하는 것으로 섹션을 빗질할 때 사용
③ 빗살 : 간격이 일정한 것이 좋음

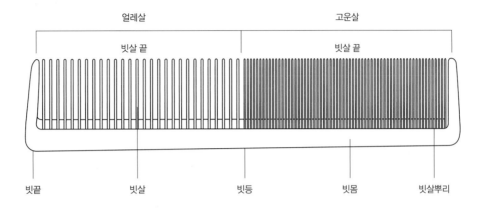

(3) 빗의 사용 용별 분류
① 커트 빗 : 조발할 때 사용하는 빗
② 정발 빗 : 드라이를 할 때 사용하는 빗
③ 아이론 빗 : 아이론 시술 시 사용하는 빗
④ 꼬리 빗 : 파팅을 나눌 때 또는 퍼머넌트 시술 사용하는 빗
⑤ 염발 빗 : 염색할 때 사용하는 빗

(4) 빗 손질법
① 빗은 두발의 비듬과 먼지에 의해서 쉽게 더러워지므로 항상 청결하게 손질해야 함
② 열처리소독(자비소독, 증기소독)은 피하는 것이 좋음
③ 크레졸수, 석탄산수 또는 역성비누액으로 소독 후 마른 수건을 이용하여 수분을 제거한 후 보관하는 것이 좋음

(5) 빗 선택 및 주의사항
① 빗살 끝이 너무 무디거나 날카롭지 않은 것
② 빗살 간격은 전체적으로 불규칙한 것
③ 빗의 허리가 약간 둥근 각이 없고 매끄럽지 않은 것
④ 내유성, 내열성, 내수성을 가진 것

(6) 빗의 재질
플라스틱, 나무, 뼈, 금속, 뿔, 에버나이트 등

7 브러시(Brush)

(1) 브러시 역사
① 6세기 말 7세기 초에 걸쳐 중국에서 수입된 것이 시초
② 현재의 브러시는 19세기말경에 수입된 것
③ 국산화된 브러시는 동물성, 식물성, 금속성, 또는 고무나 합성수지 등의 재료를 털 모양으로 만들어 나무나 합성수지 등의 몸체에 붙여서 사용함

(2) 브러시의 종류
정발 브러시, 드라이 세트용, 털이개 브러시, 면체 브러시, 조발 브러시 등

(3) 브러시 선정방법
① 드라이어 등의 열에 견딜 수 있어야 함
② 강도와 탄력성이 있어야 함
③ 두피와 모발을 상하게 할 수 있으므로 뻣뻣한 것은 피하는 것이 좋음
④ 핸들의 밸런스가 잘 잡혀 있어야 함
⑤ 무게가 적당하여 잡기 쉽고 조작하기 편한 것

(4) 브러시 손질법
① 브러시는 오염도가 높고 소독하기 어려우므로 손질을 꼼꼼히 해서 사용해야 함
② 사용 후의 브러시는 붙어있는 털이나, 먼지 등의 오물을 깨끗이 털어내고 물로 깨끗이 씻어두고 정기적으로 소독약이나 자외선 등으로 소독을 실시하여 잘 건조시킨 후 청결한 곳에 보관함

8 연마용구

(1) 천연숫돌
① 막숫돌(덧돌)
② 중숫돌(가위 숫돌)
③ 고운숫돌(면도 숫돌)

(2) 인조숫돌
① 금강사
② 자도사
③ 금속사

(3) 가위숫돌, 면도숫돌 및 덧돌

① 가위숫돌 : 무른편으로 그 모양이 면도숫돌에 비하여 두껍고 좁은 편이며 중숫돌에 속함
② 면도숫돌 : 가위 숫돌에 비하여 부피가 얇고 넓은 편이며 비교적 단단하고 고운 숫돌에 속함
③ 덧돌 : 천연석과 인조석으로 된 가장 작은 돌로서 숫돌의 1/4, 혹은 1/6 정도로 만든 것

(4) 스트롭(피대, Strop, Canvas)

가죽 피대와 천연 피대가 있으며 가죽은 스트롭(Strop), 천은 컨버스(Canvas)라고 함

① 종류와 특징

행 스트롭(Hang strop)	가죽과 천을 짜 맞춘 것으로 피대질을 할때는 2장을 합침
더블 스트롭(Double strop)	단순히 스트롭(가죽피대)이라고 할 경우에는 이것을 가리키며 요즘은 1회용 면도날의 사용으로 사용하지 않음

② 재질

가죽 피대	주로 말가죽이 사용되며 특히 코도반(cordovan)이란 말의 엉덩이 부분의 가죽을 많이 사용
천 피대	주로 마 소제나 목면제지가 많고 어느 것이나 독특하고 치밀하게 짜여 있어 질김

9 기타 이용 용구

타월, 천, 종이류, 클로스(cloth), 유니폼, 마스크, 이용 의자, 이용거울, 샴푸대, 스티머, 소독함, 용기류(면체술 컵), 미안술 컵(콜드크림), 소독기, 헤어핀, 클립, 컬링롯드 등

3 기본 이발 작업

1 이발의 기본작업 및 자세

(1) 이용의 정의 및 범위

① **이용업** : 이용자의 머리카락 또는 수염을 깎거나 다듬는 방법 등으로 이용자의 용모를 단정하게 하는 영업
② **공중위생관리법의 규정** : 손님의 머리카락 또는 수염을 깎거나 다듬는 등의 방법으로 손님의 용모를 단정하게 하는 영업
③ **이용사의 업무 범위** : 이발, 아이론, 면도, 머리, 피부 손질, 머리카락 염색 및 세발

(2) 이용사가 지켜야 할 사항

① 서비스 마인드를 가지고 고객에게 친절히 응대
② 고객이 원하는 것을 귀 기울여 듣고 수용하는 태도를 가짐
③ 깔끔한 용모 및 복장을 갖추고 고객을 맞이함
④ 개인위생에 신경 쓰고 매장 내 환경을 청결히 유지
⑤ 시술 시 사용하는 기기 및 도구를 소독하여 위생적으로 사용

(3) 조발시술

① **소재** : 고객의 신체 일부이므로 성격, 얼굴의 형태, 직업, 표정 등의 개인적 개성을 고려해야 함
② **구상** : 충분한 파악을 통하여 소재의 특징을 생각하고 계획하는 것
③ **제작** : 생각하고 계획을 통해 구상한 것을 구체적으로 표현하는 과정
④ **보정** : 마무리 단계로 단점을 수정하고 보완하는 것

(4) 이용의 특수성

이용은 여러 가지 조건의 제한을 받게 되는 부용예술이기 때문에 일반적인 조형예술과 달리 제한적임

① 소재 선정의 제한 : 고객의 신체의 일부이기 때문
② 의사 표현의 제한 : 고객의 의사를 존중해야 함
③ 시간적인 제한 : 짧은 시간에 작품을 완성해야 함
④ 미적 효과의 고려 : 조형적 예술이면서 정적 예술인 점을 고려해야 함
⑤ 조건의 제한 : 건축과 같은 부용예술

(5) 이용 시술시 작업 자세

① 서 있는 자세에서 양 발의 너비는 어깨너비 정도가 적당
② 작업 대상은 심장 높이와 평행하도록 해야 함
③ 명시 거리는 정상 시력의 경우, 안구에서 약 25~30cm 정도를 유지
④ 힘의 배분을 적절히 사용해야 함
⑤ 이용사와 이발 의자와의 거리는 주먹 한 개 정도의 거리가 좋음

2 이발 기법

(1) 커트(Cut)의 목적

① 커트 또는 헤어 커팅
② 작품의 설계를 구상하여 가위, 빗, 클리퍼 등의 용구를 사용하여 사람의 용모에 맞게 두발을 자르고, 깎아 정돈하여 형태를 시술하는 것
③ 이용기술의 가장 기본적인 기술

(2) 두발형의 분류

① 남자 두발
② 장발형
③ 초장발형
④ 단발형 : 단발형 하상고, 단발형 중상고, 짧은 단발형 둥근형
⑤ 중(中)발형
⑥ 남자 어린이의 두발형
⑦ 보이즈 커트
⑧ 원형 깎기

(3) 남성 두발형의 구성

① 사람의 얼굴형은 모두 다르므로 이용사는 각자의 성격, 개성, 직업을 파악하여 얼굴형에 어울리는 작품을 만들어야 함
② 머리모양(두발형) : 이용에서는 돌출형, 결손형, 보통형으로 구분

(4) 두부의 명칭 및 구획

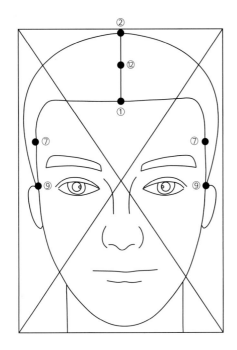
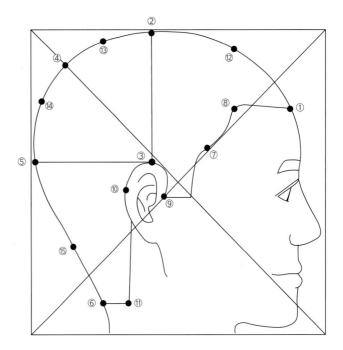

	포인트		약어	두부 명칭
1	Center Point	센터 포인트	C.P	중심점
2	Top Point	탑 포인트	T.P	두정점
3	Ear Point	이어 포인트	E.P	귀지점
4	Golden Point	골덴 포인트	G.P	머리 꼭짓점
5	Back Point	백 포인트	B.P	뒷지점
6	Nape Point	네이프 포인트	N.P	목 중심점
7	Side Point	사이드 포인트	S.P	옆 꼭지점
8	Front Side Point	프론트 사이드 포인트	F.S.P	정면 옆쪽지점
9	Side Corner Point	사이드 코너 포인트	S.C.P	귀 앞지점
10	Ear Back Point	이어 백 포인트	E.B.P	귀 뒷지점
11	Nape Side Point	네이프 사이드 포인트	N.S.P	목 옆쪽지점
12	Center Top Medium Point	센터 탑 미디움 포인트	C.T.M.P	중심점과 두정점의 중간지점
13	Top Golden Medium Point	탑 골덴 미디움 포인트	T.G.M.P	두정점과 머리 꼭짓점의 중간지점
14	Golden Back Medium Point	골덴 백 미디움 포인트	G.B.M.P	머리꼭짓점과 뒷지점의 중간지점
15	Back Nape Medium Point	백 네이프 미디움 포인트	B.N.M.P	뒷지점과 목중심점의 중간

(5) 두상 라인

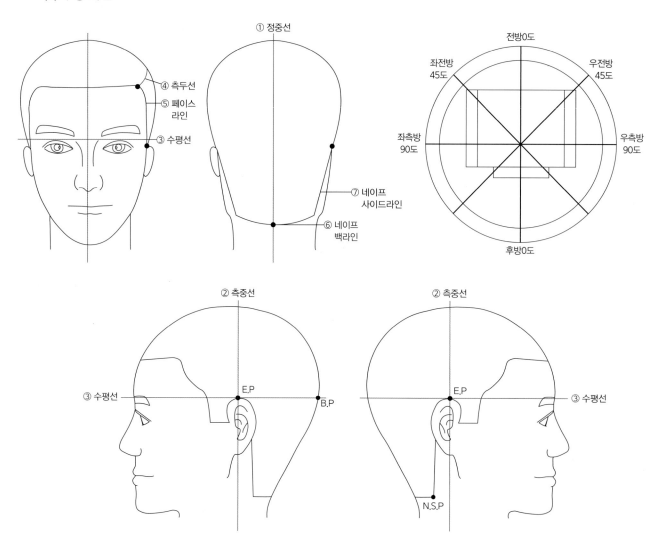

	두상 라인		두상 라인 설명
1	정중선	Center Line	C.P에서 N.P까지 두부 전체를 수직으로 2등분하여 좌우로 분할하는 선
2	측중선	E.E.L-Ear to Ear Line	E.P에서 T.P를 수직으로 돌아가는 선
3	수평선	H.L-Horizontal Line	E.P에서 B.P를 수평으로 돌아가는 선
4	측두선	U Line	F.S.P에서 측중선까지의 선
5	페이스라인	Face Line	S.C.P를 연결하는 전면부 전체선
6	네이프 백 라인	Nape Back Line	좌우 N.S.P의 연결선
7	네이프 사이드 라인	Nape Side Line	E.P에서 N.S.P의 연결선

(6) 분배

파팅에 따라 모발이 빗질되는 방향

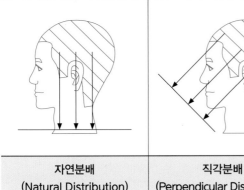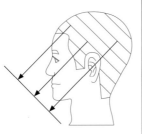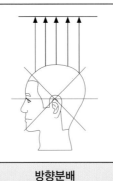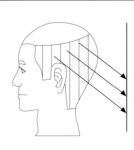

자연분배 (Natural Distribution)	직각분배 (Perpendicular Distribution)	방향분배 (Directional Distribution)	변이분배 (Variation Distribution)
두상에서 0° 자연스럽게 떨어짐	두상에서 90° 모발이 직각으로 떨어짐	두상의 곡면으로부터 모발을 위로 똑바로, 옆으로 똑바로, 뒤로 똑바로 빗질	자연분배, 직각분배외의 한 방향으로 빗질

(7) 선(Line)

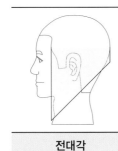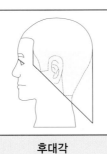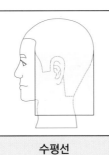

전대각	후대각	수평선	컨벡스	컨케이브

(8) 형태(Form)

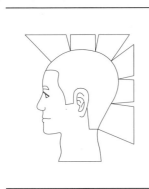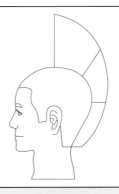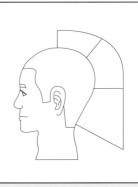

스퀘어	그라데이션	유니폼레이어	인크리스레이어

(9) 베이스

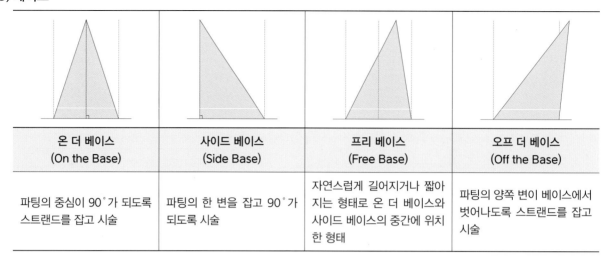

온 더 베이스 (On the Base)	사이드 베이스 (Side Base)	프리 베이스 (Free Base)	오프 더 베이스 (Off the Base)
파팅의 중심이 90°가 되도록 스트랜드를 잡고 시술	파팅의 한 변을 잡고 90°가 되도록 시술	자연스럽게 길어지거나 짧아지는 형태로 온 더 베이스와 사이드 베이스의 중간에 위치한 형태	파팅의 양쪽 변이 베이스에서 벗어나도록 스트랜드를 잡고 시술

(10) 커트 형태

① 유니폼 레이어(Uniform layer) : 두상 곡면과 평행으로 커트하며, 길이가 동일해짐
② 스퀘어(Square) : 사각형으로 커트 형태가 나타남
③ 그라데이션(Gradation) : 네이프에서 탑으로 올라갈수록 길이가 증가하게 커트하며, 무게감이 형성
④ 인크리스 레이어(Increase layer) : 탑에서 네이프로 내려갈수록 길이가 증가하게 커트

(11) 커트의 종류

① 웨트 커트 : 두발의 손상을 방지하기 위하여 물을 축이고 두발의 결을 매끄럽게 하여 커트를 시술
② 드라이 커트 : 웨이브나 컬 상태의 길이에 변화를 많이 주지 않고 수정하는 커트를 시술

(12) 커트 기법

① 클리핑(Clipping) : 바리캉이나 가위를 사용하여 빠져나온 두발을 커트하는 기법
② 싱글링(Shingling) : 네이프 부분에서 45°로 하여 가위를 빗에 대고 동시에 올려치며 커트하는 기법
③ 슬라이싱(Slicing) : 가위를 사용하여 두발의 불필요한 모량을 시닝을 하는 기법
④ 틴닝(Thining) : 두발의 길이는 유지하며 모량만 감소시키는 기법
⑤ 스트로크 커트(Stroke Cut) : 가위로 두발 끝에서 모근 방향으로 미끄러지듯 커트하는 기법
⑥ 트리밍(Trimming) : 커트가 완성된 상태에서 다듬고 정돈하는 커트 기법
⑦ 테이퍼링(Tapering) : 두발 끝부분을 붓끝처럼 가늘게 커트하는 기법

엔드 테이퍼(End Taper)	노멀 테이퍼(Normal Taper)	딥 테이퍼(Deep Taper)
스트랜드 1/3지점에서 두발 끝의 단면을 테이퍼하는 기법	스트랜드 1/2지점에서 두발 끝의 단면을 테이퍼하는 기법	스트랜드 2/3지점에서 많은 양의 두발을 적어 보이게 하여 끝의 단면을 테이퍼하는 기법

(13) 질감조절

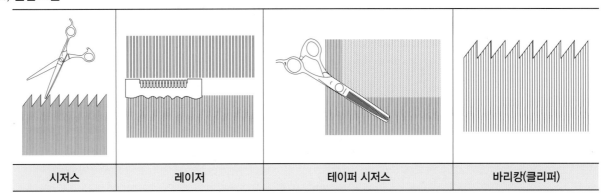

시저스	레이저	테이퍼 시저스	바리캉(클리퍼)

(14) 커트 방법

① 지간깎기 : 빗어 올려진 두발을 검지와 중지로 잡아 고정시킨 후 커트하는 방법
② 거칠게깎기 : 기초작업으로 사용되는 1차 커팅 방법
③ 떠내깎기 : 두피 면에서 빗을 수직으로 들어올려 일직선으로 커트하는 방법
④ 속음깎기 : 두발의 사이에 뭉쳐있거나 불필요한 모발 사이사이의 제거를 위한 커트 방법
⑤ 연속깎기 : 떠내깎기의 상태에서 두상을 따라 빗을 전진시키며 연속으로 커트하는 방법
⑥ 끌어깎기 : 왼손에 가위를 고정하여 당기면서 커트하는 방법
⑦ 고정깎기 : 빗은 고정된 상태에서 튀어나온 부분만 정돈하는 커트 방법
⑧ 돌려깎기 : 두상의 뒤쪽 둘레를 낮은 곳에 맞추어서 높은 곳을 돌려깎으며 정리해주는 방법
⑨ 밀어깎기 : 두피면에 빗살 끝을 대준 후 깎아 나가는 방법
⑩ 수정깎기 : 커트의 형태가 완성되어지면 마지막으로 정돈하는 방법
⑪ 눌러깎기 : 두피면에 빗살 끝을 수평으로 붙인 움직이며 빗살에 나오는 모발을 커트하는 방법

(15) 조발하기

① 조발 준비하기

> 넥 페이퍼 → 수건대기 → 클로스(앞장 치기) → 분무기 물 분사하기

② 조발순서

장가위	전두부 → 두정부 → 좌측, 우측 → 후두부
클리퍼	후두부 → 우측 → 좌측

③ 조발시 유의 사항
직업, 체형, 얼굴형에 유의

1 장발형 이발

(1) 특징

① 긴 머리를 빗어 붙인 면에 의하여 구성되는 헤어스타일

② 후두 하부의 선염에 의한 색채감을 더해주면 고상하고 표정이 풍부한 헤어스타일이 만들어짐

③ 롱(Long), 올백(All Back), 리젠트(Regent) 등의 모발 형태가 있음

(2) 종류

솔리드형	• 원랭스 • 외측의 모발과 내측의 모발을 동일선상에서 자른 것 • 하나의 길이를 가짐
레이어드형	• 모발의 단차를 만들어 원형 또는 타원형으로 나타냄 • 유니폼 레이어 : 길이가 같음 • 인크리스 레이어 : 네이프로 갈수록 길어짐
그래주에이션형	• 전체축 1~89°의 시술각으로 인해 쌓인 모발이 비활동적인 질감과 활동적인 질감이 혼합되어 무게 선을 나타내며 삼각형의 형태를 가짐

2 중발형 이발

(1) 특징

① 접합부가 상단 상부에서 하단부까지의 사이에 있는 헤어스타일의 총칭

② 하프 롱, 미디엄 롱 등이 이 스타일을 대표

③ 하프 롱(Half Long) : 접합부의 위치가 상부 상단에 있는 것

④ 미디엄 롱(Medium Long) : 접합부의 위치가 상단 상부에서 하단부까지의 범위 안에 있는 것

(2) 종류

상중발형	• 귀를 닿는 지점부터 1/3 덮는 기장의 남성 헤어 스타일 • 낮은 시술각, 경사 면적이 좁고 무게선 또한 B.P 아래에 있음 • 인크리스 레이어와 그래주에이션의 혼합 • 후두부 아래쪽에 볼륨이 있는 형태
중중발형	• 귀를 1/3 덮는 지점부터 1/2 덮는 지점까지의 기장 • 중간 시술각, 경사 면적이 중간 정도, 무게선 또한 B.P에서 형성 • 엑스테리어의 중간(45°) 시술각으로 라운드 혹은 미세한 마름모의 형태
하중발형	• 이어라인의 길이가 귀를 1/2 덮는 지점부터 2/3 덮는 지점까지의 기장 • 높은 시술각, 경사 면적이 넓고 무게선이 높거나 눈에 크게 나타나지 않음 • 전체적으로 스퀘어 형태의 구조 • 방향 분배하여 천체축 90° 커트를 하며 직사각하여 또는 장발형의 형태

3 단발형 이발

(1) 특징

① 접합부가 상단 상부보다도 위에 있는 헤어스타일과 단모부만으로 접합부가 없는 헤어스타일의 총칭

② 이어 라인, 네이프 사이드 라인, 네이프 라인의 모발 길이를 1cm 미만으로 설정하여 상단부의 영역의 길이 (4cm)와 연결되게 자르는 짧은 헤어스타일

③ 브로스(Bross), 쇼트(Short), 백(Back) 등

(2) 종류

상상고형	• 무게선이 백포인트 이상인 상단부에 위치 • 하이 그러데이션 커트
중상고형	• 무게선이 중단부에 위치 • 미디엄 그러데이션 커트
하상고형	• 무게선이 하단부에 위치 • 로우 그러데이션 커트

4 짧은 단발형 이발

(1) 특징

① 원형이라고도 함

② 클리퍼를 사용하여 두발을 두부의 원형과 같이 깎아 정돈하는 헤어스타일

③ 클리퍼 날의 두께에 따라 깎긴 두발의 길이가 다름

④ 둥근형 깎기, 모난형 깎기 등

⑤ 클리퍼로 용이하지 않은 부분은 신징 시술로 마무리하는 것이 이상적

⑥ 신징 시술의 재료로는 양초나 향이 있음

(2) 종류

둥근형	• 둥근 스포츠 커트, 라운드 브로스 • 인테리어 영역 : 두개피로부터 세워질 정도로 짧게 둥근 모양으로 깎음 • 엑스테리어 영역 : 하이 그러데이션 커트, 무게선이 상단부에 위치
삼각형	• 모히칸 스타일 • 인테리어 영역 : 두개피로부터 세워질 정도로 짧게 삼각형 모양으로 깎음 • 엑스테리어 영역 : 하이 그러데이션 커트, 무게선이 상단부에 위치
사각형	• 각진 스포츠 커트, 스퀘어 브로스 • 인테리어 영역 : 두개피로부터 세워질 정도로 짧게 사각형 모양으로 깎음 • 엑스테리어 영역 : 하이 그러데이션 커트, 무게선이 상단부에 위치

> 🌿 **응용 이발**
>
> 유행에 따라 고객의 두상을 자르거나 깎고 다듬는 기술로 스포츠, 클래식, 특수조발, 영 스타일(샤기 커트, 레이어 커트, 모히칸 커트, 울프 커트, 댄디 커트, 인디 커트, 어쉬 메트릭 커트, 레고 커트, 스트로크 커트, 가일 커트, 스크레치) 등 다양한 커트 스타일이 있다.

Chapter 03 기본 면도

① 기본 면도 기초지식 파악

1 수염 유형 및 특성

(1) 콧수염
① 좁은 얼굴 : 환삼각으로 빗은 수염이 포인트가 됨
② 둥근 얼굴 : 둥근 형태의 수염이 조화되며 라운드가 좋음
③ 모난 얼굴에는 사각 형태의 수염이 조화되며 스퀘어가 좋음

(2) 턱수염
① 턱수염의 끝은 측면에서 볼 때 두부 측면 중심선에 있는 것을 원칙으로 함
② 턱수염은 노인들에게 흔히 볼 수 있으며 좁은 얼굴에는 입 하부 부분에서 아래턱 구석을 연결하여 턱선에 따라 모양을 만드는 것이 좋음
③ 둥근 얼굴에는 턱과 아래 입술 중간에서 아래턱 구석을 연결하는 턱 부위의 선을 따라 모양을 만드는 것이 좋음
④ 모난 얼굴에는 둥근 얼굴보다도 짧게 하고 사각 형태를 나타내며 턱과 입술 사이에서 아래턱 구석 부분을 연결시켜 턱선에 따라 모양을 만들면 좋음

(3) 볼수염
① 볼수염은 콧수염이나 턱수염을 기르는 사람에 비하면 그 수가 적음
② 좁은 얼굴 : 턱과 입술 사이의 선을 따라 모양을 만듦
③ 둥근 얼굴 : 턱과 입술 사이에 아랫입술 중간선을 따라 모양을 만듦
④ 모난 얼굴 : 입 부분의 각을 따라 모양을 만듦

2 면도의 종류
① 남성 면체술과 여성 면체술로 분류
② 면체 부위에 따라 안면, 목 면체술로 나뉨
③ 용제에 따라 비누액을 사용하는 면체술, 온수를 사용하는 면체술, 크림을 사용하는 면체술로 분류
④ 레이저 운행 횟수에 따라 원 셰이빙(1회깎기, One Shaving)과 투 셰이빙(2회깎기, Two Shaving)으로 분류

① 면도의 위치와 자세

① 면체술은 어깨, 팔목, 손, 손가락의 각 관절을 축으로 하는 팔의 자연 운동에 의하여 이루어지는 것으로 팔이 원활하게 움직일 수 있는 위치에 관절을 둔다는 것을 생각하고 시술함
② 이용사의 위치 : 시술자의 의자를 높혀서 안면을 중심으로 하여 손이 자유롭고 정확하게 움직일 수 있는 위치를 선정
③ 면도의 자세 : 위치가 정해지면 작업면에 똑바로 대하고, 팔목, 손, 손가락의 각 관절에 의해서 면도날의 운행이 합리적으로 이루어질 수 있어야 함

② 면도 방법과 순서, 제품 사용 방법

(1) 비누칠 순서

오른쪽 뺨부터 원을 그리며 우회전하여 우측 턱부분을 지나 좌측 반대쪽 볼로 진행하여 아래턱 부분과 인중을 끝으로 칠하고 끝내기

(2) 비누칠의 목적

① 피부 및 수염과 털을 부드럽게 하고 면도의 운행을 쉽게 해줌
② 깎인 털과 수염이 날리는 것을 방지
③ 피부를 청결히 하기 위함

(3) 면도기 잡는 기법

프리 핸드(Free hand)	가장 기본적인 방법, 면도 순서의 가장 처음 사용
백 핸드(Back hand)	프리 핸드와 잡는 방법은 같으나 면도날을 뒤로 잡는 방법
푸시 핸드(Push hand)	프리 핸드에서 면도날을 앞쪽으로 향하게 쥐고 밀어 깎는 방법
펜슬 핸드(Pencil hand)	펜을 잡듯이 면도칼을 쥐어 사용
스틱 핸드(Stick hand)	막대기를 잡듯 면도칼의 일직선이 되도록 펴서 사용

(4) 면도 시 참고사항

① 라사링이나 스티밍을 하여 피부나 털을 청결하게 하고 피부에 수분을 주어 부드럽게 만들어 털을 끊을 때의 저항을 최소화함
② 면체술 후에 비누 성분이 남지 않도록 스팀 타월로 비누 성분이나 더러운 부분을 충분히 닦아 냄
③ 면체술 후에는 피부가 거칠어져 유분이 없으므로 애프터 셰이빙 로션이나 유성 크림을 사용
④ 수염이 많은 사람은 손상을 일으키기 쉬우므로 살균제를 함유한 로션을 사용하여 세균의 감염을 방지
⑤ 마사지를 행하여 피부 혈관을 부드럽게 하여 생리 기능을 높여 주어야 하며 손가락이나 레이저의 운행은 피부 할선 방향으로 운행

> **🐝 라사링**
> 세숫비누를 거품을 내서 얼굴에 굴리면서 바른 후 스팀타월을 이용하는 것

(5) 면도 순서

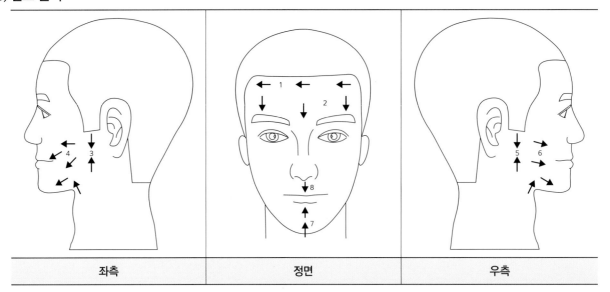

| 좌측 | 정면 | 우측 |

③ 기본 면도 마무리

1 면도 작업 후처리

(1) 얼굴 면도 작업 후 마무리 과정

① 얼굴 면도 후, 피부에 남아 있는 크림, 비눗물, 오물 등을 냉습포로 닦아줌
② 온습포를 양손으로 가져 와서 온도 체크함
③ 고객의 턱 부위에 지그시 올려놓기
④ 수건의 양 끝부분을 이마 쪽으로 덮어 삼각형 모양을 만듦
⑤ 이마와 턱 부위를 양 손으로 가볍게 눌러줌
⑥ 눈썹머리, 콧망울 옆, 인중, 구각 옆, 턱 밑 중앙을 지그시 눌러줌
⑦ 턱, 볼 옆, 이마 순으로 얼굴 윤곽선을 잡아주듯 지그시 눌러줌

(2) 습포의 종류별 효과

온습포	피부의 모공을 열어주어 혈액 순환을 촉진시키는 효과가 있으며 피부 표면의 노폐물과 노화된 각질을 제거하는 데 효과적
냉습포	피부 관리 마무리 단계에 사용되며 피부를 진정시켜 주는 효과

> 🐝 **습포 적용 방법**
> 지성 피부나 정상 피부는 온습포를 사용하여 비눗물과 크림 등을 제거해도 좋으나 예민한 피부는 냉습포를 적용하는 것이 피부에 대한 자극을 줄임

2 크림 매니플레이션

(1) 매니플레이션 진행하기

① 콜드크림을 적당히 찍어 좌측볼, 우측볼, 턱, 이마 순으로 찍어 줌

② 기술자의 위치 : 후방 0°에 위치

③ 좌측, 우측 작업 부위에 짜 놓은 크림을 검지, 중지 및 약손가락 첫 마디를 이용하여 밖으로 원을 그리며 양쪽 볼 부위를 매니플레이션 함

④ 입에 묻지 않도록 주의하며 턱과 볼에 짜 놓은 크림을 이용해 턱과 인중 부위를 매니플레이션 함

⑤ 크림을 이용해 좌측 볼을 위에서 아래로 쓸어내리며 매니플레이션 함

⑥ 크림을 이용해 우측 볼을 위에서 아래로 쓸어내리며 매니플레이션 함

⑦ 광대뼈, 관자놀이, 이마 순으로 안쪽으로 작은 원을 그리며 매니플레이션 함

⑧ 이마 중앙에서 양쪽 아래로 쓸어내리듯이 매니플레이션 함

(2) 매니플레이션

① 정의 : 손을 이용하여 5가지 기본 동작을 리듬, 강약, 속도, 시간, 밀착 등을 조절하여 적용하는 방법으로 신진대사 및 혈액을 촉진시킴

② 쓰다듬기(무찰법, 경찰법, Effleurage, Stroking)

방법	• 손가락이나 손바닥 전체를 피부와 밀착시켜 가볍고 부드럽게 쓰다듬는 동작 • 매뉴얼 테크닉의 시작 단계나 연결 동작 시 또는 마지막 단계에서 사용 • 이마, 두피, 턱, 얼굴, 어깨, 등, 목, 가슴, 팔, 손 등 부위에 사용
효과	• 지각 신경을 자극하여 이완시키며 모세혈관을 확장시켜 혈액 순환을 촉진시켜 영양 공급을 원활하게 함 • 피부의 긴장을 완화시키며 진정시켜 균형을 맞춤 • 혈액과 림프의 순환을 자극하여 조직의 독소를 제거

③ 문지르기(강찰법, 마찰법, Friction, Rubbing)

방법	• 나선을 그리며 문지르는 동작 • 주름이 생기기 쉬운 부위에 중점적으로 실시 • 피부를 눌러 강하게 문지르며 자극을 주기 위한 기법 • 손바닥과 손가락을 이용하여 피부를 강하게 누르거나 문지름 • 팔, 가슴, 턱 등에 많이 사용
효과	• 피지 배출에 도움 • 신진대사를 촉진시킴 • 혈액순환을 원활하게 함 • 결체 조직을 강화시켜 피부에 탄력을 줌 • 긴장된 근육을 이완시킴

④ 주무르기(유연법, 유찰법, Kneading, Petrissage)

방법	• 주로 어깨나 팔, 다리 부위에 사용하는 방법 • 손가락이나 전체로 반죽하듯 쥐었다가 푸는 동작을 반복함
효과	• 근육 긴장을 이완시켜 통증을 완화시킴 • 혈액과 림프의 흐름을 촉진하여 신진대사를 활발하게 함 • 피부 및 근육의 탄력성을 증가시킴

⑤ 두드리기(고타법, Tapotement, Percussion)

방법	• 손의 바깥 측면과 손등 및 손가락 끝 쿠션 부분을 사용하여 규칙적으로 두드리는 방법 • 피부의 상태에 따라 두드림의 세기를 정함 • 가장 자극적인 매니플레이션 기법
효과	• 경직된 근육을 이완시킴 • 결체 조직을 강화시켜 피부의 탄력을 증대시킴 • 신경 조직에 자극을 줌 • 혈액순환 및 림프순환을 촉진시킴

⑥ 떨기(진동법, Vibration)

방법	• 손 전체를 밀착시켜 균일하고 빠르게 떨어주는 방법 • 고른 진동으로 섬세한 자극을 줌 • 떨기 세기에 따라 효과가 다름
효과	• 신경 기능 및 근육 항진 • 혈액 순환과 림프 순환 촉진 • 신체의 긴장 이완

Chapter 04 기본 염·탈색

1 염·탈색 준비

1 색채이론

(1) 색의 정의

① 모든 색은 태양광선인 빛 아래에서 서로 다른 고유의 색을 보여주고 있음

② 사물에서 반사되어 우리 눈에 들어오는 빛의 파장 차이로 적색, 황색, 녹색, 청색, 자색 등 여러 가지 색이 생김

③ 사물에서 반사된 빛이 눈의 망막에 있는 시세포의 추상체를 통해 세포를 자극시켜 그 색을 우리가 느끼게 됨

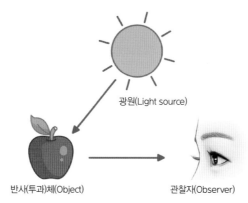

색채 지각의 3요소

(2) 색의 3속성

색상(Hue)	• 물체 표면에서 반사되는 색 파장의 종류에 의하여 결정되는 빨강, 노랑, 초록, 파랑, 보라 등의 색조
명도(Value)	• 색의 밝고 어두움 • 색의 밝기의 정도 • 색감이 없고 선명함을 갖지 않은 무채색을 기준으로 하여 완전한 검정색을 0, 완전한 흰색을 10으로 해서 그 사이의 밝음의 단계를 분할하여 기호로 표시
채도(Chrome)	• 색의 맑고 탁한 정도 • 색의 선명도 • 채도가 가장 높은 순수한 색을 순색이라고 함

(3) 색의 분류

무채색	• 흰색, 회색, 검정색
유채색	• 무채색을 제외한 나머지 색상 • 빨강이나 파랑과 같은 색감을 가지고 있으면 모두 유채색에 속함

(4) 3원색

① 다른 색으로 분해할 수 없고 다른 색상을 혼합하여도 만들 수 없는 기본색

② 색료 3원색 : 빨강, 노랑, 파랑

③ 색광 3원색 : 빨강, 녹색, 청색

(5) 색상의 이해

① 보색 : 색상환에서 볼 때 서로 정반대 편에 있는 색상을 서로 보색이라고 함

② 한색과 난색 : 차가운 느낌을 주는 색을 한색이라 하고 따뜻한 느낌을 주는 색을 난색이라고 함

(6) 1차색과 색상

색들은 서로 혼합됨으로써 밝기를 달리하며 수많은 색과 색조를 생산해 냄

1차색	• 빨강, 노랑, 파랑 • 인공적으로는 만들어 낼 수 없는 기본색 • 색소 발현체
2차색	• 원색을 적정한 양으로 혼합한 색 • 등화색
3차색	• 1차색과 2차색을 적정 양으로 혼합하였을 때 얻는 색

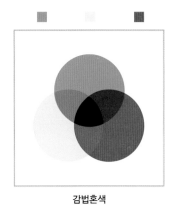

감법혼색

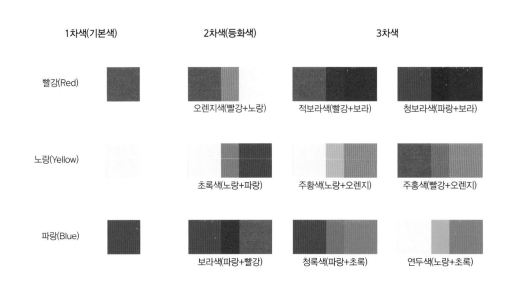

(7) 색의 중화(보색)

반드시 1차 색상 하나와 2차 색상 하나로 이루어짐

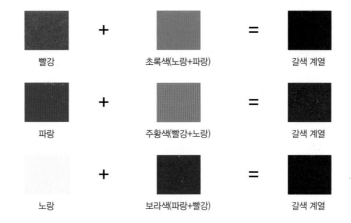

2 모발 색소

(1) 멜라닌 색소

① 멜라닌을 만들어내는 멜라닌 형성세포를 가지고 있음

② 인종별, 개인별로 다양한 피부 및 모발색을 가지고 있음

③ 멜라닌의 종류와 구조

유-멜라닌	• 갈색, 검은색을 나타내는 색소 • 흑인, 동양인들의 피부색, 모발색을 결정 • 길이 0.8~1.2㎛, 두께 0.3~0.4㎛ 정도의 쌀알 형태 • 중합체(Polymer)로써 물에 용해되지 않음
페오-멜라닌	• 노란색, 빨간색을 나타내는 색소 • 서양인들의 피부색, 모발색을 결정 • 색소 미립자가 훨씬 더 작고 타원형으로 표면이 움푹 들어가 있음

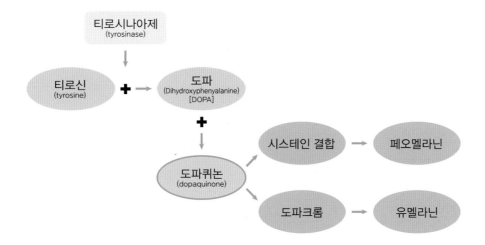

3 염·탈색 원리

(1) 염색

① 모발 본래의 색을 다른 색으로 수정하여 표현하는 것
② 자연의 모발색에 인공색소를 착색시키는 것
③ 원하는 색상으로 탈색, 염색, 백모염색 등 모발에 인공색소를 착색하여 모발의 명도 변화를 나타내기도 하고 신생모의 재염색 등을 시술하여 아름다움을 나타내는 작업

(2) 탈색

① 모발 내에 존재하는 멜라닌 색소 또는 인공색소를 제거함으로써 모발의 색을 낮은 명도에서 높은 명도로 변화시키는 것
② 모발 내에 존재하는 색소가 산화제에 의해 분해되는 성질을 이용
③ 모피질 안에서 화학반응을 일으켜 자연색소와 인공색소를 약화시키고 분산시키는 것
④ 높은 농도의 산화제일수록 많은 양의 산소를 방출하게 됨
⑤ 방출된 산소는 모발 내의 색소를 파괴함으로써 모발을 탈색시킴

(3) 염·탈색 성분

제1제	• 암모니아 + 원하는 색상의 염료
제2제	• 과산화수소 : 주성분 • 암모니아 : 머리카락을 부풀려 모표피를 들뜨게 만들어 염료와 과산화수소가 잘 스며들게 하는 작용

4 염모제

(1) 염모제의 특성에 따른 분류

유성 염모제	• 안료를 주성분으로 하는 염색제 • 안료를 유지 또는 접착제와 혼합시켜 크레용 형태로 성형시켜서 스프레이나 무스 상태로 만들어 모발에 도포 또는 분무
식물성 염모제(헤나)	• 식물의 꽃, 열매 등의 색소가 산성 용액 속에서 케라틴을 염색시킬 수 있는 성질을 이용 • 식물성 염모제가 모피질 안에 축적되면 모발의 색이 탁해지고, 퍼머넌트 웨이브제와 산화 염색제의 침투가 어려워짐
금속성 염모제	• 철, 납, 카드뮴, 비스마스, 동 등을 기초로 한 염색제 • 금속은 철을 제외하고 대부분이 유독 성분을 가지고 있기 때문에 사용에 제한적 • 식물성 염색제처럼 모발에 피막을 입힐 뿐만 아니라 모발 내에 금속 성분이 쌓이게 됨
합성 염모제	• 유기합성 화학의 방법으로 제조한 염료 • 성질에 따라 산성 염료, 산화 염료 및 염기성 염료로 분류

(2) 염모제의 유지 기간에 따른 분류

염색은 염모제의 특성 및 염색 색상의 유지 기간에 따라 일시적 염색, 반영구적 염색, 준영구적 염색, 영구적 염색으로 구분할 수 있음

일시적 염색	• 모발 손상이 적고 색상 변화가 용이하며 다양한 색상연출이 가능하고 사용법이 간편함 • 건조되어지면 모발이 딱딱해지고 수분에 의해 지워지기 쉬움
반영구적 염색	• 탈색과 병행하여 원색적인 색 및 다양한 색상 연출이 가능 • 시술시간에 대한 제약이 적고 색상과 차이가 잘 생기지 않으며 본래의 모발 색을 변화시키지 않으면서 윤기를 주고 손상된 부분을 일정기간 메울 수 있는 장점 • 장기간 반복하여 염색할 경우 모발이 뻣뻣해지며 어두운 모발을 밝고 선명한 색으로 염색하기는 어려움
준영구적 염색	• 영구적 염모제에 비하여 모발의 손상이 적으나 모발의 명도를 크게 높이지 못하고 밝은색과 선명한 색을 낼 수 없으며 알러지 반응을 일으킬 수 있음
영구적 염색	• 탈색 및 착색의 효과가 있으므로 모든 블리치 레벨과 여러 가지 색을 만들어 낼 수 있고 100% 백모 커버가 가능 • 시술 시간에 제약이 따르고 모발의 손상이 크며두피 온도차에 의한 영향을 받아 얼룩이 생길 염려가 있음 • 알러지 반응을 유발할 수 있으므로 처음 염색을 하시는 고객에게는 패치테스트를 시행하는 것이 좋음

> 🦟 **알레르기 유발 물질**
> 파라페닐렌다이아민(P–Phenylenediamine)

(3) 탈색제의 종류 및 장단점

분말타입	명도의 레벨까지 빠른 속도로 탈색되지만 모발 손상율이 높으며 두피에 노출될 경우 접촉성 피부염 등을 유발하여 두피에 문제 발생할 수 있음
크림타입	모발 손상이 덜하고 시술 시간차에 의한 명도차가 적으며 탈색제가 잘 건조되지 않지만 높은 레벨까지 명도를 나타내기는 어려움
오일타입	모발의 손상이 가장 적고 탈색 시 두피를 자극하지 않으며 탈색이 진행되는 과정을 보면서 적당한 시기에 탈색의 종료가 가능하지만 탈색 속도가 느리고 높은 명도 레벨까지의 탈색이 어려움

(4) 탈색제의 성분 및 작용

1제 과산화물	• 주성분 : 과황산나트륨, 과황산칼륨, 과황산암모늄, 과산화망간, 과산화바륨 등 • 과산화수소의 분해를 촉진하여 산소 발생에 도움을 줌 • 모발의 탈색은 가능하나 모발이 손상됨
알칼리제	• 주성분 : 암모니아, 모노에탄올아민으로 구성 • 모표피를 연화·팽창시켜 모피질에 산화제가 침투하는 것에 도움을 주고 산화제의 분해를 촉진하여 산소의 발생을 도움
2제 산화제	• 멜라닌 색소를 분해하여 모발의 색을 보다 밝게 하며 색소를 착색시켜 주는 역할 • 산화제의 종류 : 3%, 6%, 9% • 염색시 주로 사용하는 산화제 : 6% • 백모염색 : 3%, 6% • 멋내기 염색 : 6%, 9%

• 과산화수소로부터 1볼륨의 산소가 만들어지는 시간은 약 1분
• 6% 과산화수소로부터 20볼륨의 산소를 발생되는 데는 약 20~30분의 시간이 필요

5 도구 종류

빗	• 블로킹을 하거나 하이라이트용 • 테일콤 빗의 꼬리부분은 금속으로 예리하게 만들어져 있어서 매쉬, 슬라이스에 사용
염색용 브러쉬	• 염모제와 탈색제 도포 시 사용 • 약제의 성질이 다르므로 반영구염모제, 산화영구염모제, 탈색용 등을 구분하여 사용
염색볼	• 염색약을 담는 그릇 • 플라스틱 볼이나 세라믹 볼을 사용 • 금속볼은 피함
튜브짜개	• 튜브에 들어있는 크림타입의 1제의 염모제의 소분 사용
컬러트레이	• 염·탈색 시 손쉽게 필요 도구의 사용 정리해 놓는 이동식 세트 도구 • 약제가 트레이 위에 묻지 않도록 주의
염색보	• 고객의 옷이나 피부를 보호하기 위해 사용 • 방수효과가 있는 무릎 길이의 긴 사이즈가 적합
매쉬 파래트	• 하이라이트, 로우라이트 테크닉 시 사용 • 매쉬를 떠서 매쉬 팔레트 위에 올려놓고 브러쉬로 도포
호일	• 슬라이스 테크닉, 하이라이트, 로우라이트 테크닉에 사용
클립	• 머리를 섹셔닝할 때 사용 • 다양한 컬러와 스타일에 이용 가능
앞치마	• 비닐로 된 앞치마는 방수 효과가 좋으며, 오염방지 방지, 약액 제거 쉬움
장갑	• 시술자의 손을 보호하기 위해 사용 • 폴리우레탄, 고무 재질
비닐캡	• 산성 염료나 전체 탈색시 모발의 온도를 유지하기 위해 사용

6 두피 및 모발 진단

염색제 및 탈색제에는 알칼리 성분, 과산화수소수 및 다양한 화학제품이 포함되어 있으므로 두피나 헤어라인 주변에 상처, 염증 등이 있는지 확인하고 사전에 모발의 손상도와 탄력성 및 색상을 확인하여 염색작업에 들어가야 한다.

7 패치 테스트

유기합성 성분의 파라페닐렌다이아민을 함유하고 있는 염모제는 시술하기 전에 팔꿈치, 귀 뒤 등에 약간의 염색제를 바르고 24~48시간 방치 후 알레르기 염증 여부 테스트로 이상 반응을 확인하는 피부 첩포 시험

1 **염·탈색제 사용법**

① 일시적 염모제 : 일시적으로 뿌리거나 바름
② 반영구적 염모제 : 파팅을 1cm 이하의 모 다발을 잡고 90°로 들어올려 두개피에서 1~1.5cm 띄워 염색제가 피부에 묻지 않도록 주의하며 도포
③ 블리치 : 탈색제(암모니아수, 1제) + 산화제(6% 과산화수소, 2제)를 1 : 2~3으로 혼합하여 모선 끝에서 모선 중간, 모근 순으로 균일하게 도포(30~35분 동안 자연 방치)

2 **도포 방법**

(1) 새치염색

백모(Gray hair)는 일반적으로 멜라닌 색소가 없는 모발로 저항성이 강한 것이 특징이며 저항성을 떨어뜨리기 위하여 사전 연화(Pre softening) 기법을 사용해 색소의 충분한 발색으로 커버력을 높이기 위하여 기본색을 혼합 또는 프리피그멘테이션(사전 착색) 기법을 사용

> 양 측두부(새치가 많은 부분) → 전두부 → 두정부 → 후두부

(2) 멋내기 염색

자연모(Virgin hair)란 화학적 서비스를 전혀 하지 않은 모발을 말하며, 염모제의 도포 시에 모질의 상태에 따라 사전 연화(열 보충) 작업이 필요하며 이 경우 투 터치(Two touch) 기법으로 시술

> 후두부 → 두정부 → 측두부 → 전두부

> ✄ 멋내기 염색은 목덜미에서 정수리 부분으로 도포를 진행하고 백모 염색은 두피쪽(새치가 많은 부분)부터 모발 끝으로 도포

(3) 탈색

탈색의 약제는 작용 시간이 빠르기 때문에 최대한 시술 시간을 단축시키고 블로킹 및 슬라이스, 도포량 조절과 브러시 각도, 도포 방법, 도포 시간이 매우 중요

> 두정부(좌, 우측) → 전두부(좌, 우측) 수평으로 각 3개씩 호일 작업

3 **컬러 체크**

① 테스트 컬러(스트랜드 테스트)
② 약제 도포 후 약 15분 이상 경과 후 색상 확인 테스트 컬을 진행
③ 색상 선정 여부 및 정확한 염모제 반응 시간을 확인하기 위한 테스트

1 에멀전(Emulsion) 유화 작업

(1) 에멀전 방법

샴푸 시술 전 헤어라인과 두피에 묻은 염모제를 물을 묻혀 손가락으로 원을 그리듯 문지르며 마사지하여 빠져 나오는 염모제를 모발 끝 부분으로 쓸어내려 빼줌

(2) 에멀전 기능

① 두피의 염모제 잔여물을 깨끗이 제거
② 색상을 안정적이고 균일하게 정돈
③ 윤기 부여
④ 색상의 선명도와 색소의 정착을 촉진시켜 유지력을 높임

2 헤어컬러 리무버

① 피부에 오염된 염모제의 제거를 위해 사용하는 제품
② 티슈형, 액상형, 크림형

3 샴푸와 컨디셔닝(Shampoo & Conditioning)

모발 상태에 따라 산성 린스, 컨디셔너, 트리트먼트 후 타월 드라이 및 드라이를 사용하여 건조하여 마무리함

4 염색 시술시 주의사항

① 염모제 사용 시 시술 전에 부작용의 여부에 대한 예비 테스트인 패치 테스트(Patch test)를 하여 이상이 생기면 다른 염모제를 사용하거나 헤어 틴트를 중지함
② 두피에 상처나 질환이 있거나 수유부, 임산부, 환자의 경우 두발을 염색을 실시하지 않음
③ 유성 헤어 제품을 바른 경우 염색 시술 이전에 세발을 진행
④ 염모제 도포 후 증기에 노출되면 염색이 얼룩질 수 있음
⑤ 염색이나 탈색을 하는 경우 시술 전 후 전처리, 후처리를 진행하여 모발 손상에 주의해야 함
⑥ 염색제 보관은 직사광선이 들지 않는 냉암소에 보관해야 함
⑦ 염모제와 발색제로 구분된 염모제를 혼합 30분 후 사용하게 되면 모발에 얼룩이 질 수 있음
⑧ 다량의 머릿기름을 사용하지 않는 모발에 염색을 하였으나 염색이 되지 않은 이유는 헤어스프레이나 이물질이 있기 때문으로 염색 전 헤어 제품에 사용 여부를 확인해야 함
⑨ 염색 시술 후 퍼머넌트 및 온열 기구 사용

드라이	2시간 후
아이론	6~7일 후
콜드 퍼머넌트 웨이브	6~7일 후

Chapter 05 샴푸·트리트먼트

① 샴푸·트리트먼트 준비

1 샴푸의 정의 및 목적

① 두피나 모발의 세정
② 미용 기술의 기초
③ 먼지, 땀, 피지, 두발화장품, 표피의 노화 각질, 미생물 번식 등의 노폐물을 제거하여 두피와 모발을 건강하게 유지 할 수 있도록 함

2 계면활성제(Surfactants)

① 한 분자 내에 물에 녹기 쉬운 친수성 성분과 기름에 녹기 쉬운 친유성 부분을 동시에 가지고 있는 물질
② 구조에 따라 유화, 가용화, 분산, 습윤, 세정, 대전방지 등의 기능을 가지고 있음
③ 물에 용해되는 이온화 여부에 따른 구분 : 양이온성 계면활성제, 음이온성 계면활성제, 양쪽성 계면활성제, 비이온성 계면활성제

3 두피 유형에 따른 샴푸 및 린스

정상 두피	• 청결함을 유지하는 식물성 샴푸와 컨디셔닝 효과를 주는 샴푸를 교차하여 사용
건성 두피	• 오일 샴푸, 광택용 샴푸, 유연 작용 샴푸, 건조 방지용 샴푸를 사용 • 표피의 오래된 각질 및 비듬의 제거와 피지 분비가 원활히 이루어지도록 보습성이 함유된 약산성 샴푸를 사용
지성 두피	• 두피 세정과 피지 조절 : 헤어토닉이나 오일을 두피에 묻혀 두피 마사지 　→ 음이온 계면활성제 함유량이 높은 식물성 샴푸제로 세발 　→ 유수분 조절이 가능한 샴푸와 트리트먼트로 관리 • 두피 스케일링 및 피지조절 앰플 팩을 병행하여 사용 관리 • 지성용 샴푸를 사용하여 주1~2회 정도 전문적인 두피관리
민감성 두피	• 두피를 진정시킬 수 있는 저자극성의 양쪽 이온성 계면활성제 성분이 들어있는 베이비 샴푸, 오일 샴푸를 사용하여 두개피에 자극을 줄임 • 스팀 타월이나 사우나 등은 피하는 것이 바람직
비듬성 두피	• 살균제인 징크피리치온이 함유되어 있는 항비듬성 샴푸로 비듬균의 성장을 억제시키고 약용 린스를 사용하여 두피와 모발에 소독 살균을 함 • 주 1~2회 사용해 주는 것이 효과적

1 샴푸 방법

플레인 샴푸	• 두피나 모발의 더러움을 제거하는 목적의 샴푸 • 평소에 행해지는 일반적인 샴푸 방법		
트리트먼트 샴푸	• 손상모(염색모, 펌모) 등에 부드러운 감촉과 윤기를 더하고 아름다운 두피와 모발의 건강을 유지하는 샴푸		
산성 샴푸	• 구연산, 린산, 연산 등이 함유된 pH 5~6 정도의 약산성 샴푸 • 염색이나 펌 모발에 시술하면 적당		
프로테인 샴푸	• 모발에 영양을 공급해 주는 트리트먼트 효과가 있는 샴푸 • 펌이나 염색으로 손상된 모발에 시술하여 영양을 공급		
비듬제거용 샴푸	• 두피의 피지분해 산화물, 노화각질층 등이 혼합된 비듬을 제거하는 데 사용 • 제품 속의 유황화합물이 노화 각질을 녹이는 작용 • 비듬 상태에 따라 조절하며 1주일에 1~2회 사용		
핫오일 샴푸	• 염색, 탈색, 퍼머 등의 시술로 두피나 두발이 건조되었을 때 지방분 공급 및 두피 건강과 손상모의 치유 등의 목적으로 사용		
에그 샴푸	• 흰자는 비듬이나 먼지, 노폐물 제거 및 세정 시 사용 • 노른자는 영양공급을 원할 때 사용		
토닉 샴푸	• 비듬의 예방 및 모근의 생리기능을 향상시켜 각질층을 부드럽고 청결하게 할 때 사용		
드라이샴푸	파우더 드라이 샴푸	• 물을 사용하지 않기 때문에 치료목적으로 많이 이용 • 탄산마그네슘, 붕산 등의 분말을 두발에 뿌리고 약 20~30분 후 브러싱하여 분말을 제거	
	에그파우더 드라이 샴푸	• 달걀의 흰자만을 두발에 발라 건조시킨 후 브러싱하는 방법	
	리퀴드 드라이 샴푸	• 벤젠이나 알코올 등의 휘발성 용제를 사용	

2 샴푸 및 트리트먼트 매니플레이션

(1) **샴푸 매니플레이션** : 두개피 마사지의 효과를 다양한 기법을 통해 높일 수 있다.

문지르기(강찰법)	손가락의 완충면을 이용해 이마에서 후두부까지 두개피에 압을 주며 문지르는 방법
지그재그	손가락을 두상을 따라 지그재그로 움직여 마사지하는 동작
교차하기	양 손가락 사이로 손을 교차시켜 비벼 주는 동작
나선형	손을 둥글게 쥐어 두개피면을 둥글리며 마사지하는 방법
팅겨 주기	손가락으로 두개피를 잡아 가볍게 팅겨 주는 방법

(2) **트리트먼트 매니플레이션**

쓰다듬기(경찰법)	손바닥이나 손가락을 이용해 가벼운 압으로 두피를 쓸어 주는 방법
주무르기(유연법)	엄지와 네 손가락으로 근육을 주물러서 두피를 들어 올려 풀어 주는 방법
떨어주기(진동법)	근육 옆 방향으로 진동을 주어 근육의 긴장을 풀어 주는 방법
두드리기(고타법)	손가락이나 손바닥을 사용하여 두드리는 동작

3 린스

(1) 린스의 정의

① '헹구다'라는 의미
② 샴푸 후 모발에 촉촉함과 매끄러움을 부여
③ 모발 표면에 엷은 피막을 형성하며 대전방지 및 건조함을 방지하는 효과
④ 빗질이 잘됨
⑤ 모발의 유성막으로 덮어 광택을 줌
⑥ 트리트먼트 효과를 주는 제품도 많음

(2) 린스제의 종류

플레인 린스	펌 프로세싱 후 37~40°C의 미온수로 헹구어내는 방법이며 펌 시술 시 환원제를 헹구는 중간 린스
유성린스	건성 모발에는 샴푸 후 더운물에 올리브유나 동백기름을 몇 방울 풀어 린스를 하면 모발에 피막이 형성되어 윤기가 나며 유연성을 주고 알맞은 수분을 유지시켜 줌
산성린스	펌 시술 후 알칼리 등으로 팽윤·연화된 모발을 중화시켜 손상을 방지하며 탄력을 주거나 윤기가 나며 빗질이 잘 됨
컨디셔닝 린스	손상된 모발에 폴리펩타이드, 토코페롤, 레시틴 등이 유분과 수분을 보충해 주고 손상도가 클수록 폴리펩티드는 흡수가 잘되며 유연성이 있음

4 트리트먼트

(1) 모발관리(헤어트리트먼트)

① 머리카락에 영양과 수분을 주는 머리 손질법
② 과도한 빗질, 헤어드라이어의 뜨거운 바람, 잦은 퍼머, 염색 등에 의한 모발을 정상의 상태로 회복하거나 모발의 아름다움을 유지하는 효과를 돕기 위해 시술하는 것
③ 일반적으로 사용하는 성분으로는 PPT, LPP, LPT, APT를 포함하여 모발에 부족한 간층물질을 보충해 주는 모발 보호제
④ 단백질, 콜라겐까지 침투하여 모발 표면에 흡착
⑤ 모발을 탄력 있고 부드럽게 만들며 광택을 부여

❸ 샴푸·트리트먼트 마무리 ///////////////////////////

1 타월 사용법

(1) 타월 드라이

모발은 평상 시 10~15%의 수분을 함유하고 있으며 샴푸 직후에는 30~35% 정도의 수분을 함유한다. 모발은 모발의 중량에 30% 수분을 흡수하면 포화 상태가 되어 더 이상 수분을 흡수하지 못하고 모표피 겉에 머물게 된다. 타월 드라이를 통해 모표피 밖에 있는 수분을 닦아 줌으로써 모발이 빠르게 건조될 수 있도록 도와주는 역할을 한다.

(2) 타월 사용 순서

① 고객의 피부 부위에 묻은 물기를 제거한다(얼굴 라인, 귓속, 귀 바깥쪽, 목, 뒤 부분).

② 양손에 타월을 올려 전두부부터 후두부로 이동하면서 양손 튕기기 기법을 사용해 두개피에 묻어 있는 물기를 제거하여 모근쪽 모발에 있는 수분까지 흡수시킨다.

③ 네이프 부분은 왼손으로 두상을 받쳐 주고 오른손에 타월을 올려 가볍게 튕기기 기법을 사용(측두부 부위의 수분 최소화 기법도 동일)한다.

④ 고객의 뒷목을 받쳐 주며 편안한 자세로 앉을 수 있게 돕는다.

⑤ 타월을 어깨 위에 가지런히 올린 상태로 왼쪽 어깨 타월을 두상 C.P에 얹고 오른쪽 타월을 교차로 올려 텐션을 주면서 타월 끝을 당겨 얼굴 라인 안쪽으로 고정 시킨다.

⑥ 타월 안쪽으로 모발을 모은 후 타월의 끝을 잡아 회전하여 얼굴 라인 부위에 고정한다.

⑦ 고객을 자리로 이동 후 타월의 양쪽 끝을 잡고 한 손을 고정, 다른 한 손을 둥글게 회전하여 수분을 털어 마무리한다.

2 모발 제품과 홈케어

(1) 스타일링 제품

헤어스타일에 따라 마무리할 때 사용되는 제품으로 모발을 윤기 있고 건강해 보이게 만들며 고객이 원하는 스타일로 완성할 때 도움을 줌

(2) 컨디셔닝 스타일링 제품

토닉	• 모발에 영양을 주어 건강한 모발을 연출하기 위해 사용되는 양모제
에센스	• 모발 표면을 코팅해 주는 효과가 있어 탄력 있는 모발을 연출 • 주성분은 고분자 실리콘
크림	• 모발에 유·수분, 광택과 유연성을 부여
앰플	• 모발에 필요한 간층물질을 모발 내 침투시켜 모발의 탄력을 주고 건강하게 함 • 식물성 오일, 비타민 유도체 등

(3) 고정형 스타일링 제품

스프레이	• 탄화수소를 사용 • 모발에 강한 피막과 세팅력을 형성
무스	• 액화가스가 기화함으로써 원액을 팽창시켜 포말상으로 나옴 • 광택과 세팅력을 형성
왁스	• 성분에 따라 유광과 무광으로 나뉨 • 농도에 따라 소프트 왁스와 하드 왁스로 구분
젤	• 수용성 수지로 배합 • 광택과 세팅력 형성에 강함
포마드	• 광물 성분, 식물 성분을 사용 • 모발에 광택과 세팅력을 형성

Chapter 06 스캘프 케어

① 스캘프 케어 준비하기

1 두피관리 기기와 도구

(1) 두피관리 기기

두피 진단용	두피진단기	• 고객에게 두피의 상태를 직접 보여주면서 문제의 원인을 제시하고 두피관리 전후를 비교 분석할 수 있음
	모발 현미경	• 고배율의 렌즈를 사용하여 두피 내 모낭충의 움직임과 모발의 표피 상태를 볼 수 있음
흡수 촉진용	미스트기	• 헤어스티머에 비해 물분자를 작게 쪼개 안개처럼 분사하는 기기 • 두피와 모발에 수분 공급
	헤어스티머	• 물에 온도를 가해 수증기화하는 기기 • 두피에 수분 공급, 노폐물 불림 • 먼지나 각질을 쉽게 제거할 수 있음
	휴대용 갈바닉	• 제품의 흡수력을 증가시킴
광선 치료용	적외선기	• 안대를 착용하고 사용해야 함 • 온열 효과로 두피의 혈액순환 및 제품의 흡수력을 증가시킴
근육 이완용	진동 마사지기	• 어깨와 목, 두피를 마사지하고 자극하여 혈액 순환 촉진
복합 기기용	에어스프레이 이온토포레시스 등	• 비듬 및 민감성 두피에 고루 사용 • 혈액 순환 증가 • 결합 조직 내 모세혈관의 투과성을 증진시켜 제품의 흡수력 촉진 • 두피 진정 작용 • 독소 제거
세정용	스캘프펀치	• 두피 내 스케일링 후 각질과 노폐물을 적절하게 제거
	쿨크린	• 스케일링 후 각질과 노폐물을 적절하게 제거
	샴푸대	• 두피와 모발에 있는 땀, 먼지, 피지 등의 오염물질을 제거

(2) 두피 관리 제품

샴푸제	건성 두피용	유·수분 공급
	지성 두피용	세정력이 강함
	비듬 두피용	비듬 및 가려움증 방지
	탈모 두피용	모공을 건강하게 함
	민감성 두피용	자극을 최소화함
스케일링제		두피 클렌징

두피영양제	헤어토닉	모유두에 영양 공급
	앰플	두피에 영양 공급
	팩	모발에 영양 공급

2 두피 관리의 효과

① 피부 표면 수화량, 유분량의 증가
② 경피 수분 손실량의 감소
③ 지루성 피부염의 가려움증, 염증, 각질(지성), 붉음증 개선·완화
④ 세포재생 및 성장촉진에 도움
⑤ 각질세포의 연화, 제거
⑥ 모발의 굵기 및 모발 밀도 증가
⑦ 두피마사지를 통한 스트레스 감소

3 두피 상담

고객과의 첫 대면 단계로 두피·모발과 관련된 생활 패턴이나 건강상태 등의 정보를 상담한다. 상담은 고객 두피·모발의 가장 큰 문제점을 알아내기 위해 내적·외적인 요망 사항을 상담으로 표면화하여 분석하고, 과학적인 근거를 바탕으로 진단하여 고객에게 납득시키는 중요한 과정이다.

② 진단·분류

1 두피 유형 및 특성

(1) 일반적인 두피 유형

정상 두피	• 표면이 맑고 유백색의 청색을 띠며 각질이 이상박리되지 않고 혈액 순환과 산소 공급이 원활 • 한 개의 모공에 2~4개의 모발이 자람 • 일정한 모공의 간격을 유지한 상태로 빈 모공이 거의 없음
건성 두피	• 유분과 수분이 부족하고 각질 재생 주기의 이상으로 각질 박리가 원활하지 못하여 두피에 메마른 각질이 보임 • 천연보습인자와 아미노산의 혼합물이 선천적으로 부족하여 수분 보유력이 저하되거나 피지선의 기능 저하로 인해 수분이 증발
지성 두피	• 과다한 피지 분비로 표면이 번들거리고 끈적이며 두피가 둔탁한 색으로 보임 • 모공 주변은 피지와 각질이 엉켜 비듬이 모공을 막고 있음 • 세균에 대한 보호 기능이 저하되어 있어 염증, 악취, 가려움증 발생
민감성 두피	• 모세혈관 확장이 많이 발생 • 두피가 붉고 약한 자극에도 통증 호소 • 승모근과 그 주변 근육이 많이 경직되어 있음

(2) 문제성 두피 유형

비듬성 두피	• 건성 비듬 : 각질의 들뜸 현상과 함께 모공 주변에 잔존 • 지성 비듬 : 피지 분비량이 많아 모공이 막힌 상태로 각질이 떨어져 나가지 못해 모발 성장을 저해
지루성 두피	• 피지선의 활동이 증가되어 피지 분비가 왕성한 두피에 주로 발생하는 만성 염증 현상
탈모성 두피	• 영구적으로 모발이 나지 않거나 모발이 빠지는 두피

2 두피 영양

① 두피에 좋은 음식 : 직접적인 영양소는 단백질, 비타민, 무기질 등
② 두피에 나쁜 음식 : 짜고 자극적인 음식 및 단 음식, 인스턴트, 카페인 식품 등
③ 잘못된 샴푸 방법을 고치고 흡연을 줄이며 스트레스를 완화시키기 위해 노력해야 함
④ 두피와 모발을 약한 열과 냉풍을 이용해 건조하고 두피 및 모발의 생리기능을 활성화하기 위한 육모제나 앰플을 공급하여 모모세포의 분열을 촉진시킴, 빠른 흡수를 돕기 위해 적외선기나 고주파기 및 갈바닉기기(이온기기) 등을 사용하면 효과적
⑤ 기능성 앰플이나 용액은 식물성 추출물로 두피의 생물학적 균형을 유지 또는 형성하면서 탈모의 원인이 되는 노폐물, 비듬, 과다 지방, 박테리아 등을 제거하는 각 두피의 문제 개선을 위한 고농축 제품의 사용이 효과적
⑥ 모근을 강화하기 위해 증상별로 알맞게 선택된 영양 앰플을 두피에 도포 후 영양분이 잘 침투되도록 원적외선이나 헬륨레이저와 같은 보조기기를 사용하면 효과적

3 탈모유형 분류

(1) 반흔성 탈모

① 두피의 모낭이 파괴되거나 피부 질환, 외부적인 충격에 의해 영구적으로 모발이 나지 않는 것
② 원인 : 외상, 회상 등 외부의 물리적 요인에 의한 것, 심한 진균 감염, 세균 감염, 전신 염증 질환의 두피 침범 등에 의한 것

(2) 비반흔성 탈모

① 남성형 탈모 : 유전과 남성 호르몬에 의해 모발이 빠지는 대표적 탈모
② 여성형 탈모 : 여성의 탈모
③ 원형 탈모 : 자가 면역질환, 모모세포의 기능이 잠시 정지되면서 유발된 탈모

단발형	하나의 원형 탈모가 진행되는 형태
다발형	여러 개의 원형 탈모가 동시 진행되는 형태
사행성	한쪽 귀 주위에서 다른 한쪽 귀 주위로 머리의 옆과 뒤를 따라 이어지는 형태
전두성	머리 전체 머리카락이 빠지는 형태

④ 산후 탈모 : 임신 시 늘어난 에스트로겐이 모낭의 성장을 촉진하고 머리카락이 휴지기로 가지 못하게 했다가 출산 후 이 호르몬이 갑자기 줄어들어 모발이 한꺼번에 휴지기 상태로 넘어가면서 일시적인 탈모 현상이 나타남
⑤ 결발성 탈모 : 모근부에 모발의 탈락강도 이상의 힘이 계속적으로 가해져 생기는 탈모(포니테일 등)

(3) 그밖의 탈모

압박성 탈모	모근부가 내부 또는 외부로부터 압박을 받아 혈액의 흐름 장애로 영양부족으로 생기는 탈모(꽉 끼는 모자 등)
발모벽	스트레스, 불안장애, 노이로제 등의 이유로 인해 자신도 모르게 머리카락을 뽑는 행위

1 두피 유형에 따른 샴푸법 및 제품 적용

(1) 스캘프 트리트먼트의 종류

플레인 스캘프 트리트먼트 (Plain scalp treatment)	정상 두피를 부드럽게 하고 혈액순환을 원활하게 하여 유·수분 밸런스를 조절하며 일반적으로 평상시 사용하는 트리트먼트
노멀 스캘프 트리트먼트 (Normal scalp treatment)	건강모의 정상두피에 사용하는 트리트먼트
드라이 스캘프 트리트먼트 (Dry scalp treatment)	두피가 건조하여 피지분비량이 부족하여 유·수분을 제공하며 각질을 제거하므로 건조한 두피에 사용하는 트리트먼트
댄드러프 스캘프 트리트먼트 (Dandruff scalp treatment)	두피에 비듬이 많을 때 사용하는 비듬 제거용 트리트먼트
오일리 스캘프 트리트먼트 (Oily scalp treatment)	두피의 피지가 많을 때 사용하며 피지조절에 용이하며 세균의 저항력을 높이고 신진대사를 촉진시키는 지성 두피에 사용하는 트리트먼트

(2) 두피 유형에 따른 관리

정상 두피	• 올바른 샴푸 • 과도한 미용시술 자제 • 올바른 식생활 • 주기적인 스케일링 • 두피와 모공에 쌓인 각질과 피지를 제거
건성 두피	• 두꺼워진 각질 제거, 막힌 모공을 열어 혈행의 촉진을 유도 • 각질이 제거된 두피에 충분한 유·수분의 공급으로 각질 세포들을 진정시켜 유지막을 형성시켜 외부 자극으로부터 방어할 수 있는 능력을 회복시킴 • 강한 샴푸, 유분이 많은 헤어제품, 강한 알코올 성분을 함유한 헤어로션 등은 피함 • 표피의 오래된 각질 및 비듬 제거와 원활한 피지 분비가 이루어질 수 있도록 보습 성분이 많이 함유된 약산성 샴푸 사용
지성 두피	• 모공의 피지 노폐물을 제거하고 모공을 열어 청결유지 • 피지 분비의 조절로 두피의 자극을 최소화 • 두피 내의 신진대사가 원활하여 세균에 대한 저항력을 키움 • 스트레스, 인스턴트 식품, 기름진 음식을 피함 • 유·수분 조절이 가능한 샴푸와 트리트먼트를 이용하여 관리 • 두피 스케일링 피지조절 앰플 팩으로 관리하는 것이 좋음 • 지성용 샴푸를 사용하여 주 1~2회 정도 전문적인 두피관리를 함 • 샴푸 전에 브러싱을 통해 비듬이나 노폐물 등을 제거하고 혈행을 촉진시켜 결을 고르게 하여 마사지 해 줌
민감성 두피	• 피부는 전체적으로 붉어 보이며 실핏줄에 의해 모세관 확장과 혈액순환 저하에 의해 나타나는 뽀루지와 붉은 반점 등과 함께 염증을 동반하여 미세한 자극에도 쉽게 반응하여 치료 후에도 재발 가능성이 매우 높으므로 일시적인 관리보다는 장기적인 관리가 효과적

비듬성 두피	• 충분한 수면 및 스트레스 예방이 필요 • 자극적인 음식의 섭취와 인스턴트 식품을 피함 • 피지의 과다 분비를 조절하기 위해 두개피를 청결하게 관리 • 비타민 B의 부족 시 문제가 될 수 있으므로 영양에 신경을 써야함 • 잘못 처리된 퍼머 및 염색에 의해 비듬이나 가려움증 등이 발생할 수 있음 • 시술 시 두피에 화장품이 접촉되지 않도록 주의
지루성 두피	• 혈액 순환 촉진과 잘못된 식습관의 개선으로 기름진 음식을 피함 • 신진대사의 촉진을 위해 녹황색 채소 위주의 식습관이 좋음 • 적절한 운동과 스트레스를 감소시킬 수 있는 생활습관이 효과적
탈모성 두피	• 탈모의 유전적인 요인을 감소시킬 수 있는 마사지 요법, 대체요법, 의료 요법 등의 방법의 사용으로 스트레스 및 영양, 라이프 스타일 관리를 통한 인체 생리 기능의 항상성을 높여야 함

(3) 문제성 두피의 관리 방법

비듬성 두피
상담 → 두피 진단 → 브러싱 → 스케일링제 도포 → 스티머[5~10분] → 비듬용 샴푸[비듬의 유형 파악 필요] → 타월 드라이 → 두피 피지 조절 앰플 및 팩 도포 → 드라이 → 스타일링 마무리

혼합 염증성 두피
상담 → 두피 진단 → 브러싱 → 저자극 스케일링제 도포 → 스티머[5~10분] → 산성 및 중성 샴푸 → 타월 드라이 → 두피 영양 공급 앰플 및 팩 도포 → 적외선 → 드라이 → 스타일링 마무리

탈모성 두피
상담 → 두피 진단 → 브러싱 → 탈모 상태에 맞는 스케일링제 도포 → 스티머[5~10분] → 탈모 유형에 맞는 샴푸 → 타월 드라이 → 두피 영양 공급 앰플 및 팩 도포 → 적외선 및 초음파, 레이저 기기 → 드라이 → 스타일링 마무리

(4) 두피 타입별 관리 방법

정상 두피
상담 → 두피 진단 → 릴렉싱 마사지 → 스케일링제 도포 → 스티머 → 샴푸 → 타월 드라이 → 영양 공급 → 헹굼 → 마무리

건성 두피
상담 → 두피 진단 → 릴렉싱 마사지 → 스케일링제 도포 → 스티머[5~10분] → 건성용 샴푸[비듬 등 두피 모발의 상태 파악 필요] → 타월 드라이 → 영양 공급 → 헹굼 → 마무리

지성 두피
상담 → 두피 진단 → 릴렉싱 마사지 → 스케일링제 도포 → 스티머[5~10분] → 지성용 샴푸[피지 및 두피 모발의 상태 파악 필요] → 타월 드라이 → 영양 공급[두피 피지 조절 앰플 및 팩 도포] → 헹굼 → 마무리

민감성 두피
상담 → 두피 진단 → 릴렉싱 마사지 → 저자극 스타일링제 도포 → 스티머[5~10분] → 예민성 샴푸 → 타월 드라이 → 두피 영양 공급 → 헹굼 → 마무리

2 두피 스케일링

① 우드스틱을 사용해 두피에 있는 이물질, 노폐물, 묵은 각질 등을 제거
② 민감한 부위에는 주의해서 시술
③ 스케일링 제품과 고객의 상태에 따라 스티머 사용
④ 정중선을 중심으로 가로로 1~1.5cm 간격으로 프런트에서 후두부 네이프까지 진행 → 오른쪽 사이드 → 왼쪽 사이드 → 후두부 오른쪽 → 후두부 왼쪽 순으로 진행

3 두피 매니플레이션

두피 마사지 동작 시술 순서

경찰법 → 강찰법 → 유연법 → 고타법 → 진동법

① 경찰법(쓰다듬기) : 마사지의 시작이나 마무리 단계에서 사용하는 기술이며, 손바닥과 손가락을 이용하여 일정한 압력으로 혈관과 림프의 흐름에 따라 손을 피부에 밀착시켜 마사지를 함
② 유연법(주무르기) : 손가락과 손바닥을 이용하여 적절한 압력을 가해서 피부를 마찰하는 동작으로 둥글게 회전운동을 하며 두피 마찰을 하고 동작이 끊기지 않고 자연스럽게 연결시키는 것이 중요함
③ 고타법(두들기기) : 손끝을 수직으로 두피에 두고 손목 운동으로 진동을 주는 것과 손바닥을 넓은 근육 부위의 신체에 시술 가능하며 보통 유찰이나 압박법 후에 이용하는 방법을 사용함
④ 강찰법(문지르기) : 손바닥과 손가락을 이용하여 강한 압력을 주어 실시하며 강직이 일어난 근육 중심의 신체 부위에 사용되며 근육 이완에 도움을 줌
⑤ 압박법(누르기) : 손바닥을 펴서 일정한 압력을 가한 후 갑자기 힘을 빼는 동작으로 혈액순환을 돕는 효과가 있음
⑥ 진동법(흔들기) : 손바닥이나 손가락 끝을 마사지할 부위에 대고 누르면서 가늘게 떨어주고 흔들어 주는 방법을 말하며 피부의 탄력 증가 및 근육을 이완시키고 저림, 경련, 마비에 효과가 있음

4 사후 관리

① 두피와 모발의 경우 일회성 관리로 개선될 수 없음
② 고객의 두피 유형에 맞는 제품 사용으로 홈케어 관리해주는 것이 중요
③ 모발 상태에 따른 제품에 지속적인 사용이 필요
④ 올바른 스타일링 제품의 사용이 필요함
⑤ 일주일에 4회 이상 운동으로 심신의 안정을 도모
⑥ 인체의 생리 리듬을 깨트리는 음주 및 흡연의 문제점을 알고 올바른 생활을 하도록 노력
⑦ 제철 음식을 섭취하여 심신의 안정을 도움

Chapter 07 기본 아이론 펌

① 기본 아이론 펌 준비

1 펌 디자인

(1) 퍼머넌트 웨이브의 정의
① 영구적인 또는 연속적인 물결이라는 뜻
② 모발 내 시스틴 결합의 환원작용과 산화작용을 이용하여 영구적인 웨이브를 만드는 것
③ 물리적·화학적 방법의 사용으로 모발의 구조와 형태를 오랫동안 변화시키는 것
④ 퍼머넌트 웨이브의 구성 요소 : 모발, 펌 약제, 기술 등
⑤ 퍼머넌트 웨이브의 분류 : 곡선의 웨이브, 직선의 스트레이트

(2) 퍼머넌트 웨이브의 역사

고대 이집트	나일강 유역의 알칼리 토양의 진흙을 이용하여 모발에 나뭇가지를 말아서 태양열에 말려 웨이브를 형성
마셀 그라또(1875년)	아이론을 이용한 마셀 웨이브(Marcel Wave)를 창안하였으나 마셀 웨이브는 습기에 닿으면 풀려 버리는 단점이 있었음
찰스 네슬러(1905년)	영국에서 열 기계를 이용한 스파이럴석의 퍼머넌트 웨이브를 처음으로 창안함
조셉 메이어(1924년)	크로키놀식 와인딩 방법을 고안

(3) 웨이브의 구조 및 명칭
① 시작점(Beginning)
② 끝점(Ending)
③ 융기선(리지, Ridge)
④ 정상(Crest)
⑤ 골(Trough)

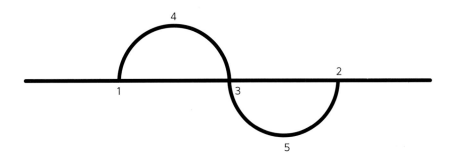

(4) 웨이브 형태에 따른 분류

① 섀도(Shadow) : 웨이브 간 폭이 느슨하고 리지의 고저가 희미한 형태
② 와이드(Wide) : 웨이브 간 폭이 넓으며 리지의 고저가 뚜렷한 형태
③ 네로우(Narrow) : 웨이브 간 폭이 좁으며 리지가 급경사인 형태
④ 프리즈(Frizz) : 모근 부분보다 모간 끝의 웨이브 형태의 웨이브

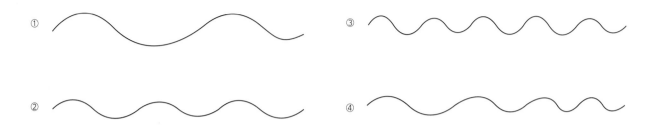

(5) 퍼머넌트 디자인 종류

① 크로키놀식 와인딩 : 모발 끝선에서부터 시작되는 와인딩 기법

호리존탈 와인딩 (가로 와인딩)	• 로드가 가로로 눕혀진 상태로 와인딩 하는 기법 • 리지가 수평인 와인딩 웨이브를 얻을 수 있음
버티컬 와인딩 (세로 와인딩)	• 로드가 수직으로 세워져 있는 상태로 세로 와인딩하는 기법 • 부드럽고 자연스러운 웨이브를 얻을 수 있음
다이애거널 와인딩 (사선 와인딩)	• 로드의 위치가 사선으로 뉘어져 있는 상태로 와인딩하는 기법 • 리지가 사선으로 정리되는 웨이브 기법

② 스파이럴식 와인딩

모근 와인딩	• 나선형으로 감아가는 기법 • 트위스트상의 강한 웨이브로 모근에서 모발 끝선으로 와인딩하는 기법
모선 와인딩 (트위스트)	• 모발에 로드를 돌려 감아 올라가는 기법 • 부드러운 나선형의 웨이브 모발끝선에서 모근쪽으로 와인딩하는 기법

③ 컴프레이션(압착) : 압착식 기구에 베이스 섹션을 떠서 가지런히 빗질한 모발을 눌러 여러 모양의 웨이브를 형성시키는 방법

2 펌 용제

(1) 1제와 2제

제1제	환원제	시스테인과 티오글리콜산을 주성분으로 하는 알칼리제	모발을 팽윤시키고 연화하며, 환원제 성분 중 수소(H)가 모발에 작용하여 시스틴 결합을 절단시키는 작용
제2제	산화제	과산화수소와 주로 브롬산나트륨을 주성분으로 하는 산화제	환원제에 의해 절단되었던 시스틴 결합을 재결합시키는 작용

(2) 시스테인(Cysteine)

① 모발 케라틴에서 분리 정제한 시스틴을 전해·환원이라는 방법[H를 첨가]으로 시스테인 형성

② 시스테인 환원제의 장단점

장점	자극적인 냄새가 적고 모발의 팽윤도가 적고 손상도가 적어 표백모, 손상모, 다공성모 사용에 이용
단점	웨이브(wave) 화학약품의 구조가 불안정하며 형성력이 약하고 가격이 비쌈

(3) 티오글리콜산(TGA, thioglycollic acid)

① 산성 물질로 현재 사용되고 있는 대부분의 콜드 펌 웨이브제의 주성분

② 알칼리성 펌용제의 경우에는 일반적으로 티오글리콜산과 암모니아가 가장 많이 사용되고 있음

③ 버진모, 경모, 강모에 쓰임

④ 티오글리콜산의 장단점

장점	웨이브(wave) 가격이 저렴하고 형성력이 안정적
단점	자극적인 냄새가 나며 모발 손상이 높고 피부에 자극이 있으며 모발에 대한 잔류성과 친화성이 높아 과잉 작용이 발생할 수 있어 시술 후 충분히 헹구는 것이 중요함

⑤ 티오글리콜산의 종류

염료가 주성분인 콜드 1욕식 웨이브 펌제	환원되어 생기는 시스테인을 공기 중의 산소로써 서서히 산화시키는 것으로 제2제를 사용하지 않는 것이 특징
염료가 주성분인 콜드 2욕법 축모교정제	흑인의 모발에 행한 축모교정제로서 헤어스트레이트라 하며 1983년경 유행되어 현재 다양한 기법과 직모로 피는 효과를 높이기 위한 다양한 제품이 개발되고 있음
염류가 주성분인 가온 2욕법 축모교정제	곱슬 정도가 강한 축모 등에 사용하는 제품으로 pH는 4.5~9.3정도이며 1제 및 2제를 모발에 적용할 때의 온도는 60도 이하로 규정되어 있음

3 아이론 기기 선정 요인

① 아이론 잠금 나사가 잘 조여져 있어야 함

② 프롱, 그루브, 스크루의 홈이 갈라진 곳 없이 잘 맞물려야 함

③ 핸들, 프롱, 스크루의 접촉면이 매끄럽고 균일하여야 함

④ 아이론의 발열상태, 전열상태가 정확하게 잘 들어오는 제품이어야 함

❷ 기본 아이론 펌 작업

1 아이론 펌 순서와 방법

두발 전체에 아이론을 델 때에도 앞줄에서 다음 줄에 작업점을 옮기는 경우에 순차적으로 아이론의 원래 부분으로 옮겨 나가는 것

2 모발손상 방지 방법

① 아이론의 온도가 지나치게 높을 경우 모발이 손상될 수 있음

② 약제를 사용하여 웨이브의 컬을 만들 경우 1제와 2제의 시간 타임은 모발의 상태에 따라 달라야 하지만 규정보다 짧으면 웨이브가 잘 나오지 않고 길면 모발이 손상될 수 있음

3 **작업 시 안전**

① 120~140℃의 온도에서 45° 비틀어 회전시켜 사용하며 낮은 온도에서 여러 번 시술하는 것이 효과적
② 아이론의 온도는 두발의 성질, 상태에 따라서도 조절이 필요함
③ 과열 시 신문을 집어보아 과열 정도를 확인하는 것이 좋음
④ 샌드페이퍼를 이용하여 정기적으로 표면을 닦고 녹슬지 않도록 기름칠을 해 주어야 함

③ 기본 아이론 펌 마무리

1 기본 아이론 펌 작업 후 수정·보완

(1) 오버 프로세싱과 언더 프로세싱

오버 프로세싱 (Over processing)	펌제 도포 후 오버타임 방치 및 진단보다 강한 펌제 사용, 잘못된 와인딩 기법과 미숙한 테스트 컬 등을 확인 후 얻어진 결과에 대한 모발의 늘어짐 및 건조, 끊어짐, 부서지는 현상
언더 프로세싱 (Under processing)	웨이브 형성 시간보다 짧게 방치하여 컬이 약하고 탄력이 없으며 리지가 희미하고 웨이브가 쉽게 풀어지는 현상

(2) 오버 프로세싱 수정·보완 작업 방법

① 손상된 모간 끝에 콜라겐, 케라틴 및 프로테인, 세라마이드 등과 같은 연화 보조제가 첨가된 트리트먼트 제품을 도포함
② 딱딱해진 큐티클 층을 부드럽게 하기 위해 습식 아이론에 온도를 낮추어 슬라이딩 함
③ 단백질 결합을 재생시키기 위해 다시 콜라겐, 케라틴, CMC 성분을 도포하여 열처리함
④ 모발의 등전점을 맞추기 위해 pH 밸런스 성분이 있는 트리트먼트 제품을 사용
⑤ 건조하고 자지러진 모발의 직펌으로는 저알칼리 펌제를 이용하여 저온아이론으로 천천히 뜸을 주어 와인딩하며 컬을 만들어야 하고, 상태가 심하면 연화 펌으로 진행해야 하며 콜라겐 도포 후 저알칼리 펌제를 이용 연화하여 수분을 충분히 말려 저온에서 천천히 와인딩 함
⑥ 모발이 녹은 머리는 케라틴 트리트먼트를 반복 처리 후에 산성 펌제로 연화하고 PPT 케라틴 및 오일 도포 후 바짝 말린 상태에서 저온 아이론으로 천천히 와인딩 함
⑦ 부서지고 심하게 곱슬거리는 모발은 고객에게 사죄하고 양해를 구한 후 심한 부위를 잘라내고 작업

(3) 언더 프로세싱 수정·보완 작업 방법

① 전체적으로 언더 프로세싱되었을 때는 트리트먼트 후 빠르게 재작업함
② 부분적으로 언더 프로세싱되었을 때는 고객에게 양해를 구한 후 트리먼트 처리 후 부분적으로 직펌을 빠르게 재작업함
③ 고객이 연화 펌만을 원할 때는 부분적으로 언더 프로세싱 된 부위를 다른 부위와 철저히 분배하여 연화 후 재작업함

① 기초 지식 파악

1 블로 드라이 기본 원리

(1) 블로 드라이 원리

① 모발에 물기의 제거 및 모발의 변형을 일으키는 수단으로 열(Heat)을 사용

② 헤어 드라이어의 온도는 최고 110℃까지 올라감

③ **수소 결합** : 산소와 수소간의 인장력에 의한 결합으로 전기 음성도가 강한 원자와 수소를 갖는 분자가 이웃한 분자의 수소 사이에 생기는 인력으로 일종의 분자 간에 끌어당기는 힘을 말하며 그 힘은 다른 결합보다 약해 열, 물에 의해 쉽게 분리되며 건조되고 다시 결합하는 원리

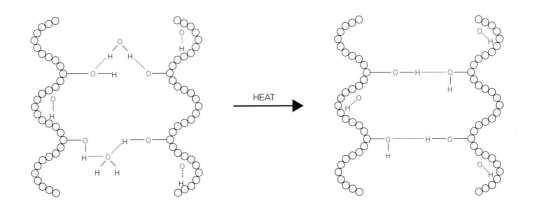

(2) 모발에 미치는 영향

① 수분량에 따라 너무 많으면 스타일 형성이 어려우며 모발이 손상되기 쉬우므로 20~25% 정도 말린 후 드라이하는 것이 바람직

② 건조 후에는 수분량을 10% 정도 함유하고 있어야 모발의 표면이 거칠지 않고 윤기가 흐르며 스타일을 잘 표현할 수 있음

③ 열이 모발에 끼치는 영향은 모발 자체의 수분량 및 가해진 열량, 열을 가한 시간에 따라 달라질 수 있음

2 정발 작업의 기본 원리

(1) 정발의 개념

① 정발(整髮) : 머리형을 만들어 마무리하는 것
② 오리지널 세트와 리셋 과정의 모든 절차를 포함
③ 정발의 시초 : 1895년 고종 32년 단발령으로 이발 후 머릿기름을 이용한 헤어스타일
④ 정발술(Setting) : 일반적으로 빗과 브러시를 사용하여 시행하는 것이며 여기에 드라이어나 콜드 액체 등의 약액 작용(화학적 작용)이나 아이론 등의 열 작용(물리적 작용)을 가하여 평면적인 헤어 스타일을 입체적으로 만드는 시술
⑤ 정발의 목적 : 모발을 브러시와 빗으로 정돈하고 약제나 드라이어, 아이론 등을 사용하여 컬(Curl), 웨이브, 스트레이트 등의 변화를 주어 입체적이며 생동감 있는 헤어스타일로 마무리하는 것

(2) 오리지널 세트(Original set)

가장 기초적인 몰딩 또는 패턴 작업으로 헤어 파팅, 헤어 셰이핑, 헤어 컬링, 헤어 롤링, 헤어 웨이브 등이 있다.

① 헤어 파팅(Hair parting)

정의	모발을 '가르다', '나누다'라는 의미로서 두상에서의 모발을 상·하, 좌·우로 영역을 가르는 것	
종류	센터	정중선을 기준으로 가르는 5:5 가르마
	사이드	왼쪽 또는 오른쪽에 가르는 7:3, 8:2, 9:1 가르마
	노	가르마가 없는 올백 상태
	훌	가마를 중심으로 방사형으로 분산된 상태
	카우릭	소의 혀로 핥는 듯한 방향으로 이마와 목선 주위에 형성

② 헤어 셰이핑(Hair shaping)

정의	포밍(Formming) 또는 코밍(Combing)이라고도 불리며 모발을 '다듬는다, 빗질하다'라는 기초적인 작업	
종류	업	두상면보다 위로 빗질함
	다운	두상면보다 아래로 빗질함
	스트레이트	직선으로 빗질함
	라이트 고잉	오른쪽을 향하게 빗질함
	레프트 고잉	왼쪽을 향하게 빗질함
	포워드 안말음	귓바퀴 방향으로 빗질함
	리버스 바깥말음	귓바퀴 반대 방향으로 빗질함

(3) 얼굴 유형에 맞는 정발 스타일

사이드 파트 스타일 (Side part style)	• 가르마를 타 앞머리를 자연스럽게 세워 옆으로 붙인 모형 • 얼굴형에 따라 모난 얼굴은 6:4, 둥근 얼굴은 7:3, 긴 얼굴은 8:2 가르마가 얼굴유형에 잘 어울림
센터 파트 스타일 (Center part style)	• 앞머리 중심을 자연스럽게 갈라지듯 처리하고 4cm 이상 세워 좌측과 우측으로 흘러내리도록 모형을 잡은 것

② 기본 정발 작업

1 정발 기구 사용법

(1) 드라이어 정발

① 드라이어의 열풍에 의하여 모발의 측쇄 일부분을 잘라 빗 또는 브러시로 필요한 형태를 만들고 그것을 냉풍 또는 자연적으로 냉각시켜 측쇄를 변화한 위치에서 재결합시키는 방법

② 드라이어의 열로 끊어지는 측쇄는 결합력이 강한 측쇄이므로 일시적인 변형은 가능하나 오래도록 그 형태를 유지하지는 못함

(2) 아이론 정발

① 모발을 아이론의 로드와 그루브 사이에 끼워 110~130℃의 열을 작용시켜 모발 형태를 만드는 것

② 원리는 드라이어 정발과 같으나 순간적으로 높은 열이 직접 모발에 작용하기 때문에 드라이어 정발과는 다른 효과가 있음

③ 고열이므로 모발을 손상하는 경우가 있으므로 사전 처리를 적절히 하여 모발에 수분을 남기는 동시에 정발료 등을 발라서 유막을 만들며 작용 시간을 짧게 하여 효과를 올리도록 함

(3) 약액 정발

콜드 웨이브액이 사용되며 보통 치오글리콜산을 주성분으로 하는 제1액과 산화제가 주성분인 제2액을 쓰는 냉온 2욕식을 사용하며 모발에 컬링 로드 등으로 웨이브를 만들어 제1액을 발라 주쇄와 측쇄의 결합을 끊고 난 다음 캡을 씌워서 일정 시간을 방치하여 웨이브의 정도를 살펴본 후 이것을 씻어내고 다시 제2액을 작용시켜 그 형태를 정착시킴

2 정발 제품 사용법

(1) 포마드

① 포마드를 바를 때는 모발의 뿌리부터 바름

② 손가락에 남아있는 포마드를 모발 바깥쪽에 바름

③ 손바닥에 남아있는 포마드는 양옆 짧은 머리 바깥쪽에 바름

3 정발 순서 및 방법

(1) 정발 시술 순서

포마드와 헤어크림 믹스 후 바름 → 가르마(오른쪽) → 왼쪽 두부 → 후두부 → 오른쪽 두부 → 페이스라인(전두부)

(2) 정발 방법

① 분발선 좌측 : 분발선의 좌측은 빗을 오른쪽 가르마 쪽에 넣고 브러시는 왼쪽 가르마쪽에 넣어서 브러싱을 함(앞 이마 두발선에서 가르마까지)

② 분발선 우측 : 우측은 좌측의 모발이 흐트러지지 않도록 빗을 넣어서 가르마를 지워 놓고 그 빗등에 브러시를 넣어 좌측과 같은 요령으로 브러싱함

③ 좌측 두부 : 좌측 두부는 분발부에서 귀 주변 두발선까지를 위에서 아래, 좌에서 우로 브러싱 함

④ 후두부 : 후두부는 좌측 두부에서의 연결로서 좌측, 중앙, 우측으로 어느 경우이든 위에서 아래의 수직 운행으로 브러싱 함

⑤ 천정부 : 천정부는 두정부에서 전두부를 거쳐 앞 이마 두발선까지 분발선에서 90° 운행으로 브러싱 함

PART 2 이용 시술 | **263**

⑥ 전두부 : 전두부는 볼륨을 주기 위하여 앞 이마 두발선에서 후두부 방향으로 분발선 오른쪽에서 우측 앞 이마 두발선까지를 브러싱 함
⑦ 우측 두부 : 우측 두부는 앞 이마 두발선에서 귀 주변 두발선까지를 오른쪽에서 왼쪽으로 브러싱함(60°~90°까지 운행하는 것은 좌측 두부의 경우와 같음)
⑧ 마무리 : 천정부의 모발을 후방 45° 방향으로 브러싱하여 우측 두부와 연결 지우고 다시 후방으로 연결 지은 뒤 마지막으로 전두부의 높이 등의 형태를 만들어 빗질로 마무리

4 가르마 유형(얼굴 유형별)

4 : 6 가르마	눈(눈썹) 안쪽을 기준으로 하여 가르마를 나눔	각지거나, 모난 얼굴형
5 : 5 가르마	얼굴의 정중선(코끝)을 기준으로 하여 가르마를 나눔	역삼각형 얼굴형
7 : 3 가르마	눈썹의 중심을 기준으로 하여 가르마를 나눔	둥근 얼굴형
8 : 2 가르마	눈(눈썹) 꼬리(외안각)를 기준으로 하여 가르마를 나눔	긴 얼굴형

③ 마무리 작업 및 정리 정돈

1 정발 작업 수정 보완

(1) 리셋(Reset)

정의	몰딩된 오리지널 세트를 마무리 빗질하는 절차
종류	콤·브러시 아웃, 백코밍 등
방법	• 오리지널 세트된 모발의 컬 또는 웨이브를 브러싱(Brushing)함 • 브러싱 후 원하는 방향으로 컬 또는 웨이브의 윤곽을 가지런히 하여 매끄럽게 빗질함 • 헤어왁스, 헤어스프레이 등의 제품으로 고정함

(2) 리셋 뜸수건
① 열을 가하였을 때 모발의 잔머리를 잘 붙이기 위해 물을 적시면 흡수가 잘 되는 효과가 있는 천으로 융 소재를 사용
② 드라이 형태에 손가락의 굴곡 자국이 남지 않도록 손을 감싸는 역할로 손바닥의 오목한 부분을 평평하게 당겨서 사용

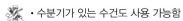

> • 수분기가 있는 수건도 사용 가능함
> • 작업할 양이 적으면 뜸수건 대신 손으로만 사용해도 무방함

2 **마무리 헤어 제품**

(1) 마무리 헤어 제품 종류

포마드, 헤어 오일, 헤어 크림, 스프레이 등

(2) 마무리 헤어 제품 특징

① 광물성과 식물성이 있음

② 두발의 건조를 막고 습윤을 유지함

③ 두발에 광택을 주며 영양 유지에 도움

④ 윤기와 정발의 스타일 고정에 도움

> **🖌 헤어 제품별 특징**
> • 수용성 : 물에 잘 녹고 씻어내기 쉬우며 언제까지나 건조하지 않고, 젖은 상태가 지속되는 소프트한 스타일링을 만들 수 있으며 끈적임이 없어 가벼운 느낌의 정발 효과가 있으나 정발력이 약한 단점이 있음
> • 광물성 : 세발 시 쉽게 씻어지지 않지만 다양한 향기를 줄 수 있음
> • 식물성 : 세발이 간단하고 점성이 있어 끈적이므로 뻣뻣한 머리도 정발이 가능하지만 원료 냄새가 강하여 이를 없애기 위해 향료를 많이 사용해야 하는 단점이 있음

① 패션 가발 상담

1 가발(Wig)

(1) 가발의 정의

① 두부 전체를 덮도록 만들어진 모형

② 제2의 헤어스타일을 만들고 창조하여 헤어 패션의 이미지를 변화시킴

③ 대머리로 벗겨진 부분을 감추기 위해 사용

④ 두부를 보호

⑤ 외형상 아름다움을 더해주는 중요한 역할

(2) 가발을 사용하는 목적

① 과거 : 사회적 지위나 계급, 신분 등의 고유 영역을 나타내고 근엄함, 엄격함 등을 보여주기 위해서

② 현대 : 개인의 외적 아름다움을 위한 수단, 탈모 부위의 대체, 다양한 헤어디자인을 연출하기 위한 헤어 패션 액세서리로서 평상의 머리 형태를 하이 패션으로 변화시키는데 현저한 효과가 있으므로 이용사의 기술이 필요

2 헤어스타일 파악

(1) 표준형

① 다른 얼굴형의 수정 보완하기 위한 가장 이상적인 얼굴

② 형태와 비율이 조화로움

(2) 둥근 얼굴형

① 두정부 : 면곡의 모근에 볼륨을 주어 모발 질감표현이 되어야 함

② 측두부 : 들뜸 방지

③ 귀 둘레 : 윤곽은 직선 또는 둥근 타원형으로 포인트를 줌

(3) 사각 얼굴형

이마와 턱선이 각진 형태의 모습으로 길게 모난 형과 넓게 모난 형으로 구분

길게 모난 형	• 크레스트를 기점으로 아랫부분인 외측의 무게 선의 시술각은 낮아야 함 • 좌·우측 : 모근의 두면 모발에 볼륨을 살림
넓게 모난 형	• 천정부 : 적당한 볼륨을 살려 주어야 함 • 좌·우측 : 두면의 모발을 다운시킴 • 측두면 : 상부에서 천정부에 형성된 각진 부분을 둥글게 만듦

(4) 삼각 얼굴형

① 이마가 좁으며 양쪽 턱의 각이 돌출되어 보이며 턱선이 넓게 보이는 얼굴형

② 가로 폭을 넓게 보이도록 하는 것이 중요함

③ 정수리 : 높게 올려야 함

④ 양턱 쪽으로 얼굴을 가려 균형을 맞춤

⑤ 올백 스타일로서 넓이를 강조

(5) 장방 얼굴형

① 앞이마가 좁으며 턱이 긴 얼굴형
② 좌·우측 : 모발의 두면에 볼륨을 줌
③ 두발 길이는 귀의 1/2 또는 2/3 이상 길게 할 때 윤곽선을 균형 있게 만듦
④ 크레스트 : 기점의 아랫부분인 외측의 무게 선은 낮은 시술각으로 함

(6) 마름모 얼굴형

① 앞이마 선과 턱선이 좁으며 광대뼈가 돌출된 얼굴형
② 천정부 : 균형 잡힌 얼굴형을 나타내려면 톱에 볼륨을 줌
③ 이마 발제선 뱅에 볼륨을 주어야 함
④ 턱 선 : 귀밑 선에서 턱 선까지 무게감을 갖게 함

(7) 역삼각 얼굴형

① 앞이마 선은 넓고 뺨부터 턱선까지는 좁은 얼굴형
② 프런트 뱅 스타일
③ 측두면 : 귀의 2/3 이상 두발 길이를 길게 연출하여 이마 선이 좁아 보이게 함

3 가모의 제작순서

(1) 고객 상담

파트형(Part style)	특정 부위의 크기에 알맞은 사이즈 책정
전두형(All style)	전체적 두부 측정
모 굵기	모의 굵기는 개인별 차이가 크기 때문에 구별해야 하며 곱슬의 정도도 구분
모 색상	색상도 개인별 차이가 있고 백모량도 다르므로 최대 근사치에 가까운 색상과 비율 선택
나이	나이에 따라 스타일 선택에 폭이 다르므로 체크
직업	직업의 유형에 따라 헤어스타일에 유의
얼굴 형태	얼굴 형태에 따른 모발 스타일도 중요하지만 본래 머리 형태를 보완함
망(Base) 선택	두피의 생태에 따라 망의 선택이 달라져야 함
가르마(Part)	가르마의 형태와 위치를 잘 파악해야 자연스러운 모발 형태를 이룸
작업지시서 (Order sheet)	이상과 같은 사항들을 잘 정리하여 다음 공정에 전달

(2) 가모의 소재

인모	장점	• 사람의 모발을 사용 • 헤어스타일이 자연스러움 • 비교적 열에 강함 • 퍼머나 염·탈색 가능
	단점	• 샴푸 시 엉킴이 심함 • 긴 머리가 잘 없음 • 가격이 비쌈

인조	장점	• 합성섬유로 PVC, 폴리에스터, 아크릴, 피버, 모드아크릴, 가네가론 등 • 컬러가 오래 유지됨 • 수명이 인모보다 긺 • 스타일이 오래감 • 모발 길이 조절이 자유로움 • 가격이 저렴함
	단점	• 펌이나 염색이 안 됨 • 인모에 비해 윤기가 많이 남 • 열과 마찰에 약함

(3) 패턴 제작

① 개인별 탈모 형태에 따른 패턴 제작이 가장 중요함
② 머리모양과 굴곡, 부위가 다르기 때문에 필수적인 사항
③ 패턴 제작 준비사항 : 패턴용 비닐, 줄자, 매직, 가위, 투명테이프, 빗
④ 패턴 비닐 고정 : 패턴 비닐을 앞, 뒤쪽 2~3번 안으로 접은 후 고객의 머리형에 맞게 올려 두고 비닐의 양쪽 끝을 얼굴방향 앞쪽 방향으로 꼬아서 귀 뒤로 고정
⑤ 테이프 고정 : 머리형이 만들어지면 테이프로 중심축을 만든 다음 그 위에 3~4회 테이핑 처리를 한 다음 빈 공간이 없도록 반복하여 두상의 형태를 만들고 붙이는 방법은 대각선 방법, 가로 방법, 세로 방법 등이 있음
⑥ 포인트 설정 : 앞점, 끝점과 옆끝점, 가르마선 고객의 탈모 부위에 수성펜으로 센터 포인트, 프론트 사이드 포인트, 골덴 포인트 사이드백 포인트를 설정 후 탈모 부위에 점을 찍거나 선을 그음

(4) 본 위에 망사 부착 후 모발을 심어 가발 제작

❷ 패션 가발 작업

1 패션 가발커트 방법 및 도구

제작된 가발은 고객의 현존 머리카락과의 자연스러운 그라데이션이 가장 중요하므로 일반머리 커트할 때와 커트 방법과 방식 면에서 차이가 난다. 모발 길이의 연결은 일종의 착시 현상을 일으켜 양감 및 질감을 연출하는 기법이다. 머리 길이의 끝선을 일부러 연결하지 않고 끊는 디스커넥션(Disconnection) 기법을 이용한다.

2 기능성 가발

(1) 기능성 가발의 정의

① 모발이 빠진 부위를 대체하기 위한 것
② 맞춤형 가발 혹은 탈모용 가발이라 함
③ 개인마다 탈모 부위, 모질, 굵기, 컬러, 모양이 다르므로 디자인을 고려해야 함
④ 직업 및 나이를 고려하여 착용 시 자신의 모발처럼 자연스럽게 연출되어야 함

(2) 기능성 가발의 종류

전두용 가발(Wig)	• 암 환자나 전체적으로 숱이 적은 고객 및 다발성 탈모나 흰머리 등에 착용 • 여성 탈모 고객의 사용이 많음
탈모용 부분 가발 (Toupee or top piece)	• 자연스럽고 착용 시간이 긴 만큼 가볍고 불편함이 없어야 함 • 패션용 가발과 달리 가발 착용 시 표시가 나지 않아야 함
패션 가발	• 머리 모양을 아름답게 꾸미고, 치장하기 위하여 쓰는 가발 • 전체가발, 반가발, 달비, 액세서리용 가발 등 • 연극용 가발, 마네킹 가발, 코스프레용 가발
부분 가발	• 머리 전체를 감싸주는 것이 아니라 이마부터 정수리까지 두상의 일부를 덮어주는 가발 • 전두부에 모발이 없어 이를 커버하기 위한 남성용 탈모 부분가발 • 여성의 경우 모발 양이 적어 정수리의 볼륨감을 주고자 할 때 사용하는 탑 피스(Top piece) • 모발의 컬러가 일치해야 하고 가발의 경계선이나 티가 나지 않으며 자신의 모발과 그라데이션이 자연스러워야 함 • 남성 탈모의 경우 이마 라인의 자연스러움이 중요 • 여성의 묶음머리 스타일인 포니테일의 달비도 부분가발에 속함
붙임머리 (Extension)	• 익스텐션(Extension)은 '잇는다'라는 뜻 • 흑인 모발 축모의 특성상 단정하게 기를 수 없는 것에 착안, 흑인의 모발을 길어 보이게 하는 데서 비롯됨 • 짧은 머리를 길게 만들고 싶을 때 가발 대신 활용하여 긴 머리를 만들 수 있고, 부분적으로 헤어 컬러를 주고 싶을 때 액세서리 형태로도 활용 가능 • 아이론 기법, 고무줄 실을 이용한 기법, 링거법 등

❸ 패션 가발 관리

1 패션 가발 관리 및 보관방법

① 가발은 쓰고 벗기에 편리성이 중요하며 핀은 개폐가 편리해야 함
② 인조 가발 샴푸 시에는 드라이 샴푸를 사용함
③ 인모 샴푸는 38℃ 전·후의 미지근한 물로 손으로 비비지 말고 브러싱을 이용하여 세정하는 것이 매우 중요함
④ 벤젠 및 알코올에 12시간 동안 담갔다가 응달에 말리는 리퀴드 드라이 샴푸법을 사용하기도 함
⑤ 가발은 자기 머리의 색상과 같아야 하며 그늘에서 건조시켜 빗이나 브러시로 가발 끝부터 빗도록 함

III
공중
위생관리

Chapter 01 공중보건

1 공중보건 기초

1 공중보건의 개요

예일 대학의 윈슬로(C.E.A. Winslow) 박사는 공중보건을 다음과 같이 정의하고 있다.

> "공중보건이란, 조직적인 지역 사회의 노력을 통하여 질병을 예방하고 생명을 연장시키며 신체적, 정신적 효율을 증진시키는 기술과 과학이다."

이것은 조직화된 사회 구성원의 노력과 건강 복지를 조직화하는 것이라고 요약할 수 있으며, 다시 말하면 공중보건은 구성원의 응집된 힘과 공동선을 향한 협력으로 목적을 달성할 수 있다는 것이다.

이와 같이 공중보건의 대상은 개인이 아니라 인간 집단이며 지역 사회 전 주민이 대상이 된다. 여러 통계 자료를 조사하여 보건 교육, 질병 관리, 환경 위생관리, 영양관리 등을 통하여 건강을 관리하는 것이다.

2 공중보건 기초

(1) 대상 : 개인이 아니라 지역사회의 주민 전체 및 인간 집단의 국민 전체

(2) 목적
① 질병예방
② 수명연장
③ 신체적 · 정신적 건강 및 효율의 증진

(3) 보건교육
① 개인 또는 집단이 건강을 유지 · 향상시키기 위해 현재 갖고 있는 건강에 대해 잘못된 태도나 행위를 교육을 통해 고쳐 나가는 학습수행 과정
② 보건교육은 다른 보건사업의 기초가 됨
③ 공중보건사업이 지역 사회에 접근할 수 있는 가장 좋은 방법
④ 보건교육 목적 : 지역사회주민이 건강한 생활을 할 수 있도록 지원, 지도, 협력, 교육하는 것

3 세계 보건 기구(WHO)

(1) 정의

세계 제2차 대전 후 경제는 물론 보건 상의 문제가 심각해짐에 따라 1943년 미국을 비롯하여 44개 국가가 모여 국제 연합 부흥 행정처(UNKRA)를 설립하여 질병 전파의 예방을 주로 한 국제간의 협력이 이루어졌으며 WHO의 기초가 되었다.

세계 보건 기구는 1948년 4월 7일 국제 연합의 보건 전문 기관으로서 정식으로 발족되었으며 우리나라는 1949년 8월 17일에 65번째 회원국으로 정식 가입되었다.

세계 보건 기구는 본부를 스위스의 제네바에 두고 세계 각 지역별로 6개의 사무소를 두고 있다. 그 기능은 국제 검역 대책, 각종 보건 문제에 대한 협의 규제 및 권고안 제정, 식품, 약물 및 생물학적 제재에 대한 국제적 표준화, 과학자 및 전문가들의 협력의 도모에 의한 과학의 발전, 조사, 연구 사업 등이며 중요 기능으로는 국제적인 보건 사업의 지휘 및 조정, 회원국에 대한 기술 지원 및 자료 공급, 전문가 파견에 의한 기술 자문 활동 등으로 각 보건적인 문제를 도와주고 있다.

(2) 기능

① 국제보건사업 지휘 및 조정
② 회원국기술지원 및 자료공급
③ 전문가 파견으로 기술자문활동

(3) 주요사업

① 영양개선
② 말라리아 근절
③ 결핵관리
④ 성병관리
⑤ 모자보건사업
⑥ 환경개선사업
⑦ 보건교육사업

(4) WHO 건강의 정의

단지 질병이 없거나 허약하지 않은 상태만을 의미하는 것이 아니라 육체적, 정신적 및 사회적 안녕이 완전한 상태를 말한다.

(5) WHO 3대 건강지표

① 평균수명
② 조사망률(보통사망률)
③ 비례사망지수

- 국가 간이나 지역사회의 보건수준을 비교하는 3대 건강지표 : 평균수명, 영아사망률, 비례사망자수
- 영아사망률은 한 국가의 건강수준을 나타내는 지표로 가장 많이 사용되고 있음
- 영아사망률 = (1년간의 생후 1년 미만의 사망자수 / 그 해의 출생아수) × 100
- 영·유아 사망의 3대 원인 : 폐렴, 장티푸스, 위병

1 역학

(1) 목적 : 질병의 발생원인 및 발생요인을 규명하여 효율적으로 예방하기 위함

(2) 기능
① 질병의 발생원인 규명
② 지역사회의 질병 발생 양상을 파악
③ 예방대책을 수립하여 행정적인 뒷받침
④ 질병의 자연사 연구
⑤ 질병을 진단하고 치료하는 임상 연구에서 활용

2 질병관리(감염병)

병원체(병인) → 병원소(장소) → 병원소로부터 병원체의 탈출 → 전파 → 새로운 숙주로의 침입 → 숙주의 감수성과 저항성

① 일반적으로 감염성 질병의 생성은 여섯 단계
② 한 단계라도 거치지 않으면 감염은 형성되지 않음
③ 한 단계만이라도 제거하거나 끊을 수 있는 방법이 개발된다면 감염성 질병의 발생은 막을 수 있음

3 감염과 발병

① 감염 : 병원체가 숙주의 체내에 침입하면 자리를 잡고 발육 또는 증식하여 조직 반응이 나타나는 것
② 발병 : 감염의 결과로 숙주가 병적인 이상 현상을 나타내는 것

4 병원소

(1) 병원소
① 병원체가 생활하고 증식하며 계속해서 다른 숙주에게 전파될 수 있는 상태로서 저장되는 장소
② 병원소로서 사람은 환자와 보균자 두 가지 경우가 있을 수 있음
③ **동물이 단순히 병원체를 전파하는 역할을 하는 경우** : 쥐가 옮기는 서교증, 양충병, 와일씨병, 페스트, 살모넬라증 등
④ 무생물 병원소로서 자연 환경, 즉 흙과 먼지 속에는 파상풍을 일으키는 혐기성균과 사상균, 특히 아포 형태도 있어 병원소의 역할을 함

(2) 보균자
증상은 없으나 병원체를 배출함으로써 다른 사람에게 병은 전파시킬 수 있는 사람, 인지하지 못하고 있는 상태에서 감염성 질병 전파의 병원소로 작용

건강 보균자	• 불현성 감염과 같은 상태로 증상이 없으면서 균을 보유하고 있는 자 • 디프테리아, 소아마비, 일본 뇌염, B형 감염 등 • 보건 관리가 가장 어려움
잠복기 보균자	• 증상이 나타나기 전에 균을 보유하고 있는 자 • 디프테리아, 홍역, 백일해 등 호흡기 감염성 질병 등
회복기 보균자	• 병후 보균자로 균을 보유하고 있는 자 • 장티푸스, B형 간염 등

(3) 인수공통감염병

① 동물이 병원소가 되면서 인간에게도 감염을 일으키는 경우
② 결핵과 소, 일본 뇌염과 돼지, 광견병과 개 등

5 병원체 탈출

병원체가 탈출되는 경로는 대게 그 세균이 인체에 침입한 경로와 같은 것이 보통이며 호흡기, 소화기, 비뇨 생식기로의 탈출, 곤충이나 주사기를 통한 탈출, 피부의 상처나 종기 또는 결막을 통하여 배출된다. 홍역의 경우는 전염성은 높으나 전염 기간이 짧고 나병은 전염성이 낮으나 전염 기간이 길다.

6 전파

(1) 직접 전파

직접 접촉 전염	• 신체적 접촉을 함으로써 감염 • 임질, 매독, 광견(공수)병, 서교증, 피부병 등
비말 감염 (포말 감염)	• 협소한 장소에서 군중이 밀집해 있을 때 대화나 기침, 재채기를 통해서 타액 등의 비말과 함께 병원체가 눈이나 호흡기로 감염되는 것 • 환자와 대화할 때는 반드시 1.5m의 거리를 두어야 하며 재채기할 때에는 3m까지 그 균이 날아갈 수 있으므로 주의 • 결핵, 디프테리아, 백일해, 성홍열, 인플루엔자 등

(2) 간접 전파

진애 감염	• 공기를 통한 전파 • 먼지나 공기 중의 미세한 균에 의해서 감염 • 디프테리아, 결핵, 발진티푸스, 두창 등
물이나 식품에 의한 전염	• 오염된 물이나 식품의 섭취로 인해 감염 • 장티푸스, 파라티푸스, 콜레라, 이질 등
토양에 의한 전염	• 비탈저균, 파상풍균 등
개달 전염	• 수건, 의류, 서적, 인쇄물 등의 개달물은 여러 가지 병원체를 부착시키고 있어서 이러한 개달물을 통해 질병이 전염 • 결핵, 트라코마, 백선, 비탈저, 디프테리아, 두창 등

7 면역

인체의 질병에 대한 저항력

(1) 감염 지수

① 체내 감염되었을 때의 발병률을 백분율로 표시한 것
② 홍역, 두창이 95%로 가장 높고 백일해, 성홍열, 디프테리아의 순이며 소아마비가 0.1%로 가장 낮음

(2) 선천성 면역(자연 면역)

① 태어날 때부터 어떤 전염병에 걸리지 않거나 걸리기 어려운 유전적 체질
② 인종, 종족, 개인차에 따라 저항력이 다름
③ 인간은 결핵에 걸리나 말은 결핵에 걸리지 않으며, 매독은 사람 이외의 동물에게는 전혀 걸리지 않음

(3) 후천성 면역
① 전염병에 걸렸었거나 예방 접종 등에 의해서 후천적으로 성립되는 면역
② 능동 면역 : 병원체나 독소에 대해서 생체 내에서 항체가 만들어지는 면역으로서 효력의 지속기간이 긺

자연 능동 면역	전염병에 감염되어 성립되는 면역으로 병후 면역과 불현성 감염에 의한 잠복 면역의 두 가지가 있음
인공 능동 면역	예방 접종으로 획득된 면역

③ 수동 면역(타동 면역) : 병균을 일단 말이나 소 같은 가축에게 주사해서 생긴 항체를 포함한 그의 면역 혈청을 뽑아 이를 사람에게 피동적으로 주사하여 얻어지는 방법

자연 수동 면역	태아가 모체의 태반을 통해서 항체를 받거나 출생 후 모유를 통해서 항체를 받는 면역
인공 수동 면역	면역 혈청 등을 주사해서 얻어지는 면역으로서 발효까지의 기간이 빠른 반면에 효력의 지속 기간이 짧음

8 법정감염병

(1) 제1급감염병
① 생물테러감염병 또는 치명률이 높거나 집단 발생의 우려가 커서 발생 또는 유행 즉시 신고하여야 하고, 음압 격리와 같은 높은 수준의 격리가 필요한 감염병
② 페스트, 디프테리아, 신종감염병증후군 등

(2) 제2급감염병
① 전파가능성을 고려하여 발생 또는 유행 시 24시간 이내에 신고하여야 하고, 격리가 필요한 감염병
② 결핵, 수두, 홍역, 콜레라, 장티푸스, 파라티푸스, 세균성이질, 유행성이하선염, 폴리오, 한센병 등

(3) 제3급감염병
① 그 발생을 계속 감시할 필요가 있어 발생 또는 유행 시 24시간 이내에 신고하여야 하는 감염병
② 파상풍, 말라리아, B형간염, 발진티푸스, 매독, 후천성면역결핍증, 엠폭스(MPOX) 등

(4) 제4급감염병
① 제1급감염병부터 제3급감염병까지의 감염병 외에 유행 여부를 조사하기 위하여 표본 감시 활동이 필요한 감염병
② 인플루엔자, 임질, 회충증, 편충증, 요충증, 간흡충증, 폐흡충증, 장흡충증 등

9 중요 전염병

콜레라	환자나 보균자의 설사 또는 토물로부터 오염된 음식물을 통해서 전파되며, 사람과 사람으로의 직접 전파는 희박하다. 잠복기는 수시간 또는 5일 이내이며 심한 설사와 구토가 주증상으로, 중증인 경우는 탈수, 허탈 등의 증상을 보인다. 유행 지역으로부터 입국한 사람이 도착 후 수일 내에 설사를 하면 콜레라를 의심하며, 즉시 보건소로 신고한다.
장티푸스	환자나 보균자의 대소변, 오염된 음식이나 물을 통하여 전파되며 하수도 및 오염된 조개를 통해서도 전파된다. 잠복기는 1~3주 전후이고 38~40℃까지 나타나고 급성 위장염이나 설사, 복통 등 식중독과 같은 증상을 나타낸다.
세균성 이질	손에 붙어 있는 세균만으로도 전파되며 환자나 보균자에 의해 직접 혹은 간접적으로 경구 전염된다. 배변 후 손톱 밑이나 손을 깨끗이 씻지 않은 환자 또는 보균자가 음식을 오염시켜 간접적으로도 전파되며 식수, 우유, 바퀴벌레, 파리에 의한 전파도 있다. 또한 위생 상태가 나쁜 우물물이나 야외 음료수를 통해 집단 전파가 가능하다. 잠복기는 2~7일 전후이며 증상으로는 심한 복통과 경련, 고열이 나고 혈액이 섞인 점혈변을 본다.
디프테리아	환자나 보균자의 비인두 분비물에 있는 수포의 형태로 기침할 때 비말 전염되며 피부의 상처를 통해서도 전염된다. 드물게는 원인균에 오염된 옷 등 물건에 의한 간접 전파도 된다. 잠복기는 2~5일이며 인체의 특정 부위인 편도선이나 인후두, 코 등의 점막에 국소적 염증을 일으키고 기관지의 협착 증세로 호흡이 곤란할 수도 있다. D.P.T(디프테리아, 백일해, 파상풍의 혼합 백신) 예방 접종을 하는 것이 효과적이다.
파상풍	흙 속에 있던 아포가 피부 상처를 통해서 침입하여 농부나 공사장에서 녹슨 못에 찔려 깊은 상처를 입은 사람에게 발생한다. 잠복기는 4일~3주이며 상처 부위의 통증과 근육 수축이나 경련이 일어나고 턱과 목이 뻣뻣해지기 시작한다. 두통, 현기증, 구토가 심하다.
폴리오	환자나 불현성 감염자의 인두 분비물과 직접 접촉에 의한 비말 감염이나 우유, 음식물, 기타 인분에 오염된 물의 경구 감염 등이 주요 경로이다. 잠복기는 보통 7~12일이며 심한 근육통과 경련, 근육의 마비와 호흡이 곤란해지는 데까지 간다. 보통 소아마비라고 하며 감수성은 누구나 있으나 마비는 드물고 불현성 감염에 의해 영구 면역된다. 기본 예방 접종은 2,4,6개월에 추가 접종은 18개월, 4~6년에 한다.
홍역	소아성 전염병 중에서 발생률이 가장 높으며 호흡기 분비물로 인한 직접 접촉이나 공기 중의 비말로 인한 간접 접촉으로 전파된다. 잠복기는 10~14일이며 고열과 함께 눈이 충혈되고 구강 점막에 반점이 나타나며 피부 발진이 전신으로 퍼진다. 감염 후에는 영구 면역된다.
유행성 이하선염	비말 감염이나 직접 접촉에 의하여 감염되며 잠복기는 보통 14~26일이다. 어린이에게 많이 발생하며 갑자기 뺨이 붓고 귀밑을 중심으로 부어오르며 통증을 느낀다. 사춘기 이전에 감수성자, 특히 남성에게 예방 접종한다.
후천성 면역 결핍증 (AIDS)	전파 양식은 세 가지 경로이며, 일반적 접촉에 의한 전파 사례는 없기 때문에 에이즈(AIDS) 환자의 치료나 간호를 할 때, 방문할 때는 전염을 두려워할 이유가 없다. 첫째는 성적 접촉에 의한 것으로 질 혹은 항문 성교를 통한 전파이며 전체 감염의 약 75%를 차지한다. 둘째는 감염된 혈액 및 혈액 제품의 수혈, 감염 혈액에 오염된 주사기로 정맥 주사할 때 전파되며 약 15%를 차지한다. 셋째는 감염된 모성에서 태아로 혹은 영아로 전파되는데 약 10%가 된다. 잠복기는 3~36개월이며 수개월 동안 고열, 권태감, 체중 감소가 일어나고 설사, 구토, 호흡 곤란, 기침 등의 증세가 있다. 암이나 안면에 반흔, 구진, 피하 결절 등이 생긴다. 감염의 의심이 되는 사람과의 성 접촉을 삼가며 동성애자들의 안전한 성생활 교육이 필요하고 1회용 주사기의 사용을 권한다. 수혈 시 감염 여부를 철저히 한다.
결핵	감염된 객담이 공기 중에 노출되어 호흡기로 침입하여 비말 전파된다. 상당히 진전될 때까지 뚜렷한 증상이 없으며 피로감, 식욕 감퇴, 체중 감소 등과 함께 미열, 기침, 점액상 가래 등의 증상이 점차로 나타나며 심해지면 각혈, 흉통, 호흡 곤란이 오게 된다. BCG 예방 접종은 결핵 예방에 효과가 있으므로 출생 후 1개월 이내에 예방 접종을 한다. 환자와 밀접하게 접촉한 자는 PPD 반응 검사를 한다. 사람이 많이 모이는 곳은 피하며 집단 진단 및 환자의 조기 치료가 중요하다.

나병(한센병)		환자의 비강 분비물이 상기도와 상처 난 피부로 침입할 수 있다. 형제간에 감염이 가장 높고 아버지와 자식 및 어머니와 자식 순으로 감염된다. 잠복기는 3~5년 이상이며 황달이 나타나지 않는 경증 환자는 2~3주 일이 지나면 대부분 회복되고 두통, 구토, 근육 경련, 관절통, 황달 등이 나타나며 그 후에는 피하출혈이나 말초 신경의 손상을 초래한다. 나병 환자의 직접 접촉을 피하고 오염된 물이나 흙의 접촉을 피한다.
성병	매독	피부와 점막의 병변으로부터 나오는 감염성 체액과 분비물(침, 정액, 혈액, 질 분비물)과의 직접 접촉을 통하여 전파된다. 잠복기는 보통 3주간이며 1기는 작은 종기와 궤양이 생기고, 2기는 병원체가 혈관 속으로 들어가 전신에 퍼지면서 발열, 두통, 식욕 부진과 함께 감염 국 소에는 덕지가 앉은 것 같이 된다. 3기는 병원균이 대장에 침입하여 대동맥이나 심장의 혈관, 간장 등에도 병변이 일어난다. 타인과의 성 접촉을 금하며 환자와 성 접촉을 가졌던 사람의 추적과 이들의 조기 치료가 중요하다. 선천 매독은 임신부의 혈청 검사로 예방할 수 있다.
	임질	요도에 침임하여 배뇨 시 아프고 농이 나오며 방광이나 기타 부분에 침입하여 관절염, 고환 염, 난관염 등을 일으키고 불임이나 불구자가 되는 경우도 있다. 잠복기는 3~9일이다.
B형 감염		정액, 타액, 질 분비물만이 감염성이 있으며 상처, 점막을 통해 성적 접촉, 특히 동성연애자, 감염된 혈액체 재 주사 바늘에 우연히 찔릴 때, 칫솔과 면도날을 통해서도 전파된다. 잠복기는 3~36개월이며 체중이 감 소되고 1개월 이상 설사와 복통, 열, 식욕 감퇴, 황달 등이 발생하며 임파선에 종창이 생긴다.
인플루엔자		바이러스가 호흡기 분비물과 함께 기침이나 재채기의 형태로 외계로 나오고 건조된 점액이나 가래 속에 수 시간 생존하므로 이것을 흡입한 다른 사람에게 옮아가서 새로운 감염증이 생긴다. 잠복기는 1~3일이며 갑 자기 한기가 나면서 전신이 떨리고 두통, 근육통, 인후통 및 기침의 증세가 있으며 오래 가면 폐렴이 된다. 과로를 피하고 사람이 많이 모이는 곳에 갈 때는 마스크를 하며 예방접종은 인플루엔자 유행이 예견되는 시기보다 앞당겨 시행해야 한다.

🔟 기생충 관리

(1) 기생충의 개요
① 기생충 : 숙주의 체내에 기거하여 그로부터 영양분을 취하여 생활하는 동물
② 숙주 : 기생충이 붙어서 사는 생물, 중간 숙주와 최종 숙주가 있으며 중간 숙주가 기생하는 동물을 최종 숙주 라고 함

(2) 기생충 전파
① 감염원 : 감염형(충란, 낭충, 유충 등)이 기거하는 곳
② 전파 : 감염원으로부터 사람이나 다른 동물에로 기생충이 옮겨지는 것
③ 전파 방식 : 상호 접촉에 의한 직접 방법과 토양, 물, 옷, 어육류, 채소류 등의 매개체나 생물에 의한 간접 방 법이 있음
④ 기후, 인류의 이동, 환경의 변화 등도 기생충 분포에 중대한 요건이 되고 있음

(3) 기생충 질환의 예방
① 기생충 질환을 예방하는 데 있어서 가장 일반적으로 효과적인 방법은 감염원, 전파인자, 숙주에 대한 대책으로 로 구분하여 기생충과 숙주간의 생활 연계(Life cycle)를 차단하는 것
② 위생적인 식생활과 청정 채소의 장려, 해충 구제 및 환경 개선, 구충제의 복용 등

(4) 기생충의 종류

① 선충류 : 회충, 십이지장충, 요충 등이 있으며 대부분 분변으로 배출되고 오염된 야채, 불결한 손, 파리의 매개로 음식물, 음료수 등을 통해 경구 감염됨

회충	우리나라에서 가장 높은 감염율을 나타내며 주로 소장에 기생하면서 권태, 식욕 부진, 체중 감소, 복통, 구토 등의 증상과 그밖에 신경 증상으로서 빈뇨, 두드러기, 불면증 등을 일으킨다. 위 안에 침입한 경우 가슴앓이, 위경련을 일으킨다.
십이지장충	주로 경피 감염된다. 경피 침입 부위에 소양감, 작열감, 홍반, 구진, 수포 등이 생기고 채독증(똥독)을 일으킨다. 십이지장에 붙어 흡혈하므로 빈혈증 및 소화기 장애를 일으킨다.
요충	숙주가 잠자는 사이에 항문 밖으로 나와 항문 주위에 산란한다. 산란 시 항문 주위에 소양증(가려움증)이 있으며 긁게 되면 습진이 생겨서 세균의 2차 감염에 의한 염증을 일으킬 수도 있다. 어린이의 경우는 생식기에까지 옮아 생식기에 자주 손을 대기도 한다. 가족 단위로 집단 감염이 가장 잘 되는 기생충이며 예방법으로는 집단 구충, 식사 전 손씻기, 항문 주위의 청결 유지 등이 있다.

② 흡충류

간디스토마	배출된 충란이 제1중간 숙주인 쇠우렁이를 거쳐 제2중간 숙주인 잉어나 참붕어, 피라미, 모래무지 등에 기생하며 감염된 민물고기를 생식하거나 오염된 물, 조리기구를 통해 경구 감염된다. 초기에는 소화 불량에 따른 포만감과 피로, 권태가 나타나고 심할 경우는 황달, 간장 비대, 부종 등이 일어나며 말기에는 복수와 간경변으로 죽는 경우도 있다.
폐디스토마	객담이나 분변으로 배출된 충란이 제1중간 숙주인 다슬기에 침입하며 다시 수중으로 나와 제2중간 숙주인 가재, 게 등에 침입한다. 이 가재나 게 등을 생식하면 소장을 통하여 폐로 침입한다. 가장 현저한 증상은 혈담이며, 특히 뇌부폐흡충증은 반신불수, 국소마비, 실어증, 시력 장애 증상이 있다.

③ 조충류

유구조충	갈고리촌충이라고도 하며 감염된 돼지고기를 날로 먹거나 덜 익혀서 먹으면 감염된다. 증상으로는 소화 불량, 식욕 부진, 두통, 설사, 변비 등이 발생하며 낭충은 경구 침입하여 주로 뇌, 안구, 근육, 심장, 간장, 폐, 장벽 등에 침입한다.
무구조충	민촌충이라고도 한다. 오염된 풀을 중간 숙주인 소가 먹으면 무구 낭충이 되고 감염된 소고기를 날로 먹으면 소장에 기생하면서 성충이 된다. 증상으로서는 소화 불량, 식욕 부진, 복통 등이 일어난다.
광절열두조충	긴촌충이라고도 하며 외계로 배출된 충란은 제1중간 숙주인 물벼룩에 섭취되어 발육된다. 이것에 감염된 제2중간 숙주인 송어, 연어 등을 사람이 생식하면 감염된다. 식욕 부진, 신경 장애, 영양 불량, 위통 등의 증상이 있다.

④ 원충류

이질 아메바	분변으로 배출되어 물, 음식물 등에 오염, 경구 침입하고 위를 통과하여 대장으로 침입, 분열 증식한다. 증상으로는 급·만성 이질로서 점액성의 혈변을 배설하며 복통, 탈수 증상이 있다.
질트리코모나스	성행위에 의해서 감염되는 경우가 많고 목욕탕, 변기를 통해 감염된다. 남자의 경우는 증상이 없거나 가벼우며 여성의 경우는 질의 발적과 점낭 출혈 등이 나타난다.

1 모자보건

(1) 정의 : 모성 및 유아 건강의 유지·증진을 도모하기 위한 공중보건학적 활동

(2) 한나라 국민건강의 지표
① 영아사망률
② 평균수명
③ 비례사망지수

(3) 모자보건 사업대상
① 임산부와 가임기 여성
② 출생 후 6년 미만의 영유아

(4) 모자보건의 사업내용
① 임산부·영유아 및 미숙아 등에 대한 보건관리와 보건지도
② 인구조절에 관한 지원 및 규제
③ 모자보건 및 가족계획에 관한 교육·홍보 및 연구
④ 모자보건 및 가족계획에 관한 정보의 수집 및 관리

(5) 모자보건의 지표
① 영아사망률
② 주산기사망률
③ 모성사망비
④ 모성사망률

2 모성보건

(1) 모성 : 2차 성징이 나타나는 시기에서 폐경기까지의 가임 여성으로 일반적으로 15~49세의 여성

(2) 모성보건사업
① 산전관리   ② 분만관리
③ 산후관리   ④ 수유관리

(3) 모성사망의 주요원인
임신중독증, 출산 전·후의 출혈, 자궁외 임신, 유산, 산욕열

3 인구와 보건

(1) 인구
일정한 지역에 일정 기간 동안 거주하고 있는 인간의 집단

(2) 인구조사

인구 상태	• 일정 시점에 있어서 일정 지역 인구의 크기 • 자연적, 사회적, 경제적 구조에 관한 통계로 어느 특정 시점에 있는 인구 상태
인구 동태	• 일정 기간의 인구 변동을 조사하는 것(출생, 사망, 전·출입 등) • 우리나라 인구조사는 5년마다 실시

(3) 인구구성형태

그림	형태	유형	설명
65 50 남 여 20 15 5 0	피라미드형	인구증가형 후진국형	출생률이 높고, 사망률이 낮은 형
65 50 남 여 20 15 5 0	종형	인구정지형 가장 이상적인 형	출생률 사망률이 둘 다 낮은 형
65 50 남 여 20 15 5 0	항아리형 (방추형)	인구감퇴형 선진국형	출생률이 사망률보다 낮은 형
65 50 남 여 20 15 5 0	별형	도시형 유입형	청·장년층의 전입 인구가 많은 형
65 50 남 여 20 15 5 0	호로형 (표주박형)	농촌형 유출형	청·장년층의 전출 인구가 많은 형

1 환경보건

(1) 환경보건의 정의
① 환경 : 넓은 의미로 보면 우주를 형성하고 있는 모든 실체들을 의미하며 인간을 주체로 하여 인간의 건강이나 안전 및 생활의 편의 등에 직접, 간접으로 영향을 미침
② 환경위생학 : 인간을 둘러싸고 있는 모든 환경 요인들을 과학적으로 측정하고 연구하여 인간의 생활환경을 쾌적하게 개선해 나가며 자연 환경을 적정하게 보존해 나가고 인간의 생리적 욕구를 충족시켜 보다 나은 생활을 영위할 수 있도록 하기 위한 것

(2) 환경위생의 영역

자연적 환경	물리적 환경	공기(기온, 기습, 기류, 복사열, 기압, 매연, 공기 이온, 공기 조성), 물(강우, 수질, 수량, 지표수, 지하수, 해수 등), 토양(지온, 지습, 토양 조성 등), 광선(가시광선, 자외선, 적외선, 방사선), 소리(음향, 소음, 잡음, 초음파 등) 등
	생물학적 환경	동물, 식물, 위생곤충(설치류, 모기, 파리, 바퀴벌레, 진드기 등), 미생물(세균, 진균, 원생동물, 바이러스 등) 등
사회적 환경	인위적 환경	의복, 식생활, 주거, 위생 시설, 산업 시설 등
	문화적 환경	정치, 경제, 인구, 교육, 종교, 사회, 문화 등

2 공기

(1) 공기의 정상 성분

산소(O_2)	• 공기는 산소의 중요한 공급원 • 생물체의 호흡이나 물질의 산화, 연소 등에 없어서는 안 될 기체 • 대기 중의 산소 : 21% • 산소가 결핍된 상태에서는 저산소증, 고농도의 산소에서는 산소 중독 • 공기 중의 산소량이 10%가 되면 호흡 곤란, 7% 이하가 되면 질식사
질소(N_2)	• 공기 중의 질소 : 78% • 정상 기압에서는 인체에 직접적인 피해가 없으나 고기압 환경이나 감압 시에는 영향 • 감압병(잠함병) : 잠수 작업이나 잠함 작업과 같은 고압 환경에서는 중추 신경계에 마취 작용을 하게 되며 고압으로부터 급속히 감압할 때는 체액 속의 질소가 기포를 형성하여 모세혈관에 혈전 현상을 일으키게 됨
이산화탄소(CO_2)	• 무색, 무취의 가스로 약산성을 나타내며 청량음료, 냉매 등에 사용 • 성인의 경우 안정 상태에서 1시간에 약 20ℓ를 배출 • 실내 공기 오염의 지표 : 환기 시설이 불량한 실내에 많은 사람이 모여 있으면 시간이 경과함에 따라 이산화탄소가 증가하므로 고온, 다습하게 되어 무덥게 되고 악취와 먼지 및 세균이 증가하는 등 공기의 상태가 악화되는 경우가 많아 실내 공기 중의 이산화탄소량을 측정 • 8시간 기준 서한량(허용 한계량, 허용 기준치) : 0.07~0.1% • 공기 중의 이산화탄소 양이 7%를 초과하면 호흡 곤란, 10%를 초과하면 질식사

(2) 공기의 유해 성분

일산화탄소(CO)	• 공기보다 약간 가벼운 기체로서 불완전 연소 과정에서 주로 발생하며 무색, 무미, 무취의 가스로 맹독성이 있음 • 저산소증 : 호흡을 통하여 혈중에 흡수되면 헤모글로빈과 결합하는데 헤모글로빈과 일산화탄소의 결합력은 산소에 비하여 250~300배 강하며 헤모글로빈과 산소의 결합을 방해하는 등 조직 세포에 산소 부족을 초래 • 일산화탄소 중독 : 특히 산소 부족에 대한 저항력이 약한 심장, 뇌, 신경 계통에 작용하여 경련, 실신, 마비와 사망까지도 일으키며 회복 후에는 후유증이 많음 • 8시간 기준 서한량 : 0.01%(100ppm)
아황산가스(SO_2)	• 공기보다 무겁고 자극성 취기가 있으며 대기 오염의 원인이 되고 화력 발전소나 공장에서 연소 시 발생되는 유해 가스나 자동차의 배기가스로 많이 발생 • 대기 오염의 지표 • 환경 보전법상의 대기 환경 기준 : 연간 0.05ppm 이하
오존(O_3)	• $O_3 \rightarrow O_2$ + O로 분해하는 자극성 가스로 살균, 탈취, 탈색 작용이 있음 • 자극성이 강하여 눈, 기관지 등을 자극하며 상기도에 손상을 주어 폐렴을 유발할 수 있음

3 기후

(1) 온열인자

기온	실내의 적정 온도	• 적정 온도 18±2℃, 침실 15±1℃, 병실 21±2℃
	일교차	• 하루 중 최저 기온은 일출 30분 전이고 최고는 오후 2시경으로 그 온도의 차 • 산악의 분지에서는 크고 수목이 우거진 곳에서는 작으며 내륙은 해안보다 일교차가 큼
	연교차	• 연중 최고와 최저의 기온 차 • 적도 지방 : 춘분과 추분 때 최고이고 동지와 하지 때는 최저이지만 연교차는 극히 적음 • 한대 지방 : 7월이 최고이고 1월이 최저로서 연교차가 가장 큼 • 온대 지방 : 8월이 최고, 1월이 최저로서 연교차가 큼
	기상 역전 (기온 역전)	• 보통 대기권의 기온은 상공으로 올라갈수록 점차 내려가는데 이와는 반대로 기온이 상승하는 현상을 기온 역전이라 하며 상층부의 기온이 하층부의 기온보다 높은 상태
습도 (기습)		• 일정 온도의 공기 중에 포함될 수 있는 수분량 • 온도의 상승에 따라서 공기 중에 포함될 수 있는 습도는 상승하게 됨 • 낮에는 태양열을 흡수하여 대지의 과열을 방지하고 밤에는 지열의 복사를 방지하여 일기와 기후를 조정, 완화함 • 40~70%가 적당, 너무 높거나 낮으면 불쾌감이 들고 건강에 해로움 • 실내의 습도가 너무 건조하면 호흡기계 질병, 너무 습하면 피부 질환이 발생하기 쉬우므로 건조하면 인공적인 가습이 필요하며 우기에는 제습의 노력이 필요 • 공기 중에 수증기를 더 이상 함유할 수 없는 상태를 습도 100%로 표시하며 유리창이나 천장에 물방울이 생기고 사방이 온통 김이 서려 있는 목욕탕을 일례로 들 수 있음
기류		• 기류는 바람 또는 기둥이라 하며 주로 기압의 차와 기온의 차이에 의해 형성됨 • 적당한 기류 : 신체의 방열 및 신진 대사 촉진 • 쾌적 기류 : 실내 0.2~0.3m/s, 실외 1m/s • 기류의 강도 : 풍속(m/s) • 0.1m/s는 무풍, 0.5m/s 이하는 불감기류
복사열		• 발열 물체 주위에 있거나 모래사장에서 직사광선 하에 있을 때 실제 기온과는 달리 높은 온감을 느끼게 되는 것 • 어떤 물체로부터 복사 에너지(열)가 방출되는 상태

(2) 온열 인자의 종합 작용

쾌감대	• 일반적으로 성인이 쾌감을 느낄 수 있는 것 : 불감 기류, 60~65%의 습도, 18±2℃의 기온
감각 온도	• 기온, 기습 및 기류의 3인자가 종합적으로 작용하여 이루어지는 체감을 기초로 하여 얻어진 온도 • 감각 온도(effective temperature : E.T), 체감 온도, 실효 온도 • 기온 x ℃, 습도 100%, 무풍의 경우를 기초로 하여 온도, 습도, 기류의 종합 상태를 감각 온도 x ℃로 나타내는 것 • 쾌적하게 느끼는 감각 온도 : 67±4℉(E.T)
불쾌지수	• 기온과 기습의 작용으로 인체가 느끼는 불쾌감을 숫자로 표시한 것 • 불쾌지수 80 : 거의 모든 사람이 불쾌감을 느낌 • 불쾌지수 85 : 견딜 수 없는 상태에 이름

4 대기 오염

(1) 대기 오염 물질
① 오염 물질의 종류

가스상 물질	물질의 연소, 합성, 분해 시 또는 물리적 성질에 의해서 발생되는 기체 물질로서 황산화물, 질소산화물, 일산화탄소 및 오존 등
입자상 물질	물질의 기계적 처리나 연소, 합성, 분해 시 발생하는 고체상 또는 액체상의 미세한 물질과 분진(먼지 : Dust), 연기 또는 매연(Smoke), 증기, 미스트(Mist : 액체상 입자) 등

② 발생원

자연적 발생원	• 자연 현상에 의한 것 • 화산재, 산불재, 황사재 등
인위적 발생원	• 일상생활에서 발생되는 것으로 하나의 시설이 다량의 오염 물질을 배출하는 점오염원 • 주택과 같이 일정 지역 내에 소규모 발생원이 다수 모여 오염 물질을 발생함으로써 해당 지역 내에 오염 문제를 발생시키는 것 • 도로를 중심으로 오염 물질을 발생시켜 도로 주변에 대기 오염 문제를 일으키게 하는 것

(2) 대기 오염에 의한 기상 변화

지구 온난화	탄산가스의 농도 증가는 지구 기온을 상승시킬 수 있다. 대기 중의 탄산가스는 지표로부터 복사하는 적외선을 흡수하여 열의 방출을 막을 뿐만 아니라 흡수한 열을 다시 지상에 복사하여 지구 기온을 상승시킨다. 이를 온실 효과라 한다. 또한 지구로부터 방출되는 열선 중 단파장의 열선은 메탄(CH_4), 질산(N_2O), 프레온가스(CFC) 등에 흡수되어 온실 효과를 가중시킨다.
오존층의 파괴	성층권(고도 25~30km)에 존재하는 오존층은 지상에 도달하는 자외선의 대부분과 유해한 우주선을 흡수하여 지구 생태계를 유지하는데 중요한 역할을 하고 있다. 그런데 냉장고, 에어컨, 스프레이의 분사제나 발포제로 사용되는 프레온 가스가 대기 중에 많이 방출되고 있어 오존층을 파괴하고 있다. 오존층의 파괴 현상은 남극 지역에서 많이 발생하고 있으며 매년 봄마다 오존 홀이 나타나고 있다. 또한 그 크기가 확대되고 있어 CFC의 사용이 규제되지 않을 경우 오존층의 파괴는 심화될 것이며 지상에 도달하는 자외선의 양은 더욱더 증가하여 피부암 등 암질환의 증가와 농작물이나 각종 생태계를 파괴해 갈 것이다.
산성비	산성비란 각종 공장이나 교통 기관 및 화력 발전소 등에서 배출되는 황산화물, 질소산화물 및 탄소산화물이 황산, 질산, 탄산 등의 형태로 빗물에 섞여 내리는 것을 말하며 일반적으로 빗물의 pH가 5.6 이하일 때 산성비라 한다. 산성비는 금속물의 부식, 석조물의 손상, 담수의 산성화로 생태계의 파괴를 초래할 수 있기 때문에 문제가 되고 있다.

(3) 대기 오염 물질이 인체에 미치는 영향

① 일반적으로 오염된 대기에서 생활하면 우선 눈, 코, 및 상기도 점막에 대하여 먼저 감각적인 영향을 받아 잇 따라 생리적으로 가역적인 반응이 일어나며 계속해서 노출되면 그 증상은 악화되어 급성 질환이 일어나고 이 질환이 여러 번 반복해서 일어날 때 만성적 결과로 나타남

② 폐질환, 심장 질환, 순환기계 질환 등을 갖고 있는 노약자와 어린이가 쉽게 피해를 받을 수 있음

③ **급성적인 피해** : 시야 감축, 정신적 영향, 생리적 영향, 중독 피해, 심폐성 환자의 병세 악화, 2차 세균 감염 촉진 등

④ **만성적 피해** : 성장 장애, 만성 호흡기 질환, 심장의 이상 비대 등

5 상수

(1) 연수와 경수

물은 연수와 경수로 나눌 수 있으며, 경도에 의해서 구분됨

경도		• 물속에 용해된 칼슘과 마그네슘이 주요 원인 • 일반적으로 중탄산염, 탄산염, 황산염의 형태로 존재 • 1도 : 경도의 물 1ℓ 중에 탄산칼슘 1mg이 함유되었을 때의 정도, 1ppm(1mg/ℓ)의 탄산칼슘량
연수		• 경도가 10도 이하인 물 • 비누가 잘 풀리고 거품이 잘 일어남 • 음용수로는 물론 세발, 세안, 세탁에 적당 • 보통 단물이라고 함 • 칼슘이나 마그네슘 등이 적게 포함되어 있는 물
경수		• 경도가 10도 이상인 물 • 비누 거품이 생기지 않는 것이 특징 • 세발, 세안, 세탁에 적당하지 않음
	일시 경수	• 끓여서 연화되는 물 • 중탄산염 등을 함유하고 있어서 끓이면 불용성인 탄산염으로 변하여 침전되어 연수화 됨
	영구 경수	• 끓여도 연화되지 않는 물 • 석회 소다법 : 황산염 등을 함유하고 있어 탄산소다를 사용하여 황산염을 침전시켜서 연수화 됨

(2) 상수의 소독

정수는 물을 깨끗하게 하는 과정이며 일반적으로 폭기, 응집, 침전, 여과, 소독의 순서로 실시

> 🐝 **물의 자정 작용**
>
> 지표수는 시간이 경과되면 자연적으로 정화되는 작용으로 지표수가 저수지나 호수에 저장되고 있는 동안 에 물은 침전, 태양 광선에 의한 살균, 산화 작용 등에 의해서 부유물이나 탁도는 상당히 감소되며 색도도 감소되고 부패성 물질은 생물 작용에 의해서 분해·산화되며 세균도 감소

① **폭기**

정의	수질을 개선하기 위하여 물과 공기를 밀접하게 접촉시키는 방법
목적	• 맛과 냄새 제거 • 이산화탄소, 메탄, 황화수소와 같은 가스류 제거 • 이산화탄소의 제거에 의하여 물의 pH 조절 • 철, 망간의 제거를 위한 산소 공급과 물의 연화에 사용하는 소석회 처리 후에 가하는 이산화탄소의 제거를 위한 산소를 공급 • 고온의 깊은 지하수를 냉각시킴

② 응집

정의	• 클로이드 입자를 모아 덩어리로 만들어서 침전을 용이하게 하는 것 • 잘 되게 하기 위해서는 적당량의 응집체, 최적 pH, 응집제와 물의 적절한 혼합 등이 필요
목적	• 수중의 불순물을 침전·제거시키거나 금속사 여과지에서 제거시킬 수 있도록 하는 것 • 클로이드, 부유 물질, 용해성이 적은 물질은 이 방법에 의해서 제거할 수 있음

③ 침전

침전에서는 침전이 매우 곤란한 콜로이드와 같은 미세 입자나 용해질 등을 침전시키며 응집제로 황산반토, 염화제이철, 황산제일철 등을 사용

보통 침전	• 응집제를 가하지 않고 수중 미생물 작용을 이용 • 침전 시간이 많이 소요 • 완속사 여과지를 가진 정수장에서 이용되는 것으로 유속을 느리게 하거나 침전지 내에서 정지 상태로 두면 물보다 비중이 무거운 부유물은 전부 침전되어 색도, 탁도, 세균 등의 감소가 일어나도록 하는 것
약품 침전	• 화학적 응집제를 이용하여 응집한 후에 침전 • 침전 시간이 짧음 : 대도시에서 이용 • 급속사 여과지를 가진 정수장에서 사용되는 것으로 물에 응집제를 주입하여 부유물을 불용성 응집물로 형성하게 하여 침전 효과를 높임

④ 여과

완속사 여과법	• 약품을 사용하지 않고 보통 침전을 한 후 여과지로 보내 물을 거름 • 여과지 하층에는 작은 돌을 빈틈없이 깔고 큰 자갈, 작은 자갈, 굵은 모래를 각각 순서대로 10~15cm 두께로 깔며 잔모래를 최상층에 60~90cm 두께로 깔아 여상을 만듦 • 여과막 : 여과지로 물이 흘러가면서 부유물이 잔모래층 위에 남아서 막을 형성, 세균, 조류, 부유물 등을 여과시킴
급속사 여과법	• 침전지에서 약품 침전을 한 후 여과지로 보내 물을 거름 • 수원의 탁도, 색도가 높거나 수조류의 발생이 많고 철분량이 많을 때 주로 사용 • 추운 지역이나 대도시에서 잘 이용 • 여과지의 잔 모래층은 완속사의 여과지보다 좀 더 굵은 모래를 사용해서 여상을 만듦

⑤ 소독

염소 소독	• 물 소독에 사용되는 염소 화합물 : 액체 염소(가장 많이 사용), 표백분, 차아염소산칼슘, 치아염소산소다 등 • 염소를 0℃ 4시간 하에서 액화시킨 것 • 장점 : 강한 소독력, 강한 잔류 효과, 조작 간편, 경제적 • 단점 : 강한 냄새, 발암 원인 물질로 알려진 T.H.M. 생성에 의한 독성 • 음용수의 수질 기준 : 유리 잔류 염소 농도를 0.2ppm 이상 유지
표백분	• 우물물, 풀장 등 소규모의 물 소독에 사용 • 감염병 발생 시 우물, 오수 등의 소독에는 표백분 50%액을 소독할 물의 1/500 정도 주입·교반하여 12시간 방치한 후 사용

6 수질 오염

(1) 수질 오염의 지표

대장균	• 수질 오염의 지표로서 가장 중시됨 • 물 50ml 중에서 검출되지 않아야 함 • 직접 유해 작용을 하는 것은 아니지만 중시되는 이유 : 다른 미생물이나 분변 오염을 추측할 수 있으며 검출 방법이 간편하고 정확
수소 이온 농도 (pH)	• 수중에 존재하는 수소 이온량을 나타내는 지수 • 수중에서 일어나는 모든 화학 및 생화학 변화에 대한 지배적인 인자 • 하천수 : 오염되지 않은 경우 중성 • 지하수 : 지층의 영향을 받아 약산성 또는 약알칼리성
용존 산소량 (dissolved oxygen : DO)	• 수중에 용해되어 있는 유리 산소량 • DO가 높으면 오염도가 낮음
생물 화학적 산소 요구량 (biochemical oxygen demand : BOD)	• 수중의 유기 물질이 호기성 상태에서 미생물에 의해 분해되어 안전화되는 데 소비하는 산소량 • 보통 20℃에서 5일간에 소비되는 산소량을 측정하여 ppm(mg/ℓ)으로 표시하며 물의 오염도를 아는 방법 • BOD가 낮으면 오염도가 낮음
부유 물질	• 여과 또는 원심 분리에 의해 분리되는 0.1μm 이상의 입자 • 유기질과 무기질이 있고 물의 탁도를 초래하는 원인이 되며 침전해서 오니가 되는데, 이 오니는 혐기성 분해에 의해 유해 가스 발생의 원인이 됨
질소 화합물	• 하수 중에는 단백질, 아미노산, 요소, 요산 등 다양한 무기성 질소 화합물이 존재하며 이것이 생물화적 분해의 결과로 생긴 암모니아성 질소도 존재 • 유입원은 분뇨 처리수 또는 공장 폐수 등 • 질소 화합물 중 암모니아성 질소는 음료수의 위생학적 안전도를 확인하는데 지표 물질로써 중요시되고 있음

> 🐝 **하천 등이 오염되었을 경우**
> 생화학적 산소 요구량(BOD)이나 화학적 산소 요구량(COD)이 증가되어 용존 산소가 소비되며 어류나 호기성 미생물을 산소가 부족하여 생존할 수 없게 된다.

(2) 수질 오염의 기전

호수의 부영양화	질소(N)나 인(P) 등 영양 염류의 유입으로 과도하게 수생 생물이 번식하는 현상
해역의 적조	미세한 식물성 플랑크톤이 바다에 무수히 발생해서 해수가 적색을 띠는 현상을 말하며 과도하게 번식한 플랑크톤의 호흡 작용으로 인한 산소 부족과 플랑크톤이 어류의 아가미를 막히게 하여 어류를 질식사시킴

(3) 수질 오염에 의한 피해

직접적인 것	오염된 물과 음료수를 사용함으로써 영향을 받는 것	
간접적인 것	수중의 오염물이 어패류가 농작물에 흡수되어 그 오염된 동·식물을 인간이 섭취해서 생기는 것	
	미나마타병	유기 수은에 의해 오염된 어패류 중추신경 질환
	이타이이타이병	카드뮴에 의해 오염된 농작물 골연화증

7 하수

(1) 하수도

하수	천수, 공장 폐수, 가정 하수, 수세식 화장실의 분뇨, 도로 세정수, 농업용수, 지하수 등으로 이루어짐	
하수도	합류식	• 모든 하수를 함께 운반 • 우리나라에서 많이 사용 • 장점 : 건설비가 적게 들고 빗물에 의해 하수가 희석되므로 하수 처리가 용이함 • 단점 : 천수를 별도로 이용할 수 없고 빗물이 적은 때에는 하수관에 침전물이 부패되어 악취를 생성하며 우기에는 하수가 범람할 우려가 있음
	분류식	• 천수를 별도로 운반
	혼합식	• 천수와 사용수의 일부를 함께 운반

(2) 하수 처리 과정
일반적인 도시 하수 처리 과정은 예비 처리, 본 처리, 오니 처리의 순서로 이루어짐

	제진망 (screen)	하수에 떠내려오는 나무 토막과 같은 큰 부유 물질은 침전지에서 큰 부유물을 형성하게 되므로 하수 유입구에 제진망을 설치하여 제거
예비 처리	침사지	모래와 같이 무거운 물질들은 퇴적되면 하수도를 막아서 하수의 처리를 방해하기 때문에 하수의 유속을 낮추어 무거운 물질을 침전시킴
	침전지	하수의 흐름이 완만하거나 정지되어서 고형 물질이 침전되도록 고안된 것, 보통 침전으로는 침전되지 않은 미세한 부유 물질은 황산 알루미늄으로 약품 침전
본 처리	살수 여상법	큰 돌을 겹쳐서 여과조로 하여 하수를 살포하면 돌에 증식되는 미생물과 더불어 생물막을 형성하게 되는데, 표면의 미생물은 호기적 활동을 하며 막의 저부에서는 산소의 공급이 단절되어 혐기성 미생물이 증식되고 혐기성 작용이 진행되므로 통성 혐기성 처리
	활성 오니법	호기성 균이 풍부한 활성 오니를 하수량의 20~30%를 넣어 충분한 산소를 공급하여 하수 중의 유기물을 호기성균의 산화 작용으로 산화시켜 상층에 안정 하수를 얻는 진보된 방법
오니 처리		• 하수 처리 과정 중 최후 처리로서 예비 처리와 본 처리를 거친 오니를 투기, 소각, 퇴비화, 건조, 소화 등의 방법을 이용해서 처리 • 소화법 : 오니를 소화조에 넣어서 혐기성 부패를 일으켜 오니중의 유기물을 분해, 안정시키고 병원 미생물을 사멸시키는 방법으로 오니 처리 방법 중 가장 진보된 방법

8 오물 처리

(1) 분뇨 처리
① 분뇨의 위생적인 처리 : 수세식 화장실에서 배출되는 것을 하수 처리장에서나 분뇨정화조에서 처리하는 방법, 분뇨 처리장으로 운반하여 처리하는 방법
② 분뇨 내의 기생충란이 외계에 나와서도 저항성이 강하여 농작물이나 토양에서 생존하며 물과 야채에 부착하거나 손을 통하여 경구적 또는 경피적으로 인체에 감염됨

③ 정화조의 일반적인 구조

부패조	부유물은 공기를 차단하는 부사가 되어 혐기성 세균의 작용을 촉진하여 유기물을 부패 발효시키며 고형물은 침전되어 침사가 되고, 액상 물질은 여과조에 흘러 들어가도록 되어 있음
여과조	돌을 쌓아 올린 것으로 흘러 들어온 오수는 돌 틈을 통과하는 동안 여과되어 산화조로 흘러 들어가도록 되어 있음
산화조	산화조는 거친 돌로 쌓여 있는데, 여기에 공기를 유동시켜 호기성균의 증식으로 산화 작용이 이루어지도록 하여 안정화하는 곳
소독조	염소, 표백분 등으로 소독하여 방류하는 곳

(2) 쓰레기 처리
① 쓰레기의 분류

주개	동물성 및 식물성 부엌 쓰레기
가연성 진개	종이, 나무, 풀, 포면류, 고무류, 피혁류 등
불연성 진개	금속, 도기, 석기, 초자, 토사류

② 쓰레기의 처리 방법

투기법	• 가장 간단한 처리법 • 문제점 : 쓰레기의 비산, 악취 발생, 위생 해충의 발생 및 전식, 지하수 및 해양의 오염 등
소각법	• 쓰레기 처리 방법 중 가장 위생적인 방법 • 미생물을 사멸시킬 수 있어 병원 등의 각종 가연성 쓰레기의 처리에 이용 • 장점 : 설치 소요 면적이 작고 잔유물이 적다는 것과 위생적으로 처리되면 소각에서 발생하는 열을 이용할 수 있음 • 단점 : 건설비가 많이 들며 대기 오염의 우려가 있어 소각 시설의 장소 선정에 어려움이 있음
위생적 매립법	• 저지대에 쓰레기를 버린 후 복토를 하는 방법 • 주개만 매립한다면 악취의 발생이나 쥐의 서식, 파리 등 해충의 발생이 없도록 매립되어야 함 • 주의 사항 : 장소 선정, 매립지에서 생성되는 가스 및 침출수의 이동 및 제어 등
퇴비화법	• 농촌 등에서는 4~5개월 발효시켜 퇴비로 이용 • 고속 퇴비화 시설로 2~3일이면 좋은 비료를 얻게 되었음 • 화학 비료에 밀려 퇴비생산이 줄어들고 있기 때문에 토양의 산성화가 심화됨
하수도 투입법	• 부엌 쓰레기를 하수와 함께 처분하는 방법 • 가정이나 상점에 분쇄기를 갖추어 놓고 하수와 함께 흘려 버리는 방법 • 분쇄장을 도시의 중심부에 마련하여 시가 운영하는 공동 분쇄장에서 하수와 함께 흘려 버리는 방법 • 하수 처리장에 분쇄기를 마련하여 분쇄 물질을 하수에 투입하든지 소화조에 넣든지 하는 방법
쓰레기의 재활용법	• 각 가정에서는 자진하여 쓰레기를 선별하도록 하여야 함 • 선별된 쓰레기를 별도로 모아 두면 분리된 쓰레기를 수집할 때 생기는 비용을 시민에게 요구하지 않고 폐품 회수시 생기는 수입으로 충당할 수 있도록 하는 것이 바람직 • 신문지나 종이, 카드 보드, 유리, 쇠붙이, 공병 등

9 주거 위생

(1) 주택

인간이 기거하기에 적합하도록 하고 건강을 보전할 수 있도록 하며 그 지역 및 기후 조건 등을 고려하여 한난 건습풍을 대처할 수 있도록 만들어진 생활공간

(2) 주택의 대지

주택을 건립할 대지가 구비하여야 할 조건으로는 대지 주변의 환경, 지형, 지질 등의 요인이 보건 위생상 적합하여야 함

(3) 환기

실내공기가 인체에 해로운 것은 공기 성분의 물리·화학적 성분의 변화 때문이며 온도, 습도, 취기 및 각종 먼지나 가스 등의 공기 조성의 변화가 인간의 건강에 영향을 미치기 때문에 환기가 필요하게 됨

(4) 채광 및 조명

주택의 채광량은 신체적 건강과 생리적 작용에 절대적인 작용을 하고 살균 작용과도 관계가 있으며 조명은 정신적 건강, 시력 및 작업 능률 등과도 절대적인 관계가 있기 때문에 주택의 채광과 조명은 중요함

자연 조명		• 인공 조명보다 장점 : 연소물이 없으며 조광의 조성 평등으로 피로를 느끼지 않게 하는 점 • 창문의 면적은 바닥 면적의 1/7~1/5 정도가 가장 좋음 • 창의 입사각은 28° 이상이 좋으며 그 이하에서는 채광이 불충분함
인공 조명	직접 조명	• 촛불이나 횃불, 호롱불 등 • 광원으로부터 나오는 빛을 직접 물체 작업 면에 조명하는 방법 • 결점 : 실내 전체의 밝기가 고르지 못하고 물체의 그림자가 나타나기도 하며 직사 광원으로 눈이 부심
	간접 조명	• 백열 전구, 형광등 등 • 빛을 벽이나 천장으로 모두 반사시켜서 조명하는 방법 • 눈이 부시거나 그림자가 생기지 않음 • 눈의 보호상 가장 좋음
	인공 조명의 위생적 조건	• 일상 생활이나 작업에 충분한 조도를 갖춘 것이어야 함 • 광색이 자연광의 색에 가까운 효과를 내는 것이어야 함 • 빛이 흔들리거나 깜박거리지 않아야 함 • 눈이 부시지 않아야 하며 조도는 시간과 장소에 따라 불변·균등해야 함 • 작업상 광원의 위치는 좌전상방에서 비치는 것이 좋음
	부적당한 조명에 의한 피해	직접 시각 기관에 미치는 장애와 정신적인 불쾌감, 작업 능률의 감퇴 등이 있으며 안구 진탕증, 정광성 안염 등의 장애를 일으킴
조도		• 빛이 조사되는 면의 밝기의 정도 • 단위는 룩스(lux) • 1lux는 1촉광의 광원으로부터 1m의 거리에 있는 1m² 표면에 비치는 밝기 • 일상생활에서의 이상적인 조도는 대체로 100lux 정도 • 독서나 재봉 등의 세밀한 작업을 할 때에는 100~200lux의 조도

(5) 난방과 냉방

① 일반적으로 10℃ 이하일 때는 난방, 26℃ 이상일 때는 냉방을 필요로 함
② 실내·외의 온도차가 5~7℃가 적당하고 10℃ 이상의 차이는 냉방병의 원인이 될 수 있음

🔟 소음과 진동

(1) 소음
① 소음은 난청을 일으키고 수면 방해, 소화 불량, 불쾌감 등을 일으켜 신체적, 정신적으로 악영향을 끼치며, 또한 작업 능률을 저하시킴
② 음의 단위는 사이클(cycle : c.p.s.) 또는 헤르츠(hertz : Hz)를 주로 사용하나, 소음을 표시할 때는 데시벨(decibel : dB), 폰(phon), 손(sone) 등을 주로 사용
③ 데시벨은 음압도 또는 음의 강도를 나타내는 단위이고, 폰은 음의 크기를 나타내는 단위이며, 손은 음의 크기의 양적 단위

(2) 진동
① 진동이란 발동기 등의 사용으로 인체에 악영향을 미치는 강한 진동을 말함
② 공해로서 문제가 되는 것은 기차나 자동차의 주행, 건축 공사 때의 말뚝박기, 공장에서 대형 기계의 가동 등에 의해 일어나는 진동
③ 전신 진동 : 위하수, 장내압 증가, 척추에 대한 이상 압력, 자율 신경계 및 내분비계에 악영향을 초래
④ 국소 진동 : 시력 저하, 불안감, 관절염 유발 등을 초래
⑤ 진동의 단위는 진폭(mm 또는 cm), 속도(cm/s 또는 m/s), 가속도(cm/s^2 또는 m/s^2 이나 gal)로 표시

⑤ 식품위생과 영양

1 식품위생

(1) 식품위생의 정의
음식물에 의해 직접적으로 발생하는 건강상의 위해와 식기, 기구, 용기, 포장 등에 의해 발생하는 간접적인 위해를 미연에 방지하여 우리의 식생활을 안전하게 유지하는 것

(2) 식품의 변질
식품을 장기간 방치해 두면 그 본래의 성분이 점차 변하여 식용으로 할 수 없게 되는 현상

부패	• 단백질 식품이 미생물의 작용으로 혐기성 상태에서 간단한 물질로 분해하는 과정 • 아미노산이나 아민 등과 함께 암모니아로 분해되어 악취를 발생 • 주로 육류, 어패류, 알류 등의 변질
변패	• 탄수화물이나 지방질 식품이 화학적 요소, 세균의 작용 등으로 분해되어 맛이 손상되고 변질되는 과정 • 주로 버터나 주류의 변질

> 🐝 **부패 관련 인자**
> • 5~35℃에서 세균이 잘 발육하며 수분이 60%일 때 미생물이 잘 증식하므로 수분의 함량을 감소시키는 것이 중요
> • 가열처리, 건조도, 콜로이드 성상 등이 부패에 영향
> • 가열 후 또는 냉동식품을 해동 후 세균 증식이 쉬움

(3) 식품의 보존

냉각	• 환경 온도가 낮으면 미생물의 발육이나 화학적 변화가 억제된다는 것을 이용하는 방법 • 냉장 : 0℃ 이상의 보존, 냉동 : 0℃ 이하의 보존
가열	• 미생물을 파멸시킴과 아울러 조직 내 효소를 파괴시켜 식품의 변질을 막는 방법
건조	• 식품 중의 수분을 감소시켜 세균 발육을 저지하여 식품을 보존하는 방법
자외선 살균	• 자외선 중 살균 효과가 좋은 2600Å 전후의 파장을 이용하여 조사시키는 방법 • 식품의 표면에 있는 세균은 살균하나, 식품의 내부에 있는 세균에 대한 살균 효과는 없음
염장 (소금 절임)	• 식품 중 수분의 탈수 현상과 함께 미생물의 원형질 분리 현상이 일어나 세균 발육이 억제되는 것을 이용한 방법 • 일반적으로 10~15%의 소금을 뿌리는 방법과 소금물에 담그는 염수법이 있음
당장 (설탕 절임)	• 일반적으로 50% 농도가 필요함 • 원리는 염장과 같음
산 저장	• 식초산이나 젖산과 함께 저장 • pH를 4.9 이하로 낮추어 부패 세균의 발육을 저지하는 방법
훈연법	• 연기를 쏘임으로써 세균을 죽이거나 발육을 억제하게 하는 방법 • 독특한 풍미도 부여함
방부제 첨가법	• 식품에 사용되는 방부제는 독성이 없고 무미, 무취해야 하며 미량으로 효과가 있어야 하고 식품에 변화를 주지 않아야 함 • 식품위생법으로 정한 식품첨가물인 방부제로써 안식향산, 소르빈산 등을 이용함

2 식중독

(1) 식중독의 특징

① 음식물과 관련된 유해 또는 유독한 물질이 경구적으로 체내에 들어가 그 화학적 작용에 의하여 생리적인 이상이 일어났을 경우
② 집단적 발생 : 보통 같은 음식을 집단 급식한 사람들 중에서 비교적 짧은 시간 경과 후에 비슷한 증상을 가진 환자가 발생
③ 대체로 5~9월까지 여름철에 다발
④ 원인식 : 빵, 과자류, 복합 조리 식품, 육류, 어패류 등
⑤ 종류

세균성 식중독	감염형 식중독	살모넬라 식중독 장염 비브리오 식중독 병원성 대장균 식중독
	독소형 식중독	포도상구균 식중독 보툴리누스 식중독
자연독 식중독	동물성 자연독	복어 중독 패류 중독
	식물성 자연독	버섯 중독 감자 중독 청매 중독

(2) 세균성 식중독

식중독 발생의 70% 이상으로 가장 많다.

① 감염형 식중독

식품 내의 세균 자체가 체내에 침입하여 증식, 장관 점막에 작용함으로써 증상이 발생하는 것

살모넬라 식중독	• 환자의 대변에 오염된 음식물에 의해 전파 • 감염된 동물로 만든 음식인 경우가 대부분 • 깨진 날달걀, 우유, 유제품, 육류, 가공 식품 등으로 전파 • 감염 : 오래된 음식이나 식품의 취급, 조리 도중에 오염된 음식 섭취 • 증상 : 다수의 생균을 일시에 섭취함으로써 급성 위장염 • 잠복기 : 12~24시간 • 대장을 침범하면 점액변과 혈변이 나오게 되며 설사가 심하면 탈수 상태에 빠지고 혈압 강하, 경련, 혼수, 허탈에 빠져 죽는 경우도 있음
장염 비브리오 식중독	• 충분히 요리되지 않거나 생해산물, 동일 환경에서 해산물을 다루는 사람의 손이나 용기에 의해 오염된 음식물, 또는 오염된 해수로 씻은 날 음식 등을 먹을 때 전파 • 감염 : 1차 오염된 근해산 어패류의 생식이나 2차 오염된 다랑어 등의 가공 식품을 섭취했을 때 • 증상 : 12시간의 잠복기를 거쳐 수양성 하리(물과 같은 설사)와 복통을 주로 하는 소화기 증상 • 발열, 두통 및 구토 등도 나타나며 점액 혈액성 대변을 동반한 이질 같은 병으로 나타나기도 함, 중증이면 허탈로 인해 사망할 수도 있음
병원성 대장균 식중독	• 경구적으로 외부에서 섭취된 병원체에 의하여 급성 장염을 일으킴 • 평균 1,000만 이상의 균을 일시에 섭취함으로써 발생 • 잠복기 : 10~30시간 • 증상 : 두통, 발열, 하리, 복통 등 • 중증 시에는 혈변이 배출되는데 성인에서는 병원성이 약함

② 독소형 식중독

원인균이 분비하는 독소에 의하여 발생하는 것

포도상구균 식중독	• 황색 포도상구균으로 화농성 질환의 원인균 • 식품 중의 포도상구균이 증식함에 따라 장독소를 생산, 이 독소의 섭취에 의하여 식중독이 발생 • 피부의 화농증, 생인손, 코, 목의 감염증을 가진 사람이 음식물을 취급하여 오염 • 잠복기 : 식후 1~6시간의 짧은 잠복기 • 증상 : 타액 분비 증가와 함께 오심, 하리, 구토, 복통 • 발열 증상은 거의 없고 1~3일에 치유되며 예후는 양호
보툴리누스 식중독	• 식중독 중에서 사망률이 가장 높음 • 이 균은 토양이나 자연계에 널리 분포하며 혐기성 세균으로 아포를 형성하고 운동성이 강한 간균 • 소시지, 햄, 통, 병조림에서 증식한 세균이 분비하는 독소에 의하여 발생 • 잠복기 : 12~36시간(2~4시간에 신경 증상이 나타나기도 함) • 증상 : 오심, 구토, 전신 권태, 피로 등과 복부 팽만감, 복통, 변비나 하리, 그 후 중추 신경, 말초 신경의 마비와 호흡 곤란으로 사망에 이를 수 있고 예후가 불량

(3) 자연독 식중독

① 동물성 자연독

복어 중독	• 테트로도톡신이라는 독을 함유(난소와 간에 많음, 피부와 장에도 상당히 들어 있음, 근육 중에는 거의 없음) • 식후 30분에서 5시간 내에 발병 • 주증상은 말초 신경의 마비로부터 호흡 장애, 뇌증상 등이 나타나고 보통 48시간 이내에 생사가 결정 • 복어 조리 지식이 있는 사람이 복어 요리를 취급해야 하며 내장이나 혈액을 완전 제거한 후 고기만을 식용으로 해야 함	
패류 중독	바지락, 굴, 모시조개로 인한 중독	• 비교적 내열성이 강하며 2~4월에 많이 발생 • 1~2일의 잠복기 후 전신 권태, 구토, 복통, 변비, 황달 등의 증상 • 중증 시에는 뇌증상을 동반하여 사망하기도 함
	섭조개, 홍합으로 인한 중독	• 겨울철에 집단적으로 발생 • 주증상은 신경 마비(말초 신경의 마비 증상) • 치사율 : 15% 정도

② 식물성 식중독

버섯 중독	• 독버섯을 식용 버섯으로 오인, 섭취함으로써 중독 사고가 많음 • 독버섯은 줄기가 길이로 갈라지지 않고 거칠거나 악취가 나며 색조가 선명하고 쓴맛, 신맛이 있음 • 일반적으로 무스카린이라는 독소에 의해 일어남 • 식후 2시간에 발병하여 발한, 호흡 곤란, 위장 경련, 구토, 설사 등을 일으킴
감자 중독	• 눈과 녹색 부분에 들어 있는 솔라닌은 저장 중이나 발아된 감자에 많음 • 솔라닌이란 중추신경독으로 용혈성이 있으며 많이 섭취하면 수 시간 이내에 복통, 두통, 현기증, 위장 장애 등의 증상 • 내열성으로 보통의 조리법으로는 파괴되지 않으므로 조리 시 눈과 녹색 부분을 완전히 제거
청매 중독	• 설익은 매실을 먹었을 때 아미그달린이라는 유독 성분에 의해 중추 신경의 마비를 일으키는 동시에 순간적으로 치사함

3 영양

(1) 영양소
① 영양 : 생물의 성장과 생활을 계속 영위할 수 있도록 하는 것
② 영양소 : 생물의 성장과 생활을 계속 영위할 수 있는 데에 필요한 물질
③ 열량소 : 단백질, 탄수화물, 지방질
④ 조절소 : 무기질, 비타민
⑤ 구성소 : 단백질, 탄수화물, 지방질, 무기질
⑥ 5대 영양소 : 단백질, 탄수화물, 지방질, 무기질, 비타민
⑦ 물 : 신체 구성의 65%를 차지, 신체 기능 조정에 중요한 역할

(2) 영양소의 3대 작용
① 신체의 열량 공급 작용
② 신체의 조직 구성 작용
③ 신체의 생리 기능 조절 작용

(3) 산성 식품과 알칼리성 식품

산성 식품	현미나 백미, 소맥분, 빵 등의 곡류, 육류, 어패류, 난황, 땅콩, 맥주, 청주 등의 알코올류 등
알칼리성 식품	시금치나 토란, 감자, 고구마 등의 야채류, 과실류, 미역, 다시마 등의 해초류, 버섯류, 난백, 콩, 우유 등

6 보건행정

1 보건행정의 정의

① 공중보건의 학문적 이론과 기술을 행정 조직을 통하여 주민 생활 속으로 도입하는 사회적 과정
② 국민의 건강과 사회 복지의 향상을 도모하는 행정 활동
③ 공중보건의 목적을 달성하기 위하여 공공 기관의 책임 하에 수행하는 행정 활동으로서 국민의 생명 연장, 질병 예방 및 육체적, 정신적 효율의 증진 등의 사업을 효과적으로 보급, 발달시키는 적극적인 활동
④ 국민보건에 관한 행정으로서 보건사업이나 공중보건을 위해 국가나 지방 자치단체에서 행하는 행정, 국민의 생명연장, 질병예방, 육체적·정신적 효율 증진을 위하여 행하는 행정

2 사회 보장 행정

국민으로 하여금 최저 생활이 보장될 수 있도록 빈곤한 사람을 보호하려는 공적 부조의 행정, 그리고 질병, 분만, 폐질, 사망, 노령, 실업 등의 원인에 대하여 보험을 통한 경제적 보장을 하여 공중보건과 사회복지의 향상을 도모하는 행정 활동

(1) 의료 보험

우리나라에서는 1977년 1월 1일부터 생활 보호 대상자에게는 국·공립 의료 기관 및 보건소에서 무료 진료를 하고 영세민에게는 국비로 의료비를 보조하며 일반 주민에게는 의료 보험을 확대 적용하게 됨

(2) 산업 재해 보상 보험

① 우리나라의 산업 재해 보상 제도는 사회 보장에 관한 법률과 근로기준법이 기본이 되어 1963년에 산업 재해 보상 보험법이 재정되고 그 후로 제조업, 건설업, 전기 가스업, 운수업, 창고업 등의 각 기업체에 적용, 확대되어 왔으며 상업, 통신업, 서비스업 등 분류 불능 사업에까지 적용하게 되었음
② 보험 사업의 내용도 산업 재해에 대한 보상에서 재활과 예방을 포함하게 되었으며 산업 재해로 인한 사업주의 위험 분담과 경감으로 기업의 안정과 건전한 노동력의 확보가 이루어질 것

Chapter 02 소독

① 소독의 정의 및 분류

1 소독의 발전사

(1) 종교설 시대(신벌설 시대)
고대인들은 모든 병이나 질병은 죄가 많은 사람에게 내려지는 신의 제재라고 생각함

(2) 점성설 시대
별자리 이동에 의해 질병, 기아, 전쟁 등이 발생한다고 믿었던 시대

(3) 장기설 시대
① 질병이 바람에 따라 전파되는 유독물질 때문에 발생한다고 믿었던 시대
② 오염된 공기가 병의 원인 : 미아즈마설(의학의 시조인 히포크라테스 주장)

(4) 접촉 감염설 시대
① 질병의 전파가 한사람으로부터 다른 사람으로 감염될 수 있다고 믿기 시작했던 시대
② 아리스토텔레스 : 페스트의 감염성 지적

(5) 미생물 병인설 시대

16세기	프라카스트로 (Fracastoro, 1478~1553년)	감염의 형식을 접촉에 의한 것, 매개에 의한 것 혹은 일정한 거리가 있어도 감염하는 것 등의 세 가지로 나누었고, 제미나리아설을 주장함
17~18세기	보일 (Boyle, 1663년)	"부패와 병은 관련있다"고 주장
	레벤훅 (Anton Van Leeuwenhoeck, 1675년)	최초로 렌즈를 사용하여 미생물 발견
	스팔란차니 (Spallanzani, 1765 년)	생물의 자연발생설 부정
19세기	파스퇴르 (Pasteur, 1822~1895년)	근대 면역학의 아버지이며, 저온 살균법을 고안하여 질병이 미생물에 의한다는 사실을 증명(미생물의 자연발생설 부정 입증)
	리스트 (List, 1827~1912년)	화학적 소독법을 수술에 응용(석탄산)
	심멜부시 (Shimmelbush, 1860~1895년)	외과용 재료에 증기소독 실시

2 용어의 정의

멸균	병원성·비병원성 및 포자를 가진 것을 전부 사멸 또는 제거하는 것
살균	생활력을 가지고 있는 미생물을 물리·화학적 작용으로 급속하게 죽이는 것으로 멸균과는 달리 내열성 포자는 잔존함
소독	사람에게 유해한 미생물을 파괴하여 감염의 위험을 없애는 것으로, 세균의 포자에는 작용하지 못하며 비교적 약한 살균 작용
방부	병원성 미생물의 발육 및 작용을 제거 또는 정지시켜 음식물의 부패나 발효를 방지하는 것
제부	화농창에 소독약을 발라 화농균을 사멸시키는 것
오염	물체 내부나 표면에 병원체가 붙어 있는 것
침입	세균이 인체 내에 들어가는 것
감염	병원체가 인체에 침투하여 발육·증식하는 것

3 살균작용의 기전

산화작용	과산화수소, 오존, 염소
균체단백의 응고작용	산, 알칼리, 크레졸, 석탄산, 알코올, 중금속염
균체효소계의 침투작용	석탄산, 알코올, 역성비누
가수분해작용	강산, 강알칼리
염의 형성작용	중금속염

4 소독 시 고려할 사항과 주의사항

(1) 고려할 사항
① 유기체의 특성
② 유기체의 수
③ 기구의 유형
④ 기구의 사용의도
⑤ 소독방법의 유용성과 실용성

(2) 주의사항
① 소독 대상의 성질에 유의하여 소독약과 소독법을 선택
② 병원미생물의 종류, 소독의 목적과 방법, 소독시간을 미리 염두해둠
③ 필요한 양만큼 조금씩 새로 만듦
④ 약품에 따라 밀폐해서 냉암소에 보관
⑤ 다른 것들과 잘 구별될 수 있도록 라벨을 깨끗이 함
⑥ 권장된 시간을 준수함

5 **소독약**

(1) 소독약의 구비조건

① 살균력이 강해야 함
② 물품의 부식성·표백성이 없어야 함
③ 용해성이 높고, 안정성이 있어야 함
④ 침투력이 강해야 함
⑤ 독성이 약하여 인체에 해가 없어야 함
⑥ 식품에 사용 후 수세가 가능해야 함
⑦ 불쾌한 냄새가 없어야 함

> 소독약 : 희석 이전의 원래 약인 원액
> 소독수 : 원액을 물로 희석시킨 것

(2) 농도표시법

① 퍼센트(%) : 희석액 100g(ml) 속에 용질이 어느 정도 포함되어 있는가를 표시한 수치(백분율)

> 용질량/용액량 × 100 = 퍼센트(%)

② 퍼밀리(‰) : 용액 1,000 중에 포함되어 있는 소독약의 양(천분율)

> 용질량/용액량 × 1,000 = 퍼밀리(‰)

③ 피피엠(ppm) : 용액 100만 중에 포함되어 있는 용질의 양

> 용질량/용액량 × 1,000,000 = 피피엠(ppm)

④ 희석배

> 용질량 × 희석배 = 용액량

> •용액 : 두 가지 이상의 물질이 혼합되어 있는 액체
> •용질 : 용액 속에 용해되어 있는 물질
> •용매 : 용질을 용해시키는 물질

1 미생물의 정의

① 육안으로는 볼 수 없는 크기가 0.1mm 이하의 생물
② 원생생물이라고도 함
③ 단일세포 또는 균사로 몸을 이루며, 숙주에 붙어서 기생생활을 함
④ 미생물의 크기 : 스피로헤타 〉세균 〉리케차 〉바이러스

2 미생물의 역사

(1) 미생물의 발견

① 로버트 훅 : 복합 광학현미경을 조립하여 코르크를 관찰하는 데 사용하였으며 세포라는 용어를 만듦
② 레벤후크 : 현미경을 발명하여 미생물을 최초로 관찰하여 미소동물이라 명명함

(2) 파스퇴르와 코흐의 업적

① 루이스 파스퇴르 : 저온살균법 발견, 자연발생설의 반증, 미생물 병인설, 포도주와 맥주의 발효 등 파스퇴르 연구소를 설립하여 미생물 연구와 교육에 크게 기여함
② 로버트 코흐 : 병원균을 규정하는 코흐의 4대 원칙 설정, 탄저 아포균 발견, 결핵균의 발견, 콜레라의 원인균 발견 등의 업적

3 병원성 미생물과 비병원성 미생물

병원성 미생물	• 우리 몸속에 들어와 병적 반응을 일으키고 증식하는 미생물 • 종류 : 티푸스균, 결핵균, 포도상구균, 이질균, 페스트균 등
비병원성 미생물	• 병원성이 없는 미생물 • 종류 : 효모, 곰팡이, 유산균 등

③ 병원성 미생물

1 병원 미생물의 종류

(1) 바이러스

① 미생물 중에서 크기가 가장 작으며 세균 여과막을 통과함
② 독립적인 대사활동이 불가능하며 자가 증식을 하는 특성이 있음
③ 홍역, 폴리오, 유행성 이하선염, 일본뇌염, 광견병, 감기, 유행성 결막염 등의 병원체

(2) 리케차

① 세균과 바이러스의 중간에 속하는 미생물
② 절지동물(진드기, 벼룩, 이 등)을 매개로 감염됨
③ 발진티푸스, 발진열, 쯔쯔가무시증 등의 병원체

(3) 세균

① 육안으로 관찰할 수 없으나 우리 환경 어디에나 존재
② 세균의 모양에 따라 구균, 간균, 나선균으로 분류

구균 (코커스, Coccus)	• 세포의 형태가 양끝이 둥근 모양의 구형 모양 • 포도상구균, 연쇄상구균, 수막염균, 임균, 폐렴구균 등
간균 (바실루스, Bacillus)	• 세포의 형태가 양끝이 둥글고 짧은 막대 모양 • 탄저균, 백일해균, 장티푸스균, 결핵균, 파상풍균, 디프테리아균 등
나선균 (스피릴룸, Spirillum)	• 세포의 형태가 가늘고 긴 나선형이나 코일 모양 • 매독균, 콜레라균, 장염비브리오균, 재귀열속 렙토스피라 등

> 🐝 **포자(아포)**
> • 간균상태의 영양형 세포가 증식하기 부적당한 조건하에서 세포 내부에 형성되는 외벽을 갖는 구형
> • 대표적인 포자 형성균으로 탄저균, 고초균이 있고, 혐기성균으로는 보툴리누스균과 파상풍균, 가스괴저를 일으키는 웰치균 등이 있음
> • 열이나 약품에 대해 저항력이 강함

(4) 진균

① 핵막을 가진 진핵생물로서 자연계에 널리 분포해 있음
② 곰팡이, 버섯, 효모 등
③ 진균 중 병원성 진균은 무좀이나 백선(진균증) 등 피부병을 유발

(5) 원생동물

① 원충류라고도 하며, 한개의 세포로 구성되어 있음
② 중간숙주에 의해 전파됨
③ 위족, 섬모, 편모 등이 있어 운동이 가능
④ 인체에 질병을 일으키는 아메바성 이질균, 말라리아 원충, 질염, 수면병 등이 있음

(6) 클라미디아

① 일반적으로 포유류, 조류의 호흡기계, 비뇨생식기계의 질병을 유발
② 리케차와 유사한 특성을 갖지만 대사계는 갖지 않으며 이분분열로 증식
③ 트라코마의 결막감염, 성병림프육아종, 자궁경관염, 앵무새병 등을 유발

> 🐝 **병원 미생물의 크기**
> 스피로헤타 〉 세균 〉 리케차 〉 바이러스

2 병원 미생물의 구조

세포막	• 균체를 둘러싼 막 • 영양을 흡수하여 균체에 공급하거나 보호역할
세포질	• 콜로이드 물질로 형성 • 균이 발육하면서 과립상으로 변화함
핵	• 균의 생명과 유전관계에 있는 중요한 부분으로 증식에 중요한 역할
편모	• 세균의 운동기관

3 미생물의 증식환경

(1) 영양원
① 탄소, 질소원, 무기염류, 발육소 등이 충분히 공급되어야 함
② 대부분의 미생물은 화학반응 에너지를 이용한 화학영양성 세균과, 숙주세포의 에너지를 이용한 기생영양성 세균임

(2) 수분
① 세균의 80~90%를 구성하고 있는 것은 수분이며, 대부분의 미생물은 상대습도가 낮은 건조한 상태에서는 증식할 수 없음
② 건조한 상태에 민감한 세균 : 임질균, 수막염균
③ 건조한 상태에 강한 균 : 결핵균, 아포균

(3) 산소

호기성균	• 산소가 있을 때에만 성장함 • 결핵균, 백일해균, 디프테리아균, 진균 등
혐기성균	• 산소가 있으면 생육에 지장을 받으며, 산소가 불필요함 • 보툴리누스균, 파상풍균 등
통기성균	• 산소의 유무에 관계없이 증식함 • 살모넬라균, 포도상구균, 대장균 등

(4) 온도 : 미생물의 종류에 따라 발육의 최적온도가 다름

저온성균	15~20℃
중온성균	27~35℃
고온성균	50~65℃

(5) 수소이온농도(pH)
① 일반적으로 중성인 pH 6~8 사이에서 최고의 발육을 보임
② 대부분의 병원성 세균들은 pH 5.0 이하의 산성과 pH 8.5 이상의 알칼리성에서 파괴됨
③ 호산균(pH 2~3)과 호알칼리균(pH 10~11)의 경우도 있음

(6) 삼투압(OP)
염이나 당분의 농도가 높으면 미생물로부터 수분이 빠져 나와 원형질 분리현상이 일어나며 미생물이 사멸함

1 자연 소독

희석	희석이라는 방법으로 정화되는 자연계처럼 희석 자체는 살균의 효과는 없으나 세균의 발육을 지연시키고 주위 환경으로부터 영양물질의 흡수를 지연되게 한다.
태양광선	가시광선, 적외선 및 대기 등의 공동작용인 산화에 의해 좌우되나 그 중에서 가장 강력한 살균작용이 있는 파장은 290~320nm 정도의 파장인 도르노선이다. 시간이 오래 소요된다는 단점이 있다.
한냉	세균의 신진대사 기능에 필요한 효소의 촉매 작용을 지연시켜 세균발육을 저지하나 사멸시키는 경우는 지극히 일부에서만 나타난다. 일반적으로 병원성 세균은 저온에 대해 저항이 강하므로 건조법을 병행하여 적용하는 것이 좋다.

2 물리적 소독

(1) 건열에 의한 소독법

화염멸균소독법	• 소독하고자 하는 물건을 불꽃에 직접 접촉시켜 표면의 물체를 태워 사멸시킴 • 사용 기구 : 알코올램프, 분젠램프 • 사용 대상물 : 백금선과 같은 금속류, 유리류, 사기류 등 내열성 물질 • 방법 : 불꽃에 적어도 20초 이상 가열
소각소독법	• 가장 확실한 방법으로 재생이 불가능함 • 사용 대상물 : 다시 사용할 수 없는 물건이나 병원 미생물에 오염된 것을 태울 때 이용 • 문제점 : 화재예방상의 문제, 대기오염의 문제
건열소독법	• 건열을 이용하여 미생물을 산화 또는 탄화시켜 멸균시킴 • 사용 기구 : 건열 멸균기 • 사용 대상물 : 유리기구, 주사침, 메스실린더 등의 초자용품, 금속제품, 사기제품, 유리제품, 광물유, 파라핀, 바셀린이나 대량의 분말과 같은 제품 • 고무제품에는 사용할 수 없음 • 방법 : 140℃에서 4시간 또는 160~170℃에서 1~2시간 동안 실시

(2) 습열에 의한 소독법

열이 고루 전달되고 수분의 존재로 단백질이 응고되므로 멸균 효과가 큼

자비소독법	• 사용 기구 : 자비소독기 • 사용 대상물 : 금속제품, 도자기류, 주사기, 식기류 • 방법 : 100℃ 끓는 물에서 10~20분간 담금 (금속제품은 끓고 난 후에 넣고 유리제품은 처음부터 넣고 가열) • 주의 : 세균포자, 간염바이러스, 원충류의 시스트에는 효과가 없음 • 물에 탄산나트륨(1~2%), 석탄산(5%) 혹은 크레졸(1~2%)을 넣으면 금속기구가 녹스는 것을 방지하고, 세척작용과 소독력을 높임
간헐 멸균법	• 고압증기 멸균법에 의한 가열온도에 파괴될 위험이 있는 물품을 멸균하는 방법 • 유통증기 멸균법 또는 증기 멸균법이라고도 함 • 사용 기구 : Koch 증기솥 Arnold 멸균기 • 사용 대상물 : 금속제품 여과지, 붕대 재료, 물약, 물, 사기제품 • 방법 : 100℃ 유통증기 속에서 30~60분간 멸균 후 24시간 동안 실온방치를 3회 반복

고압증기 멸균법	• 현재 가장 널리 이용되는 멸균법 • 고온 고압의 수증기로 사멸시키는 방법 • 아포형성균의 멸균에 가장 좋음 • 사용 기구 : 고압증기 멸균기 • 사용 대상물 : 의류, 기구, 고무제품 • 방법 : 고압 멸균기를 사용하여 보통 120℃에서 20분간 사용하며 I5Lbs의 기압이 필요함 　(10Lbs : 30분간, 15Lbs : 20분간, 20Lbs : 15분간)	
	장점	• 잔류독성이 없음 • 포자까지 사멸시키는 데 소요 시간이 짧음 • 멸균 진행과정을 감시할 수 있음 • 멸균비용이 저렴 • 대량으로 멸균시킬 수 있음 • 멸균효과가 변화되지 않음
	단점	• 분말, 모래, 수증기가 통과하지 못함 • 물이 닿으면 용해됨 • 예리한 칼날 등은 멸균할 수 없음
저온살균법	• 영양성분 파괴를 방지하며, 맛의 변질을 막고 아포가 없는 결핵균, 살모넬라균의 감염을 방지하기 위한 소독법 • 사용 대상물 : 술, 우유 등 • 일반적으로 62~63℃에서 30분 동안 가열 • 포도주 : 55℃에서 10분 • 우유 : 65℃에서 30분 • 건조과일 : 72℃에서 30분 • 아이스크림 원료 : 80℃에서 30분 가열하여 소독	

(3) 무가열 소독법

자외선살균법	• 자외선 램프를 이용하여 260~280nm의 전자파를 발사시켜 멸균시킴 • 수술실, 무균실, 제약실, 식품 저장창고 및 병원에서 널리 사용 • 장점 : 피조사물에 변화를 주지 않고 살균 가능 • 단점 : 내부소독이 불가능하고 직접 조사를 받으면 눈이나 피부 점막에 유해
여과멸균법	• 열에 불안정한 액체의 멸균에 이용 • 세균 여과기로 바이러스는 걸러지지 않음 • 특수약품, 혈청 등 열을 가할 수 없는 물질에 이용 • 바이러스가 통과하므로 불완전 소독법
방사선멸균법	• 코발트(Co), 세슘(Cs)과 같은 대량의 방사선을 방출할 수 있는 방사선원을 이용 • 식품, 산업용품, 의료품과 같은 피멸균품에 조사함으로써 미생물을 살균 • 온도상승이 작으므로 내열성이 약한 물품에 좋음 • 시설 및 장비 투자비용이 많이 듦
초음파 살균법	• 매초 8,800사이클의 음파로 세균 부유액에 작용시키면 균체가 파괴되어 사멸 • 나선상균 : 초음파에 가장 민감한 세균 • 단점 : 살균력이 일정치 않고, 고주파 가청음이 나와 사용자에게 불쾌감을 줌

에틸렌 가스(E.O) 멸균법	• 액체 상태의 살균제에 비해 작용이 빠르지는 않지만 광범위한 미생물에 대해 살균 작용을 나타냄 • 내시경 기구, 플라스틱·고무 제품, 미세한 기계류 등 특히 병원에서 감염성 환자가 사용했던 침구류, 매트리스를 동시에 멸균할 때 적합 • 상대습도 33% 전후에서 최고의 살균력을 보임 • 잔류가스에 의해 피부 손상이 올 수 있음 • 고압증기 멸균법에 비해 비싸고 조작의 난이도가 높음
프로필렌옥사이드	• 세균 포자에 대하여는 살균력이 약해 주로 곰팡이, 효모, 포자를 생성하지 않는 세균에 이용 • E.O 가스에 비해 살균력은 약하나 잔류 독성이 적은 편
포름알데히드	• 감염병 환자의 가스살균제로 이용 • 세균 포자를 포함한 광범위한 미생물의 살균에 유효함 • 눈의 점막 손상과 장기간 노출 시 피부경화증을 초래하며, 심지어 생명의 위협을 주기도 함
오존	• 산화작용으로 인한 살균 작용이 매우 강함 • 눈, 코, 목, 점막 등에 자극성이 심하여 이용 범위가 매우 좁음 • 프랑스에서는 물의 살균에 이용되어 옴

4 화학적 소독

페놀화합물		• 페놀(석탄산) : 소독력(살균력)의 지표 • 일반적으로 3% 수용액을 사용(손 소독 시 2% 농도 사용) • 소독약의 살균력을 비교하는 기준이 됨(석탄산계수) • 객담 토사물, 의류 용기, 실험대, 솔, 고무, 빗 등의 소독에 이용 • 살균작용 : 세균단백의 응고작용, 세포용해작용, 효소계의 침투작용 • 알코올 혼합(소독력 저하), 식염 첨가(소독력 증가), 고온(소독력 증가)
	장점	• 살균력이 강함 • 고온일수록 소독효과가 있음 • 유기물에도 효과가 있음 • 값이 저렴하고 안정적이며 사용 범위가 넓음 • 모든 균에 거의 효과가 있음 • 오랫동안 보관할 수 있음
	단점	• 피부점막에 자극을 줌 • 금속을 부식함 • 취기와 독성이 강함 • 사상균에는 효과가 떨어지고, 바이러스와 아포에 효과가 없음
크레졸		• 손 소독 시 1%, 보통 3% 농도 사용 • 불용성이므로 주로 비누액과 혼합하여 사용 • 소독력이 강하고 주로 손, 오물, 객담 등의 소독에 사용 • 유기물에도 소독효과가 약화되지 않고 값이 쌈 • 세균소독에 효과가 큼 • 바이러스에는 효과가 적음 • 피부 자극이 적음 • 냄새가 강한 것이 단점

핵사클로로펜		• 물에 용해성이 적고 알코올, 아세톤 및 에테르 등에 녹음 • 수술 시 손 소독 기구소독 및 세척에 사용 • 포자에는 효과가 없음
중금속화합물	머큐로크롬(빨간약) -수은 화합물	• 2% 농도 사용 • 무자극, 창상용, 상처 외상에 점막 및 피부외상에 사용
	승홍수(염화 제2수은) -수은 화합물	• 0.1%(1/1,000) 농도 사용 • 조제 = 승홍(1) : 식염 (1) : 물(998) • 무색, 무취, 살균력이 강하고 단백질을 응고시킴 • 맹독성이 있고 금속 부식성이 강하며, 식기와 피부소독에 부적합(수은 중독을 일으킬 수 있음) • 대소변, 토사물, 객담에 부적당 • 의류, 천 조각, 유리, 도자기, 목제품에 적당
	질산은 -은 화합물	• 신생아 점안 시 1% 용액을 0.1ml, 구내염 10% 방광과 요도세척 시 0.01%를 사용 • 인습성이 있고, 빛에 노출되면 회색이나 회흑색으로 변함 • 피부에 반흔이 남음
할로겐화합물	염소(Cl₂) : 표백분, 클로르석회, 차아염소산나트륨	• 물 소독(유리 잔류 염소량 : 0.2ppm 이상 유지), 표백, 방부, 방위용으로 사용 • 냄새가 강하고 독성이 있는 반면 소독력이 강하고 잔류효과가 우수 • 값이 싸고 조작이 간편 • 결핵균에 대한 살균력이 없음
	요오드팅크 -요오드 화합물	• 요오드를 알코올에 녹여 만든 액 • 소독력이 우수하여 창상용, 외상에 많이 쓰임 • 소독 부위를 황염시키고 피부 자극성과 금속 부식성이 있음
	요오드포름 -요오드 화합물	• 요오드에 계면활성제를 첨가하여 만든 복합물질 • 요오드팅크의 단점을 보완한 것 • 포비돈 요오드가 가장 많이 시판되고 있음 • 피부 자극성이 적으며, 착색되어 있는 동안 살균효과가 있음
산화제	과산화수소(옥시풀)	• 2.5~3.5% 농도 사용 • 무포자균 살균에 효과적 • 표백, 탈취 및 살균 등의 작용 • 상처부위, 구내염 인두염, 입안세척 등에 사용
	과망간산칼륨	• 강한 산화제로 바이러스를 비활성화함 • 향균 및 향진균작용 • 소독, 수렴, 방부, 해독 화농성, 악취제거에 사용
알데히드류 : 세균포자에 대해 살균력을 보이는 유일한 소독제	포르말린	• 단백질을 응고시키고, 살균력과 자극성이 강함 • 포르말린 1cc에 물 34cc의 비율로 사용 전에 제조해서 사용 • 냄새가 자극적이며 눈, 피부. 점막에 손상을 주고 독성이 강함 • 의류, 목제품, 금속제품, 기계·기구, 실내소독, 침구, 분비물 소독에 이용
	글루타르알데히드	• 알데히드류 중에서 살균력이 제일 강함 • 부식성과 휘발성이 없으며 냄새가 없음 • 피부, 눈과 같은 조직에 대해 독성이 강함

계면활성제	양이온 계면활성제 (역성비누)	• 분자 중에 양이온이 활성화되어 살균력이 강함 • 자극성, 독성이 없고 무미·무해하여 식품소독에 좋음 • 결핵균에 효과가 약하고 세정력이 거의 없음 • 수지소독, 식기, 기구소독에 이용 • 이·미용사의 손 소독 시 적합한 약품 • 0.25~0.5% 농도 사용
	양성 계면활성제	• 사용 목적은 역성 비누액과 비슷함 • 결핵균에 효력이 있고 객담 소독에도 사용할 수 있음
	음성 계면활성제	• 보통비누 • 살균작용이 낮고 세정에 의한 균의 제거가 목적
알코올	에틸알코올	• 주당(술의 원료)으로 쓰이고 인체에 무해하여 피부 및 기구소독에 쓰임 • 70~75% 농도가 소독 효과에 좋음 • 무포자균에 효과가 있음 • 수지, 피부, 가위, 칼, 솔 소독 등에 이용(고무, 플라스틱을 녹임) • 사용이 간편하지만 값이 비쌈
	이소프로판올	• 에탄올의 대체품으로 사용 • 에탄올보다 독성 및 자극적인 냄새는 강하나 살균력은 좋음
생석회		• 산화칼슘을 98% 이상 포함하고 있는 백색의 고체나 분말체 • 공기에 오래 노출되면 살균력이 저하되고 아포형성균에는 효력이 없음 • 토사물, 분변, 하수, 오물 등의 소독에 적당 • 값이 싸고 독성이 적음

⑤ 분야별 위생·소독

1 대상물에 따른 소독 방법

① 토사물, 배설물 : 소각법, 석탄산, 크레졸, 생석회
② 고무·피혁제품 : 석탄산, 크레졸, 포르말린수
③ 화장실, 하수구 오물 : 크레졸, 석탄산, 포르말린, 생석회
④ 수지소독 : 역성비누, 석탄산, 크레졸, 승홍수
⑤ 금속제품 : 에탄올, 자외선, 자비소독, 증기소독
⑥ 서적, 종이 : 포름알데히드 소독
⑦ 매트리스 시트, 담요 : 에틸렌 가스, 포름알데히드 및 고압증기 멸균법

Chapter 03 공중위생관리법규(법, 시행령, 시행규칙)

공중위생관리법 [시행 2024.8.7.]
공중위생관리법 시행령[시행 2024.5.28.] - 대통령령
공중위생관리법 시행규칙[시행 2024.8.7.] - 보건복지부령

1 목적 및 정의

1 목적 ➡ 공중위생관리법 제1조(목적)

공중위생관리법은 공중이 이용하는 영업의 위생관리 등에 관한 사항을 규정함으로써 위생수준을 향상시켜 국민의 건강증진에 기여함을 목적으로 한다.

2 정의 ➡ 공중위생관리법 제2조(정의)

공중위생영업	다수인을 대상으로 위생관리서비스를 제공하는 영업으로서 숙박업·목욕장업·이용업·미용업·세탁업·건물위생관리업
숙박업	손님이 잠을 자고 머물 수 있도록 시설 및 설비 등의 서비스를 제공하는 영업
목욕장업	물로 목욕을 할 수 있는 시설 및 설비 등의 서비스 또는 맥반석·황토·옥 등을 직접 또는 간접 가열하여 발생되는 열기 또는 원적외선 등을 이용하여 땀을 낼 수 있는 시설 및 설비 등의 서비스를 손님에게 제공하는 영업
이용업	손님의 머리카락 또는 수염을 깎거나 다듬는 등의 방법으로 손님의 용모를 단정하게 하는 영업
미용업	손님의 얼굴, 머리, 피부 및 손톱·발톱 등을 손질하여 손님의 외모를 아름답게 꾸미는 영업
세탁업	의류 기타 섬유제품이나 피혁제품 등을 세탁하는 영업
건물위생관리업	공중이 이용하는 건축물·시설물 등의 청결유지와 실내 공기정화를 위한 청소 등을 대행하는 영업

① 영업의 신고 ➡ 공중위생관리법 시행규칙 제3조(공중위생영업의 신고)

(1) 주체 : 공중위생영업을 하고자 하는 자

(2) 조건 ➡ 공중위생관리법 시행규칙 제2조(시설 및 설비기준)
공중위생영업의 종류별로 보건복지부령이 정하는 시설 및 설비를 갖춤

일반기준	공중위생영업장은 독립된 장소이거나 공중위생영업 외의 용도로 사용되는 시설 및 설비와 분리 또는 구획되어야 한다.
이용업	• 이용기구는 소독을 한 기구와 소독을 하지 아니한 기구를 구분하여 보관할 수 있는 용기를 비치하여야 한다. • 소독기·자외선살균기 등 이용기구를 소독하는 장비를 갖추어야 한다. • 영업소 안에는 별실 그 밖에 이와 유사한 시설을 설치하여서는 아니된다.
미용업	• 미용기구는 소독을 한 기구와 소독을 하지 아니한 기구를 구분하여 보관할 수 있는 용기를 비치하여야 한다. • 소독기·자외선살균기 등 미용기구를 소독하는 장비를 갖추어야 한다.

(3) 신고 대상 : 시장·군수·구청장

(4) 제출 서류
　① 신고서
　② 영업시설 및 설비개요서
　③ 교육수료증

(5) 제출 후 시장·군수·구청장의 확인 사항
　① 건축물대장
　② 토지이용계획확인서
　③ 면허증

(6) 신고를 받은 시장·군수·구청장의 조치
　① 즉시 영업신고증을 교부
　② 신고관리대장을 작성·관리
　③ 해당 영업소의 시설 및 설비에 대한 확인이 필요한 경우 : 영업신고증을 교부한 후 30일 이내에 확인

② 변경신고 ➡ 공중위생관리법 시행규칙 제3조의2(변경신고)

(1) 주체 : 공중위생영업을 하고자 하는 자

(2) 변경신고 대상
　① 영업소의 명칭 또는 상호
　② 영업소의 주소
　③ 신고한 영업장 면적의 3분의 1 이상의 증감
　④ 대표자의 성명 또는 생년월일
　⑤ 미용업 업종 간 변경 또는 업종의 추가

(3) 신고 대상 : 시장·군수·구청장

(4) 제출 서류
　① 영업신고사항 변경신고서
　② 영업신고증
　③ 변경사항을 증명하는 서류

(5) 제출 후 시장·군수·구청장의 확인 사항

① 건축물대장

② 토지이용계획확인서

③ 면허증

(6) 신고를 받은 시장·군수·구청장의 조치

① 영업신고증을 고쳐 쓰거나 재교부

② 주소나 업종 간 변경일 경우 : 영업소의 시설 및 설비 등을 변경신고를 받을 날부터 30일 이내에 확인

3 폐업신고 ➡ 공중위생관리법 시행규칙 제3조의3(공중위생영업의 폐업신고)

(1) 주체 : 폐업신고를 하려는 자

(2) 신고 대상 : 시장·군수·구청장

(3) 제출서류 : 신고서

(4) 기간

① 공중위생영업을 폐업한 날로부터 20일 이내

② 이용업 신고를 한 자의 사망으로 면허를 소지하지 아니한 자가 상속인이 된 경우 상속받은 날부터 3개월 이내

> **🐝 신고 사항 직권 말소**
>
> ➡ 공중위생관리법 시행규칙 제3조의4(영업신고 사항의 직권 말소 절차)
>
> • 주체 : 시장·군수·구청장
> • 공중위생영업자가 관할 세무서장에게 폐업신고를 하거나 관할 세무서장이 사업자등록을 말소한 경우에는 신고사항을 직권으로 말소할 수 있다.
> • 직권으로 신고 사항을 말소하려는 경우에는 신고 사항 말소 예정사실을 해당 영업자에게 사전 통지하고, 해당 기관의 게시판과 인터넷 홈페이지에 10일 이상 예고해야 한다.

4 지위승계신고 ➡ 공중위생관리법 시행규칙 제3조의5(영업자의 지위승계신고)

(1) 공중위생영업의 승계 ➡ 공중위생관리법 제3조의2(공중위생영업의 승계)

상황	대상	조건
공중위생영업을 양도	양수인	
공중위생영업자의 사망	상속인	
법인의 합병	합병 후 존속하는 법인 합병에 의하여 설립되는 법인	면허 소지자
압류재산의 매각	공중위생영업 관련시설 및 설비의 전부를 인수한 자	

(2) 기간 : 1월 이내

(3) 신고 대상 : 시장·군수·구청장

(4) 제출서류 : 신고서

① 영업양도의 경우 : 양도·양수를 증명할 수 있는 서류 사본

② 상속의 경우 : 상속인임을 증명할 수 있는 서류

③ 그 외의 경우 : 해당 사유별로 영업자의 지위를 승계하였음을 증명할 수 있는 서류

1 위생관리의무 ➡ 공중위생관리법 제4조(공중위생영업자의 위생관리의무 등)

(1) 공중위생영업자

이용자에게 건강상 위해 요인이 발생하지 아니하도록 영업 관련 시설 및 설비를 위생적이고 안전하게 관리하여야 한다.

(2) 이용업을 하는 자

① 이용기구는 소독을 한 기구와 소독을 하지 아니한 기구로 분리하여 보관하고, 면도기는 1회용 면도날만을 손님 1인에 한하여 사용할 것
② 이용사면허증을 영업소 안에 게시할 것
③ 이용업소 표시등을 영업소 외부에 설치할 것

(3) 미용업을 하는 자

① 의료기구와 의약품을 사용하지 아니하는 순수한 화장 또는 피부미용을 할 것
② 미용기구는 소독을 한 기구와 소독을 하지 아니한 기구로 분리하여 보관하고, 면도기는 1회용 면도날만을 손님 1인에 한하여 사용할 것
③ 미용사면허증을 영업소 안에 게시할 것

> **🐝 이·미용기구의 일반소독기준 및 방법**
>
> ➡ 공중위생관리법 시행규칙 제5조(이·미용기구의 소독기준 및 방법)
>
> - 자외선소독 : 1cm²당 85㎼ 이상의 자외선을 20분 이상 쐬어준다.
> - 건열멸균소독 : 섭씨 100℃ 이상의 건조한 열에 20분 이상 쐬어준다.
> - 증기소독 : 섭씨 100℃ 이상의 습한 열에 20분 이상 쐬어준다.
> - 열탕소독 : 섭씨 100℃ 이상의 물속에 10분 이상 끓여준다.
> - 석탄산수소독 : 석탄산수(석탄산 3%, 물 97%의 수용액을 말한다)에 10분 이상 담가둔다.
> - 크레졸소독 : 크레졸수(크레졸 3%, 물 97%의 수용액을 말한다)에 10분 이상 담가둔다.
> - 에탄올소독 : 에탄올수용액(에탄올이 70%인 수용액을 말한다)에 10분 이상 담가두거나 에탄올수용액을 머금은 면 또는 거즈로 기구의 표면을 닦아준다.

2 공중위생영업자가 준수하여야 하는 위생관리기준 등

➡ 공중위생관리법 시행규칙 제7조(공중위생영업자가 준수하여야 하는 위생관리기준 등)

(1) 이용업자

① 이용기구 중 소독을 한 기구와 소독을 하지 아니한 기구는 각각 다른 용기에 넣어 보관하여야 한다.
② 1회용 면도날은 손님 1인에 한하여 사용하여야 한다.
③ 영업소 안의 조명도는 75럭스 이상이 되도록 유지하여야 한다.
④ 영업소 내부에 이용업 신고증 및 개설자의 면허증 원본을 게시하여야 한다.
⑤ 영업소 내부에 부가가치세, 재료비 및 봉사료 등이 포함된 요금표(최종지급요금표)를 게시 또는 부착하여야 한다.
⑥ 신고한 영업장 면적이 66제곱미터 이상인 영업소의 경우 영업소 외부에도 손님이 보기 쉬운 곳에 최종지급요금표를 게시 또는 부착하여야 한다. 이 경우 최종지급요금표에는 일부항목(3개 이상)만을 표시할 수 있다.
⑦ 3가지 이상의 이용서비스를 제공하는 경우에는 개별 이용서비스의 최종지급가격 및 전체 이용서비스의 총액에 관한 내역서를 이용자에게 미리 제공하여야 한다. 이 경우 이용업자는 해당 내역서 사본을 1개월간 보관하여야 한다.

(2) 미용업자

① 점빼기·귓볼뚫기·쌍꺼풀수술·문신·박피술 그 밖에 이와 유사한 의료 행위를 하여서는 아니 된다.

② 피부미용을 위하여 약사법에 따른 의약품 또는 의료기기법에 따른 의료기기를 사용하여서는 아니 된다.

③ 미용기구 중 소독을 한 기구와 소독을 하지 아니한 기구는 각각 다른 용기에 넣어 보관하여야 한다.

④ 1회용 면도날은 손님 1인에 한하여 사용하여야 한다.

⑤ 영업소 안의 조명도는 75럭스 이상이 되도록 유지하여야 한다.

⑥ 영업소 내부에 미용업 신고증 및 개설자의 면허증 원본을 게시하여야 한다.

⑦ 영업소 내부에 최종지급요금표를 게시 또는 부착하여야 한다.

⑧ 신고한 영업장 면적이 66제곱미터 이상인 영업소의 경우 영업소 외부에도 손님이 보기 쉬운 곳에 최종지급 요금표를 게시 또는 부착하여야 한다. 이 경우 최종지급요금표에는 일부항목(5개 이상)만을 표시할 수 있다.

⑨ 3가지 이상의 미용서비스를 제공하는 경우에는 개별 미용서비스의 최종지급가격 및 전체 미용서비스의 총 액에 관한 내역서를 이용자에게 미리 제공하여야 한다. 이 경우 미용업자는 해당 내역서 사본을 1개월간 보 관하여야 한다.

④ 면허

1 이·미용사의 면허 ➡ 공중위생관리법 제6조(이용사 및 미용사의 면허 등)

(1) 면허 신청 대상자

① 전문대학 또는 이와 같은 수준 이상의 학력이 있다고 교육부장관이 인정하는 학교에서 이용 또는 미용에 관 한 학과를 졸업한 자

② 대학 또는 전문대학을 졸업한 자와 같은 수준 이상의 학력이 있는 것으로 인정되어 이용 또는 미용에 관한 학 위를 취득한 자

③ 고등학교 또는 이와 같은 수준의 학력이 있다고 교육부장관이 인정하는 학교에서 이용 또는 미용에 관한 학 과를 졸업한 자

④ 특성화고등학교, 고등기술학교나 고등학교 또는 고등기술학교에 준하는 각종학교에서 1년 이상 이용 또는 미용에 관한 소정의 과정을 이수한 자

⑤ 국가기술자격법에 의한 이용사 또는 미용사의 자격을 취득한 자

(2) 면허를 받을 수 없는 자

① 피성년후견인

② 정신질환자

③ 공중의 위생에 영향을 미칠 수 있는 감염병환자(결핵)

④ 마약 기타 대통령령으로 정하는 약물 중독자

⑤ 면허가 취소된 후 1년이 경과되지 아니한 자

(3) 제출서류 ➡ 공중위생관리법 시행규칙 제9조(이용사 및 미용사의 면허)

① 면허 신청서

② 졸업증명서 또는 학위증명서 또는 이수증명서 1부

③ 정신질환자가 아님을 증명하는 최근 6개월 이내의 의사의 진단서 또는 전문의의 진단서 1부

④ 감염병환자가 아님을 증명하는 최근 6개월 이내의 의사의 진단서 1부

⑤ 사진 1장 또는 전자적 파일 형태의 사진

(4) 신청 대상 : 시장·군수·구청장

(5) 신청을 받은 시장·군수·구청장의 조치

신청내용이 요건에 적합하다고 인정되는 경우에 면허증을 교부하고 면허등록관리대장을 작성·관리해야 한다.

(6) 면허 대여 금지

면허증을 발급받은 사람은 다른 사람에게 그 면허증을 빌려주어서는 아니 되고, 누구든지 그 면허증을 빌려서는 아니 되며, 면허증 대여를 알선하여서는 아니 된다.

2 면허 취소 ➡ 공중위생관리법 제7조(이용사 및 미용사의 면허취소 등)

(1) 주체 : 시장·군수·구청장

(2) 취소 조건 ➡ 공중위생관리법 시행규칙 제19조(행정처분기준)

위반 행위	1차 위반	2차 위반	3차 위반	4차 이상 위반
피성년후견인	면허취소	–	–	–
마약 기타 대통령령으로 정하는 약물 중독자	면허취소	–	–	–
면허증을 다른 사람에게 대여한 때	면허정지 3월	면허정지 6월	면허취소	–
「국가기술자격법」에 따라 자격이 취소된 때	면허취소	–	–	–
「국가기술자격법」에 따라 자격정지처분을 받은 때(「국가기술자격법」에 따른 자격정지처분 기간에 한정한다)	면허정지	–	–	–
이중으로 면허를 취득한 때(나중에 발급받은 면허를 말한다)	면허취소	–	–	–
면허정지처분을 받고도 그 정지 기간 중에 업무를 한 때	면허취소	–	–	–
「성매매알선 등 행위의 처벌에 관한 법률」, 「풍속영업의 규제에 관한 법률」, 「청소년 보호법」, 「아동·청소년의 성보호에 관한 법률」 또는 「의료법」을 위반하여 관계 행정기관의 장으로부터 그 사실을 통보받은 경우	면허정지 3월	면허취소	–	–

3 면허 재발급 ➡ 공중위생관리법 시행규칙 제10조(면허증의 재발급 등)

(1) 면허 재발급 신청 요건

① 면허증의 기재사항에 변경이 있는 때
② 면허증을 잃어버린 때
③ 면허증이 헐어 못쓰게 된 때

(2) 면허증의 재발급 신청 서류

① 신청서
② 면허증 원본(기재사항이 변경되거나 헐어 못쓰게 된 경우에 한정한다)
③ 사진 1장 또는 전자적 파일 형태의 사진

4 면허수수료 ➡ 공중위생관리법 제19조2(수수료) 공중위생관리법 시행령 제10조2(수수료)

(1) 납부 대상 : 시장·군수·구청장

(2) 수수료 금액

① 이용사 또는 미용사 면허를 신규로 신청하는 경우 : 5천500원
② 이용사 또는 미용사 면허증을 재교부 받고자 하는 경우 : 3천원

1 이·미용사의 업무 ➡ 공중위생관리법 제8조(이용사 및 미용사의 업무범위 등)

① 이용사 또는 미용사의 면허를 받은 자가 아니면 이용업 또는 미용업을 개설하거나 그 업무에 종사할 수 없다. 다만, 이용사 또는 미용사의 감독을 받아 이용 또는 미용 업무의 보조를 행하는 경우에는 그러하지 아니하다.

② 이용 및 미용의 업무는 영업소 외의 장소에서 행할 수 없다. 다만, 보건복지부령이 정하는 특별한 사유가 있는 경우에는 그러하지 아니하다.

2 영업소 외에서의 이용 및 미용 범위 ➡ 공중위생관리법 시행규칙 제13조(영업소 외에서의 이용 및 미용 업무)

① 질병·고령·장애나 그 밖의 사유로 영업소에 나올 수 없는 자에 대하여 이용 또는 미용을 하는 경우

② 혼례나 그 밖의 의식에 참여하는 자에 대하여 그 의식 직전에 이용 또는 미용을 하는 경우

③ 사회복지시설에서 봉사활동으로 이용 또는 미용을 하는 경우

④ 방송 등의 촬영에 참여하는 사람에 대하여 그 촬영 직전에 이용 또는 미용을 하는 경우

⑤ 특별한 사정이 있다고 시장·군수·구청장이 인정하는 경우

3 업무범위 ➡ 공중위생관리법 시행규칙 제14조(업무범위)

(1) 이용사의 업무범위 : 이발·아이론·면도·머리피부손질·머리카락염색 및 머리감기

(2) 미용사의 업무범위

미용사(일반)	파마·머리카락자르기·머리카락모양내기·머리피부손질·머리카락염색·머리감기, 의료기기나 의약품을 사용하지 아니하는 눈썹손질
미용사(피부)	의료기기나 의약품을 사용하지 아니하는 피부상태분석·피부관리·제모·눈썹손질
미용사(네일)	손톱과 발톱의 손질 및 화장
미용사(메이크업)	얼굴 등 신체의 화장·분장 및 의료기기나 의약품을 사용하지 아니하는 눈썹손질

(3) 이용·미용의 업무보조 범위

① 이용·미용업무를 위한 사전준비에 관한 사항

② 이용·미용업무를 위한 기구·제품 등의 관리에 관한 사항

③ 영업소의 청결 유지 등 위생관리에 관한 사항

④ 그 밖에 머리감기 등 이용·미용업무의 보조에 관한 사항

1 영업소 출입검사 ➡ 공중위생관리법 제9조(보고 및 출입·검사)

(1) 주체 : 시·도지사 또는 시장·군수·구청장

(2) 행위
① 공중위생관리상 필요하다고 인정하는 때에는 공중위생영업자에 대하여 필요한 보고를 하게 함
② 소속공무원으로 하여금 영업소·사무소 등에 출입하여 공중위생영업자의 위생관리의무이행 등에 대하여 검사하게 함
③ 필요에 따라 공중위생 영업 장부나 서류를 열람하게 함
④ 공중위생영업자의 영업소에 설치가 금지되는 카메라나 기계장치가 설치되었는지를 검사할 수 있음(관할 경찰관서의 장에게 협조를 요청할 수 있음, 영업소에 대하여 검사 결과에 대한 확인증을 발부할 수 있음)

(3) 소속공무원
관계 공무원은 그 권한을 표시하는 증표를 지녀야 하며, 관계인에게 이를 내보여야 함

2 영업제한 및 개선 ➡ 공중위생관리법 제9조2(영업의 제한)

시·도지사는 공익상 또는 선량한 풍속을 유지하기 위하여 필요하다고 인정하는 때에는 공중위생영업자 및 종사원에 대하여 영업시간 및 영업행위에 관한 필요한 제한을 할 수 있다.

3 개선명령 ➡ 공중위생관리법 제10조(위생지도 및 개선명령)

(1) 주체 : 시·도지사 또는 시장·군수·구청장

(2) 기간을 정하여 그 개선을 명하는 대상
① 공중위생영업의 종류별 시설 및 설비기준을 위반한 공중위생영업자
② 위생관리의무 등을 위반한 공중위생영업자

4 영업소 폐쇄 ➡ 공중위생관리법 제11조(공중위생영업소의 폐쇄 등)

(1) 주체 : 시장·군수·구청장

(2) 폐쇄 조건 ➡ 공중위생관리법 시행규칙 제19조(행정처분기준)

위반 행위	1차 위반	2차 위반	3차 위반	4차 이상 위반
영업신고를 하지 않거나 시설과 설비기준을 위반한 경우				
영업신고를 하지 않은 경우	영업장 폐쇄명령	–	–	–
시설 및 설비기준을 위반한 경우	개선명령	영업정지 15일	영업정지 1월	영업장 폐쇄명령
이용업소 안에 별실 그 밖에 이와 유사한 시설을 설치한 경우	영업정지 1월	영업정지 2월	영업장 폐쇄명령	–
그 밖에 시설 및 설비가 기준에 미달한 경우	개선명령	영업정지 15일	영업정지 1월	영업장 폐쇄명령

위반 행위	1차 위반	2차 위반	3차 위반	4차 이상 위반
변경신고를 하지 않은 경우				
신고를 하지 않고 영업소의 명칭 및 상호 또는 영업장 면적의 3분의 1 이상을 변경한 경우	경고 또는 개선명령	영업정지 15일	영업정지 1월	영업장 폐쇄명령
신고를 하지 않고 영업소의 소재지를 변경한 경우	영업정지 1월	영업정지 2월	영업장 폐쇄명령	–
지위승계신고를 하지 않은 경우	경고	영업정지 10일	영업정지 1월	영업장 폐쇄명령
공중위생영업자의 위생관리의무 등을 지키지 않은 경우				
소독을 한 기구와 소독을 하지 않은 기구를 각각 다른 용기에 넣어 보관하지 아니하거나 1회용 면도날을 2인 이상의 손님에게 사용한 경우	경고	영업정지 5일	영업정지 10일	영업장 폐쇄명령
이용업 신고증 및 면허증 원본을 게시하지 않거나 업소 내 조명도를 준수하지 않은 경우	경고 또는 개선명령	영업정지 5일	영업정지 10일	영업장 폐쇄명령
개별 이용서비스의 최종 지급가격 및 전체 이용서비스의 총액에 관한 내역서를 이용자에게 미리 제공하지 않은 경우	경고	영업정지 5일	영업정지 10일	영업정지 1월
카메라나 기계장치를 설치한 경우	영업정지 1월	영업정지 2월	영업장 폐쇄명령	–
영업소 외의 장소에서 이용 업무를 한 경우	영업정지 1월	영업정지 2월	영업장 폐쇄명령	–
보고를 하지 않거나 거짓으로 보고한 경우 또는 관계 공무원의 출입, 검사 또는 공중위생영업 장부 또는 서류의 열람을 거부·방해하거나 기피한 경우	영업정지 10일	영업정지 20일	영업정지 1월	영업장 폐쇄명령
개선명령을 이행하지 않은 경우	경고	영업정지 10일	영업정지 1월	영업장 폐쇄명령
「성매매알선 등 행위의 처벌에 관한 법률」, 「풍속영업의 규제에 관한 법률」, 「청소년보호법」, 「아동·청소년의 성보호에 관한 법률」 또는 「의료법」을 위반하여 관계 행정기관의 장으로부터 그 사실을 통보받은 경우				
손님에게 성매매알선 등 행위 또는 음란 행위를 하게 하거나 이를 알선 또는 제공한 경우	영업정지 3월	영업장 폐쇄명령	–	–
손님에게 도박 그밖에 사행행위를 하게 한 경우	영업정지 1월	영업정지 2월	영업장 폐쇄명령	–
음란한 물건을 관람·열람하게 하거나 진열 또는 보관한 경우	경고	영업정지 15일	영업정지 1월	영업장 폐쇄명령
무자격안마사로 하여금 안마사의 업무에 관한 행위를 하게 한 경우	영업정지 1월	영업정지 2월	영업장 폐쇄명령	–
영업정지 처분을 받고도 그 영업정지 기간에 영업을 한 경우	영업장 폐쇄명령	–	–	–
공중위생영업자가 정당한 사유 없이 6개월 이상 계속 휴업하는 경우	영업장 폐쇄명령	–	–	–
공중위생영업자가 「부가가치세법」에 따라 관할 세무서장에게 폐업신고를 하거나 관할 세무서장이 사업자 등록을 말소한 경우	영업장 폐쇄명령	–	–	–

(3) 폐쇄명령을 받고도 계속하여 영업을 하는 때의 조치

신고를 하지 아니하고 공중위생영업을 하는 경우에도 또한 같다.

① 해당 영업소의 간판 기타 영업표지물의 제거
② 해당 영업소가 위법한 영업소임을 알리는 게시물 등의 부착
③ 영업을 위하여 필수 불가결한 기구 또는 시설물을 사용할 수 없게 하는 봉인

(4) 봉인을 해제할 수 있는 조건

게시물 등의 제거를 요청하는 경우에도 또한 같다.

① 봉인을 계속할 필요가 없다고 인정되는 때
② 영업자 등이나 그 대리인이 해당 영업소를 폐쇄할 것을 약속하는 때
③ 정당한 사유를 들어 봉인의 해제를 요청하는 때

5 공중위생감시원

(1) 공중위생감시원 ➠ 공중위생관리법 제15조(공중위생감시원)

관계 공무원의 업무를 행하게 하기 위하여 특별시·광역시·도 및 시·군·구에 공중위생감시원을 둔다.

(2) 공중위생감시원의 자격 및 임명 ➠ 공중위생관리법 시행령 제8조(공중위생감시원의 자격 및 임명)

다음 각 호의 어느 하나에 해당하는 소속 공무원 중에서 공중위생감시원을 임명한다.

① 위생사 또는 환경기사 2급 이상의 자격증이 있는 사람
② 「고등교육법」에 따른 대학에서 화학·화공학·환경공학 또는 위생학 분야를 전공하고 졸업한 사람 또는 법령에 따라 이와 같은 수준 이상의 학력이 있다고 인정되는 사람
③ 외국에서 위생사 또는 환경기사의 면허를 받은 사람
④ 1년 이상 공중위생 행정에 종사한 경력이 있는 사람

> 다음에 해당하는 사람만으로는 공중위생감시원의 인력확보가 곤란하다고 인정되는 때에는 공중위생 행정에 종사하는 사람 중 공중위생 감시에 관한 교육훈련을 2주 이상 받은 사람을 공중위생 행정에 종사하는 기간 동안 공중위생감시원으로 임명할 수 있다.

(3) 공중위생감시원의 업무 ➠ 공중위생관리법 시행령 제9조(공중위생감시원의 업무범위)

① 시설 및 설비의 확인
② 공중위생영업 관련 시설 및 설비의 위생상태 확인·검사, 공중위생영업자의 위생관리의무 및 영업자 준수사항 이행여부의 확인
③ 위생지도 및 개선명령 이행여부의 확인
④ 공중위생영업소의 영업의 정지, 일부 시설의 사용중지 또는 영업소 폐쇄명령 이행여부의 확인
⑤ 위생교육 이행여부의 확인

6 **명예공중위생감시원**

(1) 명예공중위생감시원 ➡ 공중위생관리법 제15조2(명예공중위생감시원)

시·도지사는 공중위생의 관리를 위한 지도·계몽 등을 행하게 하기 위하여 명예공중위생감시원을 둘 수 있다.

(2) 명예공중위생감시원의 자격 및 임명 ➡ 공중위생관리법 시행령 제9조2(명예공중위생감시원 자격 등)

시·도지사가 다음에 해당하는 자 중에서 위촉한다.

① 공중위생에 대한 지식과 관심이 있는 자

② 소비자단체, 공중위생관련 협회 또는 단체의 소속직원 중에서 당해 단체 등의 장이 추천하는 자

(3) 명예공중위생감시원의 업무 ➡ 공중위생관리법 시행령 제9조2(명예공중위생감시원 자격 등)

① 공중위생감시원이 행하는 검사대상물의 수거 지원

② 법령 위반행위에 대한 신고 및 자료 제공

③ 그 밖에 공중위생에 관한 홍보·계몽 등 공중위생관리업무와 관련하여 시·도지사가 따로 정하여 부여하는 업무

❼ 업소위생등급

1 **위생서비스평가**

(1) 위생서비스수준의 평가 ➡ 공중위생관리법 제13조(위생서비스수준의 평가)

① 시·도지사는 공중위생영업소의 위생관리수준을 향상시키기 위하여 위생서비스평가계획을 수립하여 시장·군수·구청장에게 통보하여야 한다.

② 시장·군수·구청장은 평가계획에 따라 관할지역별 세부평가계획을 수립한 후 공중위생영업소의 위생서비스수준을 평가하여야 한다.

③ 시장·군수·구청장은 위생서비스 평가의 전문성을 높이기 위하여 필요하다고 인정하는 경우에는 관련 전문기관 및 단체로 하여금 위생서비스평가를 실시하게 할 수 있다.

(2) 위생서비스평가의 주기 ➡ 공중위생관리법 시행규칙 제20조(위생서비스수준의 평가)

2년마다 실시

(3) 위생관리등급의 기준 ➡ 공중위생관리법 시행규칙 제21조(위생관리등급의 구분 등)

① 최우수업소 : 녹색등급

② 우수업소 : 황색등급

③ 일반관리대상 업소 : 백색등급

2 **위생관리등급 공표** ➡ 공중위생관리법 제14조(위생관리등급 공표 등)

① 시장·군수·구청장은 위생서비스평가의 결과에 따른 위생관리등급을 해당 공중위생영업자에게 통보하고 이를 공표하여야 한다.

② 공중위생영업자는 시장·군수·구청장으로부터 통보받은 위생관리등급의 표지를 영업소의 명칭과 함께 영업소의 출입구에 부착할 수 있다.

③ 시·도지사 또는 시장·군수·구청장은 위생서비스평가의 결과 위생서비스의 수준이 우수하다고 인정되는 영업소에 대하여 포상을 실시할 수 있다.

④ 시·도지사 또는 시장·군수·구청장은 위생서비스평가의 결과에 따른 위생관리 동급별로 영업소에 대한 위생 감시를 실시하여야 한다.

1 위생교육 ➡ 공중위생관리법 제17조(위생교육) 공중위생관리법 시행규칙 제23조(위생교육)

(1) 위생교육 대상

① 공중위생영업자

② 공중위생영업의 신고를 하고자 하는 자

③ 영업에 직접 종사하지 아니하거나 2 이상의 장소에서 영업을 하는 자는 종업원 중 영업장별로 공중위생에 관한 책임자를 지정하고 그 책임자로 하여금 위생교육을 받게 하여야 한다.

④ 동일한 공중위생영업자가 둘 이상의 미용업을 같은 장소에서 하는 경우에는 그 중 하나의 미용업에 대한 위생교육을 받으면 나머지 미용업에 대한 위생교육도 받은 것으로 본다.

⑤ 위생교육 대상자 중 보건복지부장관이 고시하는 섬·벽지지역에서 영업을 하고 있거나 하려는 자에 대하여는 교육교재를 배부하여 이를 익히고 활용하도록 함으로써 교육에 갈음할 수 있다.

⑥ 위생교육 대상자 중 휴업신고를 한 자에 대해서는 휴업신고를 한 다음 해부터 영업을 재개하기 전까지 위생교육을 유예할 수 있다.

⑦ 위생교육을 받은 자가 위생교육을 받은 날부터 2년 이내에 위생교육을 받은 업종과 같은 업종의 영업을 하려는 경우에는 해당 영업에 대한 위생교육을 받은 것으로 본다.

> **🐝 영업개시 후 6개월 이내에 위생교육을 받을 수 있는 부득이한 사유**
> • 천재지변, 본인의 질병·사고, 업무상 국외출장 등의 사유로 교육을 받을 수 없는 경우
> • 교육을 실시하는 단체의 사정 등으로 미리 교육을 받기 불가능한 경우

(2) 위생교육 기간

① 매년

② 3시간

(3) 위생교육의 내용

① 집합교육과 온라인교육을 병행하여 실시

② 「공중위생관리법」 및 관련 법규, 소양교육, 기술교육, 그밖에 공중위생에 관하여 필요한 내용

(4) 위생교육 실시 단체

① 보건복지부장관이 허가한 단체 또는 공중위생 영업자단체가 실시할 수 있다.

② 위생교육 실시단체는 교육교재를 편찬하여 교육대상자에게 제공하여야 한다.

③ 위생교육 실시단체의 장은 위생교육을 수료한 자에게 수료증을 교부하고, 교육실시 결과를 교육 후 1개월 이내에 시장·군수·구청장에게 통보하여야 하며, 수료증 교부대장 등 교육에 관한 기록을 2년 이상 보관·관리하여야 한다.

1 벌칙 ➡ 공중위생관리법 제20조(벌칙)

(1) 1년 이하의 징역 또는 1천만 원 이하의 벌금
① 공중위생영업의 신고 및 폐업신고 규정에 의한 신고를 하지 아니한 자
② 공중위생영업소의 폐쇄 등 규정에 의한 영업정지명령 또는 일부 시설의 사용중지 명령을 받고도 그 기간 중에 영업을 하거나 그 시설을 사용한 자 또는 영업소 폐쇄명령을 받고도 계속하여 영업을 한 자

(2) 6월 이하의 징역 또는 500만 원 이하의 벌금
① 공중위생영업의 신고 및 폐업신고 규정에 의한 변경신고를 하지 아니한 자
② 공중위생영업의 승계 규정에 의하여 공중위생영업자의 지위를 승계한 자로서 규정에 의한 신고를 하지 아니한 자
③ 공중위생영업자의 위생관리의무 등 규정에 위반하여 건전한 영업질서를 위하여 공중위생영업자가 준수하여야 할 사항을 준수하지 아니한 자

(3) 300만 원 이하의 벌금
① 다른 사람에게 이용사 또는 미용사의 면허증을 빌려주거나 빌린 사람
② 이용사 또는 미용사의 면허증을 빌려주거나 빌리는 것을 알선한 사람
③ 면허의 취소 또는 정지 중에 이용업 또는 미용업을 한 사람
④ 면허를 받지 아니하고 이용업 또는 미용업을 개설하거나 그 업무에 종사한 사람

2 과징금 ➡ 공중위생관리법 제11조의2(과징금처분)

(1) 주체 : 시장·군수·구청장

(2) 과징금 부과 ➡ 공중위생관리법 시행령 제7조의2(과징금을 부과할 위반행위의 종별과 과징금의 금액)
① 공중위생영업소의 폐쇄 등의 규정에 의한 영업정지가 이용자에게 심한 불편을 주거나 그 밖에 공익을 해할 우려가 있는 경우에는 영업정지 처분에 갈음하여 1억 원 이하의 과징금을 부과한다.
② 부과하는 과징금의 금액은 위반행위의 종별·정도 등을 감안하여 보건복지부령이 정하는 영업정지기간에 과징금 산정기준을 적용하여 산정한다.
③ 공중위생영업자의 사업규모·위반행위의 정도 및 횟수 등을 고려하여 과징금의 2분의 1범위에서 과징금을 늘리거나 줄일 수 있다. 이 경우 과징금을 늘리는 때에도 그 총액은 1억 원을 초과할 수 없다.
④ 과징금을 부과하고자 할 때에는 그 위반행위의 종별과 해당 과징금의 금액 등을 명시하여 이를 납부할 것을 서면으로 통지하여야 한다.

(3) 과징금 납부 ➡ 공중위생관리법 시행령 제7조의3(과징금의 부과 및 납부)
① 과징금은 해당 시·군·구에 귀속된다.
② 통지를 받은 자는 통지를 받은 날부터 20일 이내에 과징금을 시장·군수·구청장이 정하는 수납기관에 납부해야 한다.
③ 과징금의 납부를 받은 수납기관은 영수증을 납부자에게 교부하여야 한다.
④ 과징금의 수납기관은 과징금을 수납한 때에는 지체 없이 그 사실을 시장·군수·구청장에게 통보하여야 한다.
⑤ 시장·군수·구청장이 과징금의 납부기한을 연기하거나 분할 납부하게 하는 경우 납부기한의 연기는 그 납부기한의 다음 날부터 1년을 초과할 수 없고, 분할 납부는 12개월의 범위에서 분할 납부의 횟수를 3회 이내로 한다.

3 과태료 ➡ 공중위생관리법 제22조(과태료)

(1) 300만 원 이하의 과태료
① 보고 및 출입·검사 규정에 의한 보고를 하지 아니하거나 관계 공무원의 출입·검사 기타 조치를 거부·방해 또는 기피한 자
② 위생지도 및 개선명령 규정에 의한 개선명령에 위반한 자
③ 이용업소표시등의 사용제한을 위반하여 이용업소표시등을 설치한 자

(2) 200만 원 이하의 과태료
① 이용업소의 위생관리 의무를 지키지 아니한 자
② 미용업소의 위생관리 의무를 지키지 아니한 자
③ 영업소외의 장소에서 이용 또는 미용업무를 행한 자
④ 위생교육을 받지 아니한 자

(3) 과태료의 부과·징수
과태료는 대통령령으로 정하는 바에 따라 보건복지부장관 또는 시장·군수·구청장이 부과·징수한다.

---

⑩ 행정처분

1 일반기준 ➡ 공중위생관리법 시행규칙 제19조(행정처분기준)

① 위반행위가 2 이상인 경우로서 그에 해당하는 각각의 처분기준이 다른 경우에는 그 중 중한 처분기준에 의하되, 2 이상의 처분기준이 영업정지에 해당하는 경우에는 가장 중한 정지처분기간에 나머지 각각의 정지처분기간의 2분의 1을 더하여 처분한다.
② 행정처분을 하기 위한 절차가 진행되는 기간 중에 반복하여 같은 사항을 위반한 때에는 그 위반 횟수마다 행정처분 기준의 2분의 1씩 더하여 처분한다.
③ 위반행위의 차수에 따른 행정처분기준은 최근 1년간 같은 위반행위로 행정처분을 받은 경우에 이를 적용한다. 이 경우 기간의 계산은 위반행위에 대하여 행정 처분을 받은 날과 그 처분 후 다시 갑은 위반행위를 하여 적발된 날을 기준으로 한다.
④ 가중된 행정처분을 하는 경우 가중처분의 적용 차수는 그 위반행위 전 행정처분 차수(기간 내에 행정처분이 둘 이상 있었던 경우에는 높은 차수를 말한다)의 다음 차수로 한다.
⑤ 행정처분권자는 위반사항의 내용으로 보아 그 위반정도가 경미하거나 해당위반사항에 관하여 검사로부터 기소유예의 처분을 받거나 법원으로부터 선고유예의 판결을 받은 때에는 개별 기준에 불구하고 그 처분기준을 영업정지 및 면허정지의 경우에는 그 처분기준 일수의 2분의 1의 범위 안에서 경감할 수 있으며, 영업장폐쇄의 경우에는 3월 이상의 영업정지처분으로 경감할 수 있다.
⑥ 영업정지 1월은 30일을 기준으로 하고, 행정처분기준을 가중하거나 경감하는 경우 1일 미만은 처분기준 산정에서 제외한다.

2 이용업 개별기준

위반 행위	근거 법조문	행정처분기준			
		1차 위반	2차 위반	3차 위반	4차 이상 위반
가. 영업신고를 하지 않거나 시설과 설비 기준을 위반한 경우					
1) 영업신고를 하지 않은 경우		영업장 폐쇄명령	–	–	–
2) 시설 및 설비기준을 위반한 경우	법 제11조 제1항 제1호	개선명령	영업정지 15일	영업정지 1월	영업장 폐쇄명령
가) 이용업소 안에 별실 그 밖에 이와 유사한 시설을 설치한 경우		영업정지 1월	영업정지 2월	영업장 폐쇄명령	–
나) 그 밖에 시설 및 설비가 기준에 미달한 경우		개선명령	영업정지 15일	영업정지 1월	영업장 폐쇄명령
나. 변경신고를 하지 않은 경우					
1) 신고를 하지 않고 영업소의 명칭 및 상호 또는 영업장 면적의 3분의 1 이상을 변경한 경우	법 제11조 제1항 제2호	경고 또는 개선명령	영업정지 15일	영업정지 1월	영업장 폐쇄명령
2) 신고를 하지 않고 영업소의 소재지를 변경한 경우		영업정지 1월	영업정지 2월	영업장 폐쇄명령	–
다. 지위승계 신고를 하지 않은 경우	법 제11조 제1항 제3호	경고	영업정지 10일	영업정지 1월	영업장 폐쇄명령
라. 공중위생영업자의 위생관리의무 등을 지키지 않은 경우					
1) 소독을 한 기구와 소독을 하지 않은 기구를 각각 다른 용기에 넣어 보관하지 아니하거나 1회용 면도날을 2인 이상의 손님에게 사용한 경우	법 제11조 제1항 제4호	경고	영업정지 5일	영업정지 10일	영업장 폐쇄명령
2) 이용업 신고증 및 면허증 원본을 게시하지 않거나 업소 내 조명도를 준수하지 않은 경우		경고 또는 개선명령	영업정지 5일	영업정지 10일	영업장 폐쇄명령
3) 개별 이용서비스의 최종지급가격 및 전체 이용서비스의 총액에 관한 내역서를 이용자에게 미리 제공하지 않은 경우		경고	영업정지 5일	영업정지 10일	영업정지 1월
마. 카메라나 기계장치를 설치한 경우	법 제11조 제1항 제4호의 2	영업정지 1월	영업정지 2월	영업장 폐쇄명령	–

위반 행위	근거 법조문	행정처분기준			
		1차 위반	2차 위반	3차 위반	4차 이상 위반
바. 이용사의 면허 정지 및 면허 취소 사유에 해당하는 경우					
1) 이용사 면허를 받을 수 없는 자에 해당하게 된 경우	법 제7조 제1항	면허취소	–	–	–
2) 면허증을 다른 사람에게 대여한 경우		면허정지 3월	면허정지 6월	면허취소	–
3) 「국가기술자격법」에 따라 이용사자격이 취소된 경우		면허취소	–	–	–
4) 「국가기술자격법」에 따라 자격정지처분을 받은 경우(「국가기술자격법」에 따른 자격정지처분 기 간에 한정한다)		면허정지	–	–	–
5) 이중으로 면허를 취득한 경우(나중에 발급받은 면허를 말한다)		면허취소	–	–	–
6) 면허정지처분을 받고도 그 정지 기간 중 업무를 한 경우		면허취소	–	–	–
사. 영업소 외의 장소에서 이용 업무를 한 경우	법 제11조 제1항 제5호	영업정지 1월	영업정지 2월	영업장 폐쇄명령	–
아. 보고를 하지 않거나 거짓으로 보고한 경우 또는 관 계 공무원의 출입, 검사 또는 공중위생영업 장부 또 는 서류의 열람을 거부·방해하거나 기피한 경우	법 제11조 제1항 제6호	영업정지 10일	영업정지 20일	영업정지 1월	영업장 폐쇄명령
자. 개선명령을 이행하지 않은 경우	법 제11조 제1항 제7호	경고	영업정지 10일	영업정지 1월	영업장 폐쇄명령
차. 「성매매알선 등 행위의 처벌에 관한 법률」, 「풍속영업 의 규제에 관한 법률」, 「청소년 보호법」, 「아동·청소년 의 성보호에 관한 법률」 또는 「의료법」을 위반하여 관 계 행정기관의 장으로부터 그 사실을 통보받은 경우	법 제11조 제1항 제8호				
1) 손님에게 성매매알선 등 행위 또는 음란 행위를 하 게 하거나 이를 알선 또는 제공한 경우					
가) 영업소		영업정지 3월	영업장 폐쇄명령	–	–
나) 이용사		면허정지 3월	면허취소	–	–
2) 손님에게 도박 그 밖에 사행행위를 하게 한 경우		영업정지 1월	영업정지 2월	영업장 폐쇄명령	–
3) 음란한 물건을 관람·열람하게 하거나 진열 또는 보관한 경우		경고	영업정지 15일	영업정지 1월	영업장 폐쇄명령
4) 무자격 안마사로 하여금 안마사의 업무에 관한 행위를 하게 한 경우		영업정지 1월	영업정지 2월	영업장 폐쇄명령	–

위반 행위	근거 법조문	행정처분기준			
		1차 위반	2차 위반	3차 위반	4차 이상 위반
카. 영업정지처분을 받고도 그 영업정지 기간에 영업을 한 경우	법 제11조 제2항	영업장 폐쇄명령	-	-	-
타. 공중위생영업자가 정당한 사유 없이 6개월 이상 계속 휴업하는 경우	법 제11조 제3항 제1호	영업장 폐쇄명령	-	-	-
파. 공중위생영업자가 관할 세무서장에게 폐업신고를 하거나 관할 세무서장이 사업자 등록을 말소한 경우	법 제11조 제3항 제2호	영업장 폐쇄명령	-	-	-
하. 공중위생영업자가 영업을 하지 않기 위하여 영업시설의 전부를 철거한 경우	법 제11조 제3항 제3호	영업장 폐쇄명령	-	-	-

VI
기출복원
문제

01 수질 오염을 측정하는 지표로서 물에 녹아있는 유리 산소를 의미하는 것은?

① 생물학적 산소요구량(BOD)
② 용존산소(DO)
③ 수소이온농도(pH)
④ 화학적 산소요구량(COD)

02 다음 중 소독의 강도를 옳게 표시한 것은?

① 멸균 〉 소독 〉 방부
② 소독 〈 방부 〈 멸균
③ 소독 = 방부 〉 멸균
④ 방부 〈 멸균 〈 소독

03 이·미용 영업소에 소독하는 장비를 두지 않았을 때 1차 행정처분기준은?

① 개선명령
② 경고
③ 영업정지 1월
④ 폐쇄

04 BCG 접종은 어떤 질병을 위한 예방법인가?

① 천연두
② 소아마비
③ 홍역
④ 결핵

05 가위의 위치 중 움직이지 않는 날로 약지 손가락으로 조정하는 부위의 명칭인 것은?

① 동인
② 정인
③ 보디
④ 다리

06 다음 중 축모 스트레이트를 펴기 위해 사용하는 기구의 명칭은?

① 원형 아이론
② 관 고데기
③ 다이렉트 고데기
④ 봉 고데기

07 공중위생감시원의 업무에 해당하지 않는 것은?

① 위생지도 및 개선명령 이행여부 확인
② 공중위생영업자의 민원사항 확인 및 조치
③ 법률 규정에 의한 시설 및 설비의 확인
④ 공중위생영업자의 영업자 준수사항 이행여부의 확인

08 다음 중 싸인볼의 색종류 중 사용하지 않는 것은?

① 백색
② 적색
③ 청색
④ 황색

09 이발기인 바리캉(클리퍼)의 어원은 어느 나라에서 유래되었는가?

① 독일
② 미국
③ 일본
④ 프랑스

10 영구적인 염모제(Permanent color)의 설명으로 틀린 것은?

① 염모 제 1제와 산화 제 2제를 혼합하여 사용한다.
② 지속력은 다른 종류의 염모제보다 영구적이다.
③ 백모커버율은 100% 된다.
④ 로우라이트(Low light)만 가능하다.

11 피부 거칠음을 예방하고 피부 표면의 pH 조절의 역할을 하는 데 가장 적합한 화장수는?

① 유연 화장수
② 수렴 화장수
③ 소염 화장수
④ 세정용 화장수

12 다음 중 일본뇌염의 중간숙주가 되는 것은?

① 돼지
② 벼룩
③ 쥐
④ 고양이

13 자외선 차단제 SPF 30을 바르고 자외선에 10분간 노출시켰는데 SPF 노출 가능 시간으로 옳은 것은?

① 5시간
② 30시간
③ 3시간
④ 7시간

14 비듬이나 때처럼 박리현상을 일으키는 피부층은?

① 표피의 기저층
② 표피의 과립층
③ 표피의 각질층
④ 진피의 유두층

15 머리카락에 영양분을 공급하여 모발을 성장시키는 곳은 어디인가?

① 모낭
② 모모세포
③ 모구
④ 모유두

16 틴닝 가위를 사용하는 목적으로 가장 적합한 것은?

① 전체 모발을 잘라내기 위해
② 아이롱에 적합한 헤어를 만들기 위해
③ 윗머리를 짧게 자르기 위해
④ 볼륨 및 모발 숱을 줄이기 위해

17 정발 시 각진 얼굴의 손님이 가장 어울리는 가르마는?

① 2 : 8
② 4 : 6
③ 5 : 5
④ 3 : 7

18 이·미용업소에서 1회용 면도날을 2회 이상 손님에게 사용한 때의 1차 위반 행정처분 기준은?

① 경고
② 개선명령
③ 영업정지 5일
④ 영업정지 10일

19 이용 시술 시 작업 자세로서 적당하지 않은 것은?

① 무릎을 살짝 구부린 낮춘 자세
② 시술자 배꼽의 위치와 의자의 간격은 주먹 하나
③ 발의 넓이는 어깨넓이 정도의 자세
④ 60cm 명시 거리가 적당한 위치

20 모발이 손상되었을 경우 트리트먼트를 사용하는 목적은 무엇인가?

① 두피의 각질, 피지산화물과 노폐물을 제거하여 모공을 청결하게 함
② 건강한 모발을 유지하고 손상모발 부위를 회복하기 위함
③ 비듬을 제거하고 방지함
④ 피지 분비의 촉진으로 모발의 윤기를 부여함

21 건열멸균법에 대한 설명 중 틀린 것은?

① 유리기구, 주사침, 유지, 분말 등에 이용된다.
② 건열멸균기를 사용한다.
③ 화염을 대상에 직접 접하여 멸균하는 방식이다.
④ 물리적 소독법에 속한다.

22 커트용 가위 선정 방법에 대한 설명 중 틀린 것은?

① 날의 두께가 얇고 회전축이 강한 것이 좋다.
② 도금된 것이 좋다.
③ 날의 견고함이 양쪽 골고루 똑같아야 한다.
④ 손가락 넣는 구멍이 적합해야 한다.

23 커트 시술 시 작업 순서를 바르게 나열한 것은?

① 구상–제작–소재–보정
② 제작–보정–소재–구상
③ 소재–구상–제작–보정
④ 구상–소재–제작–보정

24 다음 중 모발이 손상되는 가장 큰 요인은 무엇인가?

① 외부충격
② 화학적 시술
③ 반복되는 프레스 작업
④ 헤어 커트

25 드라이어 정발술의 순서를 열거한 것으로 적합한 것은?

① 가르마 – 측두부 – 천정부
② 가르마 – 전두부 – 천정부
③ 가르마 – 후두부 – 천정부
④ 가르마 – 천정부 – 측두부

26 두발의 색소를 탈색시키는 것은?

① 컬러 다이(Color dye)
② 헤어컬러링(Hair coloring)
③ 블리치(Bleach)
④ 틴트 컬러(Tint color)

27 커트 작업 시 두발에 물을 축이는 이유로 가장 거리가 먼 것은?

① 두발이 날리는 것을 막기 위하여
② 두발의 손상을 방지하기 위하여
③ 모발을 가지런히 정발하기 위하여
④ 기구의 손상을 방지하기 위하여

28 모발의 구성 중 피부 밖으로 나와 있는 부분은?

① 피지선
② 모표피
③ 모구
④ 모유두

29 남성 퍼머넌트 시술 중에서 프레 커트(pre-cut)란?

① 사후 커트
② 중간 커트
③ 사전 커트
④ 수정 커트

30 이·미용영업자에게 과태료를 부과·징수할 수 있는 자는?

① 시장·군수·구청장
② 시·도지사
③ 보건복지부장관
④ 세무서장

31 아이론 웨이브 시술에 대한 설명 중 틀린 것은?

① 머리카락이 부드러운 사람에게는 정상적인 두발보다 시술 온도를 높게 해야 한다.
② 아이론으로 종이를 집어서 타지 않을 정도의 온도가 되어야 한다.
③ 프랑스의 마셀이 창안했다.
④ 마셀웨이브라고도 한다.

32 비듬질환이 있는 두피에 가장 적합한 스캘프 트리트먼트는?

① 댄드러프 스캘프 트리트먼트
② 플레인 스캘프 트리트먼트
③ 드라이 스캘프 트리트먼트
④ 오일리 스캘프 트리트먼트

33 가발의 종류에 해당하지 않는 것은?
① 전체 가발
② 부분 가발
③ 인조 가발
④ 뿌리는 가발

34 다음 중 오존층에 전혀 흡수되지 않는 광선은?
① 자외선 A
② 자외선 C
③ 자외선 B
④ X선

35 면도기를 잡는 방법 중 칼 몸체와 핸들이 일직선이 되게 똑바로 펴서 마치 막대기를 쥐는 듯한 방법은?
① 프리 핸드(Free Hand)
② 백 핸드(Back Hand)
③ 스틱 핸드(Stick Hand)
④ 펜슬 핸드(Pencil Hand)

36 안면의 면도 시술 시 각 부위별 레이저(Face Razor) 사용 방법으로 틀린 것은?
① 우측의 볼, 위턱, 구각, 아래턱 부위 – 백 핸드(Back Hand)
② 좌측 볼의 인중, 위턱, 구각, 아래턱 부위 – 펜슬 핸드(Pencil Hand)
③ 우측의 귀밑 턱 부분에서 볼 아래턱의 각 부위 – 프리 핸드(Free Hand)
④ 좌측의 볼부터 귀부분이 늘어진 선 부위 – 푸시 핸드(Push Hand)

37 모발 화장품 중 양이온성 계면활성제를 주로 사용하는 것은?
① 헤어샴푸
② 헤어린스
③ 반영구 염모제
④ 퍼머넌트 웨이브제

38 폐에서 이산화탄소(CO_2)를 내보내고 산소를 받아들이는 역할을 수행하는 순환은 무엇인가?
① 체순환
② 전신순환
③ 문맥순환
④ 폐순환

39 정발 시 둥근 얼굴에 조화를 이루는 두발형이 될 수 있는 가르마의 기준으로 가장 적합한 것은?
① 7:3
② 8:2
③ 9:1
④ 5:5

40 이용사가 백색 위생복을 입는 목적은?
① 용모를 단정하게 하기 위한 것
② 고객에게 돋보이기 위한 것
③ 때가 쉽게 눈에 띄게 하기 위한 것
④ 이용사 직업 구분을 위한 것

41 이용 연마 용구인 천연 숫돌의 종류에 속하지 않는 것은?
① 중 숫돌
② 막 숫돌
③ 금강사 숫
④ 고운 숫돌

42 가위나 면도를 숫돌에 연마할 때의 가장 적당한 높이는?
① 배 높이
② 가슴 높이
③ 어깨 높이
④ 무릎 높이

43 공중위생영업자가 중요 사항을 변경하고자 할 때 시장·군수·구청장에게 어떤 절차를 취해야 하는가?
① 통보
② 허가신고
③ 신고
④ 통고

44 감염병 관리상 환경위생 개선으로 예방효과를 기대하기 어려운 질병은?
① 장티푸스
② 이질
③ 소아마비
④ 콜레라

45 이·미용실에서 사용하는 면도기를 통해 감염될 수 있는 질병은?
① 장티푸스
② 페스트
③ 풍진
④ 에이즈

46 두부(Head) 내 각부 명칭의 연결이 잘못된 것은?
① 전두부 – 프런트(Front)
② 두정부 – 크라운(Crown)
③ 후두부 – 톱(Top)
④ 측두부 – 사이드(Side)

47 우리나라 최초의 이용사는 누구인가?

① 안종호
② 서재필
③ 김홍집
④ 김옥균

48 이용용 가위에 대한 설명으로 가장 거리가 먼 것은?

① 가위는 기본적으로 엄지만의 움직임에 따라 개폐조작을 행한다.
② 날의 두께가 얇고 허리가 강한 것이 좋다.
③ 날의 견고함이 양쪽 골고루 똑같아야 한다.
④ 가위의 날 몸 부분 전체가 동일한 재질로 만들어져 있는 가위를 착강가위라고 한다.

49 가위나 레이저로 두발을 자연스러운 장단을 만들어서 두발 끝부분에 갈수록 붓의 끝 같이 되도록 커트하는 것은?

① 클리핑 커트
② 틴닝 커트
③ 싱글링 커트
④ 테이퍼링

50 유연화장수의 작용이 아닌 것은?

① 피부에 유연작용을 한다.
② 피부에 수축작용을 한다.
③ 약산성이다.
④ 피부에 거침을 방지하고 부드럽게 한다.

51 고객의 머리숱이 유난히 많은 두발을 커트할 때 가장 적합하지 않은 커트 방법은?

① 스컬프처 커트
② 딥 테이퍼
③ 블런트 커트
④ 레이저 커트

52 표피에만 화상을 입은 것으로 홍반 및 통증을 수반하고 부기가 생기는 경우가 있으나 흉터 없이 치유되는 것은?

① 1도 화상
② 3도 화상
③ 2도 화상
④ 4도 화상

53 일반적으로 흉터는 다음 중 피부의 어느 부위 이하를 다친 경우에 생기는가?

① 각질층
② 과립층
③ 기저층
④ 유극층

54 두부의 명칭 중 크라운(Crown)은 어느 부위를 말하는가?

① 전두부
② 후두하부
③ 측두부
④ 두정부

55 공중위생감시원의 업무에 해당하지 않는 것은?

① 공중위생영업자의 현장 민원사항 확인 및 조치
② 위생지도 및 개선명령 이행여부 확인
③ 법률 규정에 의한 시설 및 설비의 확인
④ 공중위생 영업자의 영업자 준수사항 이행여부의 확인

56 면도 시 스팀타월을 하는 목적으로 옳지 않은 것은?

① 피부의 노폐물, 먼지 등의 제거에 도움을 준다.
② 피부 및 털의 유연성을 주어 면도날에 의한 자극을 감소시킨다.
③ 피부에 온열을 주어 쾌감을 주는 동시에 모공을 수축시킨다.
④ 스팀 타월의 효과를 높이기 위해 피부와 잘 밀착시켜야 한다.

57 다음 중 레이저 커트를 할 수 있는 헤어스타일로 적합한 것은?

① 브로스 커트(Brosse Cut)
② 스컬프춰 커트(Sculpture Cut)
③ 블런트 커트(Blunt Cut)
④ 베이비 커트(Baby Cut)

58 두발이 지나치게 표백이 되었거나 염색에 실패했을 때 모발의 영양을 공급하기 위해 실시하는 샴푸 방법은?

① 오일 샴푸
② 에그 샴푸
③ 토닉 샴푸
④ 드라이 샴푸

59 다음 중 모기가 매개하는 감염병인 것은?

① 페스트
② 발진열
③ 말라리아
④ 장티푸스

60 이·미용 업소에 대한 위생서비스 수준의 평가 결과에 따른 위생관리등급 구분 표시 방법으로 틀린 것은?

① 녹색등급
② 적색등급
③ 황색등급
④ 백색등급

01 ②	02 ①	03 ①	04 ④	05 ②	06 ②	07 ②	08 ④	09 ④	10 ④
11 ①	12 ①	13 ①	14 ③	15 ④	16 ④	17 ②	18 ①	19 ④	20 ②
21 ③	22 ②	23 ③	24 ②	25 ①	26 ③	27 ④	28 ②	29 ③	30 ①
31 ①	32 ①	33 ④	34 ①	35 ③	36 ②	37 ②	38 ④	39 ①	40 ③
41 ③	42 ①	43 ③	44 ④	45 ④	46 ③	47 ①	48 ④	49 ④	50 ①
51 ③	52 ①	53 ③	54 ④	55 ①	56 ③	57 ②	58 ④	59 ③	60 ②

01 용존산소(DO)는 수중에 녹아 있는 유리 산소량으로 DO가 높으면 오염도가 낮다.

02 • 멸균 : 병원성 또는 비병원성 미생물 및 포자를 가진 것을 전부 사멸한다.
• 소독 : 각종 약품의 사용으로 병원 미생물의 생활력을 파괴시켜 감염의 위험성을 없애고 세균의 증식을 억제 및 멸살시킨다.
• 방부 : 병원성 미생물의 발육 및 작용을 제거·정지시켜 음식물의 부패와 발효를 방지한다.

03 1차 : 개선명령, 2차 : 영업정지 15일,
3차 : 영업정지 1월, 4차 : 영업장 폐쇄명령

04 BCG(결핵 예방접종)는 생후 4주 이내에 맞아야 한다.

05 정인은 움직이지 않는 날, 동인은 움직이는 날이다.

06 축모 스트레이트를 펴기 위해 사용하는 기구는 판 고데기이다.

07 공중위생감시원의 업무
• 시설 및 설비의 확인
• 공중위생영업 관련 시설 및 설비의 위생상태 확인·검사, 공중위생영업자의 위생관리의무 및 영업자 준수사항 이행여부의 확인
• 위생지도 및 개선명령 이행여부의 확인
• 공중위생영업소의 영업의 정지, 일부 시설의 사용중지 또는 영업소 폐쇄명령 이행여부의 확인
• 위생교육 이행여부의 확인

08 이발소를 표시하는 세계 공통의 기호이며 청색은 정맥, 적색은 동맥, 백색은 붕대를 나타낸다.

09 1871년 프랑스의 기구제작소인 바리캉 마르(Bariquand et Marre)사에서 이용기구인 바리캉(클리퍼)을 최초로 제작·판매하였다.

10 모발에 하이라이트나 변화를 주고 싶어 하거나 흰머리를 젊고 매력적으로 보이게 하기 위해서는 염색이 매우 유용하다.

11 • 유연 화장수 : 수분을 공급하여 피부 각질층을 유연하게 한다.
• 수렴 화장수 : 피지분비 억제작용 및 수렴작용을 한다.
• 소염 화장수 : 살균 소독을 통해 피부를 청결하게 한다.
• 세정 화장수 : 세정작용을 한다.

12 • 벼룩 : 발진열, 재귀열
• 쥐 : 쯔쯔가무시병, 유행성 출혈열, 페스트
• 고양이 : 살모넬라증, 톡소플라즈마증

13 자외선 차단 가능 시간 : SPF 30은 30×10 = 300분(5시간)

14 • 각질층 : 생명력이 없는 죽은 세포들로 되어 있으며 피부의 가장 겉면에 위치한다.
• 투명층 : 생명력이 없는 세포로써 2~3개 층이며 빛을 차단하는 역할을 한다.
• 과립층 : 케라토하이알린(Keratohyaline) 과립이 많이 생성되어 과립세포에서 각질세포로 변화하여 각질화 과정이 실제로 일어나는 층이다.
• 유극층 : 표피 중에서 가장 두터운 층으로 약 6~8개의 세포층으로 이루어져 있는 다층으로 표피의 대부분을 차지한다.
• 기저층 : 진피와 경계를 이루는 물결모양의 단층으로 표피의 가장 깊은 곳에 위치한 세포층이다.

15 • 모낭 : 모근부를 싸고 있는 내외층의 피막
• 모모세포 : 모유두로부터 영양공급을 받아 세포분열을 일으킨다.
• 모구 : 모모세포가 존재한다.
• 모유두 : 필요한 영양분을 공급하여 모발을 성장시킨다.

16 틴닝 가위 : 모발의 길이는 자르지 않고 숱을 쳐내는데 사용한다.

17 가르마의 기준
• 긴 얼굴 2 : 8   • 사각형 얼굴 4 : 6
• 역삼각형 얼굴 5 : 5   • 둥근 얼굴 3 : 7

18 • 1차 위반 : 경고
• 2차 위반 : 영업정지 5일
• 3차 위반 : 영업정지 10일
• 4차 위반 : 영업장 폐쇄명령

19 명시 거리는 안구에서 25cm 거리가 적당하다.

20 손상된 모발 부위를 회복시켜 건강한 모발을 유지하기 위함이다.

21 화염을 대상에 직접 접하여 멸균하는 방식은 화염멸균법이다.

22 도금된 가위는 피하는 것이 좋다.

23 • 소재 : 고객의 신체의 일부로 성격, 얼굴형, 직업, 개성미 등을 파악하는 것이 중요하다.
   • 구상 : 특징을 생각하여 계획하는 단계이다.
   • 제작 : 구체적으로 표현하는 단계이다.
   • 보정 : 부족한 곳을 수정·보완하는 과정이다.

24 화학적 시술 : 펌과 염·탈색으로 인한 모발 손상
   • 펌 : 모질에 대한 약제의 잘못된 선정
   • 염·탈색 : 과산화수소에 의한 멜라닌 색소의 퇴색작용, 케라틴 단백질의 변성

25 드라이어 정발술 : 가르마 – 측두부 – 천정부

26 두발의 색소를 탈색시키는 것 : 블리치

27 모발의 손상, 모발 정돈, 모발 날림을 막기 위함이다.

28 모표피는 털의 가장 바깥층 조직으로 얇은 막과 작은 비늘 조각으로 되어 있다.

29 프레 커트는 사전 커트로 손상모를 제거하며 퍼머넌트 와인딩에 적합한 길이로 커트한다.

30 시장·군수·구청장이 부과·징수하며 과태료는 대통령령이 정하는 바에 의한다.

31 아이론 웨이브 시술에서 머리카락이 부드러운 사람에게는 정상적인 두발보다 시술 온도를 낮게 해야 한다.

32 • 드라이 스캘프 트리트먼트 : 건조 두피
   • 오일리 스캘프 트리트먼트 : 피지 분비량이 많을 경우
   • 플레인 스캘프 트리트먼트 : 정상 두피

33 가발의 분류
   • 착용법에 따른 분류 : 탈착식, 고정식
   • 적용 부위에 따른 분류 : 부분 가발, 전체 가발
   • 착용 형태에 따른 분류 : 클립형, 접착형
   • 모발 종류에 따른 분류 : 인조모, 인모

34 UV-A : 에너지 강도가 UV-B의 1/1,000 정도이나 지구에 도달하는 양은 UV-B의 약 100배 정도로 오존층에 흡수되지 않으며 일반적으로 생활 자외선이라 불리며 파장이 길어 유리를 통과할 수 있으며 표피, 진피, 피하지방 층까지 깊숙이 침투되어 콜라겐의 손상으로 주름을 유발하고, 색소침착과 흑화현상을 일으키며 실내 및 차 안에서도 피부에 영향을 미치므로 주의해야 한다.

35 • 프리 핸드 : 면도 자루를 쥐는 형태로 손에 잡는 가장 기본적인 방법이다.
   • 백 핸드 : 면도를 프리핸드의 잡은 자세에서 날의 방향을 반대로 운행하는 기법이다.
   • 펜슬 핸드 : 면도기를 연필 잡듯이 쥐고 운행하는 기법이다.

36 프리 핸드 : 좌측 볼의 인중, 위턱, 구각, 아래턱 부위와 우측의 귀밑 턱 부분에서 볼 아래턱의 각 부위의 시술 방법이다.

37 계면활성제의 종류
   • 양이온성 계면활성제 : 헤어린스, 헤어트리트먼트(살균, 소독작용)
   • 음이온성 계면활성제 : 비누, 샴푸, 클렌징 폼(세정, 기포형성 작용)
   • 비이온성 계면활성제 : 화장수, 크림, 클렌징 크림(피부자극 적음)
   • 양쪽성 계면활성제 : 저자극성 샴푸, 베이비 샴푸(피부자극 적음, 세정 작용)

38 폐에서 이산화탄소를 내보내고 산소를 받아들이는 순환은 폐순환이다.

39 가르마의 기준
   • 긴 얼굴 2 : 8   • 사각형 얼굴 4 : 6
   • 역삼각형 얼굴 5 : 5   • 둥근 얼굴 3 : 7

40 이용사가 백색 위생복을 입는 목적은 때가 쉽게 눈에 띄게 하기 위함이다.

41 숫돌의 종류
   • 천연 숫돌 : 고운 숫돌, 중 숫돌, 막 숫돌
   • 인조 숫돌 : 금상사, 자도사, 금속사

42 가위나 면도를 숫돌에 연마할 때 배 높이가 가장 적당하다.

43 공중위생영업의 신고 및 폐업신고
   공중위생영업을 하고자 하는 자는 공중위생영업의 종류별로 보건복지부령이 정하는 시설 및 설비를 갖추고 시장·군수·구청장에게 신고하여야 한다. 보건복지부령이 정하는 중요사항을 변경하고자 하는 때에도 또한 같다.

44 장티푸스, 이질, 콜레라는 수인성 감염병으로 환경위생 개선으로 예방효과를 기대할 수 있는 질병이다.

45 에이즈는 감염된 혈액을 통해 감염될 수 있다.

46 후두부 : 네이프(Nape), 두정점 : 톱(Top point)

47 우리나라 최초의 이용사는 안종호이다.

48 착강 가위 : 가위의 날은 특수강철이고 협신부는 연철로 된 가위이다.

49 테이퍼링 : 모발의 끝을 붓끝처럼 점점 가늘어지게 하는 커트 방법이다.

50 피부에 수축작용을 하는 것은 유연화장수의 작용이 아니다.

51 모발에서 길이는 제거되지만 부피가 그대로 유지되는 커트 방법은 블런트 커트이다.

52 화상의 증상에 따른 분류
   • 1도 화상 : 표피층만 손상
   • 2도 화상 : 표피 전층(진피의 상당 부분의 손상)
   • 3도 화상 : 진피 전층(피하조직까지의 손상)

53 기저층 : 표피 중 가장 깊은 층

54 두부 내 각부 명칭
- 전두부 : 프런트(Front)
- 측두부 : 사이드(Side)
- 후두부 : 네이프(Nape)
- 두정부 : 크라운(Crown)

55 공중위생감시원의 업무
- 시설 및 설비의 확인
- 공중위생영업 관련 시설 및 설비의 위생상태 확인·검사, 공중위생영업자의 위생관리의무 및 영업자 준수사항 이행 여부의 확인
- 위생지도 및 개선명령 이행 여부를 확인
- 공중위생영업소의 영업의 정지, 일부 시설의 사용중지 또는 영업소 폐쇄명령 이행여부의 확인
- 위생교육 이행여부의 확인

56 스팀 타월은 피부에 온열을 주어 쾌감을 주는 동시에 모공을 확장시켜 피부 및 털의 유연성을 높여 주어 면도날에 의한 자극을 감소시킨다.

57 스컬프춰 커트(Sculpture Cut) : 가위와 레이져를 이용해 커팅하고 브러시로 세팅하는 작품으로, 남성 클래식에 해당하는 커트 유형이다.

58 - 오일 샴푸 : 건조해진 모발에 지방공급이 필요할 때 사용한다.
- 토닉 샴푸 : 두발과 두피의 생리기능을 높이기 위해 사용한다.
- 드라이 샴푸 : 주로 환자나 가발에 사용한다.

59 - 파리 : 장티푸스
- 벼룩 : 발진열
- 쥐 : 페스트

60 - 녹색 : 최우수업소
- 황색 : 우수업소
- 백색 : 일반관리 대상업소

01 이용사 또는 미용사 면허를 받을 수 있는 자는?
① 고혈압자
② 약물 중독자
③ 피성년후견인
④ 감염병 환자

02 우리나라에서 단발령이 처음으로 내려진 시기는?
① 1880년 10월
② 1881년 8월
③ 1891년 8월
④ 1895년 11월

03 이용 시술 시 작업 자세로서 적당하지 않은 것은?
① 무릎을 살짝 구부린 낮춘 자세
② 시술자와 배꼽의 위치 의자의 간격은 주먹 하나
③ 발의 넓이는 어깨넓이 정도의 자세
④ 60cm 명시 거리가 적당한 위치

04 가위의 형태가 약간 휘어져 있어서 세밀한 부분의 수정이나 곡선 처리에 적합한 가위는?
① 미니가위
② R 시저스(R Scissors)
③ 시닝 시저스(Thinning Scissors)
④ 커팅 시저스(Cutting Scissor)

05 아이론 선정 시 주의해야 할 사항으로 틀린 것은?
① 프롱, 그루브, 스크루 및 양쪽 핸들에 홈이나 갈라진 것이 없어야 한다.
② 비틀림이 없고 프롱과 그루브가 바르게 겹쳐져야 한다.
③ 프롱과 로드 및 그루브의 접촉면이 매끄러우며 들쑥날쑥하거나 비틀어지지 않아야 한다.
④ 가늘고 둥근 아이론의 경우에는 그루브의 홈이 얕고 핸들을 닫아 끝이 밀착되었을 때 틈새가 전혀 없어야 한다.

06 장발형 남성 고객이 상고머리 스타일을 원할 때 일반적으로 먼저 시작하는 cut 부위와 방법으로 가장 적합한 것은?
① 후두부에서부터 클리퍼로 끌어올린다.
② 후두부에서부터 끌어 깎기로 자른다.
③ 전두부에서부터 지간 깎기로 자른다.
④ 측두부에서부터 밀어 깎기로 자른다.

07 면도 전 스팀타월을 사용하는 이유로 틀린 것은?
① 수염과 피부를 유연하게 한다.
② 피부의 상처를 예방한다.
③ 지각 신경의 감수성을 조절함으로써 면도날에 의한 자극을 줄이는 효과가 있다.
④ 피부의 온열 효과를 주어 모공을 수축시킨다.

08 정발 시술 순서 중 첫 번째로 시술해야 하는 곳은?
① 가르마 → 측두부 → 천정부
② 가르마 → 전두부 → 천정부
③ 가르마 → 후두부 → 천정부
④ 가르마 → 천정부 → 측두부

09 일반적인 매뉴얼테크닉 방법 중 고타법에 대한 설명으로 옳은 것은?
① 손으로 두드리는 방법
② 손으로 주무르는 방법
③ 손으로 진동하는 방법
④ 손 전체로 부드럽게 쓰다듬기

10 화장품의 4대 요건이 아닌 것은?
① 안전성
② 사용성
③ 안정성
④ 용해성

11 부족 시 모발이 건조해지고 부스러지는 것은?
① 비타민 A
② 비타민 B_2
③ 비타민 C
④ 비타민 E

12 건열멸균법에 대한 내용으로 적절하지 않은 것은?
① 고무제품은 사용이 불가하다.
② 유리기구, 주사침, 유지, 분말 등에 이용된다.
③ 젖은 손으로 조작하지 않는다.
④ 190℃ 이상의 건열멸균기에 2~3시간 넣어서 멸균하는 방법이다.

13 승홍에 관한 설명으로 틀린 것은?
① 액 온도가 높을수록 살균력이 강하다.
② 금속 부식성이 있다.
③ 0.1% 수용액을 사용한다.
④ 상처 및 구내염 소독에 적당한 소독약이다.

14 다음 중 하수에서 용존산소(DO)에 대한 설명으로 옳은 것은?
① 용존산소(DO)가 낮다는 것은 수생식물이 잘 자랄 수 있는 물의 환경임을 의미한다.
② 용존산소(DO)가 높으면 생물학적 산소요구량(BOD)은 낮다.
③ 온도가 높아지면 용존산소(DO)는 증가한다.
④ 세균의 호기성 상태에서 유기물질을 20에서 5일간 안정화시키는 데 소비한 산소량을 의미한다.

15 다음의 보기 중 공중위생영업자가 변경신고를 해야 되는 경우를 모두 고른 것은?

> ㄱ. 재산 변동사항
> ㄴ. 신고한 영업장 면적의 3분의 1 이상의 증감
> ㄷ. 영업소의 주소
> ㄹ. 미용업 업종 간 변경

① ㄱ, ㄷ
② ㄱ, ㄴ
③ ㄱ, ㄴ, ㄷ, ㄹ
④ ㄴ, ㄷ, ㄹ

16 이·미용업 영업신고 신청 시 필요한 구비서류에 해당하는 것은?

① 이·미용사 자격증 원본
② 교육수료증
③ 호적등본 및 주민등록등본
④ 건축물 대장

17 위생교육을 받아야 하는 대상자가 아닌 것은?

① 면허증 취득 예정자
② 공중위생영업자
③ 공중위생영업의 승계를 받은 자
④ 공중위생영업의 신고를 하고자 하는 자

18 자외선의 종류 중 파장의 길이가 길어 생활 자외선이라 불리우며 피부에 투과되어 콜라겐을 손상시켜 주름을 유발하는 광선은?

① UV B
② RV
③ UV C
④ UV A

19 신고를 하지 않고 이·미용 영업소의 소재지를 변경한 경우 1차 행정처분은?

① 영업정지 1월
② 영업장 폐쇄명령
③ 개선명령
④ 영업정지 2월

20 공중위생감시원의 업무에 해당하지 않는 것은?

① 공중위생영업자의 현장 민원사항 확인 및 조치
② 위생지도 및 개선명령 이행여부 확인
③ 법률 규정에 의한 시설 및 설비의 확인
④ 공중위생 영업자의 영업자 준수사항 이행여부의 확인

21 세정용 화장수의 일종으로 가벼운 화장의 제거와 1차 클렌징으로 사용하기에 적합한 것은?

① 클렌징 워터
② 클렌징 오일
③ 클렌징 크림
④ 클렌징 폼

22 화장품 용기에 표시 및 기재해야 하는 사항이 아닌 것은?

① 제조번호
② 내용물의 중량 및 용량
③ 제품의 명칭
④ 제조자의 이름

23 다음 중 사인 보드(Sign Board)는 무엇을 의미하는가?

① 정맥, 동맥, 피부
② 정맥, 동맥, 붕대
③ 정맥, 동맥, 머리
④ 적혈구, 백혈구, 동맥

24 커트 시술 시 작업 순서를 바르게 나열한 것은?

① 구상-제작-소재-보정
② 제작-보정-소재-구상
③ 소재-구상-제작-보정
④ 구상-소재-제작-보정

25 다음 중 클리퍼에 대한 설명으로 옳은 것은?

① 클리퍼의 밑날판은 5리가 가장 얇다.
② 클리퍼의 밑날판은 1분기가 가장 얇다.
③ 클리퍼의 밑날판은 1분 5리가 가장 얇다.
④ 클리퍼의 밑날판은 5분기가 가장 얇다.

26 연마 도구인 숫돌 중 천연 숫돌에 해당되는 것은?

① 금상사 숫돌
② 막 숫돌
③ 금반 숫돌
④ 자도사 숫돌

27 쇠고기나 돼지고기 등의 생식으로 감염될 수 있는 기생충은?

① 촌충
② 잠복기 보균자
③ 간흡충
④ 회충

28 자루면도기(일도)의 손질법 및 사용에 관한 설명이 아닌 것은?

① 정비는 예리한 날을 지니도록 한다.
② 날이 빨리 무뎌진다.
③ 녹이 슬면 새 날로 교체한다.
④ 일자형으로 칼자루가 칼날에 연결되어 있다.

29 면도기 잡는 방법 중 검지와 중지 사이에 끼고, 날은 왼쪽으로 향하게 하며, 마치 연필을 잡듯이 칼끝머리 부분을 밑으로 향하게 잡는 방법은 무엇인가?

① 프리핸드 스트로크(Free hand stroke)
② 백핸드 스트로크(Back hand stroke)
③ 푸시핸드 스트로크(Push hand stroke)
④ 펜슬핸드 스트로크(Pencil hand stroke)

30 다음 중 7 : 3 가르마가 가장 잘 어울리는 얼굴형은?

① 둥근 얼굴
② 긴 얼굴
③ 사각형 얼굴
④ 역삼각형 얼굴

31 아이론의 구조 중 모발이 감기거나 모발의 컬 형을 만드는 부분의 명칭은?

① 프롱
② 그루브
③ 핸들
④ 피봇 스크루

32 화장수 중 아스트리젠트의 특징을 설명한 것 중 옳지 않은 것은?

① 클렌징 작용
② 지성피부에 적합
③ 피부의 수렴작용
④ 산성 화장수

33 다음 중 인모가발에 대한 설명으로 틀린 것은?

① 실제 사람의 두발을 사용한다.
② 가격이 저렴하다.
③ 퍼머넌트 웨이브나 염색이 가능하다.
④ 헤어스타일을 다양하게 변화시킬 수 있다.

34 면체술 후 화장술 순서 중 가장 적당한 것은?

① 콜드크림 → 스킨로션 → 밀크로션
② 콜드크림 → 영양크림 → 밀크로션
③ 영양크림 → 스킨로션 → 밀크로션
④ 스킨로션 → 콜드크림 → 밀크로션

35 다음 샴푸법 중 거동이 불편한 환자나 임산부에 가장 적당한 것은?

① 플레인 샴푸(Plain Shampoo)
② 핫 오일(Hot Oil Shampoo)
③ 에그 샴푸(Egg Shampoo)
④ 드라이 샴푸(Dry Shampoo)

36 피부색소의 멜라닌을 만드는 색소형성 세포는 어느 층에 위치하는가?

① 과립층
② 유극층
③ 각질층
④ 기저층

37 다음 중 원발진이 아닌 것은?

① 면포
② 종양
③ 결절
④ 태선화

38 화장품에서 요구되는 4대 품질 특성에 대한 내용으로 옳은 것은?

① 안전성 – 미생물 오염이 없을 것
② 안정성 – 독성이 없을 것
③ 보습성 – 피부표면의 건조함을 막아줄 것
④ 사용성 – 사용이 편리해야 할 것

39 면도기를 잡는 방법 중 칼 몸체와 핸들이 일직선이 되게 똑바로 펴서 마치 막대기를 쥐는 듯한 방법은?

① 프리 핸드(Free Hand)
② 백 핸드(Back Hand)
③ 스틱 핸드(Stick Hand)
④ 펜슬 핸드(Pencil Hand)

40 미생물의 증식환경으로 중온성균의 발육에 최적 온도로 알맞은 것은?

① 15~20℃
② 70~95℃
③ 50~65℃
④ 28~37℃

41 다음 중 습열 멸균법에 속하는 것은?

① 화염멸균법
② 소각소독법
③ 자비소독법
④ 여과멸균법

42 아스트리젠트의 작용으로 옳은 것은?

① 피부에 유연작용을 한다.
② 수렴작용과 피지분비 억제작용을 한다.
③ 약산성이다.
④ 피부에 거침을 방지하고 부드럽게 한다.

43 이용에서 가장 기본에 해당하는 것은?

① 세발
② 정발
③ 이발
④ 면체

44 다음 중 보건행정의 특성과 가장 거리가 먼 것은?

① 정치성
② 교육성
③ 공공성
④ 과학성

45 다음 중 강력한 소독법이라 할 수 있는 것은?

① EO 가스
② 건열
③ 고압증기
④ 소각

46 염료에 대한 설명으로 옳지 않은 것은?

① 광물에서 얻어지는 것으로 커버력이 우수한 색소이다.
② 물 또는 오일에 녹는 색소에 화장품 자체에 색을 부여하기 위해 사용한다.
③ 유용성 염료는 헤어오일 등의 색 착색에 사용한다.
④ 저렴하고 안전성 있는 합성색소인 타르를 주로 사용한다.

47 염모제의 부작용 유무를 알기 위한 피부 반응 검사방법으로 가장 적합한 것은?

① 세면 후 얼굴에 시험을 실시한다.
② 세발 실시 후 두피에 시험을 실시한다.
③ 팔의 안쪽과 귀 뒤 피부에 소량 바른다.
④ 목욕을 한 후 몸 전체에 시험을 실시한다.

48 면도기의 종류와 특징 중 칼 몸체의 핸들이 일자형으로 생긴 것은?

① 펜슬   ② 양도
③ 스틱핸드   ④ 일도

49 금속제품을 자비소독할 경우 끓는 물에 몇 분 이상 담그는 것이 효과적인가?

① 10분 이상   ② 20분 이상
③ 30분 이상   ④ 40분 이상

50 다음 중 아포가 없는 결핵균, 살모넬라균의 감염을 방지하기 위한 살균 방법은?

① 저온 살균법
② 여과 멸균법
③ 간헐 멸균법
④ 자외선 살균법

51 아이론 웨이브 시술에 대한 설명 중 틀린 것은?

① 머리카락이 부드러운 사람에게는 정상적인 두발보다 시술 온도를 높게 해야 한다.
② 아이론으로 종이를 집어서 타지 않을 정도의 온도가 되어야 한다.
③ 프랑스의 마셀이 창안했다.
④ 마셀웨이브라고도 한다.

52 가위나 레이저로 두발을 자연스러운 장단을 만들어서 두발 끝부분에 갈수록 붓의 끝 같이 되도록 커트하는 것은?

① 클리핑 커트   ② 틴닝 커트
③ 싱글링 커트   ④ 테이퍼링

53 다음 감염병 중 병원체가 기생충인 것은?

① 백일해   ② 결핵
③ 일본뇌염   ④ 말라리아

54 탈모를 방지하기 위하여 다음 중 가장 옳은 세발 방법은?

① 두피와 모근을 마사지 하듯 손끝으로 샴푸한다.
② 모근에 자극을 주어 혈액순환에 도움이 되도록 브러시로 샴푸한다.
③ 모발의 먼지나 지방을 제거할 정도로 손바닥으로 적당히 마사지 하면서 샴푸한다.
④ 모근을 튼튼하게 해 주기 위해 손톱으로 적당히 자극을 주면서 샴푸한다.

55 염색된 두발의 수정(Dye Retouch)에 주로 사용되는 염모 제품은?

① 컬러 린스
② 컬러 샴푸
③ 컬러 크레이언
④ 컬러 스프레이

56 레이저 커트 시 물을 충분히 두발에 축이면서 하는 근본적인 이유는?

① 조발이 잘되게 하기 위하여
② 두발의 손상을 방지하기 위하여
③ 두발을 부드럽게 하기 위하여
④ 기구의 손상을 방지하기 위하여

57 두피관리 중 헤어 토닉을 두피에 바르면 시원함을 느끼는데 이것은 주로 어느 성분 때문인가?

① 붕산   ② 알코올
③ 캄파   ④ 글리세린

58 호상 블리치제(Bleach Agent)에 관한 설명 중 틀린 것은?

① 두 번 칠할 필요가 없다.
② 탈색과정을 눈으로 볼 수 없다.
③ 두발에 대한 탈색작용이 빠르다.
④ 과산화수소수의 조제 상태가 풀과 같은 점액 상태이다.

59 두피손질 중 화학적인 방법이 아닌 것은?

① 양모제를 바르고 손질한다.
② 빗과 브러시로 손질한다.
③ 헤어로션을 바르고 손질한다.
④ 헤어크림을 바르고 손질한다.

60 이용사가 지켜야 할 사항으로 가장 거리가 먼 것은?

① 항상 친절하게 하고, 구강 위생을 철저히 유지한다.
② 손님의 의견과 상관없이 소신껏 시술한다.
③ 매일 샤워와 목욕을 하며, 깨끗한 복장을 착용한다.
④ 건강에 유의하면서, 적당한 휴식을 취한다.

01 ①	02 ④	03 ④	04 ②	05 ④	06 ③	07 ④	08 ①	09 ①	10 ④
11 ①	12 ④	13 ④	14 ②	15 ④	16 ②	17 ①	18 ④	19 ①	20 ①
21 ②	22 ④	23 ②	24 ③	25 ①	26 ②	27 ①	28 ③	29 ④	30 ①
31 ①	32 ①	33 ②	34 ①	35 ④	36 ④	37 ④	38 ④	39 ③	40 ④
41 ③	42 ②	43 ③	44 ①	45 ③	46 ①	47 ③	48 ④	49 ②	50 ①
51 ①	52 ④	53 ④	54 ①	55 ③	56 ②	57 ②	58 ③	59 ②	60 ②

01 면허를 받을 수 없는 자
- 피성년후견인
- 정신질환자
- 공중의 위생에 영향을 미칠 수 있는 감염병환자로서 보건복지부령이 정하는 자(결핵)
- 마약 기타 대통령령으로 정하는 약물중독자(대마 또는 향정신성 의약품의 중독자)
- 면허가 취소된 후 1년이 경과되지 아니한 자

02 단발령 : 김홍집 내각이 1895년(고종 32) 11월 성년 남자의 상투를 자르도록 내린 명령이다.

03 시술작업 시 명시거리 : 약 25~30cm를 유지

04 가위별 사용법
- 미니가위 : 정밀한 블런트 커트 시 사용함
- 커팅 시저스 : 두발을 커트하고 주로 싱글링 커트 시 많이 사용함
- 시닝 시저스 : 두발의 길이는 자르지 않고 숱을 쳐내는 데 사용함

05 그루브는 홈이 있는 부분으로 프롱과 그루브 사이에 모발을 끼워 형태를 만들며 두발의 필요한 부분을 나눠 잡거나 사이에 끼워 고정시키는 역할을 한다.

06 단발형(하상고)이나 단발형(중상고)머리의 경우 먼저 전두부를 지간 깎기로 자른다.

07 면도 시 스팀타월을 사용하는 목적
- 피부의 노폐물, 먼지 등의 제거에 도움을 주며 면도를 쉽게 한다.
- 피부에 온열 효과를 주어 쾌감을 주는 동시에 모공을 확장시켜 수염과 피부를 유연하게 하여 피부의 상처를 예방한다.
- 지각 신경의 감수성을 조절하여 면도날에 의한 자극을 줄이는 효과가 있다.

08 가르마를 시작으로 측두부, 천정부 순으로 시술한다.

09 손 마사지(매뉴얼테크닉의 방법)
- 고타법 : 손으로 두드리는 방법
- 진동법 : 손으로 진동하는 방법
- 유연법 : 손으로 주무르는 방법
- 강찰법 : 손으로 피부를 강하게 문지르는 방법
- 경찰법 : 손 전체로 부드럽게 쓰다듬기

10 화장품의 4대 요건은 안정성, 사용성, 안전성, 유효성이다.

11 비타민 부족 시 나타나는 증상
- 비타민 A : 모발이 건조해지고 부스러짐
- 비타민 B_2 : 구순염, 설염
- 비타민 C : 괴혈병
- 비타민 E : 근육마비, 불임증

12 건열멸균법 : 160~180℃의 건열멸균기 속에서 1~2시간(140℃에서 4시간) 넣어서 멸균하는 방법으로 유리기구, 주사침 등의 멸균에 사용된다.

13 과산화수소는 구내염, 입안세척, 상처 등에 사용한다.

14 깨끗한 물은 BOD(생물학적 산소요구량)가 낮고 DO(용존산소)가 높으며 COD(화학적 산소요구량)가 낮다.

15 변경신고
- 영업소의 주소
- 영업소의 명칭 또는 상호
- 신고한 영업장 면적의 3분의 1 이상의 증감
- 대표자의 성명 또는 생년월일
- 미용업 업종 간 변경

16 이·미용업 영업신고 신청 시 필요한 구비서류
- 영업시설 및 설비개요서
- 교육수료증(미리 교육을 받은 경우에만 해당)

17 위생교육
- 공중위생영업자는 매년 위생교육을 받아야 하며 공중위생영업의 신고를 하고자 하는 자는 미리 위생교육을 받아야 한다. 다만, 보건복지부령으로 정하는 부득이한 사유로 미리 교육을 받을 수 없는 경우에는 영업개시 후 6개월 이내에 위생교육을 받을 수 있다.
- 위생교육을 받아야 하는 자 중 영업에 직접 종사하지 아니하거나 두 개 이상의 장소에서 영업을 하는 자는 종업원 중 영업장별로 공중위생에 관한 책임자를 지정하고 그 책임자로 하여금 위생교육을 받도록 하여야 한다.

18 UV-A : 에너지 강도가 UV-B의 1/1,000 정도이나 지구에 도달하는 양은 UV-B의 약 100배 정도로 오존층에 흡수되지 않으며 일반적으로 생활 자외선이라 불리며 파장이 길어 유리를 통과할 수 있으며 표피, 진피, 피하지방층까지 깊숙이 침투되어 콜라겐의 손상으로 주름을 유발하고, 색소침착과 흑화현상을 일으키며 실내 및 차 안에서도 피부에 영향을 미치므로 주의해야 한다.

19 1차 : 영업정지 1월, 2차 : 영업정지 2월,
3차 : 영업장 폐쇄명령

20 공중위생감시원의 업무
- 시설 및 설비의 확인
- 공중위생영업 관련 시설 및 설비의 위생상태 확인·검사, 공중위생영업자의 위생관리의무 및 영업자 준수사항 이행여부의 확인
- 위생지도 및 개선명령 이행여부를 확인
- 공중위생영업소의 영업의 정지, 일부 시설의 사용중지 또는 영업소 폐쇄명령 이행여부의 확인
- 위생교육 이행여부의 확인

21 클렌징 오일 : 선크림, 선로션 등이 피부에 남아 트러블이 생기지 않도록 제거하기 위해 사용된다.

22 화장품 용기 기재 사항
- 화장품의 명칭
- 영업자의 상호 및 주소
- 해당 화장품 제조에 사용된 모든 성분
- 내용물의 용량 또는 중량
- 제조번호
- 사용기한 또는 개봉 후 사용기한
- 가격
- 사용할 때의 주의사항

23 이발소를 표시하는 세계 공통의 기호이며 청색 : 정맥, 적색 : 동맥, 백색 : 붕대를 나타낸다.

24 커트 작업 순서 : 소재-구상-제작-보정

25 이발기 밑날 두께 : 5리(1mm), 1분기(2mm), 2분기(5mm), 3분기(8mm)

26 숫돌의 종류
- 천연 숫돌 : 고운 숫돌, 중 숫돌, 막 숫돌
- 인조 숫돌 : 금상사, 자도사, 금속사

27 • 간흡충 : 왜우렁
- 회충 : 오염된 손, 생채소, 파리

28 자루 면도기
- 일자형으로서 칼날이 좁고 칼자루가 칼날에 연결되어 단단하면서 가벼워 사용하기에 편리하지만 날이 빨리 무디어지는 단점이 있다.
- 칼날은 녹이 슬지 않도록 기름으로 닦아 관리해야 한다.

29 펜슬 핸드 : 면도기를 연필 잡듯이 쥐고 행하는 기법이다.

30 가르마의 기준
- 긴 얼굴 2 : 8 • 사각형 얼굴 4 : 6
- 역삼각형 얼굴 5 : 5 • 둥근 얼굴 3 : 7

31 • 프롱 : 두발을 위에서 누르는 작용을 한다.
- 그루브(홈 부분) : 아래에서 고정시키는 작용을 한다.
- 핸들 : 손잡이 부분

32 아스트리젠트는 지성피부에 적합하며 산성 화장수로 피부에 수렴작용을 한다.

33 인모가발은 가격이 비싸다.

34 면체술 후 화장술 순서 : 콜드크림 → 스킨로션 → 밀크로션

35 • 플레인 샴푸 : 합성세제, 비누, 물을 이용한 보통 샴푸
- 핫 오일 : 건성일 때 사용하며 플레인 샴푸 전에 고급 식물성유인 춘유(동백유), 올리브유, 아몬드유나 트리트먼트 크림을 먼저 사용
- 에그 샴푸 : 두발이 지나치게 건조한 경우 및 표백된 머리, 염색에 실패한 머리 등에 날달걀을 샴푸제로 사용
- 드라이 샴푸 : 물 없이 머리를 감을 수 있는 샴푸

36 기저층 : 표피의 가장 아래층에 있는 세포층이며 진피와 경계를 이루는 물결모양의 단층으로 이루어져 있으며 새로운 세포를 형성하는 층으로 멜라닌을 형성하는 색소형성 세포를 가지고 있다.

37 • 원발진 : 피부질환의 초기 증상으로 반점, 구진, 결절, 종양, 팽진, 소수포, 농포
- 속발진 : 2차적 피부질환으로 미란, 찰상, 인설, 가피, 태선화, 반흔

38 화장품의 4대 요건
- 안전성 : 피부에 대한 트러블이 없어야 하고 독성이 없을 것
- 안정성 : 보관에 따른 변색, 변질, 변취가 없어야 하며, 미생물의 오염이 없을 것
- 유효성 : 적절한 보습, 노화억제, 자외선차단, 미백, 세정 등의 효과를 부여할 것
- 사용성 : 사용이 용이하며 피부에 잘 스며들 것

39 면도기 잡는 방법
- 프리 핸드 : 가장 기본적인 면도 자루 쥐는 방법
- 백 핸드 : 면도를 프리핸드로 잡은 자세에서 날을 반대로 운행하는 기법
- 펜슬 핸드 : 면도기를 연필 잡듯이 쥐고 행하는 기법

40 온도
- 저온성균 : 15~20℃
- 중온성균 : 27~35℃
- 고온성균 : 50~65℃

41 습열멸균법은 고압증기 멸균법, 유통증기 멸균법, 저온 살균법, 자비소독법 등이 있다. 자비소독법은 100℃의 끓는 물에 15~20분간 소독하며 면 의류, 타월, 금속성 식기, 도자기 소독에 사용된다.

42 화장수의 종류
- 세정화장수 : 피부의 노폐물 및 화장품의 잔여물의 세정작용을 한다.
- 수렴화장수 : 수렴작용 및 피지분비의 억제 작용을 한다.
- 유연화장수 : 피부 각질층에 수분을 공급하여 유연하게 한다.

43 이용에서 가장 기본은 이발이다.

44 보건행정의 특성 : 봉사성, 공공성과 사회성, 행정 대상의 양면성, 과학성과 기술성, 조장성 및 교육성, 보건의료에 대한 가치의 상충

45 고압증기 멸균법은 아포형성균의 멸균에 가장 효과적인 방법이다.

46 천연염료와 합성염료로 나눌 수 있다.
- 천연염료는 식물성 염료, 동물성 염료 및 광물성 염료로 분류한다.
- 합성염료는 천연염료에 비하여 색상이 다양하며 가격이 저렴하고 사용 방법이 간단하다.

47 염모제의 피부 테스트(패치테스트) : 귀 뒤, 팔의 안쪽 피부를 비눗물 등으로 잘 씻고 닦은 후 테스트할 염모제를 정해진 용법, 용량대로 소량을 혼합하여 동전 크기 정도로 바르고 48시간 동안 자연 건조하면서 관찰한다.

48 면도기의 종류
- 양도 : 접이식 면도기
- 일도 : 칼 몸체의 핸들이 일자형으로 생긴 것

49 자비소독법은 100℃의 끓는 물에 15~20분간 소독하며 면 의류, 타월, 금속성 식기, 도자기 소독에 사용된다.

50 저온 살균 : 영양성분의 파괴를 방지하며 맛의 변질을 막고 아포가 없는 결핵균, 살모넬라균의 감염을 방지하기 위한 소독법으로 62~63℃에서 30분 동안 가열한다. 포도주(술), 우유 등이 대상물이다.

51 아이론 시술 시에 열로 인한 모발의 손상을 최소화하기 위해 부드러운 모발에는 낮은 온도를 유지하는 것이 중요하다.

52 테이퍼링 : 모발의 끝을 붓끝처럼 점점 가늘어지게 하는 커트 방법이다.

53 말라리아 병원체 : 인체 기생충으로 취급하기도 하며 말라리아 원충이라 불린다.

54 손끝을 이용하여 두피 마사지하듯 샴푸하면 두피의 혈액순환을 도와 건강한 두피 및 모발케어에 도움을 준다.

55 컬러 크레이언 : 염색된 모발의 수정에 주로 사용된다.

56 모발의 손상을 최소화하기 위함이다.

57 헤어토닉 : 알코올을 주성분으로 한 양모제이다.

58 액상 블리치 : 모발의 탈색 작용이 빠르다.

59 물리적 자극을 주는 방법으로 빗과 브러시 등의 도구를 사용하여 두피 및 두발의 생리기능을 건강하게 유지하는 것이다.

60 우선 이용자의 의견과 심리를 존중한다.

01 다음 중 아이들 피부에서 팔꿈치나 오금의 피부가 건조해지며 두꺼워지고 가려움을 동반하는 피부 현상은?

① 아토피　　　　② 건선
③ 태선화　　　　④ 팽진

02 드라이어 정발술의 시술 순서 중 첫 번째로 시술해야 하는 곳으로 적합한 곳은?

① 후두부
② 가르마
③ 전두부
④ 천정부

03 정발 시 역삼각형 얼굴의 손님에게 가장 잘 어울리는 가르마는?

① 2 : 8
② 4 : 6
③ 5 : 5
④ 3 : 7

04 두개피에 비듬이 많아 비듬제거의 목적으로 쓰이는 트리트먼트는?

① 드라이 스캘프 트리트먼트
② 댄드러프 스캘프 트리트먼트
③ 오일리 스캘프 트리트먼트
④ 플레인 스캘프 트리트먼트

05 다음 중 아이론의 사용에 있어 가장 적합한 온도 범위는?

① 100~130℃
② 80~100℃
③ 60~80℃
④ 140~160℃

06 이용사를 바버(Barber)라고 한다. 이용사의 어원은 어디에서 유래된 것인가?

① 화장품 회사 이름
② 병원 이름
③ 사람 이름
④ 가위 이름

07 우리나라에 단발령이 내려진 시기는?

① 1895년부터
② 해방 후부터
③ 6.25 후부터
④ 조선 중엽부터

08 결핵환자가 사용한 침구류 및 의류의 가장 간편한 소독 방법은?

① 자비 소독
② 일광 소독
③ 크레졸 소독
④ 석탄산 소독

09 다음 중 피부색을 결정짓는 주요한 요인이 되는 멜라닌 색소를 만들어 내는 피부층은?

① 과립층　　　　② 유두층
③ 기저층　　　　④ 유극층

10 면체 시 면도날을 잡는 기본적인 방법이 아닌 것은?

① 프리 핸드　　　② 포 핸드
③ 백 핸드　　　　④ 펜슬 핸드

11 남성 퍼머넌트 머리를 커트 시 사용하기에 적합한 가위는?

① R 시저스
② 커팅 시저스
③ 틴닝 시저스
④ 미니 가위

12 비타민 A와 관련된 화합물의 총칭으로서 피부세포 분화와 증식에 영향을 주고 손상된 콜라겐과 엘라스틴의 회복을 촉진하는 것은?

① 폴리페놀
② 알부틴
③ 레티노이드
④ 피토스핑고신

13 매뉴얼 테크닉의 기본동작 중 두드리며 때리는 동작으로, 근육수축력 증가, 신경기능의 조절 등에 효과가 있는 동작은?

① 페트리사지
② 프릭션
③ 에플라지
④ 타포트먼트

14 지성피부의 화장품 적용 목적 및 효과로 거리가 먼 것은?

① 모공 수축
② 유연 회복
③ 항염 · 정화
④ 피지 분비 및 정상화

15 두부(Head) 내 각부 명칭의 연결이 잘못된 것은?

① 전두부 – 프런트(Front)

② 두정부 – 크라운(Crown)

③ 측두부 – 사이드(Side)

④ 후두부 – 톱(Top)

16 면체 시술 시 마스크를 사용하는 주목적은?

① 손님의 입김을 방지하기 위하여 사용한다.

② 호흡기 질병 및 감염병 예방을 위하여 사용한다.

③ 불필요한 대화의 방지를 위하여 사용한다.

④ 상대방의 악취를 예방하기 위하여 사용한다.

17 면도기를 잡는 방법 중 칼 몸체와 핸들이 일직선이 되게 똑바로 펴서 마치 막대기를 쥐는 듯한 방법은?

① 프리 핸드(Free Hand)

② 백 핸드(Back Hand)

③ 스틱 핸드(Stick Hand)

④ 펜슬 핸드(Pencil Hand)

18 이·미용실 화장실 바닥 청소에 적합한 소독 방법은 무엇인가?

① 석탄산   ② 승홍

③ 포르말린수   ④ 역성비누

19 저온살균법을 고안한 면역학의 아버지라 불리는 사람은?

① 로버트 훅   ② 안톤 판 레벤후크

③ 로버트 코흐   ④ 파스퇴르

20 이용 사인보드에 대한 설명으로 옳은 것은?

① 청, 백, 적, 황의 네 가지 색으로 구분한다.

② 이용실은 사인보드를 반드시 사용하도록 법으로 규제되어 있다.

③ 미국에서의 이용사 직무의 변천에서 유래한다.

④ 전 세계를 통용하여 사용한다.

21 표피에서 촉감을 감지하는 세포는?

① 멜라닌세포

② 랑게르한스세포

③ 각질형성세포

④ 메르켈세포

22 염모제의 보관 장소로 가장 적합한 곳은?

① 습기가 높고 어두운 곳

② 온도가 낮고 어두운 곳

③ 온도가 높고 어두운 곳

④ 건조하고 일광이 잘 드는 밝은 곳

23 화장품의 4대 요건으로 적합하지 않은 것은?

① 안전성   ② 사용성

③ 유효성   ④ 용해성

24 사람의 피부색과 관련이 없는 것은?

① 카로틴 색소

② 헤모글로빈 색소

③ 클로로필 색소

④ 멜라닌 색소

25 빗과 가위를 이용해서 동시에 올려치면서 연속 커트하는 기법을 무엇이라고 하는가?

① 끌어 깎기

② 밀어 깎기

③ 찔러 깎기

④ 연속 깎기

26 화장수 중 아스트리젠트의 특징을 설명한 것 중 옳지 않은 것은?

① 클렌징 작용

② 지성피부에 적합

③ 피부의 수렴작용

④ 산성 화장수

27 일반적인 매뉴얼테크닉 방법 중 고타법에 대한 설명으로 옳은 것은?

① 손으로 두드리는 방법

② 손으로 주무르는 방법

③ 손으로 진동하는 방법

④ 손 전체로 부드럽게 쓰다듬기

28 다음 중 모발의 화학 결합이 아닌 것은?

① 수소결합

② 시스틴결합

③ 펩타이드결합

④ 배위결합

29 피지, 각질세포, 박테리아가 서로 엉겨서 모공이 막힌 상태를 무엇이라 하는가?

① 구진   ② 면포

③ 반점   ④ 결절

30 다음 감염병 중 기본 예방접종의 시기가 가장 늦은 것은?

① 폴리오

② 디프테리아

③ 일본뇌염

④ 백일해

31 과산화수소에 대한 설명으로 옳지 않은 것은?

① 침투성과 지속성이 매우 우수하다.
② 발생기 산소가 강력한 산화력을 나타낸다.
③ 표백, 탈취, 살균 등의 작용이 있다.
④ 발포 작용에 의해 상처의 표면을 소독한다.

32 화장품의 4대 요건으로 적합하지 않은 것은?

① 안정성
② 유효성
③ 사용성
④ 보호성

33 두피 매뉴얼테크닉(마사지)의 방법이 아닌 것은?

① 경찰법(문지르기)
② 유연법(주무르기)
③ 진동법(떨기)
④ 회전법(돌리기)

34 모발화장품 중 양이온성 계면활성제를 주로 사용하는 것은?

① 헤어샴푸
② 헤어린스
③ 반영구 염모제
④ 퍼머넌트 웨이브제

35 표피(Epidermis)에 존재하지 않는 세포는?

① 각질형성 세포(Keratinocyte)
② 멜라닌형성 세포(Melanocyte)
③ 랑게르한스 세포(Langerhans Cell)
④ 섬유아 세포(Fibroblast)

36 자외선 차단제에 대한 설명으로 가장 적합한 것은?

① 일광에 노출된 후에 바르는 것이 효과적이다.
② 피부 병변이 있는 부위에 사용해 자외선을 막아준다.
③ 사용 후 시간이 경과하여 다시 덧바르면 효과가 떨어진다.
④ 민감한 피부는 SPF가 낮은 제품을 사용하는 것이 좋다.

37 다음 중 사인보드(Sign Board)는 무엇을 의미하는가?

① 정맥, 동맥, 피부
② 정맥, 동맥, 붕대
③ 정맥, 동맥, 머리
④ 적혈구, 백혈구, 동맥

38 다음 중 아이오딘화합물에 대한 설명으로 옳은 것은?

① 세균, 곰팡이에 대한 살균력을 가지나 바이러스나 포자에 대한 살균력은 없다.
② 알칼리성 용액에서는 살균력을 거의 잃어버린다.
③ 살균력은 pH가 높을수록 커진다.
④ 페놀에 비해 살균력과 독성이 훨씬 높다.

39 인체에서 칼슘(Ca)대사와 가장 밀접한 관계를 가지고 있는 비타민은?

① 비타민 A
② 비타민 C
③ 비타민 D
④ 비타민 E

40 화학적 구조가 피지와 유사하여 모공을 막지 않으므로 여드름 피부에도 안심하고 사용할 수 있는 캐리어 오일은?

① 호호바 오일
② 살구씨 오일
③ 아보카도 오일
④ 올리브 오일

41 드라이 샴푸(Dry Shampoo)에 관한 설명으로 가장 거리가 먼 것은?

① 주로 거동이 어려운 환자에게 사용되는 샴푸 방법이다.
② 가발에도 사용할 수 있는 샴푸 방법이다.
③ 건조한 타월과 브러시를 이용하여 닦아낸다.
④ 일반적으로 이용업소에서 가장 많이 사용하고 있는 샴푸 방법이다.

42 금속제품을 자비소독할 경우 언제 물에 넣는 것이 가장 좋은가?

① 가열 시작 전
② 가열 시작 직후
③ 끓기 시작한 후
④ 수온이 미지근할 때

43 다음 중 타이로시네이스(Tyrosinase)의 작용을 억제하여 피부의 미백효과를 나타내는 것은?

① 알부틴(Arbutin)
② 판테놀(Panthenol)
③ 비오틴(Biotin)
④ 멘톨(Menthol)

44 탈모증세 중 지루성 탈모증에 관한 설명으로 가장 적합한 것은?

① 동전처럼 무더기로 머리카락이 빠지는 증세
② 상처 또는 자극으로 머리카락이 빠지는 증세
③ 나이가 들어 이마부분의 머리카락이 빠지는 증세
④ 두피 피지선의 분비물이 병적으로 많아 머리카락이 빠지는 증세

45 면도 작업 후 스킨(토너)을 사용하는 주목적은?

① 안면부를 부드럽게 하기 위하여
② 안면부의 소독과 피부 수렴을 위하여
③ 안면부를 건강하게 하기 위하여
④ 안면부의 화장을 하기 위하여

46 다음 중 이·미용업은 누구에게 신고하는가?

① 보건복지부장관
② 환경부장관
③ 시·도지사
④ 시장·군수·구청장

47 미생물이 증식해 나가는 환경과 밀접한 관계가 없는 것은?

① 기압   ② pH
③ 온도   ④ 습도

48 소독약품 사용 시 주의사항이 아닌 것은?

① 소독약품의 사용 허용 농도를 정확히 확인한다.
② 소독약품의 유효기간을 확인한다.
③ 소독력을 상승시키기 위해 농도를 기준 이상 올린다.
④ 소독약품의 환경오염 문제를 확인한다.

49 이·미용사 면허정지에 해당하는 사유가 아닌 것은?

① 공중위생관리법에 의한 명령에 위반한 때
② 공중위생관리법에 규정에 의한 명령에 위반한 때
③ 피성년후견인에 해당한 때
④ 면허증을 다른 사람에게 대여한 때

50 다음 중 모발 디자인용 화장품이 아닌 것은?

① 세트 로션   ② 포마드
③ 헤어 린스   ④ 헤어 스프레이

51 이·미용업 영업신고를 하지 않고 영업을 한 자에 해당하는 벌칙기준은?

① 6월 이하의 징역 또는 100만 원 이하의 벌금
② 6월 이하의 징역 또는 300만 원 이하의 벌금
③ 1년 이하의 징역 또는 500만 원 이하의 벌금
④ 1년 이하의 징역 또는 1천만 원 이하의 벌금

52 고객의 머리숱이 유난히 많은 두발을 커트할 때 가장 적합하지 않은 커트 방법은?

① 레이저 커트
② 스컬프처 커트
③ 딥테이퍼
④ 블런트 커트

53 매뉴얼테크닉 기법 중 피부를 강하게 문지르면서 가볍게 원운동을 하는 동작은?

① 에플라지(Effleurage)
② 프릭션(Friction)
③ 페트리사지(Petrissage)
④ 타포트먼트(Tapotement)

54 진피에 대한 설명으로 옳은 것은?

① 진피는 표피와 비슷한 두께를 가졌으며 두께는 약 2~3mm이다.
② 진피 조직은 비탄력적인 콜라겐 조직과 탄력적인 엘라스틴섬유 및 뮤코다당류로 구성되어 있다.
③ 진피 조직은 우리 신체의 체형을 결정짓는 역할을 한다.
④ 진피는 피부의 주체를 이루는 층으로 망상층과 유두층을 포함하여 5개의 층으로 나뉘어져 있다.

55 공중위생영업소의 위생관리등급 구분으로 옳은 것은?

① 위험관리대상 업소 – 적색 등급
② 일반관리대상 업소 – 황색 등급
③ 우수업소 – 백색 등급
④ 최우수업소 – 녹색 등급

56 모피질(Cortex)에 대한 설명이 틀린 것은?

① 전체 모발 면적의 50~60%를 차지하고 있다.
② 멜라닌 색소를 함유하고 있어 모발의 색상을 결정한다.
③ 피질 세포와 세포 간 결합 물질(간충물질)로 구성되어 있다.
④ 실질적으로 퍼머넌트 웨이브나 염색 등 화학적 시술이 이루어지는 부분이다.

57 특별한 사유 없이 이용 또는 미용의 업무를 영업소 외의 장소에서 행하였을 때의 처벌 기준은?

① 500만 원 이하의 벌금
② 200만 원 이하의 벌금
③ 200만 원 이하의 과태료
④ 300만 원 이하의 과태료

58 두피에 영양을 주는 트리트먼트제로서 모발에 좋은 효과를 주는 것은?

① 정발제   ② 양모제
③ 염모제   ④ 세정제

59 이용 기술용어 중에서 라디안(Radian) 알(R)의 두발 상태를 가장 잘 설명한 것은?

① 두발이 웨이브 모양으로 된 상태
② 두발이 원형으로 구부려진 상태
③ 두발이 반달모양으로 구부려진 상태
④ 두발이 직선으로 펴진 상태

60 염료에 대한 설명으로 옳지 않은 것은?

① 광물에서 얻어지는 것으로 커버력에 우수한 색소이다.
② 물 또는 오일에 녹는 색소에 화장품 자체에 색을 부여하기 위해 사용한다.
③ 유용성 염료는 헤어오일 등의 색 착색에 사용한다.
④ 저렴하고 안전성 있는 합성색소인 타르를 주로 사용한다.

01 ①	02 ②	03 ③	04 ②	05 ①	06 ③	07 ①	08 ②	09 ③	10 ②
11 ④	12 ③	13 ④	14 ②	15 ④	16 ②	17 ③	18 ①	19 ④	20 ④
21 ④	22 ②	23 ④	24 ③	25 ④	26 ①	27 ①	28 ④	29 ②	30 ③
31 ①	32 ④	33 ④	34 ②	35 ④	36 ④	37 ②	38 ④	39 ③	40 ①
41 ④	42 ③	43 ①	44 ④	45 ②	46 ④	47 ①	48 ④	49 ③	50 ③
51 ④	52 ④	53 ②	54 ④	55 ④	56 ①	57 ③	58 ②	59 ③	60 ①

01 • 아토피 : 어린아이의 팔꿈치나 오금의 피부가 두꺼워 지면서 까칠까칠해지고 몹시 가려운 증상을 나타내는 만성 피부염이다.
 • 건선 : 흰 버짐이 번지는 피부병(영양 결핍)이다.
 • 태선화 : 표피 등이 건조화 되어 가죽처럼 두꺼워 지는 현상이다.
 • 팽진 : 일시적 부종(모기물림)이다.

02 가르마 → 측두부 → 천정부 순으로 진행한다.

03 가르마의 기준
 • 긴 얼굴 2 : 8
 • 사각형 얼굴 4 : 6
 • 역삼각형 얼굴 5 : 5
 • 둥근 얼굴 3 : 7

04 • 드라이 스캘프 트리트먼트 : 건조 두피
 • 오일리 스캘프 트리트먼트 : 피지 분비량이 많을 경우
 • 플레인 스캘프 트리트먼트 : 정상 두피

05 아이론의 가장 적합한 온도 범위는 100~130℃이다.

06 세계 최초의 이용사 : 프랑스의 장 바버(Jean Barber)

07 단발령 : 김홍집 내각이 1895년(고종 32) 11월 성년 남자의 상투를 자르도록 내린 명령이다.

08 일광 소독 : 일광에 약 1% 포함되어 있는 자외선의 살균력을 이용한 것으로 의류, 침구, 기구, 깔개, 도서, 서류 등이 그 대상물이다.

09 표피의 가장 아래층에 있으며 새로운 세포를 형성하는 층으로 멜라닌을 형성하는 색소형성 세포를 가지고 있는 층은 기저층이다.

10 • 프리 핸드 : 면도자루를 엄지와 검지로 잡으며 자루의 끝부분을 약지와 소지 사이에 끼우는 방법이다.
 • 백 핸드 : 면도기의 깎는 날을 역으로 돌려 잡는 방법이다.
 • 펜슬 핸드 : 면도기를 검지와 중지 사이에 끼워 연필을 잡듯이 칼머리 부분을 밑으로 해서 잡는 방법이다(연필을 잡듯 면도칼을 잡는 동작).

11 • R 시저스 : 세밀한 부분의 수정이나 곡선 처리에 적합하다.
 • 커팅 시저스 : 두발을 커트하고 주로 싱글링 커트 시 많이 사용한다.
 • 틴닝 시저스 : 모량 감소처리에 적합하다.
 • 미니가위 : 정밀한 블런트 커트 시 사용되며, 곱슬머리나 퍼머넌트 커트 사용 시 적합하다.

12 피부 깊은 곳에서 세포들이 형성되는 과정에 좋은 영향을 미치는 레티노이드는 비타민 A에서 파생된 수많은 성분이다.

13 • 페트리사지 : 유연법, 반죽하기
 • 프릭션 : 강찰법, 문지르기
 • 에플라지 : 경찰법, 쓰다듬기
 • 타포트먼트 : 고타법, 두드리기

14 유연화장수 : 보습제, 유연제를 함유하고 있으며 각질층에 수분공급을 한다.

15 • 두정점 – 톱(Top point)
 • 후부두 – 네이프(Nape)

16 마스크 사용 목적 : 호흡기 질병 및 감염병 예방을 위해 사용

17 면도기 잡는 방법
 • 프리 핸드 : 가장 기본적인 면도 자루 쥐는 방법
 • 백 핸드 : 면도를 프리핸드로 잡은 자세에서 날을 반대로 운행하는 기법
 • 펜슬 핸드 : 면도기를 연필 잡듯이 쥐고 행하는 기법

18 • 석탄산 : 고무제품, 의류, 가구, 의료용기, 넓은 지역의 방역용 소독
 • 승홍 : 손, 피부 소독
 • 포르말린수 : 무균실, 병실, 금속, 고무, 플라스틱 제품 소독
 • 역성비누 : 손, 식기 소독

19 • 로버트 훅 : 세포를 발견하였다.
 • 안톤 판 레벤후크 : 미생물을 최초로 관찰하였다.
 • 로버트 코흐 : 결핵균을 발견하였다.

20 사인보드
- 이발소를 표시
- 청색, 적색, 백색의 둥근 기둥은 세계 공통의 기호이다.
- 청색 : 정맥, 적색 : 동맥, 백색 : 붕대

21 - 멜라닌 세포 : 전체 표피의 13% 정도이며 피부에 색을 결정하는 세포이다.
- 랑게르한스 세포 : 표피의 약 2~4%를 차지하고 면역기능에 관여하며 기저층에 위치한다.
- 각질형성 세포 : 면역기능에 관여하며 표피의 95%를 차지한다.

22 염모제의 보관 방법 : 직사광선이 들지 않는 온도가 낮고 그늘진 곳

23 화장품 품질 특성 : 안전성, 사용성, 유효성, 안정성

24 피부의 색을 결정하는 색소
- 멜라닌 색소 : 흑갈색
- 헤모글로빈 색소 : 적색
- 카로틴 색소 : 황색

25 - 끌어 깎기 : 가위 날 끝을 왼쪽 손가락에 고정하여 당기면서 커팅한다.
- 밀어 깎기 : 빗살 끝을 두피 면에 대고 깎아 나가는 기법이다.
- 찔러(솎음) 깎기 : 일정량을 정확하게 솎아내거나 불필요한 모발을 제거하기 위한 기법이다.

26 아스트리젠트는 지성피부에 적합하며 산성 화장수로 피부에 수렴작용을 한다.

27 손 마사지(매뉴얼테크닉의 방법)
- 고타법(퍼커션) : 손으로 두드리는 방법
- 진동법(바이브레이션) : 손으로 진동하는 방법
- 유연법(니딩) : 손으로 주무르는 방법
- 강찰법(프릭션) : 손으로 피부를 강하게 문지르는 방법
- 경찰법(스트로킹) : 손 전체로 부드럽게 쓰다듬기

28 모발의 화학 결합 : 수소결합, 시스틴결합, 펩타이드결합, 염결합

29 - 구진 : 피부 표면에 융기나 함몰 없이 색조 변화만 나타나는 단단한 발진이다.
- 반점 : 피부색의 변화로 나타나며 주근깨, 홍반, 기미, 백반, 몽고반점 등이 있다.
- 결절 : 구진보다 크고 단단하며 지름이 1cm 이상이다.

30 예방접종 시기
- 폴리오 : 생후 2개월
- 디프테리아 : 생후 2개월
- 일본뇌염 : 생후 12개월
- 백일해 : 생후 2개월

31 과산화수소 : 강한 산화력이 있으며 지속성과 침투성이 약하며 피부조직 내 생체 촉매에 의해 분해되어 생성된 산소가 피부 소독작용을 한다.

32 화장품의 품질 특성 : 안전성, 사용성, 안정성, 유효성

33 두피 매뉴얼테크닉 방법 : 경찰법, 유연법, 고타법, 강찰법, 압박법, 진동법 등이 있다.

34 양이온성 계면활성제 : 헤어린스, 헤어트리트먼트(살균, 소독 작용)

35 표피 구성세포 : 각질형성 세포, 멜라닌생성 세포, 랑게르한스 세포, 멜르켈 세포

36 SPF 자외선 B(UV-B) : 차단 효과를 표시하는 단위이다.

37 사인보드
- 이발소를 표시
- 청색, 적색, 백색의 둥근 기둥은 세계 공통의 기호이다.
- 청색 : 정맥, 적색 : 동맥, 백색 : 붕대

38 아이오딘화합물 : 포자, 결핵균, 바이러스도 신속하게 죽이며 염소화합물보다 침투성과 살균력이 강하다.

39 비타민 D의 주요 기능 : 혈중 칼슘과 인의 수준을 정상범위로 조절하여 평형을 유지한다.

40 호호바 오일 : 피부 친화성이 우수하며 화학적 구조가 피부의 피지와 유사하여, 보습효과가 좋으며 부드러운 피부 유지와 피부 탄력에 도움을 주며 쉽게 산화되지 않고 온도에 안정성이 높아 보존기간이 길다.

41 드라이 샴푸는 거동이 불편한 환자나 임산부에 가장 적당하다.

42 자비소독법 : 물체를 20분 이상 100℃의 끓는 물속에 직접 담그는 방법이며, 끓는 물에 완전히 잠기게 하여 소독한다. 가위, 의류(수건), 도자기 등이 소독 대상물이다.

43 알부틴 : 미백에 관여하는 원료로서 타이로시네이스(Tyrosinase)에 직접 작용하며 멜라닌 생성을 억제한다.

44 ① 원형 탈모증   ② 결방성 탈모증
③ 남성형 탈모증

45 면도 후 사용되는 화장수는 주로 안면에 수렴(소독)작용을 한다.

46 공중위생영업을 하고자 하는 자는 공중위생영업의 종류별로 보건복지부령이 정하는 시설 및 설비를 갖추고 시장·군수·구청장에게 신고하여야 한다. 보건복지부령이 정하는 중요사항을 변경하고자 하는 때에도 또한 같다.

47 미생물 증식의 환경 조건 : 영양, pH, 온도, 습도, 산소

48 소독액은 제품의 사용설명서에 예시된 희석배수에 따라 적정한 농도로 사용하는 것이 바람직하다.

49 피성년후견인에 해당한 때는 이·미용사의 면허취소에 해당한다.

50 헤어 린스는 세발용 화장품이다.

51 1년 이하의 징역 또는 1천만 원 이하의 벌금
- 공중위생영업신고를 하지 아니한 자
- 영업정지명령 또는 일부 시설의 사용중지명령을 받고도 그 기간 중에 영업을 하거나 그 시설을 사용한 자 또는 영업소 폐쇄명령을 받고도 계속하여 영업을 한 자

52 블런트 커트는 모발에서 길이는 제거할 수 있지만 부피는 그대로 유지시킨다.

53 매뉴얼테크닉 기법
   • 에플라지 : 손바닥을 사용하여 부드럽게 쓰다듬는 동작이다.
   • 페트리사지 : 근육을 횡단하듯 반죽하는 동작이다.
   • 타포트먼트 : 손가락을 사용하여 두드리는 동작이다.

54 • 진피층은 피부 부피의 대부분을 차지하고 있으며 약 2~3mm의 두께를 가진다.
   • 피하조직은 우리 몸의 체형을 결정짓는 역할을 한다.
   • 피부의 주체를 이루는 층으로 망상층과 유두층으로 구분되며 진피는 표피 바로 밑층에 위치한다.

55 위생관리등급
   • 최우수업소 : 녹색 등급
   • 우수업소 : 황색 등급
   • 일반관리대상 업소 : 백색 등급

56 전체 모발의 면적은 75~90%를 차지하고 있다.

57 200만 원 이하의 과태료
   • 위생교육을 받지 아니한 자
   • 이·미용업소의 위생관리 의무를 지키지 아니한 자
   • 영업소 외의 장소에서 이용 또는 미용업무를 행한 자

58 양모제는 모근에 영양 및 자극을 주어 털의 성장을 도와 모발의 탈락을 막을 목적으로 사용한다. 의약품으로 털의 성장을 돕는 약으로 털을 더 나게 하지는 않는다.

59 알(R; Radian) : 하나의 각도를 나타내는 단위로 모발이 반달모양으로 구부러진 상태의 머리 각도이다.

60 • 천연염료와 합성염료로 나눌 수 있다.
   • 천연염료는 식물성 염료, 동물성 염료 및 광물성 염료로 분류한다.
   • 합성염료는 천연염료에 비하여 색상이 다양하며 가격이 저렴하고 사용 방법이 간단하다.

01 우리나라 최초의 이용사는?

① 안종호
② 김홍집
③ 유길준
④ 서재필

02 중년 이후의 건성피부에 적당한 마스크 팩은?

① 미백팩
② 호르몬팩
③ 머드팩
④ 왁스팩

03 면도 자루를 쥐는 가장 기본적인 방법으로 형식에 구애 없이 면도 자루를 잡고 시술하는 것은?

① 푸시 핸드
② 백 핸드
③ 펜슬 핸드
④ 프리 핸드

04 다음 중 제3급 감염병이 아닌 것은?

① 두창
② 발진열
③ B형 간염
④ 발진티푸스

05 이용업이 의료업에서 분리 독립된 시기는?

① 미합중국 독립 시기
② 나폴레옹 시대
③ 로마 시대
④ 르네상스 시대

06 아이론 시술 시 주의사항으로 가장 적합하지 않은 것은?

① 1905년 영국 찰스 네슬러가 창안하여 발표하였다.
② 아이론의 핸들이 무겁고 녹슨 것을 사용한다.
③ 모발에 수분이 충분히 젖은 상태에서 시술해야 손상이 적다.
④ 아이론을 할 때 헤어크림 등을 바른 후에 사용하는 것이 좋다.

07 헤어 용어에서 귀 앞 지점(S.C.P : 사이드 코너 포인트)의 좌우를 연결한 선은?

① 측두선
② 정중선
③ 페이스 라인
④ 네이프 백 라인

08 건열멸균법에 대한 내용으로 적절하지 않은 것은?

① 고무제품은 사용이 불가하다.
② 유리기구, 주사침, 유지, 분말 등에 이용된다.
③ 젖은 손으로 조작하지 않는다.
④ 190℃ 이상의 건열멸균기에 2~3시간 넣어서 멸균하는 방법이다.

09 상피조직의 신진대사에 관여하며 각화정상화 및 피부 재생을 돕고 노화방지에 효과가 있는 비타민은?

① 비타민 A
② 비타민 C
③ 비타민 E
④ 비타민 K

10 라운드 브러시(Round Brush)를 이용하여 블로 드라이 스타일링 시 두발의 상태는?

① 두발에 윤이 난다.
② 두발이 탈색된다.
③ 두발이 부스스해진다.
④ 두발이 꺾어져 손상된다.

11 다음 중 스티머가 하는 역할은?

① 청정, 세안작용
② 보습, 노폐물 배출
③ 자외선 차단
④ 미백작용

12 신진대사 촉진과 세포 재생을 도와주며 민감성 피부나 튼살 등에 효과가 있는 컬러테라피 기기의 색은?

① 초록색
② 파란색
③ 빨간색
④ 주황색

13 블루밍 효과에 대한 설명으로 가장 적합한 것은?

① 파운데이션의 색소침착을 방지하는 것
② 보송보송하고 화사하게 피부를 표현하는 것
③ 밀착성을 높여 화장의 지속성을 높게 하는 것
④ 피부색을 고르게 보이도록 하는 것

14 농도에 따른 향수의 구분이 바르게 연결된 것은?

① 오데퍼퓸 – 15~30%
② 오데코롱 – 6~8%
③ 샤워코롱 – 1~3%
④ 오데토일렛 – 3~5%

15 생산층 인구가 유출되는 인구 구성형은?

① 피라미드형 ② 종형
③ 항아리형 ④ 기타형

16 이용업자가 영업 시 게시해야 하는 것이 아닌 것은?

① 이용사 면허증 ② 위생관리등급
③ 이용업 신고증 ④ 최종지급요금표

17 박하에 함유된 시원한 느낌의 혈액순환 촉진 성분은?

① 자일리톨(Xylitol)
② 멘톨(Menthol)
③ 알코올(Alcohol)
④ 마조람 오일(Majoram Oil)

18 이용용으로 빗을 구입한다고 할 때 사용 목적으로 고려해야 하는 것과 가장 거리가 먼 것은?

① 빗의 재질과 색상
② 빗몸의 끝 모양
③ 빗살의 뿌리 모양
④ 빗의 두께와 날

19 스컬프처 커트(Sculpture Cut)에 대한 내용이 아닌 것은?

① 두발을 각각 세분하여 커트한다.
② 남성 클래식 커트(Clssical Cut)에 해당한다.
③ 가위와 스컬프처 레이저로 커팅하고 브러시로 세팅한다.
④ 가위를 모발 끝에서부터 모근 쪽으로 향해 미끄러져서 자르는 커트이다.

20 퍼머넌트 웨이브의 방법 중 아이론 웨이브와 같이 모선에서 모근 방향으로 모발을 감아서 웨이브를 만드는 방법은?

① 크로키놀식 와인딩
② 스파이럴 와인딩
③ 핀컬 와인딩
④ 핑거 웨이브

21 착탈식 가모에 대한 내용이 아닌 것은?

① 제모에 대한 거부감이 강한 사람들이 착용한다.
② 탈모가 심한 사람들이 주로 착용한다.
③ 기존의 머리카락이 있는 부위에 클립을 이용해 가모를 부착시킨다.
④ 앞머리가 없을 경우 가모의 앞부분을 테이프를 이용해 부착한다.

22 라틴어로 '씻다(Wash)'라는 뜻에서 유래된 아로마 오일은?

① 올리브 오일 ② 밍크 오일
③ 라벤더 오일 ④ 메도폼 오일

23 두부(Head) 내 각부 명칭의 연결이 옳은 것은?

① 두정부 – 크라운(Crown)
② 전두부 – 네이프(Nape)
③ 후두부 – 톱(Top)
④ 측두부 – 프런트(Front)

24 샴푸 후 마른 수건의 사용 순서로 바른 것은?

① 귀 → 눈 → 목 → 얼굴 → 머리
② 눈 → 귀 → 얼굴 → 목 → 머리
③ 눈 → 귀 → 머리 → 목 → 얼굴
④ 목 → 머리 → 얼굴 → 귀 → 눈

25 염모제의 부작용 유무를 알기 위한 피부반응 검사방법으로 가장 적합한 것은?

① 세면 후 얼굴에 시험을 실시한다.
② 세발 실시 후 두피에 시험을 실시한다.
③ 팔의 안쪽과 귀 뒤 피부에 소량 바른다.
④ 목욕을 한 후 몸 전체에 시험을 실시한다.

26 다음 중 4 : 6 가르마가 어울리는 얼굴형은?

① 긴 얼굴 ② 둥근 얼굴
③ 사각형 얼굴 ④ 역삼각형 얼굴

27 두발의 아이론 정발 시 사용되는 아이론의 온도로 가장 적합한 것은?

① 80~90℃ ② 90~100℃
③ 100~110℃ ④ 120~130℃

28 다음 질병 중 사균백신을 이용하는 면역 방법은?

① 탄저병
② 백일해
③ 폴리오
④ 디프테리아

29 진피에 대한 설명으로 옳은 것은?

① 진피 조직은 우리 신체의 체형을 결정짓는 역할을 한다.
② 진피는 표피와 비슷한 두께를 가졌으며 두께는 약 2~3mm이다.
③ 진피 조직은 비탄력적인 콜라겐 조직과 탄력적인 엘라스틴섬유 및 뮤코다당류로 구성되어 있다.
④ 진피는 피부의 주체를 이루는 층으로 망상층과 유두층을 포함하여 5개의 층으로 나뉘어져 있다.

30 질병 발생의 3요소 중 하나로 사람이나 동물의 체내에서 질병을 일으키는 미생물은?

① 유전 ② 병인
③ 숙주 ④ 환경

31 자신이 발명한 현미경으로 미생물을 발견한 최초의 미생물학자는?

① 스팔란차니
② 레벤후크
③ 파스퇴르
④ 메치니코프

32 다음 중 감염형 식중독에 해당되는 것은?

ㄱ. 장염 비브리오균
ㄴ. 병원성 대장균
ㄷ. 황색포도상구균
ㄹ. 노로바이러스

① ㄱ, ㄴ
② ㄱ, ㄷ
③ ㄴ, ㄷ
④ ㄷ, ㄹ

33 물리적 소독법에 속하지 않는 것은?

① 여과살균법
② 방사선살균법
③ 에틸렌가스 멸균법
④ 간헐멸균법

34 화장품의 피부흡수에 관한 설명으로 옳은 것은?

① 분자의 크기가 작을수록 피부흡수율이 높다.
② 수분이 많을수록 피부흡수율이 높다.
③ 동물성 오일 〈 식물성 오일 〈 광물성 오일 순으로 피부 흡수력이 높다.
④ 크림류 〈 로션류 〈 화장수류 순으로 피부 흡수력이 높다.

35 직업병과 직업종사자의 연결이 옳은 것은?

① 진폐증 – 인쇄공
② 잠함병 – 교량공
③ 레노병 – 비만자
④ 열중증 – 용접공

36 피부 피지막의 pH는?

① pH 3~4
② pH 4.5~5.5
③ pH 7~8.5
④ pH 8.5~9

37 다음 중 멜라닌 색소를 함유하고 있는 부분은?

① 모표피
② 모피질
③ 모수질
④ 모유두

38 산성 린스의 종류에 해당되지 않는 것은?

① 레몬
② 식초
③ 구연산
④ 수산화나트륨

39 자루면도기(일도)의 손질법 및 사용에 관한 설명이 아닌 것은?

① 정비는 예리한 날을 지니도록 한다.
② 날이 빨리 무뎌진다.
③ 녹이 슬면 새 날로 교체한다.
④ 일자형으로 칼자루가 칼날에 연결되어 있다.

40 커트 시 이미 형태가 이루어진 상태에서 다듬고 정돈하는 방법은?

① 트리밍
② 페더링
③ 테이퍼링
④ 슬라이싱

41 헤어토닉의 작용에 대한 설명이 아닌 것은?

① 모근이 약해진다.
② 두피를 청결하게 한다.
③ 비듬의 발생을 예방한다.
④ 두피의 혈액순환이 좋아진다.

42 진피의 유두 내의 모세혈관 가까이에 위치하며 염증 매개 물질을 생성하거나 분비하는 작용을 하는 것은?

① 과립층
② 대식세포
③ 비만세포
④ 메르켈세포

43 클렌징 제품의 설명으로 틀린 것은?

① 클렌징 젤의 종류로는 오일 타입과 워터 타입이 있다.
② 클렌징 크림은 주로 O/W 타입으로 두꺼운 화장을 지울 때 사용하면 좋다.
③ 클렌징 로션은 클렌징 크림에 비해 수분을 많이 함유하고 있어 사용 시 느낌이 가볍고 산뜻하다.
④ 클렌징 폼(Foam)의 경우 비누와 같이 거품이 형성되지만 약산성 상태로 비누와 달리 자극이 없으며 피부의 건조함을 방지한다.

44 세균 중 공기의 건조에 견디는 힘이 가장 강한 것은?

① 결핵균
② 콜레라균
③ 페스트균
④ 장티푸스균

45 일반적으로 소독약품의 구비조건이 아닌 것은?

① 안전성이 높아야 한다.
② 용해성이 높은 것이 좋다.
③ 표백성이 강해야 한다.
④ 살균력이 강한 것이 좋다.

46 머리숱이 유난히 많은 고객의 두발 커트 시 가장 적합하지 않은 방법은?

① 딥테이퍼
② 레이저 커트
③ 블런트 커트
④ 스컬프처 커트

47 이·미용실의 기구 및 소독으로 가장 적당한 것은?

① 승홍수
② 석탄산
③ 알코올
④ 역성비누

48 쇠고기나 돼지고기 등의 생식으로 감염될 수 있는 기생충은?

① 촌충
② 편충
③ 회충
④ 간흡충

49 다음 중 지렛대의 원리를 이용하여 자르는 도구는?

① 시닝가위
② 레이저
③ 컬리 아이론
④ 일렉트릭 바리캉

50 호상 블리치제(Bleach Agent)에 관한 설명 중 틀린 것은?

① 두 번 칠할 필요가 없다.
② 탈색과정을 눈으로 볼 수 없다.
③ 두발에 대한 탈색작용이 빠르다.
④ 과산화수소수의 조제 상태가 풀과 같은 점액 상태이다.

51 손마사지 방법 중 피부를 쓰다듬어 주면서 가볍게 왕복 운동 등을 하는 방법은?

① 경찰법
② 강찰법
③ 유연법
④ 고타법

52 공중위생영업신고를 하지 않고 영업을 한 자에 대한 벌칙 기준은?

① 100만 원 이하의 벌금
② 200만 원 이하의 벌금
③ 1년 이하의 징역 또는 1천만 원 이하의 벌금
④ 2년 이하의 징역 또는 3천만 원 이하의 벌금

53 공중위생영업자가 건전한 영업질서를 위하여 준수하여야 할 사항을 준수하지 아니했을 때 벌칙기준은?

① 6월 이하의 징역 또는 100만 원 이하의 벌금
② 6월 이하의 징역 또는 500만 원 이하의 벌금
③ 1년 이하의 징역 또는 500만 원 이하의 벌금
④ 1년 이하의 징역 또는 1천만 원 이하의 벌금

54 영업소 외의 장소에서 이·미용의 업무를 할 수 있는 경우가 아닌 것은?

① 농번기에 농민을 위해 동사무소에서 비용을 지불하여 요청한 경우
② 방송 촬영에 참여하는 사람에 대해 그 촬영 직전에 이용 또는 미용을 하는 경우
③ 특별한 사정이 있다고 인정하여 시장·군수·구청장이 정하는 경우
④ 혼례에 참여하는 자에 대하여 그 의식 직전에 이·미용을 하는 경우

55 공중위생영업자가 의료법에 위반하여 관계 행정기관의 장의 요청이 있는 때 명할 수 있는 조치사항이 아닌 것은?

① 영업소 폐쇄
② 6월 이내의 영업정지
③ 일부 시설의 사용중지
④ 영업소의 간판 및 표지물 제거

56 이용업을 하는 자에게 해당되는 보건복지부령이 정하는 시설 및 설비기준에 속하는 것은?

① 화장실
② 세면시설
③ 소독장비
④ 조명시설

57 공중위생관리법상 이용기구의 소독기준 및 방법으로 틀린 것은?

① 열탕소독 – 100℃ 이상의 물속에 10분 이상 끓여 준다.
② 증기소독 – 100℃ 이상의 습한 열에 10분 이상 쐬어 준다.
③ 건열멸균소독 – 100℃ 이상의 건조한 열에 20분 이상 쐬어 준다.
④ 자외선소독 – 1cm²당 85㎽ 이상의 적외선을 20분 이상 쐬어 준다.

58 다음 (   ) 안에 알맞은 것은?

> 공중위생영업을 하고자 하는 자는 공중위생영업의 종류별로 보건복지부령이 정하는 시설 및 설비를 갖추고 (   )에게 신고하여야 한다.

① 세무서장
② 보건복지부장관
③ 시장·군수·구청장
④ 고용노동부장관

59 공중위생영업소의 위생관리등급에 관련사항으로 틀린 것은?

① 통보받은 위생관리등급의 표지는 영업소의 명칭과 함께 영업소 내부에만 부착할 수 있다.
② 위생서비스평가의 결과에 따른 위생관리등급을 해당 공중위생영업자에게 통보하고 이를 공표하여야 한다.
③ 위생서비스평가의 결과 위생서비스의 수준이 우수하다고 인정되는 영업소에 대하여 포상을 실시할 수 있다.
④ 위생서비스평가의 결과에 따른 위생관리 등급별로 영업소에 대한 위생 감시를 실시하여야 한다.

60 다음 중 이·미용사의 면허를 받을 수 있는 자는?

① 피성년후견인
② 위생교육을 받지 아니한 자
③ 마약 및 대통령령이 정하는 약물 중독자
④ 공중위생관리법 또는 이 법의 규정에 의한 명령에 위반하여 면허가 취소된 후 1년이 경과되지 않은 자

01 ①	02 ②	03 ④	04 ①	05 ②	06 ②	07 ③	08 ④	09 ①	10 ①
11 ②	12 ④	13 ②	14 ③	15 ④	16 ②	17 ②	18 ①	19 ④	20 ①
21 ②	22 ③	23 ①	24 ②	25 ③	26 ③	27 ④	28 ②	29 ③	30 ②
31 ②	32 ①	33 ③	34 ①	35 ②	36 ②	37 ③	38 ④	39 ③	40 ①
41 ①	42 ③	43 ②	44 ①	45 ③	46 ②	47 ③	48 ①	49 ①	50 ③
51 ①	52 ③	53 ②	54 ①	55 ④	56 ③	57 ②	58 ③	59 ①	60 ②

01 고종황제의 어명으로 우리나라에서 최초로 이용 시술을 한 사람은 안종호이다.

02 • 미백팩 : 피부에 미백효과를 준다.
   • 머드팩 : 지성피부에 효과적이다.
   • 왁스팩 : 피부의 피지 및 불순물의 배출시키며 탄력성과 보습력 증대로 잔주름 제거에 효과적이다.

03 프리 핸드 : 가장 기본적인 면도 자루 쥐는 방법으로 형식에 구애 없이 면도 자루를 잡고 시술하며 일반적인 면도 순서에서 가장 처음 사용된다.

04 두창은 제1급 감염병에 해당한다.

05 1804년 나폴레옹 시대에 와서 급격한 인구증가 및 다양한 사회구조의 변화 등으로 인해 외과의사인 장 바버(귀족)가 외과와 이용업을 분리하였다.

06 아이론은 녹슬지 않은 것을 사용한다.

07 • 측두선 : 눈 끝을 수직으로 세운 머리 앞에서 측중선 (E.P–T.P–E.P)까지 연결선
   • 정중선 : 코를 중심으로 머리 전체를 수직으로 2등분 한 선
   • 페이스 라인 : 얼굴부분의 머리카락이 나오는 시작점인 귀 앞 지점의 선
   • 네이프 백 라인 : N.S.P의 좌, 우 목 옆쪽지점의 연결선

08 160~180℃의 건열멸균기 속에서 1~2시간(140℃에서 4시간) 넣어서 멸균하는 방법으로 유리기구, 주사침 등의 멸균에 사용된다.

09 비타민 A는 피부건조 및 노화 방지 예방을 위한 꼭 필요한 요소이다.

10 라운드 브러시 : 롤 형태로 둥근 곡선 및 컬을 만들 때 사용한다. 헤어스타일의 모발 결 및 방향성을 만드는 데 중요한 역할을 한다.

11 스티머 : 피부 온도를 상승시켜 모공을 열어주며 보습을 주어 부드럽게 하기 위함이다.

12 컬러테라피 기기에서 색상별 효과
   • 초록색 : 스트레스성 여드름, 신경안정, 비만, 색소관리 등이 있다.
   • 주황색 : 신진대사 촉진, 신경 긴장 이완, 세포 재생 작용, 튼살 등에 효과가 있다.
   • 파란색 : 염증, 진정, 부종 완화, 모세혈관 확장증, 지성 및 염증성 여드름 등이 있다.
   • 빨간색 : 세포 재생, 혈액순환 개선 효과 등이 있다.

13 블루밍(Blooming) 효과 : 화장에서 꼭 필요한 효과로 피부의 칙칙함 없애고 밝고 화사한 피부 표현을 하기 위함이다.

14 농도에 따른 향수의 구분
   • 오데퍼퓸(EDP) : 9~12%, 5~6시간
   • 오데코롱(ECD) : 3~5%, 1~2시간
   • 샤워코롱 : 1~3%, 1시간
   • 오데토일렛(EDT) : 9~8%, 3~5시간

15 기타형(호로형, 표주박형) : 생산층 인구가 유출되는 인구 구성형이며 농촌형으로 생산층 인구가 전체 인구의 1/2 미만인 경우이다.

16 공중위생영업자가 준수하여야 하는 위생관리기준
   • 영업소 내부에 이·미용업 신고증 및 개설자의 면허증 원본을 게시하여야 한다.
   • 영업소 내부에 부가가치세, 재료비 및 봉사료 등이 포함된 최종지급요금표를 게시 또는 부착하여야 한다.

17 멘톨은 박하의 잎이나 줄기를 수증기 증류하여 얻으며 독특한 상쾌감을 유발한다.

18 빗의 조건 : 빗살 끝이 가늘고 전체적으로 균일해야 하며 빗의 두께는 일정해야 한다. 빗 허리는 너무 매끄럽거나 반질거리지 않으며 빗 몸은 끝이 약간 둥근 것이 좋다.

19 스컬프처 커트 : 남성 클래식 커트에 해당하며 가위와 레이저를 이용하여 세분화하여 커팅하고 브러시로 세팅한다.

20 크로키놀식 와인딩 : 모발 끝부터 모근 쪽으로 와인딩하는 기법

21 고정식 가발 : 탈모가 심한 사람들이 주로 착용한다.

22 라벤더(Lavender) : 속명 '라반둘라'의 '라바'는 라틴어로 '목욕하다', '씻다'라는 뜻이 있다.

23 두부(Head) 내 각부 명칭
 • 두정부 : 크라운　　　• 전두부 : 프론트
 • 후두부 : 네이프　　　• 측두부 : 사이드

24 수건의 사용 순서 : 눈 → 귀 → 얼굴 → 목 → 머리

25 염모제의 피부 테스트
 • 피부 테스트할 부위(팔의 안쪽 또는 귀 뒤쪽)를 깨끗이 씻은 후 염모제를 용법, 용량대로 소량 혼합한다.
 • 세척한 부위에 동전 크기 정도로 바르고 48시간 동안 자연 건조하면서 관찰 후 바른 부위에 발진, 발적, 가려움, 수포 등이 나타나는 경우 바로 씻어 내고 염모는 하지 말아야 한다.
 • 체질 변화에 따라 테스트 결과는 달라질 수 있다.

26 가르마의 기준
 • 긴 얼굴 2 : 8
 • 둥근 얼굴 3 : 7
 • 사각형 얼굴 4 : 6
 • 역삼각형 얼굴 5 : 5

27 아이론의 온도는 110~130℃ 정도가 적당하다.

28 인공능동면역 방법과 질병
 • 생균백신 : 두창, 탄저, 광견병, 결핵, 폴리오, 홍역, 황열
 • 사균백신 : 일본뇌염, 장티푸스, 파라티푸스, 콜레라, 백일해, 폴리오
 • 순화독소 : 파상풍, 디프테리아

29 • 우리 몸의 체형을 결정짓는 역할을 하는 조직 : 피하조직
 • 진피층의 두께 : 2~3mm
 • 표피층의 두께 : 0.4~1.5mm
 • 진피 : 표피 바로 밑층에 위치하여 피부의 주체를 이루는 층으로 망상층과 유두층 두 개층으로 구분

30 질병의 발생 요인
 • 병인(병원체) : 영양, 화학적, 물리적, 정신적 원인 등이 있다.
 • 숙주(인간) : 감수성 있는 인간 숙주로 개인 혹은 민족적, 심리적, 생물적 특성 등이다.
 • 환경 : 경제적인 환경조건 및 물리적, 생물학적, 사회적, 문화적 요인이 있다.

31 레벤후크(Leeuwenhoek) : 현미경의 직접 제작으로 육안으로는 볼 수 없었던 미생물의 발견으로 원생동물, 세균, 효모 등 단세포 미생물을 발견하였으며 처음으로 사람의 정자를 관찰하기도 하였다.

32 • 황색포도상구균 : 독소형 식중독
 • 노로바이러스 : 바이러스성 식중독

33 가스 소독법 : 에틸렌가스 멸균법

34 피부흡수율
 • 피지에 잘 녹는 지용성 성분이 피부에 흡수가 잘된다.
 • 동물성 오일이 피부 흡수력이 높다.
 • 분자의 크기가 작을수록 흡수율이 높다.

35 • 진폐 : 탄광 노동자
 • 잠함병 : 잠수부, 교량공, 해저공
 • 레노병 : 진동이 심한 작업 노동자
 • 열중증 : 비만자, 순환기 장애자

36 피지막은 피부의 산성막을 형성하며 pH 4.5~5.5로 외부의 자극으로부터 피부를 보호한다.

37 모피질 : 모발의 색상을 결정짓는 멜라닌 색소가 있다.

38 산성 린스의 종류 : 레몬, 비니거, 구연산, 맥주 등

39 자루 면도기
 • 일자형이며 칼자루가 칼날에 연결되어 단단하면서 가벼워 사용이 편리하다.
 • 날이 빨리 무디어지는 단점이 있으며 칼날은 녹슬지 않도록 기름으로 닦아 관리해야 한다.

40 • 테이퍼링(페더링) : 모발의 끝을 붓끝처럼 점점 가늘어지게 하는 커트 방법이다.
 • 슬라이싱 : 가위로 두발의 숱을 감소시키는 방법이다.

41 헤어토닉 : 양모제로 두피에 영양을 주고 모근을 튼튼하게 하는 효과를 가지고 있다.

42 비만세포 : 혈관 투과성 인자인 히스타민이나 과립을 함유하고 있으며 단백질 분해효소를 저장하고 있다.

43 클렌징 크림 : 두껍고 진한 화장 제거에 사용하기 좋으며 W/O(친유성) 타입이다.

44 결핵균 : 건조한 상태에서도 오랫동안 생존할 수 있는 이유는 지방 성분이 많은 세포벽에 둘러싸여 있기 때문이다.

45 소독제의 구비조건 : 원액 혹은 희석된 상태에서 화학적으로 안정되어야 하며 세척력 및 살균력이 강하고, 표백성과 부식성 없이 독성이 적어 사용자가 안전하여야 한다. 용해성이 높아 필요한 농도만큼 쉽게 수용액을 만들 수 있는 것이어야 하며 냄새 없이 탈취력이 좋아 환경오염이 발생하지 않아야 한다.

46 블런트(Blunt) 커트 : 직선적으로 커트하는 방법으로 머리숱이 많은 두발을 커트할 때 적합하지 않다.

47 알코올 : 이·미용업소의 기구 및 피부 소독에 가장 적합하다.

48 기생충의 감염 형태
 • 선충류(회충, 요충, 십이지장충, 편충, 개화충) : 생야채, 토양, 손, 가축과의 접촉 등을 통하여 감염된다.
 • 간흡충(간디스토마) : 민물고기를 날로 먹음으로써 감염된다.
 • 긴촌충 : 민물고기를 날로 먹음으로써 감염된다.
 • 민촌충(무구조충) : 쇠고기를 날로 먹음으로써 감염된다.
 • 갈고리촌충(유구조충) : 돼지고기를 날로 먹음으로써 감염된다.

49 가위의 절단 원리 : 지렛대 원리

50 액상 블리치 : 두발의 탈색 작용이 가장 빠르다.

51 • 경찰법(스트로킹) : 손 전체로 부드럽게 쓰다듬는 방법이다.
• 강찰법(프릭션) : 손으로 피부를 강하게 문지르는 방법이다.
• 유연법(니딩) : 손으로 주무르는 방법이다.
• 고타법(퍼커션) : 손으로 두드리는 방법이다.

52 1년 이하의 징역 또는 1천만 원 이하의 벌금
• 공중위생영업신고를 하지 아니한 자
• 영업정지명령 또는 일부 시설의 사용중지명령을 받고도 그 기간 중에 영업을 하거나 그 시설을 사용한 자
• 영업소 폐쇄명령을 받고도 계속하여 영업을 한 자

53 6월 이하의 징역 또는 500만 원 이하의 벌금
• 변경신고를 하지 아니한 자
• 공중위생영업자의 지위를 승계한 자로서 규정에 의한 신고를 하지 아니한 자
• 건전한 영업질서를 위하여 공중위생영업자가 준수하여야 할 사항을 준수하지 아니한 자

54 영업장소 외에서의 이·미용 업무
• 질병·고령·장애나 그 밖의 사유로 영업소에 나올 수 없는 자에 대하여 이·미용을 하는 경우
• 혼례나 그 밖의 의식에 참여하는 자에 대하여 그 의식 직전에 이·미용을 하는 경우
• 사회복지시설에서 봉사활동으로 이·미용을 하는 경우
• 방송 등의 촬영에 참여하는 사람에 대하여 그 촬영 직전에 이·미용을 하는 경우
• 특별한 사정이 있다고 시장·군수·구청장이 인정하는 경우

55 공중위생영업소의 폐쇄
시장·군수·구청장은 공중위생영업자가 「성매매알선 등 행위의 처벌에 관한 법률」, 「풍속영업의 규제에 관한 법률」, 「청소년 보호법」, 「아동, 청소년의 성보호에 관한 법률」 또는 「의료법」을 위반하여 관계 행정기관의 장으로부터 그 사실을 통보받은 경우 6월 이내의 기간을 정하여 영업의 정지 또는 일부 시설의 사용 중지를 명하거나 영업소 폐쇄 등을 명할 수 있다.

56 이용업의 시설 및 설비기준
• 이용기구는 소독을 한 기구와 소독을 하지 아니한 기구를 구분하여 보관할 수 있는 용기를 비치하여야 한다.
• 소독기, 자외선 살균기 등 이용기구를 소독하는 장비를 갖추어야 한다.
• 영업소 안에는 별실 그 밖에 이와 유사한 시설을 설치하여서는 안 된다.

57 증기소독 : 100℃ 이상의 습한 열에 20분 이상 쐬어 준다.

58 공중위생영업의 신고 및 폐업신고
공중위생영업을 하고자 하는 자는 공중위생영업의 종류별로 보건복지부령이 정하는 시설 및 설비를 갖추고 시장·군수·구청장에게 신고하여야 한다. 보건복지부령이 정하는 중요사항을 변경하고자 하는 때에도 또한 같다.

59 위생관리등급 공표
공중위생영업자는 시장·군수·구청장으로부터 통보받은 위생관리 등급의 표지를 영업소의 명칭과 함께 영업소의 출입구에 부착할 수 있다.

60 이용사 및 미용사의 면허를 받을 수 없는 자
• 피성년후견인
• 정신질환자
• 공중의 위생에 영향을 미칠 수 있는 감염병환자로서 보건복지부령이 정하는 자
• 마약 기타 대통령령으로 정하는 약물중독자
• 면허가 취소된 후 1년이 경과되지 아니한 자

01 우리나라에서 단발령이 처음으로 내려진 시기는?

① 1880년 10월
② 1881년 8월
③ 1891년 8월
④ 1895년 11월

02 면도기를 잡는 방법 중 칼 몸체와 핸들이 일직선이 되게 똑바로 펴서 마치 막대기를 쥐는 듯한 방법은?

① 프리 핸드(Free Hand)
② 백 핸드(Back Hand)
③ 스틱 핸드(Stick Hand)
④ 펜슬 핸드(Pencil Hand)

03 손님의 얼굴형이 긴 얼굴형(장방형)이라면 가르마는 어떤 형이 가장 평범하고 적절한가?

① 2 : 8 가르마
② 3 : 7 가르마
③ 4 : 6 가르마
④ 5 : 5 가르마

04 면도 전 스팀타월을 사용하는 이유로 틀린 것은?

① 피부의 상처를 예방한다.
② 수염과 피부를 유연하게 한다.
③ 피부에 온열 효과를 주어 모공을 수축시킨다.
④ 지각 신경의 감수성을 조절함으로써 면도날에 의한 자극을 줄이는 효과가 있다.

05 감각온도(Effective Temperature)를 측정하는 요소로 옳지 않은 것은?

① 온도
② 습도
③ 기류
④ 산소량

06 다음 중 위생교육에 관한 설명으로 틀린 것은?

① 위생교육을 받아야 하는 자 중 영업에 직접 종사하지 아니하거나 2 이상의 장소에서 영업을 하는 자는 종업원 중 영업장별로 공중위생에 관한 책임자를 지정하고 그 책임자로 하여금 위생교육을 받게 하여야 한다.
② 위생교육의 내용은 「공중위생관리법」 및 관련 법규, 소양교육(친절 및 청결에 관한 사항을 포함한다), 기술교육, 그밖에 공중위생에 관하여 필요한 내용으로 한다.
③ 위생교육 대상자 중 보건복지부장관이 고시하는 섬, 벽지지역에서 영업을 하고 있거나 하려는 자에 대하여는 위생교육 실시단체가 편찬한 교육교재를 배부하여 이를 익히고 활용하도록 함으로써 교육에 갈음할 수 있다.
④ 위생교육 실시단체의 장은 위생교육을 수료한 자에게 수료증을 교부하고, 교육실시 결과는 교육 후 즉시 시장·군수·구청장에게 통보하여야 하며, 수료증 교부대장 등 교육에 관한 기록을 1년 이상 보관·관리하여야 한다.

07 다음 기생충 중 산란과 동시에 감염능력이 있으며 저항성이 커서 집단감염이 가장 잘되는 기생충은?

① 회충
② 십이지장충
③ 광절열두조충
④ 요충

08 다음 중 7 : 3 가르마를 할 때 가르마의 기준선으로 옳은 것은?

① 눈꼬리를 기준으로 한 기준선
② 눈 안 정가운데를 기준으로 한 기준선
③ 안쪽 눈매를 기준으로 한 기준선
④ 얼굴 정가운데를 기준으로 한 기준선

09 기생충의 인체 내 기생부위 연결이 잘못된 것은?

① 구충증 – 폐
② 폐흡충 – 폐
③ 요충증 – 직장
④ 간흡충증 – 간의 담도

10 기초화장품에 대한 설명으로 가장 거리가 먼 것은?

① 피부를 청결히 한다.
② 피부의 모이스처 밸런스를 유지시킨다.
③ 피부의 신진대사를 활발하게 한다.
④ 피부의 결점을 보완하고 개성을 표현한다.

11 다음 중 두피 및 두발의 생리기능을 높여 주는 데 가장 적합한 샴푸는?

① 드라이 샴푸
② 토닉 샴푸
③ 리퀴드 샴푸
④ 오일 샴푸

12 비듬 질환이 있는 두피에 가장 적합한 스캘프 트리트먼트는?

① 플레인 스캘프 트리트먼트
② 드라이 스캘프 트리트먼트
③ 댄드러프 스캘프 트리트먼트
④ 오일리 스캘프 트리트먼트

13 아이론을 시술하는 목적과 가장 거리가 먼 것은?

① 곱슬머리를 교정할 수 있다.
② 모발에 변화를 주어 원하는 형을 만들 수 있다.
③ 모발의 양이 많아 보이게 할 수 있다.
④ 약품을 이용하는 것보다 오랜 시간 세팅이 유지될 수 있다.

14 두부의 부위 중 천정부의 가장 높은 곳은?

① 골든 포인트(G.P)
② 백 포인트(B.P)
③ 사이드 포인트(S.P)
④ 톱 포인트(T.P)

15 이·미용업소에서 사용하는 수건의 소독방법으로 적합하지 않은 것은?

① 건열소독
② 자비소독
③ 역성비누소독
④ 증기소독

16 랑게르한스(Langerhans) 세포의 주 기능은?

① 팽윤
② 수분 방어
③ 면역
④ 새 세포 형성

17 아이론 선정 시 주의해야 할 사항으로 틀린 것은?

① 프롱, 그루브, 스크루 및 양쪽 핸들에 홈이나 갈라진 것이 없어야 한다.
② 프롱과 로드 및 그루브의 접촉면이 매끄러우며 들쑥날쑥하거나 비틀어지지 않아야 한다.
③ 비틀림이 없고 프롱과 그루브가 바르게 겹쳐져야 한다.
④ 가늘고 둥근 아이론의 경우에는 그루브의 홈이 얇고 핸들을 닫아 끝이 밀착되었을 때 틈새가 전혀 없어야 한다.

18 다음 중 영구적 염모제에 속하는 것은?

① 합성 염모제
② 컬러 린스
③ 컬러 파우더
④ 컬러 스프레이

19 레이저를 이용하여 커트 시 가장 적합한 두발 상태는?

① 젖은 상태의 두발
② 건조한 두발
③ 헤어크림을 바른 두발
④ 기름진 두발

20 다음 중 혐기성 세균인 것은?

① 파상풍균
② 결핵균
③ 백일해균
④ 디프테리아균

21 다음 중 레이저(Razor) 커트 시술 후 테이퍼링하고자 하는 경우와 가장 거리가 먼 것은?

① 두발 끝 부분의 단면을 1/3 상태로 만든다.
② 두발 끝 부분의 단면을 1/2 상태로 만든다.
③ 두발 끝 부분의 단면을 요철 상태로 만든다.
④ 두발 끝 부분의 단면을 붓 끝처럼 만든다.

22 린스의 목적이 바르게 설명되지 않는 것은?

① 정전기를 방지한다.
② 머리카락의 엉킴 방지 및 건조를 예방한다.
③ 윤기가 있게 한다.
④ 찌든 때를 제거한다.

23 가발 사용 시 주의사항으로 틀린 것은?

① 샴푸 시 강하게 빗질하거나 거칠게 비비지 않는다.
② 정전기를 발생시키거나 손으로 자주 만지지 않는다.
③ 가발 빗질 시 자연스럽게 힘을 적게 주고 빗질한다.
④ 가발 보관 시에는 습기와 온도와 상관없이 보관한다.

24 이용업 또는 미용업의 영업장 실내조명 기준은?

① 30럭스 이상
② 50럭스 이상
③ 75럭스 이상
④ 120럭스 이상

25 피부의 부속기관에 대한 설명으로 옳은 것은?

① 유백색, 무취의 분비물인 독립 소한선은 모공을 통해 개구하여 체온을 조절한다.
② 전신에 분포하는 에크린선은 사춘기 이후 활발해진다.
③ 면역의 기능을 하는 모발은 성장, 퇴행, 휴지기의 주기를 갖는다.
④ 땀은 피지와 혼합되어 피부 표면에 보호막을 형성한다.

26 클렌징 제품에 대한 설명 중 틀린 것은?

① 클렌징 워터는 포인트 메이크업의 클렌징 시 많이 사용되고 있다.
② 클렌징 오일은 건성피부에 적합하다.
③ 클렌징 크림은 지성피부에 적합하다.
④ 클렌징 폼은 클렌징 크림이나 클렌징 로션으로 1차 클렌징 후에 사용하면 좋다.

27 향수의 구비 요건으로 가장 거리가 먼 것은?

① 향에 특징이 있어야 한다.
② 향은 적당히 강하고 지속성이 좋아야 한다.
③ 향은 확산성이 낮아야 한다.
④ 시대성에 부합되는 향이어야 한다.

28 긴 두발에서의 일반적인 조발 시술 순서에 대한 설명으로 틀린 것은?

① 가장 먼저 두발에 물을 고루 칠한다.
② 5 : 5 가르마는 두발을 자른 후 빗으로 가르마를 가른다.
③ 가르마를 탄 후 빗과 가위로 조발한다.
④ 전두부 두발을 자르기 전에 후두부 두발을 먼저 조발한다.

29 자루면도기(일도)의 손질법 및 사용에 관한 설명 중 틀린 것은?

① 정비는 예리한 날을 지니도록 한다.
② 한 면을 연마하여 사용한다.
③ 녹슬지 않도록 기름으로 닦는다.
④ 면체용으로 사용하지 않는다.

30 이용기구인 레이저(Razor)에 대한 설명 중 틀린 것은?

① 날과 칼등이 동일한 강도를 가진 재질이어야 한다.

② 레이저는 일도와 양도를 구분할 수 있다.

③ 레이저는 특별한 소독 없이 불순물을 제거한 후 계속 사용하면 된다.

④ 면도용이나 조발용으로 사용한다.

31 커트 시 이미 형태가 이루어진 상태에서 다듬고 정돈하는 방법은?

① 슬라이싱   ② 페더링

③ 테이퍼링   ④ 트리밍

32 정발 시 시술을 위한 자세로 가장 적당한 것은?

① 가슴높이   ② 어깨높이

③ 눈높이   ④ 배꼽높이

33 모발에 대한 설명 중 맞는 것은?

① 밤보다 낮에 잘 자란다.

② 봄과 여름보다 가을과 겨울에 잘 자란다.

③ 모발의 주기(모주기)는 성장기, 퇴행기, 휴지기, 발생기로 나누어진다.

④ 개인차가 있을 수 있지만 평균 1달에 5cm 정도 자란다.

34 스컬프처 커트(Sculpture Cut)에 관한 설명 중 틀린 것은?

① 가위와 레이저로 커팅하고 브러시로 세팅한다.

② 시닝 가위로 커팅하고 브러시로 세팅한다.

③ 클리퍼로 커팅하고 빗으로 세팅한다.

④ 레이저로 커트하고 브러시로 세팅한다.

35 갈바닉 전류를 이용한 기기와 관리 방법의 내용 중 틀린 것은?

① 갈바닉은 지속적이고 규칙적인 흐름을 가진 전류이다.

② 영양성분의 침투를 효율적으로 돕는다.

③ 피부 내부에 있는 물질이나 노폐물을 배출한다.

④ 양극에서는 알칼리성 피부층을 단단하게 해 준다.

36 정발 시술 시 포마드를 바르는 방법으로 가장 적합한 것은?

① 두발표면에만 포마드를 바른다.

② 두발의 속부터 표면까지 포마드를 고루 바른다.

③ 손님의 두부를 반드시 동요시키면서 포마드를 바른다.

④ 포마드를 바를 때 특별히 지켜야 할 순서는 없으므로 자유롭게 바르면 된다.

37 다음 중 드라이 샴푸 방법이 아닌 것은?

① 리퀴드 드라이 샴푸

② 파우더 드라이 샴푸

③ 핫 오일 샴푸

④ 에그 파우더 샴푸

38 모발 탈색제의 종류가 아닌 것은?

① 액상 탈색제

② 크림상 탈색제

③ 분말상 탈색제

④ 고상 탈색제

39 아이론 시술에 관한 내용으로 옳지 않은 것은?

① 열을 이용한 시술로 모발의 손상에 주의하여야 한다.

② 뚜렷한 C컬과 S컬을 표현할 수 있다.

③ 모발이 가늘고 부드러운 경우 평균 시술온도보다 높게 시술해야 한다.

④ 부분적으로 뻣뻣한 모발의 방향성을 잡는 데 용이하다.

40 두부(Head) 내 모량을 조절하는 데 가장 효과적인 것은?

① 시닝가위

② 전자식 바리캉

③ 레이저(Razor)

④ 미니가위

41 퍼머넌트 웨이브 1제의 주성분이 아닌 것은?

① 티오글라이콜산

② L-시스테인

③ 시스테아민

④ 브로민산염

42 표피(Epidermis)에 존재하지 않는 세포는?

① 각질형성 세포(Keratinocyte)

② 멜라닌형성 세포(Melanocyte)

③ 랑게르한스 세포(Langerhans Cell)

④ 섬유아 세포(Fibroblast)

43 다음 중 필수지방산에 속하지 않는 것은?

① 리놀레산(Linoleic Acid)

② 리놀렌산(Linolenic Acid)

③ 아라키돈산(Arachidonic Acid)

④ 타르타르산(Tartaric Acid)

44 다음 중 무핵층이 아닌 것은?

① 과립층   ② 투명층

③ 각질층   ④ 기저층

45 다음 중 감염병 관리상 가장 관리하기 어려운 자는?

① 회복기 보균자

② 잠복기 보균자

③ 건강 보균자

④ 만성 보균자

46 상수도 소독에 주로 사용되는 소독방법은?

① 활성오니법
② 침전법
③ 염소소독법
④ 여과법

47 우리나라 보건행정조직의 중앙조직은?

① 보건복지부   ② 고용노동부
③ 교육부   ④ 행정안전부

48 다음 중 아이오딘화합물에 대한 설명으로 옳은 것은?

① 세균, 곰팡이에 대한 살균력을 가지나 바이러스나 포자에 대한 살균력은 없다.
② 알칼리성 용액에서는 살균력을 거의 잃어버린다.
③ 살균력은 pH가 높을수록 커진다.
④ 페놀에 비해 살균력과 독성이 훨씬 높다.

49 공중위생업소의 위생서비스수준의 평가는 원칙적으로 몇 년마다 실시해야 하는가?

① 매년   ② 2년
③ 3년   ④ 4년

50 위법사항에 대하여 청문을 시행할 수 없는 기관장은?

① 경찰서장   ② 구청장
③ 군수   ④ 시장

51 이·미용업을 하는 자가 준수해야 하는 위생관리기준으로 틀린 것은?

① 업소 내에 신고증, 개설자의 면허증 원본 및 요금표를 게시하여야 한다.
② 1회용 면도날은 손님 1인에 한하여 사용하여야 한다.
③ 영업장 내 조명도는 75럭스 이상이 되도록 유지하여야 한다.
④ 점 빼기, 귓불 뚫기, 쌍꺼풀수술, 문신, 박피술과 같은 간단한 의료행위는 하여도 무방하다.

52 이·미용사의 면허를 받기 위한 자격요건으로 틀린 것은?

① 교육부장관이 인정하는 고등기술학교에서 1년 이상 이·미용에 관한 소정의 과정을 이수한 자
② 이·미용에 관한 업무에 3년 이상 종사한 경험이 있는 자
③ 국가기술자격법에 의한 이·미용사의 자격을 취득한 자
④ 전문대학에서 이·미용에 관한 학과를 졸업한 자

53 다음 중 광물성 오일에 속하는 것은?

① 올리브유
② 스쿠알렌
③ 라놀린
④ 바셀린

54 화장품의 4대 요건에 대한 설명으로 맞는 것은?

① 사용성 – 피부에 사용 시 손놀림이 쉽고 잘 스며들 것
② 안정성 – 미생물 오염만 없을 것
③ 안전성 – 피부에 대한 독성만 없을 것
④ 유효성 – 피부에 보습, 노화억제, 자외선 차단, 미백효과 등이 없어도 될 것

55 피부보습 및 유연 기능의 역할을 하는 것은?

① 영양 크림
② 마사지 크림
③ 클렌징 크림
④ 선크림

56 두피에 영양을 주는 트리트먼트제로서 모발에 좋은 효과를 주는 것은?

① 정발제
② 양모제
③ 염모제
④ 세정제

57 자외선 차단제에 대한 설명 중 틀린 것은?

① 자외선 차단제의 구성성분은 크게 자외선 산란제와 자외선 흡수제로 구분된다.
② 자외선 차단제 중 미네랄이 주성분인 흡수제는 투명하고 가벼운 성상이다.
③ 자외선 산란제는 물리적인 산란작용을 이용한 제품이다.
④ 자외선 흡수제는 화학적인 흡수작용을 이용한 제품이다.

58 다음 중 아주 작은 병원체인 바이러스에 의하여 발생하는 질병이 아닌 것은?

① 장티푸스
② 광견병
③ 일본뇌염
④ 소아마비

59 소독약의 구비조건으로 가장 거리가 먼 것은?

① 사용방법이 간편하여야 한다.
② 인체에 해가 없어야 한다.
③ 소독대상물이 손상을 입지 않아야 한다.
④ 장시간 후에 확실한 효과가 나타나야 한다.

60 다음 감염병 중에서 파리나 바퀴벌레로 전파할 수 없는 것은?

① 폴리오
② 폐흡충증
③ 회충
④ 콜레라

01 ④	02 ③	03 ①	04 ③	05 ④	06 ④	07 ④	08 ②	09 ①	10 ④
11 ②	12 ③	13 ④	14 ④	15 ①	16 ③	17 ④	18 ①	19 ①	20 ①
21 ③	22 ④	23 ④	24 ③	25 ④	26 ④	27 ③	28 ④	29 ④	30 ③
31 ④	32 ③	33 ③	34 ④	35 ④	36 ②	37 ③	38 ④	39 ③	40 ①
41 ④	42 ④	43 ④	44 ④	45 ③	46 ④	47 ①	48 ④	49 ②	50 ①
51 ④	52 ②	53 ④	54 ①	55 ①	56 ②	57 ②	58 ①	59 ④	60 ②

01 단발령 : 김홍집 내각이 1895년(고종 32) 11월 성년 남자의 상투를 자르도록 내린 명령이다.

02 면도기 잡는 방법
- 프리 핸드 : 가장 기본적인 면도 자루 쥐는 방법
- 백 핸드 : 면도를 프리핸드로 잡은 자세에서 날을 반대로 운행하는 기법
- 펜슬 핸드 : 면도기를 연필 잡듯이 쥐고 행하는 기법

03 가르마의 기준
- 긴 얼굴 2 : 8
- 둥근 얼굴 3 : 7
- 사각형 얼굴 4 : 6
- 역삼각형 얼굴 5 : 5

04 면도 시 스팀타월을 이용하는 이유
- 피부의 노폐물, 먼지 등의 제거에 도움을 주고 피부의 지각 신경의 감수성을 조절함으로써 면도날에 의한 자극을 줄이는 효과가 있어 상처를 예방하고 면도를 쉽게 한다.
- 피부에 온열 효과를 주어 쾌감을 주는 동시에 모공을 확장시키며 수염과 피부를 유연하게 한다.

05 감각온도 3요소 : 기온, 기류, 습도

06 위생교육 : 위생교육 실시단체의 장은 위생교육을 수료한 자에게 수료증을 교부하고, 교육실시 결과를 교육 후 1개월 이내에 시장·군수·구청장에게 통보하여야 하며, 수료증 교부대장 등 교육에 관한 기록을 2년 이상 보관·관리하여야 한다.

07 요충 : 사람의 대장과 맹장에 기생하며 항문 주위에 알을 낳아 주로 어린이들이 잘 감염되고 집단감염이 잘 일어나는 기생충이다.

08 가르마의 기준
- 긴 얼굴형 – 2 : 8, 눈꼬리를 기준으로 나눈다.
- 둥근 얼굴 – 7 : 3, 안구의 중심을 기준으로 나눈다.
- 사각형 얼굴 – 4 : 6, 눈썹 안쪽을 기준으로 나눈다.
- 역삼각형 얼굴 – 5 : 5, 얼굴의 코끝을 기준으로 나눈다.

09 구충증 : 빈 창자에서 주로 기생한다.

10 기초화장품 : 피부를 청결하게 해주고 수분과 유분을 적절히 공급해주는 역할을 한다.

11 토닉 샴푸 : 헤어 토닉을 사용해 두발의 세정 후 두피 및 두발의 생리기능을 높이는 리퀴드 드라이 샴푸의 일종이다.

12
- 플레인 스캘프 트리트먼트 : 정상 두피
- 드라이 스캘프 트리트먼트 : 건조 두피
- 오일리 스캘프 트리트먼트 : 피지 분비량이 많을 경우

13 아이론 : 열을 이용하여 컬이나 웨이브를 형성 후 자연스러운 머리 모양을 유지할 수 있다.

14 두부의 부위 중 천정부의 가장 높은 곳은 톱 포인트(T.P)이다.
골든 포인트 : 머리의 꼭짓점, 백 포인트 : 머리의 뒷지점, 사이드 포인트 : 머리의 옆쪽지점

15 건열소독 : 유리기구 등과 같이 고온에서 안전한 물체를 멸균할 때 사용하는 방법이다.

16 랑게르한스(Langerhans) 세포 : 표피에 존재하며 면역과 가장 관계가 깊다.

17 그루브 : 홈이 있는 부분으로 프롱과 그루브 사이에 모발을 끼워 형태를 만들며 모발의 필요한 부분을 나누어 잡거나 사이에 끼워 고정시키는 역할을 한다.

18 염모제의 종류
- 일시적 염모제 : 컬러 스프레이, 컬러 파우더, 컬러 크레용 (컬러 스틱), 컬러 크림
- 반영구 염모제 : 컬러 린스, 헤어매니큐어, 헤어 왁싱
- 영구적 염모제 : 식물성 염모제, 금속성 염모제, 합성 염모제

19 레이저 커트 : 젖은 두발은 두피에 당김을 덜 주며 모발을 정확한 길이로 자를 수 있다.

20 혐기성 세균은 파상풍균, 가스괴저균, 클로스트리듐균 등이 이에 속하며 산소가 없는 곳에서만 생활할 수 있다.

21
- 엔드 테이퍼 : 두발 끝 부분의 단면을 1/3 상태로 만든다.
- 노멀 테이퍼 : 두발 끝 부분의 단면을 1/2 상태로 만든다.
- 딥 테이퍼 : 두발 끝 부분의 단면을 2/3 상태로 만든다.
- 테이퍼링 : 두발 끝 부분의 단면을 붓 끝처럼 만든다.

22 린스의 목적 : 손상모를 회복, 모발의 윤기를 보충, 모발의 촉감 및 보습, 유연효과를 높이고 모발의 대전방지에 도움을 준다.

23 가발은 온도가 높지 않으며 습기가 없고 통풍이 잘되는 곳에 보관한다.

24 영업장 안의 조명도는 75럭스 이상이 되도록 유지하여야 한다.

25 • 소한선(에크린선) : 무색, 무취의 액체를 분비하는 피부에 직접 연결되어 개구하여 체온을 조절한다.
   • 아포크린선 : 귀 주변, 겨드랑이 등 특정 부위에만 존재하며 사춘기 이후 활발해 진다.
   • 모발의 주기 : 성장기, 퇴행기, 휴지기, 발생기로 나누어진다.

26 클렌징 크림 : 건성피부나 예민성 피부, 노화피부에 적합하다.

27 향의 조화가 잘 이루어져야 하고 확산성이 좋아야 한다.

28 긴 두발의 일반적인 조발 시술 순서 : 전두부 → 두정부 → 측두부 → 후정부 순으로 한다.

29 자루 면도기
   • 일자형이며 칼자루가 칼날에 연결되어 단단하면서 가벼워 사용이 편리하다.
   • 날이 빨리 무디어지는 단점이 있으며. 칼날은 녹슬지 않도록 기름으로 닦아 관리해야 한다.

30 레이저 : 일회용으로 사용하며 날이 한 몸체로 분리가 안 되는 경우 70% 알코올을 적신 솜으로 반드시 소독한 후 사용한다.

31 • 슬라이싱 : 가위로 두발 숱을 감소시키는 방법
   • 테이퍼링(페더링) : 모발의 끝을 붓끝처럼 점점 가늘어지게 레이저로 커트하는 방법

32 정발 시 시술을 위한 자세는 이발 의자를 세운 상태에서 눈높이가 적당하다.

33 • 하루 중에는 낮보다 밤에 잘 자란다.
   • 봄과 여름에 성장이 빠르다.
   • 1달에 1∼1.5cm 정도 자란다.

34 스컬프처 커트 : 가위와 레이저로 커팅하고 브러시로 세팅한다.

35 갈바닉 전류 : 양극에서 산성 피부층을 단단하게 해 준다.

36 포마드 : 두발의 뿌리 → 표면

37 핫 오일 샴푸 : 화학약품으로 인해 건조된 두발에 지방공급과 모근강화를 위해 고급 식물성유와 트리트먼트 크림을 두피와 두발에 발라 마사지 한다.

38 탈색제의 종류 : 액상, 크림, 분말, 오일 종류의 탈색제가 있다.

39 강한 열을 줄 경우 모발이 손상될 수 있으므로 주의해야 한다.

40 시닝가위 : 일명 숱가위로 모발의 뭉침을 커트하여 모발의 가벼운 느낌을 만들어 준다.

41 퍼머넌트 웨이브 1제의 주성분으로는 티오클라이콜산, L-시스테인, DI-시스테인, 염산 시스테인, 시스테아민 등이 있다.

42 표피 구성세포 : 각질형성 세포, 멜라닌생성 세포, 랑게르한스 세포, 멜르켈 세포로 구성된다.

43 필수지방산 : 지방산으로는 리놀레산, 리놀렌산 및 아라키돈산의 3종류를 들 수 있으며 영양을 유지하기 위해 섭취하지 않으면 안 되는 지방산을 말한다. 보통 비타민의 개념으로 취급되어 비타민 F라고 불리는 일이 많으며 필요량은 미량이다.

44 표피
   • 무핵층 : 각질층, 투명층, 과립층
   • 유핵층 : 유극층, 기저층

45 보균자의 종류
   • 회복기 보균자 : 임상증상이 완전히 소실되었는데도 불구하고, 병원체를 배출하는 보균자
   • 잠복기 보균자 : 감염성 질환의 잠복 기간 중에 병원체를 배출하는 감염자
   • 건강 보균자 : 감염에 의한 임상증상은 없으며, 건강자와 다름없이 병원체를 보유하는 보균자
   • 병원체가 숙주로부터 배출되는 지속 시간에 따라 일시적 보균자, 영구적 보균자, 만성 보균자 등으로 구분

46 물 소독 방법 : 화학적 소독법인 염소소독법, 자외선법, 가열법 등이 있다.

47 중앙보건행정조직은 보건복지부이며, 시·군·구에는 보건소가 있다.

48 아이오딘화합물 : 포자, 결핵균, 바이러스도 신속하게 죽이며 염소화합물보다 침투성과 살균력이 강하다.

49 공중위생영업소의 위생서비스수준 평가는 2년마다 실시한다.

50 청문
   보건복지부장관 또는 시장·군수·구청장은 다음의 어느 하나에 해당하는 처분을 하려면 청문을 하여야 한다.
   • 신고사항의 직권 말소
   • 이용사외 미용사의 면허취소 또는 면허정지
   • 영업정지명령, 일부 시설의 사용중지명령 또는 영업소 폐쇄명령

51 점 빼기, 귓불 뚫기, 쌍꺼풀 수술, 문신, 박피술과 같은 의료행위를 하여서는 아니 된다.

52 이용사 및 미용사의 면허
   • 전문대학 또는 이와 같은 수준 이상의 학력이 있다고 교육부장관이 인정하는 학교에서 이용 또는 미용에 관한 학과를 졸업한 자
   • 대학 또는 전문대학을 졸업한 자와 같은 수준 이상의 학력이 있는 것으로 인정되어 이용 또는 미용에 관한 학위를 취득한 자
   • 고등학교 또는 이와 같은 수준의 학력이 있다고 교육부장관이 인정하는 학교에서 이용 또는 미용에 관한 학과를 졸업한 자
   • 초, 중등교육법령에 따른 특성화고등학교, 고등기술학교나 고등학교 또는 고등기술학교에 준하는 각종 학교에서 1년 이상 이용 또는 미용에 관한 소정의 과정을 이수한 자
   • 국가기술자격법에 의한 이용사 또는 미용사 자격을 취득한 자

53 광물성 오일로는 바셀린, 세레신, 마이크로크리스탈린왁스, 파라핀 등이 있다.

54 화장품의 4대 요건
   • 사용성 : 사용이 편리하며 피부에 잘 스며들 것
   • 안정성 : 변색, 변질, 변취가 없으며 미생물의 오염이 없어야 한다.
   • 안전성 : 독성이 없고 피부에 대한 트러블이 없어야 한다.
   • 유효성 : 세정, 보습, 자외선차단, 미백, 노화억제 등의 효과가 있어야 한다.

55 • 마사지 크림 : 피부정돈
   • 클렌징 크림 : 세정
   • 선크림 : 피부보호

56 양모제 : 의약품으로 털을 더 나게 하기보다는 털의 성장을 돕는 약으로 모근을 자극하여 털의 성장을 도우며 모발의 탈락을 막을 목적으로 사용한다.

57 자외선 차단제 중 미네랄이 주 성분인 흡수제는 흰색이다.

58 장티푸스 : 살모넬라 타이피균에 감염된 환자나 보균자의 소변 또는 대변에 오염된 음식이나 물을 섭취할 때 감염될 수 있다.

59 효과가 빠르고 살균 소요시간이 짧을수록 좋다.

60 • 폐흡충 : 가재
   • 바퀴벌레 : 살모넬라증, 장티푸스, 이질, 콜레라, 디프테리아, 소아마비, 파상풍, 폴리오

01 블로 드라이 스타일링으로 정발 시술을 할 때 도구의 사용에 대한 설명 중 적합하지 않은 것은?

① 블로 드라이어와 빗이 항상 같이 움직여야 한다.
② 블로 드라이어는 열이 필요한 곳에 댄다.
③ 블로 드라이어는 빗으로 세울 만큼 세워서 그 부위에 드라이어를 댄다.
④ 블로 드라이어는 작품을 만든 다음 보정작업으로도 널리 사용된다.

02 다음 중 시트러스 계열 정유가 아닌 것은?

① 레몬
② 그레이프프루트
③ 라벤더
④ 오렌지

03 클렌징 크림의 필수조건과 거리가 먼 것은?

① 체온에 의하여 액화되어야 한다.
② 완만한 표백작용을 가져야 한다.
③ 피부에서 즉시 흡수되는 약제가 함유되어야 한다.
④ 소량의 물을 함유한 유화성 크림이어야 한다.

04 매뉴얼테크닉 기법 중 피부를 강하게 문지르면서 가볍게 원운동을 하는 동작은?

① 에플라지(Effleurage)
② 프릭션(Friction)
③ 페트리사지(Petrissage)
④ 타포트먼트(Tapotement)

05 공중위생영업자는 위생교육을 매년 몇 시간 받아야 하는가?

① 3시간
② 6시간
③ 8시간
④ 10시간

06 공중위생관리법상 이·미용업소에서 유지하여야 하는 조명도의 기준은?

① 50럭스 이상
② 75럭스 이상
③ 100럭스 이상
④ 125럭스 이상

07 이·미용사의 건강진단 결과 마약 중독자라고 판정될 때 취할 수 있는 조치 사항은?

① 자격정지
② 업소폐쇄
③ 면허취소
④ 1년 이상 업무정지

08 다음 샴푸법 중 거동이 불편한 환자나 임산부에 가장 적당한 것은?

① 플레인 샴푸(Plain Shampoo)
② 핫 오일 샴푸(Hot Oil Shampoo)
③ 에그 샴푸(Egg Shampoo)
④ 드라이 샴푸(Dry Shampoo)

09 커트용 가위의 선정방법에 대한 설명 중 틀린 것은?

① 날의 두께가 얇고 회전축이 강한 것이 좋다.
② 도금된 것이 좋다.
③ 날의 견고함이 양쪽 골고루 똑같아야 한다.
④ 손가락 넣는 구멍이 적합해야 한다.

10 가발의 사용 및 착용방법으로 가장 거리가 먼 것은?

① 가발의 스타일이 나타나도록 잘 빗는다.
② 투페(Toupee) 가발 중 클립형은 탈모된 주변의 가는 머리카락 쪽으로 탈착한다.
③ 가발을 착용할 위치와 가발의 용도에 맞추어 착용한다.
④ 가발과 기존 모발의 스타일을 연결한다.

11 이용용 가위에 대한 설명으로 가장 거리가 먼 것은?

① 날의 견고함이 양쪽 골고루 똑같아야 한다.
② 날의 두께가 얇고 허리가 강한 것이 좋다.
③ 가위는 기본적으로 엄지만의 움직임에 따라 개폐조작을 행한다.
④ 가위의 날 몸 부분 전체가 동일한 재질로 만들어져 있는 가위를 착강가위라고 한다.

12 림프액의 기능과 가장 관계가 없는 것은?

① 동맥기능의 보호
② 항원반응
③ 면역반응
④ 체액이동

13 다음 중 이·미용업은 어디에 속하는가?

① 위생접객업
② 공중위생영업
③ 건물위생관리업
④ 위생관련업

14 정발 시술 시 포마드를 바르는 방법으로 가장 적합한 것은?

① 두발표면에만 포마드를 바른다.
② 두발의 속부터 표면까지 포마드를 고루 바른다.
③ 손님의 두부를 반드시 동요시키면서 포마드를 바른다.
④ 포마드를 바를 때 특별히 지켜야 할 순서는 없으므로 자유롭게 바르면 된다.

15 피지선에 대한 내용으로 틀린 것은?

① 진피층에 놓여 있다.

② 손바닥과 발바닥, 얼굴, 이마 등에 많다.

③ 사춘기 남성에게 집중적으로 분비된다.

④ 입술, 성기, 유두, 귀두 등에 독립피지선이 있다.

16 면체 시술 시 마스크를 사용하는 주목적은?

① 불필요한 대화의 방지를 위하여 사용한다.

② 호흡기 질병 및 감염병 예방을 위하여 사용한다.

③ 손님의 입김을 방지하기 위하여 사용한다.

④ 상대방의 악취를 예방하기 위하여 사용한다.

17 탈모증 종류에서 유전성 탈모증인 것은?

① 원형 탈모

② 남성형 탈모

③ 반흔성 탈모

④ 휴지기성 탈모

18 세발 시술 시 드라이 샴푸의 종류로 틀린 것은?

① 파우더 드라이 샴푸

② 에그 파우더 샴푸

③ 플레인 샴푸

④ 리퀴드 드라이 샴푸

19 원발진에 의하여 생기는 피부변화에 해당되는 것은?

① 비듬 ② 가피

③ 미란 ④ 팽진

20 모발 염색제 중 일시적 염모제가 아닌 것은?

① 산성 컬러

② 컬러 젤

③ 컬러 파우더

④ 컬러 스프레이

21 다음 중 이용원 간판(사인보드)의 색으로 사용하지 않는 것은?

① 청색

② 황색

③ 백색

④ 적색

22 영업자의 지위를 승계한 자로서 신고를 하지 아니하였을 경우 해당하는 처벌 기준은?

① 1년 이하의 징역 또는 1,000만 원 이하의 벌금

② 6월 이하의 징역 또는 500만 원 이하의 벌금

③ 200만 원 이하의 벌금

④ 100만 원 이하의 벌금

23 다음 감염병 중 병후 면역이 가장 강하게 형성되는 것은?

① 홍역 ② 인플루엔자

③ 이질 ④ 성병

24 다음 중 진폐증 환자와 가장 거리가 먼 직업은?

① 광부 ② 채석공

③ 벽돌 제조공 ④ 페인트공

25 화장품의 제형에 따른 특징의 설명으로 틀린 것은?

① 유화 제품 – 물에 오일 성분이 계면활성제에 의해 우유빛으로 백탁화된 상태의 제품

② 유용화 제품 – 물에 다량의 오일 성분이 계면활성제에 의해 현탁하게 혼합된 상태의 제품

③ 분산 제품 – 물 또는 오일 성분에 미세한 고체입자가 계면활성제에 의해 균일하게 혼합된 상태의 제품

④ 가용화 제품 – 물에 소량의 오일 성분이 계면활성제에 의해 투명하게 용해되어 있는 상태의 제품

26 다음 중 모발에 대한 설명 중 맞는 것은?

① 밤보다 낮에 잘 자란다.

② 봄과 여름보다 가을과 겨울에 잘 자란다.

③ 모발의 주기(모주기)는 성장기, 퇴행기, 휴지기, 발생기로 나누어진다.

④ 개인차가 있을 수 있지만 평균 1달에 5cm 정도 자란다.

27 표피에 습윤 효과를 목적으로 널리 사용되는 화장품 원료는?

① 라놀린

② 글리세린

③ 과붕산나트륨

④ 과산화수소

28 바이러스에 의해 발병되는 질병은?

① 장티푸스

② 인플루엔자

③ 결핵

④ 콜레라

29 쥐로 인하여 발생할 수 있는 감염병은?

① 유행성 출혈열, 페스트, 살모넬라증

② 발진티푸스, 재귀열, 유행성 감염

③ 일본뇌염, 말라리아, 사상충염

④ 장티푸스, 콜레라, 폴리오

30 자외선 차단지수를 나타내는 약어는?

① FDA ② UV–C

③ SPF ④ WHO

31 두부(Head) 내 각부 명칭의 연결이 잘못된 것은?

① 전두부 – 프런트(Front)
② 두정부 – 크라운(Crown)
③ 후두부 – 톱(Top)
④ 측두부 – 사이드(Side)

32 항산화 비타민으로 아스코르브산(Ascorbic Acid)으로 불리는 것은?

① 비타민 A   ② 비타민 B
③ 비타민 C   ④ 비타민 D

33 이·미용업소에서 사용하는 수건의 소독방법으로 적합하지 않은 것은?

① 건열소독
② 자비소독
③ 역성비누소독
④ 증기소독

34 이·미용사의 면허증을 다른 사람에게 대여한 1차 위반 시의 행정처분기준은?

① 면허정지 2월
② 면허정지 3월
③ 면허취소
④ 면허정지 1월

35 프랑스 이용고등기술연맹에서 1966년도에 발표한 작품명은?

① 엠파이어 라인(Empire Line)
② 댄디 라인(Dandy Line)
③ 장티옴 라인(Gentihome Line)
④ 안티브 라인(Antibes Line)

36 다음 커트 중 젖은 두발 상태, 즉, 웨트 커트(Wet Cut)가 아닌 것은?

① 레이저 이용 커트
② 수정 커트
③ 스포츠형 커트
④ 퍼머넌트 모발 커트

37 아이론 퍼머넌트 웨이브(Permanent Wave)에 관한 설명으로 틀린 것은?

① 두발에 물리적, 화학적 방법으로 파도(물결)상의 웨이브를 지니도록 한다.
② 두발에 인위적으로 변화를 주어 임의의 형태를 만들 수 있다.
③ 모발의 양이 많아 보이게 할 수 있다.
④ 콜드 웨이브(Cold Wave)는 열을 가하여 컬을 만드는 것이다.

38 콜레라 환자의 배설물 등을 처리하는 가장 적합한 방법은?

① 건조법   ② 건열법
③ 매몰법   ④ 소각법

39 아이론 시술 시 주의사항에 가장 적합한 것은?

① 아이론의 핸들이 무겁고 녹슨 것을 사용한다.
② 아이론의 온도는 120~140℃를 일정하게 유지하도록 한다.
③ 모발에 수분이 충분히 젖은 상태에서 시술해야 손상이 적다.
④ 1905년 영국 찰스 네슬러가 창안하여 발표하였다.

40 피부에 나타나는 일차적 스트레스 증상이 아닌 것은?

① 두드러기
② 소양감
③ 홍반
④ 결절

41 소독제의 농도가 적합하지 않은 것은?

① 승홍 0.1%
② 알코올 70%
③ 석탄산 0.3%
④ 크레졸 3%

42 안면의 면도 시술 시 각 부위별 레이저(Face Razor) 사용 방법으로 틀린 것은?

① 우측의 볼, 위턱, 구각, 아래턱 부위 – 백 핸드(Back Hand)
② 좌측 볼의 인중, 위턱, 구각, 아래턱 부위 – 펜슬 핸드(Pencil Hand)
③ 우측의 귀밑 턱 부분에서 볼 아래턱의 각 부위 – 프리 핸드(Free Hand)
④ 좌측의 볼부터 귀부분이 늘어진 선 부위 – 푸시 핸드(Push Hand)

43 이용 또는 미용영업을 하고자 하는 자가 소정의 법정시설 및 설비를 갖춘 후 영업신고를 하지 아니하고 영업을 한 때의 벌칙은?

① 300만 원 이하의 과태료
② 300만 원 이하의 벌금
③ 6월 이하의 징역 또는 500만 원 이하의 벌금
④ 1년 이하의 징역 또는 1천만 원 이하의 벌금

44 우리 몸에서 수분이 하는 일이 아닌 것은?

① 체조직의 구성 성분이다.
② 영양소와 노폐물을 운반한다.
③ 전해진 균형을 유지해 준다.
④ 에너지를 생산하는 기능을 한다.

45 다음 중 얼굴형이 둥근 경우 가르마의 기준으로 맞는 것은?

① 5 : 5 가르마

② 4 : 6 가르마

③ 7 : 3 가르마

④ 8 : 2 가르마

46 광물성 포마드에 대한 내용으로 가장 거리가 먼 것은?

① 두발의 때를 잘 제거하며, 두발에 영양을 준다.

② 고형 파라핀이 함유되어 있다.

③ 바셀린이 함유되어 있다.

④ 오래 사용하면 두발이 붉게 탈색된다.

47 면도기를 잡는 방법 중 칼 몸체와 핸들이 일직선이 되게 똑바로 펴서 마치 막대기를 쥐는 듯한 방법은?

① 프리 핸드(Free Hand)

② 백 핸드(Back Hand)

③ 스틱 핸드(Stick Hand)

④ 펜슬 핸드(Pencil Hand)

48 인체에서 칼슘(Ca) 대사와 가장 밀접한 관계를 가지고 있는 비타민은?

① 비타민 A
② 비타민 C

③ 비타민 D
④ 비타민 E

49 자외선 차단제에 대한 설명으로 가장 적합한 것은?

① 일광에 노출된 후에 바르는 것이 효과적이다.

② 피부 병변이 있는 부위에 사용해 자외선을 막아준다.

③ 사용 후 시간이 경과하여 다시 덧바르면 효과가 떨어진다.

④ 민감한 피부는 SPF가 낮은 제품을 사용하는 것이 좋다.

50 다음 중 모발의 화학 결합이 아닌 것은?

① 수소결합

② 시스틴결합

③ 펩타이드결합

④ 배위결합

51 두피 매뉴얼테크닉(마사지)의 방법이 아닌 것은?

① 경찰법(문지르기)

② 유연법(주무르기)

③ 진동법(떨기)

④ 회전법(돌리기)

52 랑게르한스(Langerhans) 세포의 주 기능은?

① 괭윤

② 수분 방어

③ 면역

④ 새 세포 형성

53 이·미용업자가 준수하여야 하는 위생관리기준 등이 아닌 것은?

① 이·미용 기구 중 소독을 한 기구와 소독을 하지 아니한 기구를 각각 다른 용기에 넣어 보관하여야 한다.

② 1회용 면도날은 손님 1인에 한하여 사용하여야 한다.

③ 영업소 내에 최종지급요금표를 게시 또는 부착하여야 한다.

④ 영업소 내에 화장실을 갖추어야 한다.

54 피부의 생물학적 노화현상과 거리가 먼 것은?

① 표피두께가 줄어든다.

② 엘라스틴의 양이 늘어난다.

③ 피부의 색소침착이 증가된다.

④ 피부의 저항력이 떨어진다.

55 다음 중 표피에 존재하며 면역과 가장 관계가 깊은 세포는?

① 멜라닌 세포
② 랑게르한스 세포

③ 메르켈 세포
④ 섬유아 세포

56 사람의 피부색과 관련이 없는 것은?

① 카로틴 색소
② 헤모글로빈 색소

③ 클로로필 색소
④ 멜라닌 색소

57 고객의 머리숱이 유난히 많은 두발을 커트할 때 가장 적합하지 않은 커트 방법은?

① 레이저 커트

② 스컬프처 커트

③ 딥테이퍼

④ 블런트 커트

58 캐리어 오일로서 부적합한 것은?

① 미네랄 오일

② 살구씨 오일

③ 아보카도 오일

④ 포도씨 오일

59 다음 중 수축력이 강하고 잔주름 완화에 효과가 있는 것은?

① 오일팩
② 우유팩

③ 왁스 마스크팩
④ 에그팩

60 이용 시술을 위한 이용사의 작업을 설명한 내용으로 가장 거리가 먼 것은?

① 고객의 용모에 대한 특성을 신속, 정확하게 파악한다.

② 시술에 대한 구상을 하기 전에 고객의 요구사항을 파악한다.

③ 이용사 자신의 개성미를 우선적으로 표현한다.

④ 시술 후에는 전체적인 조화를 종합적으로 검토한다.

01 ①	02 ③	03 ③	04 ②	05 ①	06 ②	07 ③	08 ④	09 ②	10 ②
11 ④	12 ①	13 ②	14 ②	15 ②	16 ②	17 ②	18 ③	19 ④	20 ①
21 ②	22 ②	23 ①	24 ④	25 ②	26 ③	27 ②	28 ②	29 ①	30 ③
31 ③	32 ③	33 ①	34 ②	35 ①	36 ②	37 ④	38 ④	39 ②	40 ④
41 ③	42 ②	43 ④	44 ④	45 ③	46 ①	47 ③	48 ②	49 ④	50 ④
51 ④	52 ③	53 ④	54 ②	55 ②	56 ③	57 ④	58 ①	59 ③	60 ③

01 블로 드라이어와 빗이 항상 같이 움직이게 되면 고데기를 사용하는 원리와 같아 빗이 가열되어 머리카락이 손상될 수 있다.

02 시트러스 계열 : 레몬, 버가못, 오렌지 스위트, 라임, 그레이프 프루트, 만다린 등

03 클렌징 크림 : 피부에 흡수 시 피부 트러블을 일으키므로 피부에 흡수되면 안 된다.

04 • 에플라지 : 손바닥을 이용해 부드럽게 쓰다듬는 동작이다.
  • 페트리사지 : 근육을 횡단하듯 반죽하는 동작이다.
  • 타포트먼트 : 손가락을 이용하여 두드리는 동작이다.

05 위생교육 : 3시간

06 영업장 안의 조명도 : 75럭스 이상

07 마약 기타 대통령령으로 정하는 약물중독자(대마 또는 향정신성의약품의 중독자)는 면허를 취득할 수 없는 자로 면허가 취소된다.

08 드라이 샴푸 : 머리를 물 없이 감을 수 있는 샴푸이다.

09 가위는 도금된 것은 피하는 것이 좋다.

10 탈착식 가모 : 특수 고정핀을 이용해 부착하는 방식의 가발이며 앞머리가 없을 경우에는 가모의 앞부분을 테이프를 이용하여 부착시킨다.

11 착강가위 : 날은 특수강철이고 협신부는 연철로 된 가위이다.

12 림프액 : 과도한 체액을 흡수하여 운반하는 기능을 하며 항원과 항체반응을 통해 면역반응에 관여한다.

13 "공중위생영업"이라 함은 다수인을 대상으로 위생관리서비스를 제공하는 영업으로서 숙박업, 목욕장업, 이용업, 미용업, 세탁업, 건물위생관리업을 말한다.

14 포마드를 바르는 방법 : 두발의 뿌리 → 표면

15 피지선은 신체의 대부분에 분포하고 있으며 손바닥과 발바닥에는 없다.

16 호흡기 질병 및 감염병 예방을 위하여 사용한다.

17 남성형 탈모 : 안드로젠과 유전적 요인이 주원인이나 나이가 들면서 안드로젠에 대한 감소성의 증가로 탈모가 발생하기도 한다.

18 플레인 샴푸 : 비누, 합성세제, 물을 이용한 일반 샴푸이다.

19 원발진에 의하여 생기는 피부변화 : 면포, 구진, 농포, 결절, 반점, 팽진, 소수포, 수포, 낭종, 종양 등이 있다.

20 일시적 염모제 종류 : 컬러 스프레이, 컬러 마스카라, 컬러 젤, 컬러 린스, 컬러 파우더, 컬러 크레용 등이 있다.

21 사인보드
  • 이발소를 표시
  • 청색, 적색, 백색의 둥근 기둥은 세계 공통의 기호이다.
  • 청색 : 정맥, 적색 : 동맥, 백색 : 붕대

22 6월 이하의 징역 또는 500만 원 이하의 벌금
  • 변경신고를 하지 아니한 자
  • 공중위생영업자의 지위를 승계한 자로서 규정에 의한 신고를 하지 아니한 자
  • 건전한 영업질서를 위하여 공중위생영업자가 준수하여야 할 사항을 준수하지 아니한 자

23 자연능동면역에 의해 영구면역이 잘되는 질병 : 수두, 홍역, 풍진, 백일해, 황열, 천연두 등

24 • 진폐증 : 분진의 흡입과 관련이 있다.
  • 페인트공은 납 중독으로 빈혈과 관련이 있다.

25 분산제품 : 물에 다량의 오일 성분이 계면활성제에 의해 현탁하게 혼합된 상태의 제품

26 • 하루 중에는 낮보다 밤에 잘 자란다.
  • 봄과 여름에 성장이 빠르다.
  • 1달에 1~1.5cm 정도 자란다.

27 글리세린 : 수분 유지 및 보습 작용을 한다.

28 독감 : 인플루엔자 바이러스에 의해서만 발병한다.

29 쥐가 매개하는 감염병 : 페스트, 살모넬라증, 서교증, 재귀열, 발진열, 유행성 출혈열, 쯔쯔가무시병, 렙토스피라증 등

30 SPF : 자외선(UV−B)의 차단 효과를 표시하는 단위이다.

31 • 후두부 : 네이프(Nape)
   • 두정점 : 톱(Top point)

32 비타민 C : 수용성 항산화 성분으로 아스코르브산이다.

33 건열소독 : 유리기구 등과 같이 고온에 안전한 물체를 멸균할 때 사용하는 방법이다.

34 면허증을 다른 사람에게 대여한 경우의 행정처분기준
   • 1차 위반 : 면허정지 3월
   • 2차 위반 : 면허정지 6월
   • 3차 위반 : 면허취소

35 • 댄디 라인 : 1965년
   • 장티욤 라인 : 1955년
   • 안티브 라인 : 1954년

36 수정 깎기 : 컷의 마무리 커트 기법이다.

37 콜드 웨이브 : 실온 40℃ 정도의 온도에서 펌 웨이브를 얻을 수 있다.

38 소각법 : 대소변, 배설물, 토사물의 완전 소독방법

39 아이론은 녹슬지 않은 것을 사용하고 모발의 수분 상태가 적당한 상태에서 시술해야 한다. 마샬 그라또가 1875년 아이론을 이용하여 웨이브를 만들었다.

40 피부에 나타나는 1차적 스트레스 증상 : 두드러기, 작열감, 소양감, 봉소염, 홍반 등

41 석탄산 : 3%

42 프리 핸드 : 좌측 볼의 인중, 위턱, 구각, 아래턱 부위로 진행한다.

43 1년 이하의 징역 또는 1천만 원 이하의 벌금
   • 공중위생영업신고를 하지 아니한 자
   • 영업정지명령 또는 일부 시설의 사용중지명령을 받고도 그 기간 중에 영업을 하거나 그 시설을 사용한 자
   • 영업소 폐쇄명령을 받고도 계속하여 영업을 한 자

44 물 : 수분은 산소나 독소를 운반하며 불필요해진 성분을 배설하고 체온 및 체액을 조절하는 역할을 하며 모든 조직의 기본 성분으로 체조직을 구성하는 성분 중 가장 양이 많아 인체의 2/3가량을 차지한다.

45 가르마의 기준
   • 긴 얼굴 2 : 8
   • 사각형 얼굴 4 : 6
   • 역삼각형 얼굴 5 : 5
   • 둥근 얼굴 3 : 7

46 포마드 : 정발을 하기 위해 모발에 발라 드라이 열을 주어 모발을 고정하고 셋팅하기 위해 바르는 헤어 제품이다.

47 • 프리 핸드 : 면도 자루를 쥐는 형태로 손에 잡는 가장 기본적인 방법이다.
   • 백 핸드 : 면도를 프리핸드의 잡은 자세에서 날의 방향을 반대로 운행하는 기법이다.
   • 펜슬 핸드 : 면도기를 연필 잡듯이 쥐고 운행하는 기법이다.

48 비타민 D의 주요 기능 : 혈중 칼슘과 인의 수준을 정상범위로 조절하고 평형 유지한다.

49 SPF : 자외선 B(UV−B)의 차단효과를 표시하는 단위이다.

50 모발의 화학 결합 : 수소결합, 시스틴결합(황결합), 펩타이드 결합, 염결합(이온결합)

51 두피 매뉴얼테크닉(마사지) 방법 : 경찰법, 유연법, 고타법, 강찰법, 압박법, 진동법 등

52 랑게르한스세포 : 면역과 가장 관계가 깊으며 표피에 존재한다.

53 이용업자 위생관리기준
   • 이용기구 중 소독을 한 기구와 소독을 하지 아니한 기구는 각각 다른 용기에 넣어 보관하여야 한다.
   • 1회용 면도날은 손님 1인에 한하여 사용하여야 한다.
   • 영업소 내부에 최종지급요금표를 게시 또는 부착하여야 한다.

54 나이가 들수록 콜라겐과 엘라스틴은 줄어들어 피부의 탄력성 및 혈액순환 기능에도 영향을 미친다.

55 랑게르한스 세포 : 피부의 면역기능을 담당하는 랑게르한스 세포의 기능이 저하되면 피부의 면역력이 떨어질 수 있다.

56 피부의 색을 결정하는 색소
   • 멜라닌 색소 : 흑색
   • 헤모글로빈 색소 : 적색
   • 카로틴 색소 : 황색

57 블런트 커트 : 모발에서 길이는 짧아지지만 부피는 그대로 유지된다.

58 • 광물성 오일 : 미네랄 오일
   • 식물성 오일 : 살구씨, 아보카도, 포도씨, 카놀라, 올리브 오일 등

59 • 오일팩 : 건조한 피부에 유·수분을 보충해 준다.
   • 우유팩 : 지방보급, 보습, 표백작용을 한다.
   • 에그팩 : 흰자는 세정작용 및 잔주름 예방, 노른자는 건성 피부 영양보습을 한다.

60 고객이 만족할 수 있는 개성미를 표현해야 한다.

01 다음 중 공중위생감시원의 직무에 해당되지 않는 것은?
① 시설 및 설비의 확인
② 위생교육 이행여부의 확인
③ 위생지도 및 개선명령 이행여부의 확인
④ 시설 및 종업원에 대한 위생관리 이행여부의 확인

02 다음 중 이용사의 위생관리기준이 아닌 것은?
① 소독한 기구와 하지 아니한 기구는 각각 다른 용기에 넣어 보관할 것
② 조명은 75럭스 이상 유지되도록 할 것
③ 신고증과 함께 면허증 사본을 게시할 것
④ 1회용 면도날은 손님 1인에 한하여 사용할 것

03 두피관리 중 헤어 토닉을 두피에 바르면 시원한 감을 느끼는데 이것은 주로 어느 성분 때문인가?
① 붕산
② 알코올
③ 캠퍼
④ 글리세린

04 보건행정에 대한 설명으로 가장 올바른 것은?
① 공중보건의 목적을 달성하기 위해 공공의 책임하에 수행하는 행정활동
② 개인보건의 목적을 달성하기 위해 공공의 책임하에 수행하는 행정활동
③ 국가 간의 질병 교류를 막기 위해 책임 하에 수행하는 행정활동
④ 공중보건의 목적을 달성하기 위해 개인의 책임하에 수행하는 행정활동

05 둥근 얼굴형에 가장 잘 조화를 이루는 가르마는?
① 8 : 2 가르마
② 7 : 3 가르마
③ 9 : 1 가르마
④ 5 : 5 가르마

06 고종황제의 어명으로 우리나라 최초의 이용시술을 한 이용사는?
① 안종호
② 서재필
③ 김홍집
④ 김옥균

07 다음 기생충 중 산란과 동시에 감염능력이 있으며 저항성이 커서 집단감염이 가장 잘되는 기생충은?
① 회충
② 십이지장충
③ 광절열두조충
④ 요충

08 위생교육을 받아야 하는 대상자가 아닌 것은?
① 공중위생영업의 승계를 받은 자
② 공중위생영업자
③ 면허증 취득 예정자
④ 공중위생영업의 신고를 하고자 하는 자

09 염모제의 보관 장소로 가장 적합한 곳은?
① 습기가 높고 어두운 곳
② 온도가 낮고 어두운 곳
③ 온도가 높고 어두운 곳
④ 건조하고 일광이 잘 드는 밝은 곳

10 내열성이 강해서 자비소독으로 멸균이 되지 않는 것은?
① 장티푸스균
② 결핵균
③ 아포형성균
④ 이질아메바

11 면도 시 면도날을 잡는 기본적인 방법이 아닌 것은?
① 프리 핸드(Free Hand)
② 백 핸드(Back Hand)
③ 스틱 핸드(Stick Hand)
④ 펜슬 핸드(Pencil Hand)

12 피부색에 대한 설명으로 옳은 것은?
① 피부의 색은 건강상태와 관계없다.
② 적외선은 멜라닌 생성에 큰 영향을 미친다.
③ 남성보다 여성, 고령층보다 젊은 층에 색소가 많다.
④ 피부의 황색은 카로틴에서 유래한다.

13 다음 중 영구적 염모제에 속하는 것은?
① 합성 염모제
② 컬러 린스
③ 컬러 파우더
④ 컬러 스프레이

14 인체에서 칼슘(Ca)대사와 가장 밀접한 관계를 가지고 있는 비타민은?
① 비타민 A
② 비타민 C
③ 비타민 D
④ 비타민 E

15 바이러스에 의해 발병되는 질병은?
① 장티푸스
② 인플루엔자
③ 결핵
④ 콜레라

16 이용사가 지켜야 할 주의사항으로 가장 거리가 먼 것은?
① 항상 깨끗한 복장을 착용한다.
② 항상 손톱을 짧게 깎고 부드럽게 한다.
③ 이용사의 두발이나 용모를 화려하게 치장한다.
④ 고객의 의견이나 심리 등을 잘 파악해야 한다.

17 매뉴얼테크닉 기법 중 피부를 강하게 문지르면서 가볍게 원운동을 하는 동작은?
① 에플라지(Effleurage)
② 프릭션(Friction)
③ 페트리사지(Petrissage)
④ 타포트먼트(Tapotement)

18 다음 중 원발진이 아닌 것은?
① 반점(Macule)
② 구진(Papule)
③ 결절(Nodule)
④ 위축(Atrophy)

19 클리퍼(바리캉)를 사용하는 조발 시 일반적으로 클리퍼를 가장 먼저 사용하는 부위는?
① 전두부 　　　　② 후두부
③ 좌, 우측 두부 　④ 두정부

20 모피질(Cortex)에 대한 설명이 틀린 것은?
① 전체 모발 면적의 50~60%를 차지하고 있다.
② 멜라닌 색소를 함유하고 있어 모발의 색상을 결정한다.
③ 피질 세포와 세포 간 결합 물질(간충물질)로 구성되어 있다.
④ 실질적으로 퍼머넌트 웨이브나 염색 등 화학적 시술이 이루어지는 부분이다.

21 다음 중 O/W형(수중유형) 제품으로 맞는 것은?
① 헤어 크림
② 클렌징 크림
③ 모이스처라이징 크림
④ 나이트 크림

22 화장품의 4대 요건으로 적합하지 않은 것은?
① 안전성 　　　② 사용성
③ 유효성 　　　④ 치유성

23 공중위생영업자는 영업소 주소 변경 시 누구에게 신고하여야 하는가?
① 행정안전부장관
② 보건복지부장관
③ 시·도지사
④ 시장·군수·구청장

24 우리나라에 단발령이 내려진 시기는?
① 조선 중엽부터 　② 해방 후부터
③ 1895년부터 　　④ 1990년부터

25 가모의 조건으로 틀린 것은?
① 통풍이 잘되어 땀 등에서 자유로워야 한다.
② 착용감이 가벼워 산뜻해야 한다.
③ 색상이 잘 퇴색이 되어야 한다.
④ 장기간 착용에도 두피에 피부염 등 이상이 없어야 한다.

26 다음 중 두피 및 두발의 생리 기능을 높여 주는 데 가장 적합한 샴푸는?
① 드라이 샴푸
② 토닉 샴푸
③ 리퀴드 샴푸
④ 오일 샴푸

27 관계 공무원의 출입, 검사 또는 공중위생영업 장부 또는 서류의 열람을 거부, 방해하거나 기피한 경우 1차 위반 시 행정처분기준은?
① 영업정지 10일
② 영업정지 20일
③ 경고 또는 개선명령
④ 영업장 폐쇄명령

28 다음의 보기 중 공중위생영업자의 변경신고를 해야 되는 경우를 모두 고른 것은?

> ㄱ. 대표자의 성명 또는 생년월일
> ㄴ. 미용업 업종 간 변경
> ㄷ. 재산변동사항
> ㄹ. 신고한 영업장 면적의 3분의 1 이상의 증감

① ㄱ, ㄷ 　　　　　② ㄱ, ㄴ, ㄹ
③ ㄱ, ㄴ, ㄷ, ㄹ 　④ ㄱ, ㄴ

29 지체 없이 시장·군수·구청장에게 면허증을 반납해야 하는 경우가 아닌 것은?
① 잃어버린 면허증을 찾은 때
② 면허가 취소된 때
③ 이·미용 면허의 정지명령을 받은 때
④ 기재사항에 변경이 있는 때

30 자비소독의 방법으로 옳은 것은?
① 20분 이상 100℃의 끓는 물속에 직접 담그는 방법
② 100℃ 끓는 물에 승홍수(3%)를 첨가하여 소독하는 방법
③ 끓는 물에 10분 이상 담그는 방법
④ 10분 이하 120℃의 건조한 열에 접촉하는 방법

31 스컬프처 커트 스타일(Sculpture Cut Style)에 대한 설명으로 틀린 것은?

① 스컬프처 전용 레이저(Razor) 커트를 한다.
② 두발을 각각 세분하여 커트한다.
③ 두발을 각각 조각하듯 커트한다.
④ 두발 전체를 굴곡 있게 커트한다.

32 두발 1/2 길이 선에 노멀 테이퍼링 질감처리를 하려고 한다. 남성 조발 시 시닝가위의 발 수는?

① 10~11발
② 20~25발
③ 50~70발
④ 40~45반

33 다음 중 중온성균의 최적 증식온도로 가장 적당한 것은?

① 10~15℃
② 15~25℃
③ 25~37℃
④ 40~60℃

34 이·미용사 면허가 취소된 후 계속하여 업무를 행한 자에 대한 벌칙은?

① 100만 원 이하의 벌금
② 200만 원 이하의 벌금
③ 300만 원 이하의 벌금
④ 500만 원 이하의 벌금

35 다음 감염병 중 병원체가 기생충인 것은?

① 결핵
② 백일해
③ 말라리아
④ 일본뇌염

36 자외선 차단제에 대한 설명으로 옳은 것은?

① 일광의 노출 전에 바르는 것이 효과적이다.
② 피부 병변이 있는 부위에 사용하여도 무관하다.
③ 사용 후 시간이 경과하여도 다시 덧바르지 않는다.
④ SPF지수가 높을수록 민감한 피부에 적합하다.

37 피부의 신진대사를 활발하게 함으로서 세포의 재생을 돕고 머리비듬, 입술 및 구강의 질병치료에도 좋으며 지루 및 민감한 염증성 피부에 관여하는 비타민은?

① 비타민 C
② 비타민 B₂
③ 비타민 P
④ 비타민 D

38 미생물의 발육을 정지시켜 음식물이 부패되거나 발효되는 것을 방지하는 작용은?

① 멸균
② 소독
③ 방부
④ 세척

39 피지선에 대한 내용으로 틀린 것은?

① 진피층에 놓여 있다.
② 손바닥과 발바닥, 얼굴, 이마 등에 많다.
③ 사춘기 남성에게 집중적으로 분비된다.
④ 입술, 성기, 유두, 귀두 등에 독립피지선이 있다.

40 체내에 부족하면 괴혈병을 유발시키고, 피부와 잇몸에서 피가 나오며 빈혈을 일으켜 피부를 창백하게 하는 것은?

① 비타민 A
② 비타민 D
③ 비타민 C
④ 비타민 K

41 진달래과의 월귤나무의 잎에서 추출한 하이드로퀴논 배당체로 멜라닌 활성을 도와주는 타이로시네이스 효소의 작용을 억제하는 미백화장품의 성분은?

① 감마-오리자놀
② 알부틴
③ AHA
④ 비타민 C

42 표피에서 촉감을 감지하는 세포는?

① 멜라닌세포
② 메르켈세포
③ 각질형성세포
④ 랑게르한스세포

43 이용기술의 기본이 되는 두부를 구분한 명칭 중 옳은 것은?

① 크라운 – 측두부
② 톱 – 전두부
③ 네이프 – 두정부
④ 사이드 – 후두부

44 노화피부의 특징이 아닌 것은?

① 노화피부는 탄력이 없고, 수분이 많다.
② 피지분비가 원활하지 못하다.
③ 색소침착 불균형이 나타난다.
④ 주름이 형성되어 있다.

45 헤어컬러링 중 헤어매니큐어(Hair Manicure)에 대한 설명으로 옳은 것은?

① 모발의 멜라닌 색소를 표백해서 모발을 밝게 하는 효과가 있다.
② 모발의 멜라닌 색소를 탈색시키고 원하는 색상을 표면에 착색시킨다.
③ 모발의 멜라닌 색소를 탈색시키고 원하는 색상을 침투시켜 착색시킨다.
④ 블리치 작용이 없는 검은 모발에는 확실한 효과가 없으나 백모나 블리치된 모발에는 효과가 뛰어나다.

46 향수의 기본조건으로 틀린 것은?

① 확산성이 좋아야 한다.
② 향은 강하고 지속성이 짧아야 한다.
③ 향에 특징이 있어야 한다.
④ 시대성에 부합되어야 한다.

47 아이론 퍼머넌트 웨이브와 관련한 내용으로 가장 거리가 먼 것은?

① 콜드 퍼머넌트의 방법과 동일한 방법을 사용한다.
② 열을 가하여 고온으로 시술한다.
③ 아이론 퍼머넌트제는 1제와 2제로 구분된다.
④ 아이론의 직경에 따라 다양한 크기의 컬을 만들 수 있다.

48 이·미용업 영업신고를 하지 않고 영업을 한 자에 해당하는 벌칙기준은?

① 6월 이하의 징역 또는 100만 원 이하의 벌금
② 6월 이하의 징역 또는 300만 원 이하의 벌금
③ 1년 이하의 징역 또는 500만 원 이하의 벌금
④ 1년 이하의 징역 또는 1천만 원 이하의 벌금

49 다음 중 이용의 의의에 대한 설명으로 가장 적합한 것은?

① 이용은 기술 이전에 서비스이다.
② 이용은 문화의 변천에 전혀 영향을 받지 않는다.
③ 이용은 고객의 안면만을 단정하게 하는 것이다.
④ 복식 이외의 여러 가지 용모에 물리적 기교를 행하는 방법이다.

50 아로마 오일을 피부에 효과적으로 침투시키기 위해 사용하는 식물성 오일은?

① 에센셜 오일
② 트랜스 오일
③ 캐리어 오일
④ 미네랄 오일

51 에그(흰자)팩의 효과에 대한 설명으로 가장 적합한 것은?

① 수렴, 표백작용
② 미백 및 보습작용
③ 영양 공급작용
④ 세정작용 및 잔주름 예방

52 기초 화장품의 사용 목적이 아닌 것은?

① 세안
② 잡티 제거
③ 피부 정돈
④ 피부 보호

53 다음 중 소독에 필요한 인자와 가장 거리가 먼 것은?

① 물
② 온도
③ 산소
④ 자외선

54 다음 중 과거에의 현성 또는 불현성 감염에 의하여 획득한 면역은?

① 자연능동면역
② 자연수동면역
③ 인공능동면역
④ 인공수동면역

55 지성피부의 특징에 대한 설명 중 틀린 것은?

① 과다한 피지분비로 문제성 피부가 되기 쉽다.
② 여성보다 남성 피부에 많다.
③ 모공이 매우 크며 번들거린다.
④ 피부결이 섬세하고 곱다.

56 블로 드라이 스타일링으로 정발 시술을 할 때 도구의 사용에 대한 설명 중 적합하지 않은 것은?

① 블로 드라이어와 빗이 항상 같이 움직여야 한다.
② 블로 드라이어는 열이 필요한 곳에 댄다.
③ 블로 드라이어는 빗으로 세울 만큼 세워서 그 부위에 드라이어를 댄다.
④ 블로 드라이어는 작품을 만든 다음 보정작업으로도 널리 사용된다.

57 음용수로 사용할 상수의 수질오염 지표 미생물로 주로 사용되는 것은?

① 일반세균
② 중금속
③ 대장균
④ BOD

58 남성 머리형의 분류로 적절하지 않은 것은?

① 장발형
② 중발형
③ 종발형
④ 단발형

59 다음 중 갑상선의 기능 장애와 가장 관계가 있는 것은?

① 칼슘
② 철분
③ 아이오딘
④ 나트륨

60 인체에 발생하는 사마귀의 원인은?

① 박테리아
② 곰팡이
③ 악성증식
④ 바이러스

01 ④	02 ③	03 ②	04 ①	05 ②	06 ①	07 ④	08 ③	09 ②	10 ③
11 ③	12 ④	13 ①	14 ③	15 ②	16 ③	17 ②	18 ④	19 ②	20 ①
21 ③	22 ④	23 ④	24 ③	25 ③	26 ②	27 ①	28 ③	29 ④	30 ①
31 ④	32 ②	33 ③	34 ③	35 ③	36 ①	37 ②	38 ④	39 ②	40 ③
41 ②	42 ④	43 ②	44 ①	45 ④	46 ②	47 ①	48 ④	49 ④	50 ③
51 ④	52 ②	53 ③	54 ①	55 ④	56 ①	57 ③	58 ③	59 ③	60 ④

01 공중위생감시원의 업무범위
- 시설 및 설비의 확인
- 위생교육 이행여부의 확인
- 공중위생영업 관련 시설 및 설비의 위생상태 확인, 검사, 공중위생영업자의 위생관리의무 및 영업자준수사항 이행여부의 확인
- 위생지도 및 개선명령 이행여부의 확인
- 공중위생영업소의 영업의 정지, 일부 시설의 사용중지 또는 영업소 폐쇄명령 이행여부의 확인

02 영업소 내부에 이·미용업 신고증 및 개설자의 면허증 원본을 게시하여야 한다.

03 헤어토닉 : 두피에 영양을 주고 모근을 튼튼하게 해주는 효과를 가지고 있으며 알코올을 주성분으로 한다.

04 보건행정은 국민 보건 향상과 증진에 관한 모든 사항을 통괄하는 행정적 수단을 말한다.

05 가르마의 기준
- 긴 얼굴 2 : 8
- 둥근 얼굴 3 : 7
- 사각형 얼굴 4 : 6
- 역삼각형 얼굴 5 : 5

06 우리나라 최초 이용사 : 고종황제의 어명으로 이용 시술을 한 사람은 안종호이다.

07 요충 : 사람의 대장과 맹장에 기생하며 항문 주위에 알을 낳아 주로 어린이들에게 잘 감염되며 집단감염이 잘 일어나는 기생충이다.

08 위생교육
- 공중위생영업자는 매년 위생교육을 받아야 한다.
- 공중위생영업의 신고를 하고자 하는 자는 미리 위생교육을 받아야 한다. 다만, 보건복지부령으로 정하는 부득이한 사유로 미리 교육을 받을 수 없는 경우에는 영업개시 후 6개월 이내에 위생교육을 받을 수 있다.
- 위생교육을 받아야 하는 자 중 영업에 직접 종사하지 아니하거나 2 이상의 장소에서 영업을 하는 자는 종업원 중 영업장별로 공중위생에 관한 책임자를 지정하고 그 책임자로 하여금 위생교육을 받게 하여야 한다.

09 염모제 보관 방법 : 직사광선이 들지 않는 냉암소에 보관한다.

10 자비소독법 : 열저항성 아포, B형 간염 바이러스, 원충(포낭형)을 제외한 미생물의 제거

11 면도날을 잡는 방법 : 프리 핸드, 백 핸드, 푸시 핸드, 펜슬 핸드, 스틱 핸드 등이 있다.

12 피부의 황색은 카로틴에서 유래하며 인체 내에서 합성되지 않고 당근, 토마토와 같은 식물에서 합성되므로 외부로부터 흡수되는 것이다.

13 염모제의 종류
- 일시적 염모제 : 컬러 스프레이, 컬러 파우더, 컬러 크레용(컬러 스틱), 컬러 크림
- 반영구 염모제 : 헤어매니큐어, 헤어 왁싱, 컬러 린스
- 영구적 염모제 : 식물성 염모제(헤나), 금속성 염모제, 합성 염모제(산화염모제)

14 비타민 D의 주요 기능 : 혈중 칼슘과 인의 수준을 정상범위로 조절하고 평형을 유지하는 것이다.

15 독감 : 인플루엔자 바이러스에 의해서만 발병한다.

16 이용사는 두발이나 용모를 깔끔하게 정돈해야 한다.

17 매뉴얼테크닉 기법
- 에플라지 : 손바닥을 사용하여 부드럽게 쓰다듬는 동작이다.
- 페트리사지 : 근육을 횡단하듯 반죽하는 동작이다.
- 타포트먼트 : 손가락을 사용하여 두드리는 동작이다.

18 원발진 : 면포, 구진, 농포, 결절, 반점, 팽진, 소수포, 수포, 낭종, 종양 등

19 조발 시 클리퍼 순서 : 후두부 → 좌, 우측 두부

20 모발 전체 면적의 75~90%를 차지하고 있다.

21 - O/W형(수중유형) : 물에 오일이 섞여 있는 에멀션 형태이다.
- W/O형(유중수형) : 오일에 물성분이 섞여 있는 에멀션 형태이다.

22 화장품 품질 특성 : 안전성, 사용성, 안정성, 유효성

23 공중위생영업의 신고 및 폐업신고 : 공중위생영업을 하고자 하는 자는 공중위생영업의 종류별로 보건복지부령이 정하는 시설 및 설비를 갖추고 시장·군수·구청장에게 신고하여야 한다. 보건복지부령이 정하는 중요사항을 변경하고자 하는 때에도 또한 같다.

24 단발령 : 김홍집 내각이 1895년(고종 32) 11월 성년 남자의 상투를 자르도록 내린 명령이다.

25 가모 : 모발의 색상이 쉽게 퇴색되어서는 안 된다.

26 토닉 샴푸 : 두피 및 두발의 생리기능을 높여 주는 리퀴드 드라이 샴푸의 일종으로 헤어 토닉을 사용해 두발을 세정한다.

27 보고를 하지 않거나 거짓으로 보고한 경우 또는 관계 공무원의 출입, 검사 또는 공중위생영업 장부 또는 서류의 열람을 거부, 방해하거나 기피한 경우
   • 1차 위반 : 영업정지 10일
   • 2차 위반 : 영업정지 20일
   • 3차 위반 : 영업정지 1월
   • 4차 이상 위반 : 영업장 폐쇄명령

28 변경신고
   • 영업소의 명칭 또는 상호
   • 영업소의 주소
   • 신고한 영업장 면적의 3분의 1 이상의 증감
   • 대표자의 성명 또는 생년월일
   • 미용업 업종 간 변경

29 면허증의 반납
   면허가 취소되거나 면허의 정지명령을 받은 자는 지체 없이 관할 시장·군수·구청장에게 면허증을 반납하여야 한다.

30 자비소독법 : 물체를 20분 이상 100℃의 끓는 물속에 직접 담그는 방법이며, 끓는 물에 완전히 잠기게 하여 소독한다. 가위, 의류(수건), 도자기 등이 소독 대상물이다.

31 스컬프처 커트 : 두발을 각각 세분하여 조각하듯 커트하고 가위와 스컬프처 전용 레이저로 커팅하고 브러시로 세팅한다.

32 • 20발 이하 : 테크닉용으로 질감 처리를 할 때 사용한다.
   • 20~30발 : 기본적인 질감 처리를 할 때 사용한다.
   • 40발 이상 : 세밀한 질감 처리를 할 때 사용한다.

33 미생물의 최적 증식온도
   • 저온성균 : 15~20℃
   • 중온성균 : 27~35℃
   • 고온성균 : 50~65℃

34 300만 원 이하의 벌금
   • 면허의 취소 또는 정지 중에 이용업 또는 미용업을 한 사람
   • 면허를 받지 아니하고 이용업 또는 미용업을 개설하거나 그 업무에 종사한 사람

35 말리리아 병원체 : 인체 기생충으로 취급하기도 하며 '말라리아 원충'이라 불린다.

36 • 피부 병변이 있는 부위에는 사용을 피하는 것이 좋다.
   • 3~4시간 간격으로 덧바르는 것이 효과적이다.
   • 민감한 피부는 SPF 지수 25~30이 적당하다.

37 비타민 B_2 : 구선염, 설염의 발생 원인이 된다.

38 • 멸균 : 병원성 또는 비병원성 미생물 및 포자를 가진 것을 전부 사멸한다.
   • 소독 : 각종 약품의 사용으로 병원 미생물의 생활력을 파괴시켜 감염의 위험성을 없애고 세균의 증식 억제 및 멸살시킨다.

39 피지선은 신체의 대부분에 분포하며 손바닥과 발바닥에는 없다.

40 • 비타민 A : 야맹증, 결막건조증을 일으킨다.
   • 비타민 D : 구루병, 골연화증, 골다공증을 일으킨다.
   • 비타민 C : 괴혈병을 일으키며 색소침착, 노화 방지 기능을 한다.
   • 비타민 K : 출혈을 일으킨다.

41 알부틴 : 진달래과의 월귤나무 잎에서 추출한 하이드로퀴논 배당체로 멜라닌 활성을 도와주는 타이로시네이스의 활성을 저해하여 멜라닌 색소의 형성을 억제한다.

42 • 멜라닌세포 : 전체 표피의 13% 정도이며 피부에 색을 결정하는 세포이다.
   • 각질형성세포 : 면역기능에 관여하며 표피의 95%를 차지한다.
   • 랑게르한스세포 : 기저층에 위치하며 표피의 약 2~4%를 차지하고 면역기능에 관여한다.

43 • 크라운 : 두정부
   • 네이프 : 후두부
   • 사이드 : 측두부

44 노화피부는 탄력과 수분이 부족하다.

45 헤어매니큐어 : 헤어톱코트로 모발에 윤기와 광택을 주며 모발 표면을 코팅해 준다.

46 향은 적당하고 지속성이 길어야 한다.

47 콜드 퍼머넌트는 실온에서 약품만으로 처리하는 퍼머이다.

48 1년 이하의 징역 또는 1천만 원 이하의 벌금
   • 공중위생영업신고를 하지 아니한 자
   • 영업정지명령 또는 일부 시설의 사용중지명령을 받고도 그 기간 중에 영업을 하거나 그 시설을 사용한 자 또는 영업소 폐쇄명령을 받고도 계속하여 영업을 한 자

49 이용이란 복식 이외의 여러 가지 용모에 화학적, 물리적 기교를 행한다.

50 캐리어 오일 : 씨앗에서 추출되는 모든 식물성 오일로 원료로는 살구씨, 아보카도, 포도씨, 올리브, 카놀라 등이다.

51 에그(흰자)팩 : 건조성 피부와 중년기의 쇠퇴한 피부에 효과적인 팩으로 단백질의 교착작용을 이용해서 피부에 세정효과를 주어 잔주름을 없애준다.

52 기초 화장품의 사용 목적 : 세안, 피부 정돈, 피부 보호이다.

53 • 물리적 인자 : 자외선, 열, 수분
• 화학적 인자 : 물, 농도, 온도, 시간

54 • 자연수동면역 : 태반 또는 모유에 의하여 어머니로부터 면역항체를 받는 상태이다.
• 인공능동면역 : 사균 또는 약독화한 병원체 등의 접종에 의하여 획득한 면역이다.
• 인공수동면역 : 성인 또는 회복기 환자의 혈청, 양친의 혈청, 태반추출물의 주사에 의해서 면역체를 받는 상태이다.

55 피부결이 거칠고 각질층의 수분 함량이 적다.

56 블로 드라이어와 빗이 항상 같이 움직이면, 고데기를 사용하는 원리와 같아 빗이 가열되어 머리카락이 손상될 수 있다.

57 오탁지표
• 실내오탁지표 : CO_2
• 대기오탁지표 : SO_2
• 수질오염지표 : 대장균
• 하수오염지표 : BOD

58 남자 두발형은 장발형, 단발형, 초장발형, 중발형으로 분류한다.

59 아이오딘 : 갑상선 호르몬인 타이록신의 구성 성분으로 해조류에 많으며 두발의 발모를 돕는다. 아이오딘 과잉 시에는 바세도우씨병이 나타날 수 있으며 결핍 시에는 대사율 저하 및 갑상선 종이 생길 수 있다.

60 사마귀 : 인유두종 바이러스(HPV)에 감염되어 발생하는 피부질환이다.

01 세발 시 가장 적정한 물의 온도는?
① 18~22℃
② 24~28℃
③ 30~33℃
④ 36~40℃

02 면도 작업 후 스킨(토너)을 사용하는 주목적은?
① 안면부를 부드럽게 하기 위하여
② 안면부의 소독과 피부 수렴을 위하여
③ 안면부를 건강하게 하기 위하여
④ 안면부의 화장을 하기 위하여

03 염모시술 후 피부에 이상 현상이 발생했을 경우 조치해야 할 사항은?
① 백반을 용해한 물로 씻는다.
② 달걀로 이상이 발생한 부위에 마사지 한다.
③ 피부과 의사에게 진찰을 받는다.
④ 2~3일 기다려 본다.

04 일반적인 매뉴얼테크닉 방법이 아닌 것은?
① 경찰법
② 유연법
③ 진동법
④ 구강법

05 가발 사용 시 주의사항으로 틀린 것은?
① 샴푸 시 강하게 빗질하거나 거칠게 비비지 않는다.
② 정전기를 발생시키거나 손으로 자주 만지지 않는다.
③ 가발 빗질 시 자연스럽게 힘을 적게 주고 빗질한다.
④ 가발 보관 시에는 습기와 온도와 상관없이 보관한다.

06 이발기인 바리캉의 어원은 어느 나라에서 유래되었는가?
① 독일
② 미국
③ 일본
④ 프랑스

07 스캘프 트리트먼트 목적이 아닌 것은?
① 먼지나 비듬을 제거한다.
② 두피나 두발에 영양을 공급하고 염증을 치료한다.
③ 두발에 지방을 공급하고 윤택함을 준다.
④ 혈액순환과 두피 생리기능을 원활하게 한다.

08 다음 중 2 : 8 가르마가 어울리는 얼굴형은?
① 각진 얼굴형
② 긴 얼굴형
③ 둥근 얼굴형
④ 삼각형 얼굴형

09 면도기를 잡는 방법 중 칼 몸체와 핸들이 일직선이 되게 똑바로 펴서 마치 막대기를 쥐는 듯한 방법은?
① 프리 핸드(Free Hand)
② 백 핸드(Back Hand)
③ 스틱 핸드(Stick Hand)
④ 펜슬 핸드(Pencil Hand)

10 두발 염색 시 주의사항에 대한 설명으로 틀린 것은?
① 두피에 상처나 질환이 있을 때는 염색을 해서는 안 된다.
② 퍼머넌트 웨이브와 두발 염색을 하여야 할 경우 두발 염색부터 반드시 먼저 해야 한다.
③ 유기합성 염모제를 사용할 때에는 패치테스트를 해야 한다.
④ 시술 시 이용사는 반드시 보호 장갑을 착용해야 한다.

11 이용이 의료업에서 분리 독립된 때는?
① 미합중국 독립 시기
② 나폴레옹 시대
③ 로마 시대
④ 르네상스 시대

12 광물성 포마드에 대한 내용으로 가장 거리가 먼 것은?
① 두발의 때를 잘 제거하며, 두발에 영양을 준다.
② 고형 파라핀이 함유되어 있다.
③ 바셀린이 함유되어 있다.
④ 오래 사용하면 두발이 붉게 탈색된다.

13 "목덜미"와 가장 관련이 있는 두상 포인트는?
① Cape Point
② Gate Point
③ Nape Point
④ Safe Point

14 감염병 유행에 있어서 유병률과 발생률이 거의 같은 때는?
① 감염병 유행기간이 짧을 때
② 감염병 유행기간이 길 때
③ 병원체의 병독성이 높은 감염병의 유행 시
④ 만성 감염병의 유행 시

15 이용기구의 부분명칭 중 모지공, 소지걸이, 다리 등의 명칭이 쓰이는 기구는?
① 가위
② 빗
③ 면도
④ 아이론

16 음용수로 사용할 상수의 수질오염 지표 미생물로 주로 사용되는 것은?

① 일반세균 ② 중금속
③ 대장균 ④ DO

17 다음 중 모기가 매개하는 감염병이 아닌 것은?

① 일본뇌염
② 콜레라
③ 말라리아
④ 사상충증

18 탄수화물이 풍부한 쌀, 보리, 옥수수에서 잘 발생하며, 동물실험 결과 발암성 물질로 알려져 있는 식중독의 원인 물질은?

① Saxitoxin(삭시톡신)
② Aflatoxin(아플라톡신)
③ Lysine(라이신)
④ Venerupin(베네루핀)

19 일반적으로 건강한 사람의 1일 평균 탈모의 개수는?

① 약 50~60개
② 약 70~80개
③ 약 80~90개
④ 약 90~100개

20 모량을 감소시키는 도구는?

① 세팅기 ② 컬링 아이론
③ 시닝가위 ④ 와인더

21 장발형 고객이 각진 스포츠 머리 형태를 원할 때 조발 시 가이드 설정 지점으로 가장 적합한 곳은?

① 센터 포인트
② 탑 포인트
③ 골든 포인트
④ 백 포인트

22 두부의 명칭 중 크라운(Crown)은 어느 부위를 말하는가?

① 전두부 ② 후두하부
③ 측두부 ④ 두정부

23 두꺼운 비듬이 1mm 두께로 두피에 누적되어 있다면 어떤 방법으로 세발하는 것이 가장 적합한가?

① 샴푸 후 올리브유를 발라준다.
② 45℃의 물로 20분간 불려서 샴푸한다.
③ 두피에 상처가 나지 않도록 빗으로 비듬을 제거한 다음 샴푸한다.
④ 두피에 올리브유를 발라 매뉴얼테크닉을 행하고 스팀 타월로 찜질을 한 다음 샴푸한다.

24 둥근 얼굴에 가장 알맞은 두발 가르마의 기준선은?

① 5 : 5 ② 6 : 4
③ 7 : 3 ④ 8 : 2

25 면도기의 종류와 특징 중 칼 몸체의 핸들이 일자형으로 생긴 것은?

① 일도
② 양도
③ 스틱핸드
④ 펜슬

26 경피 흡수의 경로가 아닌 것은?

① 각질층을 통과하는 경로
② 세포와 세포 사이를 통과하는 경로
③ 모공이나 한공을 통과하는 경로
④ 모세혈관을 통과하는 경로

27 항산화 비타민으로 아스코르브산(Ascorbic Acid)으로 불리는 것은?

① 비타민 A
② 비타민 B
③ 비타민 C
④ 비타민 D

28 다음 중 표피층에서 핵을 포함하고 있는 층은?

① 유극층
② 과립층
③ 각질층
④ 투명층

29 다음 중 표피의 노화현상을 초래하는 외적인 요인은?

① 자외선 조사
② 교원섬유 퇴행
③ 탄력섬유 퇴행
④ 광물질 침착

30 민감성피부에 대한 설명으로 가장 적합한 것은?

① 피지의 분비가 적어서 거친 피부
② 어떤 물질이나 자극에 즉시 반응을 일으키는 피부
③ 땀이 많이 나는 피부
④ 멜라닌 색소가 많은 피부

31 바이러스 감염에 의한 피부병변이 아닌 것은?

① 단순포진
② 사마귀
③ 홍반
④ 대상포진

32 원발진이 속하지 않는 것은?
① 구진　　　　　② 농포
③ 반흔　　　　　④ 종양

33 모유수유에 대한 설명으로 옳지 않은 것은?
① 미숙아로 빠는 힘이 약할 경우에는 모유수유가 좋다.
② 급성감염증이 있을 경우에는 모유수유를 피해야 한다.
③ 모유수유를 하면 배란을 억제하여 임신을 예방하는 효과가 있다.
④ 모유수유를 하면 자궁수축이 잘되어서 산욕기가 단축된다.

34 다음 중 겨울철에 가장 적당한 감각 온도(Optimum Effective Temperature)는?
① 5~8℃
② 9~12℃
③ 13~16℃
④ 18~20℃

35 다음 중 일본뇌염의 중간숙주가 되는 것은?
① 돼지　　　　　② 쥐
③ 소　　　　　　④ 벼룩

36 공중보건학에서 가장 널리 통용되고 있는 Winslow의 공중보건 정의에 해당하지 않는 것은?
① 감염성 질병예방
② 개인위생에 대한 보건교육
③ 환경위생관리
④ 유전자 치료 연구

37 화장품 성분 중 아줄렌의 피부에 대한 작용은?
① 진정
② 수렴
③ 미백
④ 색소침착

38 통조림이나 밀봉식품이 주로 원인이 되는 식중독은?
① 포도상구균 식중독
② 무스카린 식중독
③ 비브리오 식중독
④ 보툴리누스 식중독

39 하수의 오염지표로 주로 이용하는 것은?
① dB
② BOD
③ CO_2
④ 염소

40 음식물을 냉장하는 이유로 거리가 가장 먼 것은?
① 미생물의 증식억제
② 자기소화의 억제
③ 신선도 유지
④ 멸균

41 석탄산, 알코올, 포르말린 등의 소독제가 가지는 소독의 주된 원리는?
① 균체 원형질 중의 탄수화물 변성
② 균체 원형질 중의 지방질 변성
③ 균체 원형질 중의 단백질 변성
④ 균체 원형질 중의 수분 변성

42 소독약품 사용 시 주의사항이 아닌 것은?
① 소독약품의 사용 허용 농도를 정확히 확인한다.
② 소독약품의 유효기간을 확인한다.
③ 소독력을 상승시키기 위해 농도를 기준 이상 올린다.
④ 소독약품의 환경오염 문제를 확인한다.

43 소독액의 농도 표시법에 있어서 소독액 1,000mL 중에 포함되어 있는 소독약의 양(g)을 나타낸 단위는?
① 퍼센트(%)
② 퍼밀리(‰)
③ 피피엠(ppm)
④ 푼

44 열을 가하지 않는 살균방법은?
① 고압증기멸균법
② 유통증기멸균법
③ 건열멸균법
④ 초음파멸균법

45 에탄올 소독에 가장 적합하지 않은 대상은?
① 빗(Comb)
② 가위
③ 레이저(Razor)
④ 핀, 클립

46 이·미용 도구의 올바른 소독 방법이 아닌 것은?
① 가위 – 70% 에탄올에 적신 솜으로 닦는다.
② 면도날 – 염소계 소독제는 부식시킬 수 있으므로 주의한다.
③ 빗 – 미온수에 0.5% 역성비누액 또는 세제액에 담근 후 세척한다.
④ 에머리보드 – 차아염소산나트륨으로 닦는다.

47 다음 중 가장 무거운 벌칙기준에 해당하는 경우는?

① 신고를 하지 아니하고 영업한 자
② 변경신고를 하지 아니하고 영업한 자
③ 면허의 정지 중에 이·미용을 한 자
④ 면허를 받지 아니하고 이·미용업을 개설한 자

48 면허증을 다른 사람에게 대여한 때의 2차 위반 행정처분기준은?

① 면허정지 6월　　② 면허정지 3월
③ 영업정지 3월　　④ 영업정지 6월

49 청문을 실시하여야 하는 사항과 거리가 먼 것은?

① 이·미용사의 면허취소 또는 면허정지
② 영업정지명령
③ 영업소 폐쇄명령
④ 과태료 징수

50 이·미용사 면허정지에 해당하는 사유가 아닌 것은?

① 공중위생관리법에 의한 명령에 위반한 때
② 공중위생관리법에 규정에 의한 명령에 위반한 때
③ 피성년후견인에 해당한 때
④ 면허증을 다른 사람에게 대여한 때

51 환경오염에 해당되지 않는 것은?

① 소음　　　　　② 진동
③ 악취　　　　　④ 식품위생

52 영업신고 전에 위생교육을 받아야 하는 자 중에서 영업신고 후에 위생교육을 받을 수 있는 경우에 해당하지 않는 것은?

① 천재지변으로 위생교육을 받을 수 없는 경우
② 본인의 질병, 사고로 위생교육을 받을 수 없는 경우
③ 업무상 국외출장으로 위생교육을 받을 수 없는 경우
④ 교육장소와의 거리가 멀어서 위생교육을 받을 수 없는 경우

53 공중위생영업자가 중요 사항을 변경하고자 할 때 시장·군수·구청장에게 어떤 절차를 취해야 하는가?

① 통보　　　　　② 신고
③ 허가　　　　　④ 통고

54 기능성 화장품에 대한 설명 중 틀린 것은?

① 기능성 주성분을 표시할 의무가 있다.
② 식약처의 허가가 필요하다.
③ 기능성 효능을 광고할 수 있다.
④ 항목 중 표시 및 기재사항에 기능성 화장품이라 표기가 가능하다.

55 아로마 오일을 피부에 효과적으로 침투시키기 위해 사용하는 식물성 오일은?

① 에센셜 오일
② 캐리어 오일
③ 트랜스 오일
④ 미네랄 오일

56 기능성 화장품의 종류와 그 범위에 대한 설명으로 틀린 것은?

① 주름개선 제품 - 피부탄력 강화와 표피의 신진대사를 촉진한다.
② 미백 제품 - 피부 색소 침착을 방지하고 멜라닌 생성 및 산화를 방지한다.
③ 자외선차단 제품 - 자외선을 차단 및 산란시켜 피부를 보호한다.
④ 보습제품 - 피부에 유·수분을 공급하여 피부의 탄력을 강화한다.

57 기초화장품의 사용목적이 아닌 것은?

① 세안
② 색상표현
③ 피부보호
④ 피부정돈

58 팩의 주요 기능이 아닌 것은?

① 보습작용
② 청정작용
③ 혈행촉진작용
④ 얼굴축소작용

59 다음에서 설명하는 화장품 성분은?

> 오일, 지방, 당의 분해에 의해 형성되는 단맛, 무색, 무향의 시럽상 피부유연제이며, 큐티클 오일, 크림, 로션의 주요 성분이다.

① 에센셜 오일(Essential Oil)
② 콜라겐(Collagen)
③ 글리세린(Glycerin)
④ 윤활제(Lubricants)

60 다음 중 모발 디자인용 화장품이 아닌 것은?

① 세트 로션
② 포마드
③ 헤어 린스
④ 헤어 스프레이

01 ④	02 ②	03 ③	04 ④	05 ④	06 ④	07 ②	08 ②	09 ③	10 ②
11 ②	12 ①	13 ③	14 ①	15 ①	16 ③	17 ②	18 ②	19 ①	20 ③
21 ②	22 ④	23 ④	24 ③	25 ①	26 ④	27 ②	28 ①	29 ①	30 ②
31 ③	32 ③	33 ①	34 ④	35 ①	36 ④	37 ①	38 ④	39 ②	40 ④
41 ③	42 ③	43 ②	44 ④	45 ①	46 ④	47 ①	48 ①	49 ④	50 ③
51 ④	52 ④	53 ②	54 ②	55 ②	56 ④	57 ②	58 ④	59 ③	60 ③

01 38℃ 전·후의 미지근한 물이 세발 시 가장 적당하다.

02 면도 후 화장수는 주로 안면에 수렴작용을 한다.

03 피부의 이상반응이 발생할 경우 염증 부위를 손으로 긁거나 비비지 말고 바로 피부과 전문의의 진찰을 받는다.

04 손 마사지(매뉴얼테크닉의 방법)
- 경찰법(스트로킹) : 손 전체로 부드럽게 쓰다듬기
- 유연법(니딩) : 손으로 주무르는 방법
- 진동법(바이브레이션) : 손으로 진동하는 방법
- 고타법(퍼커션) : 손으로 두드리는 방법
- 강찰법(프릭션) : 손으로 피부를 강하게 문지르는 방법

05 가발은 온도가 높지 않으면 습기가 없고 통풍이 잘되는 곳에 보관한다.

06 1871년 프랑스의 바리캉 마르(Bariquand et Mar) 회사에서 이용기구인 바리캉(Clipper)을 최초로 제작·판매하였다.

07 스캘프 트리트먼트의 목적 : 두피의 청결 및 두피의 생육을 건강하게 유지하는 것이며, 염증 완화에 도움을 주는 것이다.

08 가르마의 기준
- 사각형 얼굴 4 : 6
- 긴 얼굴 2 : 8
- 둥근 얼굴 3 : 7
- 역삼각형 얼굴 5 : 5

09
- 프리 핸드 : 가장 기본적인 면도 자루 쥐는 법
- 백 핸드 : 프리핸드로 잡은 자세에서 날을 반대로 운행하는 기법
- 펜슬 핸드 : 면도기를 연필이나 펜을 잡듯이 쥐고 행하는 기법

10 퍼머와 염색을 시술할 경우는 퍼머를 먼저 시행한다.

11 외과의사인 장바버(귀족)가 외과와 이용을 1804년 나폴레옹 시대에 인구증가, 사회구조의 다양화 등으로 완전 분리시켜 세계 최초의 이용원을 창설하였다.

12 광물성 포마드 : 모발에서 세척이 쉽게 되지 않는 물질

13 N.P(Nape Point, 네이프 포인트) : 목 중심점

14
- 발병률 : 새로 생긴 환자의 수
- 유병률 : 전부터 있거나 새로 생긴 현재 그 질병을 앓고 있는 모든 사람

15 가위 : 모지공, 소지걸이, 다리 등

16 대장균 : 분변으로 인한 수질오염의 지표이자 병원성 장내세균(다른 미생물 오염)의 간접적인 지표이다.

17 콜레라균 : 주로 오염된 손으로 음식을 조리하거나 식사할 때에 감염될 수 있으며 식수나 음식물, 과일, 채소 및 연안에서 잡히는 어패류를 먹어 감염된다.

18
- 삭시톡신 : 홍합
- 라이신 : 단백질의 가수분해산물
- 베네루핀 : 모시조개류

19 하루에 보통 50~60개 정도 자연스럽게 빠진다.

20 시닝가위 : 숱이 많은 부분을 자연스럽게 커트하는 기구로 가발 제작 과정에 사용되며 가발 커트 시 커트된 부위의 뭉침을 자연스럽게 연결해주며 톱니형으로 생긴 가위이다.

21 T.P(Top Point) : 각진 스포츠 머리 형태의 조발 시 가이드 설정 지점으로 이용되며 두상의 상부 중앙 가장 높은 부분에 위치한다.

22 두부 내 각부 명칭
- 전두부 : 프런트(Front)
- 측두부 : 사이드(Side)
- 후두부 : 네이프(Nape)
- 두정부 : 크라운(Crown)

23 샴푸 시 비듬이 있는 두피 부분은 손끝으로 마사지하듯 꼼꼼하게 문질러 씻어낸다.

24 가르마의 기준
- 역삼각형 얼굴 5 : 5
- 사각형 얼굴 4 : 6
- 둥근 얼굴 3 : 7
- 긴 얼굴 2 : 8

25 • 일도 : 칼 몸체와 핸들이 일자형으로 생긴 것이다.
   • 양도 : 접이식 면도기이다.

26 피부를 통한 흡수경로 3가지
   • 각질층 흡수 : 가장 중요한 흡수경로이다.
   • 에크린한선을 통한 흡수경로이다.
   • 모공을 통한 흡수경로이다.

27 비타민 C : 수용성 항산화 성분으로 아스코르브산으로 불린다.

28 표피
   • 무핵층 : 각질층, 투명층, 과립층
   • 유핵층 : 유극층, 기저층

29 피부노화
   • 외적요인 : 자외선, 유해산소
   • 내적요인 : 체내 신진대사 기능 저하, 피지선 및 한선기능
     저하, 탄력섬유 변성

30 민감성 피부 : 비누, 일광차단제, 화장품 등을 사용한 후 과민
   하게 반응하는 피부를 말한다.

31 바이러스에 의한 피부질환 : 단순포진, 사마귀, 대상포진, 수
   두, 홍역, 풍진 등이다.

32 속발진의 종류 : 인설, 찰상, 균열, 미란, 궤양, 반흔, 태선화,
   가피 등이 있다.

33 미숙아가 엄마 젖을 빠는 힘이 약할 경우에는 모유 수유가 어
   렵다.

34 최호적 감각 온도 : 겨울철 18.8℃

35 일본뇌염의 중간숙주 : 돼지, 닭

36 질병 예방, 생명 연장, 신체적, 정신적 효율 증진

37 아줄렌의 효능 및 효과 : 피부진정, 홍반 및 붓기, 모세혈관 확
   장, 항염 및 항균

38 보툴리누스 식중독 : 신경마비를 일으키며 치명률이 높은 독
   소형의 식중독이다.

39 BOD : 수질오염의 지표로 주로 이용되며 생활화학적 산소요
   구량으로 수중의 유기물이 호기성 세균에 의해 산화·분해될
   때 소비되는 산소량을 말한다.

40 음식물을 냉장고에 넣는다고 해서 식중독균이 죽는 것은 아
   니며 증식 및 성장·억제만 되는 것이다.

41 소독제 : 두 가지 이상 살균 기전의 복합작용에 의해 소독이
   이루어진다.
   • 산화 작용 : 염소, 염소유도체, 과산화수소, 과망가니즈산칼
     륨, 오존
   • 균체 단백 응고 작용 : 석탄산, 알코올, 크레졸, 포르말린,
     승홍수
   • 균체 효소 불활성화 작용 : 알코올, 석탄산
   • 가수분해 작용 : 강한 산성과 알칼리성, 끓는 물 등
   • 탈수작용 : 식염, 설탕, 알코올, 포르말린 등
   • 균체 내 염의 형성 작용 : 중금속염, 승홍, 질산은
   • 균체막의 삼투성 변화 작용 : 석탄산, 중금속염

42 소독액은 반드시 제품의 사용설명서에 표시된 희석배수에 따
   라 적정한 농도로 사용해야 한다.

43 • Permilliage(퍼밀리, ‰) : 용액 1,000mL 중에 포함되어 있
     는 소독약의 양이다.
   • 환경분야에서 ppm(part per million)을 더 많이 쓴다.
   • 만분율을 나타내는 ‰₀(퍼밀리아드)도 있다.

44 초음파 소독법 : 세균 파괴를 하기 위해 초음파 발생기를 10
   분 정도 사용한다.

45 역성비누액, 크레졸수, 석탄산수, 포르말린, 자외선 등으로 소
   독하고 물기를 제거한 후 보관한다.

46 에머리 보드 : 소독이나 살균처리가 불가능한 일회용 소모품
   으로 사용 후 고객에게 주거나 폐기 처리해야 한다.

47 • 신고를 하지 아니하고 영업한 자 : 1년 이하의 징역 또는
     1천만 원 이하의 벌금
   • 변경신고를 하지 아니하고 영업한 자 : 6월 이하의 징역 또
     는 500만 원 이하의 벌금
   • 면허의 정지 중에 이·미용을 한 자 : 300만 원 이하의 벌금
   • 면허를 받지 아니하고 이·미용업을 개설한 자 : 300만 원
     이하의 벌금

48 면허증을 다른 사람에게 대여한 경우
   • 1차 위반 : 면허정지 3월
   • 2차 위반 : 면허정지 6월
   • 3차 위반 : 면허취소

49 보건복지부장관 또는 시장·군수·구청장은 다음의 어느 하나
   에 해당하는 처분을 하려면 청문을 하여야 한다.
   • 신고사항의 직권 말소
   • 이용사와 미용사의 면허취소 또는 면허정지
   • 영업정지명령, 일부 시설의 사용중지명령
   • 영업소 폐쇄명령

50 피성년후견인에 해당한 때는 면허취소이다.

51 환경오염의 종류 : 수질오염, 대기오염, 토양오염, 소음, 진동,
   악취, 인공조명에 의한 빛 공해, 폐기물 등

52 영업신고 후에 위생교육을 받을 수 있는 경우
   • 천재지변, 본인의 질병, 사고, 업무상 국외출장 등의 사유로
     교육을 받을 수 없는 경우
   • 교육을 실시하는 단체의 사정 등으로 미리 교육을 받기 불
     가능한 경우

53 공중위생영업의 신고 및 폐업신고 : 공중위생영업을 하고자
   하는 자는 공중위생영업의 종류별로 보건복지령이 정하는
   시설 및 설비를 갖추고 시장·군수·구청장(자치구의 구청장
   에 한한다)에게 신고하여야 한다. 보건복지령이 정하는 중
   요사항을 변경하고자 하는 때에도 또한 같다.

54 기능성화장품으로 식품의약품안전처장의 심사를 받거나 식
   품의약품안전처장에게 보고서를 제출하여야 한다. 제출한 보
   고서나 심사받은 사항을 변경할 때에도 또한 같다(화장품법
   제4조제1항).

55 캐리어 오일 : 호호바, 아보카도, 아몬드 등 주로 식물의 씨앗에서 추출한 오일로 에센셜 오일을 희석시켜 피부에 자극없이 피부 깊숙이 전달해 주는 매개체이다.

56 기능성 화장품의 범위
- 피부에 탄력을 주어 피부의 주름을 완화 또는 개선하는 기능을 가진 화장품
- 피부에 멜라닌 색소가 침착하는 것을 방지하여 기미, 주근깨 등의 생성을 억제함으로써 피부의 미백에 도움을 주는 기능을 가진 화장품
- 자외선을 차단 또는 산란시켜 자외선으로부터 피부를 보호하는 기능을 가진 화장품
- 피부장벽(피부의 가장 바깥쪽에 존재하는 각질층의 표피)의 기능을 회복하여 가려움 등의 개선에 도움을 주는 화장품

57 기초화장품 : 피부를 청결하게 해주고 수분과 유분을 적절히 공급해 주는 역할을 하며 피부를 가꾸어주는 화장품이다.

58 팩의 주요 기능
- 보습 작용 : 팩제에 들어 있는 수분 및 보습제, 유연제의 팩의 차폐효과에 따라 피부 내부로부터 올라오는 수분에 의해 각질층이 유연해진다.
- 청정 작용 : 팩제의 흡착기능으로 피부 표면의 오염제거로 청정효과가 우수하다.
- 혈행촉진 작용: 피막제와 분말의 건조과정에서 피부에 적당한 긴장감을 부여하며, 건조과정에서 일시적으로 피부 온도를 상승시켜 혈행을 촉진시킨다.

59
- 에센셜 오일 : 자연식물의 추출 오일, 향료
- 콜라겐 : 동물의 연골조직 발견되는 단백질
- 글리세린 : 계면 활성제, 유화제, 매개체 식물성 오일과 당분 효소 분해에서 얻어지는 시럽과 같은 액체

60 모발 화장품
- 세발용 : 헤어 샴푸, 헤어 린스
- 정발용
  - 유성타입 : 헤어 오일, 포마드
  - 유화타입 : 헤어 로션, 헤어 크림
  - 고분자피막타입 : 헤어 스프레이, 헤어 무스, 세트 로션, 헤어 젤, 헤어 왁스
  - 액체타입 : 헤어 리퀴드
- 트리트먼트용 : 헤어 트리트먼트 크림, 헤어 팩
- 양모용 : 헤어 토닉
- 염모용 : 일시 염모제, 반영구 염모제, 영구 염모제
- 퍼머용 : 퍼머넌트 웨이브 로션
- 탈모, 제모용 : 탈모제, 제모제

01 조발용 가위에 대한 설명 중 틀린 것은?

① 날의 견고함이 양쪽 골고루 같아야 한다.
② 시술 시 떨어지지 않도록 손가락을 넣는 구멍이 작아야 한다.
③ 날의 두께가 얇고 허리부분이 강한 것이 좋다.
④ 잠금 나사가 느슨하지 않아야 한다.

02 비듬 질환이 있는 두피에 가장 적합한 스캘프 트리트먼트는?

① 플레인 스캘프 트리트먼트
② 드라이 스캘프 트리트먼트
③ 댄드러프 스캘프 트리트먼트
④ 오일리 스캘프 트리트먼트

03 영구적인 염모제(Permanent Color)의 설명으로 틀린 것은?

① 염모 제 1제와 산화 제 2제를 혼합하여 사용한다.
② 지속력은 다른 종류의 염모제보다 영구적이다.
③ 백모커버율은 100%이다.
④ 로우라이트(Low Light)만 가능하다.

04 아이론에 대한 설명 중 틀린 것은?

① 그루브에는 홈이 있다.
② 아이론을 쥘 때에는 항상 그루브가 위쪽으로 쥔다.
③ 전기 아이론은 평균 온도를 유지할 수 있다.
④ 프롱은 두발을 위에서 누르는 작용을 한다.

05 탈색제의 종류가 아닌 것은?

① 액체 탈색제(Liquid Lighteners)
② 크림 탈색제(Cream Lighteners)
③ 분말 탈색제(Powder Lighteners)
④ 금속성 탈색제(Metal Lighteners)

06 세발 시 가장 적정한 물의 온도는?

① 18~22℃   ② 24~28℃
③ 30~33℃   ④ 36~40℃

07 바리캉의 밑날판을 1분기로 사용한 후, 두발의 길이는?

① 1mm 정도 남는다.   ② 2mm 정도 남는다.
③ 3mm 정도 남는다.   ④ 5mm 정도 남는다.

08 남성 머리형의 분류로 적절하지 않은 것은?

① 장발형   ② 중발형
③ 종발형   ④ 단발형

09 두피 관리의 근원적 목적으로 가장 적합한 것은?

① 두피의 세균 감염을 예방하기 위하여
② 두피의 생리 기능을 정상적으로 유지하기 위하여
③ 아름다워 보이기 위하여
④ 먼지와 때를 완전히 제거하기 위하여

10 이용 기술용어 중에서 라디안(Radian) 알(R)의 두발 상태를 가장 잘 설명한 것은?

① 두발이 웨이브 모양으로 된 상태
② 두발이 원형으로 구부려진 상태
③ 두발이 반달모양으로 구부려진 상태
④ 두발이 직성으로 펴진 상태

11 고객의 구렛나루, 콧수염, 턱수염을 정리, 정돈하는 과정은?

① 정발술
② 매뉴얼테크닉
③ 면체술
④ 조발술

12 가모의 조건으로 틀린 것은?

① 통풍이 잘되어 땀 등에서 자유로워야 한다.
② 착용감이 가벼워 산뜻해야 한다.
③ 장기간 착용에도 두피에 피부염 등 이상이 없어야 한다.
④ 색상이 잘 퇴색이 되어야 한다.

13 면체 시술 시 마스크를 사용하는 주목적은?

① 불필요한 대화의 방지를 위하여 사용한다.
② 호흡기 질병 및 감염병 예방을 위하여 사용한다.
③ 손님의 입김을 방지하기 위하여 사용한다.
④ 상대방의 악취를 예방하기 위하여 사용한다.

14 유럽의 이용 역사에 있어 최초 발달내용을 가장 알맞게 설명한 것은?

① 환자의 두발을 자른 것
② 죄인을 처벌할 때 두발을 삭발시킨 것
③ 황제의 머리를 다듬어 드린 것
④ 귀족들의 머리를 다듬는 것

15 이용의 역사에서 이용업은 누가 겸하던 것인가?

① 치과의사
② 외과의사
③ 내과의사
④ 피부과의사

16 **헤어 아이론에 대한 일반적인 설명으로 틀린 것은?**

① 일시적으로 두발에 열과 물리적인 힘을 가하여 웨이브를 형성한다.

② 모발이 가늘고 부드러운 경우나 백발인 경우 평균 시술 온도보다 낮게 시술해야 두발의 항변을 막을 수 있다.

③ 그루브가 위로, 프롱이 밑으로 가도록 잡는다.

④ 아이론 선택 시 프롱과 핸들의 길이가 균등한 것을 선택한다.

17 **각진(사각형) 얼굴형의 고객에게 가장 알맞은 가르마 비율은?**

① 8 : 2   ② 7 : 3

③ 6 : 4   ④ 5 : 5

18 **에그(흰자)팩의 효과에 대한 설명으로 가장 적합한 것은?**

① 수렴 및 표백작용

② 영양공급작용

③ 지방공급 및 보습작용

④ 세정작용 및 잔주름예방

19 **시닝가위(Thinning Scissors)를 사용하여 커트할 경우, 모발 겉모습이 주는 가장 두드러지는 미적 표현은?**

① 고전미   ② 자연미

③ 고정미   ④ 조각미

20 **이용사가 지켜야 할 사항이 아닌 것은?**

① 항상 친절하고, 구강 위생 등에 철저해야 한다.

② 손님의 의견과 심리를 존중한다.

③ 이용사 본인의 건강에 유의하면서 감염병 등에 주의한다.

④ 이용 도구는 특별한 경우에만 소독을 한다.

21 **다음 중 두피 및 두발의 생리 기능을 높여 주는 데 가장 적합한 샴푸는?**

① 드라이 샴푸   ② 토닉 샴푸

③ 리퀴드 샴푸   ④ 오일 샴푸

22 **우리나라 이용의 역사에 대한 설명 중 옳은 것은?**

① 우리나라 이용의 발달은 대원군이 섭정할 때 이루어졌다.

② 우리나라에 이용이 시작된 것은 1895년 김홍집 내각 때이다.

③ 우리나라에 이용이 시작된 것은 해방 이후이다.

④ 우리나라에 이용이 시작된 것은 한일합방 이후이다.

23 **알칼리제로 봉사와 열을 이용하여 열펌 시술을 개발한 사람은?**

① 마샬 그라또   ② 찰스 네슬러

③ 아스트 버리   ④ 스피크먼

24 **탈모증세 중 지루성 탈모증에 관한 설명으로 가장 적합한 것은?**

① 동전처럼 무더기로 머리카락이 빠지는 증세

② 상처 또는 자극으로 머리카락이 빠지는 증세

③ 나이가 들어 이마부분의 머리카락이 빠지는 증세

④ 두피 피지선의 분비물이 병적으로 많아 머리카락이 빠지는 증세

25 **두부 부위 중 천정부의 가장 높은 곳은?**

① 골든 포인트(G.P)

② 백 포인트(B.P)

③ 사이드 포인트(S.P)

④ 톱 포인트(T.P)

26 **단순 지성피부에 관한 설명으로 틀린 것은?**

① 일반적으로 외부의 자극에 영향이 많아 관리가 어려운 편이다.

② 다른 지방성분에는 영향을 주지 않으면서 과도한 피지를 제거하는 것이 원칙이다.

③ 지성피부에서는 여드름이 쉽게 발생할 수 있다.

④ 세안 후에는 충분하게 헹구어 주는 것이 좋다.

27 **표피에만 화상을 입은 것으로 홍반 및 통증을 수반하고 부기가 생기는 경우가 있으나 흉터 없이 치유되는 것은?**

① 1도 화상   ② 2도 화상

③ 3도 화상   ④ 4도 화상

28 **갑상선의 기능과 관계있으며 모세혈관 기능을 정상화 시키는 것은?**

① 칼슘   ② 인

③ 철분   ④ 아이오딘

29 **비듬이나 때처럼 박리현상을 일으키는 피부층은?**

① 표피의 기저층

② 표피의 과립층

③ 표피의 각질층

④ 진피의 유두층

30 **피부발진 중 일시적인 증상으로 가려움증을 동반하며 불규칙적인 모양을 한 피부 현상은?**

① 농포   ② 팽진

③ 구진   ④ 결절

31 **이타이이타이병의 원인물질로 주로 음료수를 통해 중독되는 유해 금속물질은?**

① 비소   ② 카드뮴

③ 납   ④ 다이옥신

32 다음 중 오존층에 흡수되며 비타민 D의 합성을 촉진시키는 장점이 있는 광선은?
① X선
② 자외선 B
③ 자외선 C
④ 자외선 A

33 단체활동을 통한 보건교육방법 중 브레인 스토밍(Brainstorming)을 바르게 설명한 것은?
① 여러 사람의 전문가가 자기입장에서 어떤 일정 주제에 관하여 발표하는 방법
② 제한된 연사가 제한된 시간에 발표를 하게 하여 짧은 시간과 적은 인원으로 진행하는 방법
③ 몇 명의 전문가가 청중 앞에서 자기들끼리 대화를 진행하는 형식으로 사회자가 이야기를 진행, 정리해 감으로써 내용을 파악, 이해할 수 있게 하는 방법
④ 특별한 문제를 해결하기 위한 단체의 협동적 토의 방법으로 문제점을 중심으로 폭넓게 검토하여 구성원 스스로 해결해 감으로써 최선책을 강구해 가는 방법

34 음용수로 사용할 상수의 수질오염지표 미생물로 주로 사용되는 것은?
① 일반세균
② 중금속
③ 대장균
④ COD

35 혈액의 구성성분으로 적혈구 속의 헤모글로빈에 많이 들어있으며, 체내 저장이 되지 않아 식품을 통해서 공급해야 하는 무기질은?
① 식염
② 인
③ 칼슘
④ 철분

36 생활주변에 있는 위생 해충 또는 동물과 그로 인해 유발되는 질병과의 연결이 틀린 것은?
① 쥐 – 페스트, 쯔쯔가무시병
② 벼룩 – 발진열, 재귀열
③ 모기 – 황열, 렙토스피라증
④ 파리 – 콜레라, 장티푸스

37 플라스틱 제품 등의 소독방법으로 적합하지 않은 것은?
① 고압증기멸균
② 석탄산수
③ 크레졸수
④ 적외선 소독

38 인공능동면역의 특성 설명으로 옳은 것은?
① 각종 감염병 감염 후 형성되는 면역
② 생균백신, 사균백신 및 순화독소(Toxoid)의 접종으로 형성되는 면역
③ 모체로부터 태반이나 수유를 통해 형성되는 면역
④ 항독소(Antitoxin) 등 인공제제를 접종하여 형성되는 면역

39 다음 감염병 중 환경위생의 개선과 관계가 가장 적은 것은?
① 콜레라
② 장티푸스
③ 유행성 이하선염
④ 세균성 이질

40 다음 중 물리적인 살균방법은?
① 건열멸균
② 알코올 소독
③ E.O가스멸균
④ 무기염소화합물 소독

41 피부의 생물학적 노화현상과 거리가 먼 것은?
① 표피두께가 줄어든다.
② 엘라스틴의 양이 늘어난다.
③ 피부의 색소침착이 증가된다.
④ 피부의 저항력이 떨어진다.

42 표피에 해당되지 않는 것은?
① 각질층
② 무핵층
③ 망상층
④ 기저층

43 바이러스에 의해 발병되는 질병은?
① 장티푸스
② 인플루엔자
③ 결핵
④ 콜레라

44 자비소독 시 살균력을 강하게 하고 금속기자재가 녹스는 것을 방지하기 위하여 첨가하는 물질이 아닌 것은?
① 2% 중조
② 2% 크레졸 비누액
③ 5% 승홍수
④ 5% 석탄산

45 에탄올로 소독을 하려고 할 때 일반적으로 가장 많이 사용되는 적정 농도는?
① 30~40%
② 50~60%
③ 70~80%
④ 100%

46 석탄산의 소독작용과 관계가 가장 먼 것은?
① 균체 단백질 응고작용
② 균체 효소의 불활성화 작용
③ 균체의 삼투압 변화작용
④ 균체의 가수분해작용

47 pH에 관한 설명 중 틀린 것은?
① 주어진 화학성분이나 화장품의 산성, 알칼리성의 정도를 말한다.
② pH가 3이면 산성이다.
③ 혈액의 pH는 5.5이다.
④ 피부의 pH는 약산성을 나타낸다.

48 미용업 신고증 및 면허증 원본을 게시하지 아니하거나 업소 내 조명도를 준수하지 아니한 때, 1차 위반에 대한 행정처분기준은?

① 경고
② 영업정지 5일
③ 영업정지 10일
④ 영업장 폐쇄명령

49 위생서비스평가의 결과에 따른 조치에 해당되지 않는 것은?

① 이·미용업자는 통보받은 위생관리등급 표지를 영업소의 출입구에 부착할 수 있다.
② 시·도지사는 위생서비스의 수준이 우수하다고 인정되는 영업소에 대하여 포상을 실시할 수 있다.
③ 시·도지사는 위생관리등급별로 영업소에 대한 위생감시를 실시하여야 한다.
④ 구청장은 위생관리 등급의 결과를 세무서장에게 통보할 수 있다.

50 바이러스 감염에 의한 피부질환이 아닌 것은?

① 단순포진
② 사마귀
③ 홍반
④ 대상포진

51 공중위생 영업자가 영업소를 개설할 때 조치를 옳게 설명한 것은?

① 시·도지사에게 허가를 받는다.
② 시·도지사에게 신고한다.
③ 시장·군수·구청장에게 신고한다.
④ 세무서장에게 통보한다.

52 이·미용업무의 보조를 할 수 있는 자는?

① 이·미용사의 감독을 받는 자
② 이·미용사 국가기술자격 응시자
③ 이·미용학원 수강자
④ 시·도지사가 인정한 자

53 이용업자 혹은 미용업자가 준수하여야 하는 위생관리 기준에 해당하지 않는 것은?

① 발한실 안에는 온도계를 비치하고 주의사항을 게시하여야 한다.
② 영업소 내부에 개설자의 면허증 원본을 게시하여야 한다.
③ 피부미용을 위하여 약사법에 따른 의약품을 사용하여서는 아니 된다.
④ 영업장 안의 조명도는 75럭스 이상이 되도록 유지하여야 한다.

54 영업소의 폐쇄명령을 받고도 영업을 하였을 시에 대한 벌칙기준은?

① 2년 이하의 징역 또는 3천만 원 이하의 벌금
② 1년 이하의 징역 또는 1천만 원 이하의 벌금
③ 200만 원 이하의 벌금
④ 100만 원 이하의 벌금

55 화장품법상 기능성 화장품에 대한 설명으로 옳은 것은?

① 자외선에 의해 피부가 심하게 그을리거나 일광화상이 생기는 것을 지연해 준다.
② 피부 표면에 더러움이나 노폐물을 제거하여 피부를 청결하게 해 준다.
③ 피부 표면의 건조를 방지해 주고 피부를 매끄럽게 한다.
④ 비누 세안에 의해 손상된 피부의 pH를 정상적인 상태로 빨리 돌아오게 한다.

56 유연화장수의 작용이 아닌 것은?

① 피부에 유연작용을 한다.
② 피부에 수축작용을 한다.
③ 약산성이다.
④ 피부에 거침을 방지하고 부드럽게 한다.

57 헤어 린스제의 기능이 아닌 것은?

① 대전방지 효과와 빗질이 잘되게 한다.
② 오염된 두피 및 모발을 세정한다.
③ 모발의 표면을 보호한다.
④ 샴푸 후 양이온성 계면활성제를 공급함으로써 모발 손상을 억제한다.

58 이·미용사가 이·미용업의 영업신고를 하지 아니하고 영업소의 소재지를 변경한 때 1차행정처분기준은?

① 영업정지 1월
② 면허정지
③ 영업정지 3일
④ 영업장 폐쇄명령

59 염료에 대한 설명으로 옳지 않은 것은?

① 광물에서 얻어지는 것으로 커버력에 우수한 색소이다.
② 물 또는 오일에 녹는 색소에 화장품 자체에 색을 부여하기 위해 사용한다.
③ 유용성 염료는 헤어오일 등의 색 착색에 사용한다.
④ 저렴하고 안전성 있는 합성색소인 타르를 주로 사용한다.

60 두부(Head) 내 모량을 조절하는 데 가장 효과적인 것은?

① 시닝가위
② 전자식 바리캉
③ 레이저(Razor)
④ 미니가위

01 ②	02 ③	03 ④	04 ②	05 ④	06 ④	07 ②	08 ③	09 ②	10 ③
11 ③	12 ④	13 ②	14 ②	15 ②	16 ③	17 ③	18 ④	19 ②	20 ④
21 ②	22 ③	23 ②	24 ④	25 ④	26 ①	27 ①	28 ④	29 ③	30 ②
31 ②	32 ④	33 ④	34 ③	35 ④	36 ③	37 ③	38 ②	39 ③	40 ①
41 ②	42 ③	43 ②	44 ③	45 ③	46 ④	47 ③	48 ①	49 ④	50 ③
51 ③	52 ①	53 ①	54 ③	55 ①	56 ②	57 ②	58 ①	59 ①	60 ①

01 손가락 넣는 구멍이 적합하여야 한다.

02 • 플레인 스캘프 트리트먼트 : 정상 두피
   • 드라이 스캘프 트리트먼트 : 건조 두피
   • 오일리 스캘프 트리트먼트 : 피지 분비량이 많을 경우

03 모발에 하이라이트나 변화를 주고 싶다거나 흰머리를 젊고 매력적으로 보이게 하기 위해서는 염색이 매우 유용하다.

04 프롱이 위, 그루브가 아래다.

05 탈색제의 종류 : 액상, 크림, 분말, 오일 탈색제 등이 있다.

06 38℃ 전후의 미지근한 물이 세발 시 가장 적당하다.

07 바리캉(클리퍼) : 기계의 날판은 형태가 비슷하지만 날판의 부피에 따라 5리기, 1분기, 2분기, 3분기 등으로 구분된다.
   • 5리기 : 바리캉 중 날판의 끝 부분이 가장 얇은 것(모발길이 / 1mm 정도이다.)
   • 1분기 : 일반적으로 가장 많이 사용되는 조발기법(모발길이 / 약 2mm 정도이다.)
   • 2분기 및 3분기 : 군인이나, 중·고등학교 학생을 위한 조발 방법

08 남자 두발형의 분류 : 장발형, 단발형, 초장발형, 중발형

09 두피관리의 목적 : 피부와 모발에 건강과 아름다움을 유지하기 위함이다.

10 알(R; Radian) : 모발이 반달모양으로 구부러진 상태의 머리 각도이며 하나의 각도를 나타내는 단위이다.

11 • 정발술 : 헤어스타일링
   • 매뉴얼테크닉 : 마사지
   • 조발술 : 커트

12 가모의 모발의 색상이 쉽게 퇴색되는 현상이 나타나면 안 된다.

13 시술 시 마스크를 사용하는 주목적은 호흡기 질병 및 감염병 예방을 위함이다.

14 이용의 최초 기원 : B.C 1900년경에 헤브라이(Hebrew)족의 추장이 죄인을 처벌할 때 두발을 삭발했고 그 두발이 자랄 때까지 범인 자신이 죄를 뉘우치며 속죄하던 유래로부터 이용에 관한 역사는 시작되었다.

15 서양에서 중세기의 이발사는 대개 외과의사가 겸하였다.

16 프롱이 위로, 그루브가 밑으로 가도록 잡아야 한다.

17 가르마의 기준
   • 긴 얼굴 2 : 8   • 둥근 얼굴 3 : 7
   • 사각형 얼굴 4 : 6   • 역삼각형 얼굴 5 : 5

18 에그팩
   • 흰자 : 세정작용, 잔주름 예방
   • 노른자 : 건성피부의 영양 보급 및 투입

19 시닝가위 : 두발의 길이는 자르지 않고 자연스럽게 숱을 쳐내는데 사용하는 기구로 톱니형으로 생긴 가위이다.

20 이용기구 중 소독을 한 기구와 소독을 하지 아니한 기구는 각각 다른 용기에 넣어 보관하여야 한다.

21 토닉 샴푸 : 두피 및 두발의 생리기능을 높여 주는 리퀴드 드라이 샴푸의 일종으로 헤어 토닉을 사용해 두발을 세정한다.

22 단발령 : 김홍집 내각이 1895년(고종 32) 11월 성년 남자의 상투를 자르도록 내린 명령이다.

23 • 마샬 그라또(1875년, 프랑스) : 아이론을 이용하여 웨이브를 창안
   • 찰스 네슬러(1905년, 영국) : 히트퍼머넌트 웨이빙 창안, 스파이럴법
   • J.B. 스피크먼(1936년, 영국) : 콜드퍼머넌트 웨이빙, 열을 가하지 않고 약품만으로 웨이브 형성 방법 창안

24 • 원형 탈모증 : 동전처럼 무더기로 머리카락이 빠지는 증세
   • 결발성 탈모증 : 상처 또는 자극으로 머리카락이 빠지는 증세
   • 남성형 탈모증 : 나이가 들어 이마 부분의 머리카락이 빠지는 증세

25 • 골든 포인트 : 머리 꼭짓점
• 백 포인트 : 뒷 지점
• 사이드 포인트 : 옆쪽 지점

26 일반적으로 외부의 자극에 영향이 적으며, 피부관리가 비교적 용이한 편이다.

27 화상의 증상에 따른 분류
• 1도 화상 : 표피층만 손상된다.
• 2도 화상 : 표피 전층(진피의 상당 부분의 손상)
• 3도 화상 : 진피 전층(피하조직까지의 손상)

28 아이오딘 : 해조류에 많고 두발의 발모를 돕는 성분으로 갑상선호르몬의 원료이다.

29 표피 구성층
• 각질층 : 생명력이 없는 죽은 세포들로 되어 있으며 피부의 가장 겉면에 위치한다.
• 투명층 : 생명력이 없는 세포로써 2~3개 층이며 빛을 차단하는 역할을 한다.
• 과립층 : 케라토하이알린(Keratohyaline) 과립이 많이 생성되어 과립세포에서 각질세포로 변화하여 각질화 과정이 실제로 일어나는 층이다.
• 유극층 : 표피 중에서 가장 두터운 층으로 약 6~8개의 세포층으로 이루어져 있는 다층으로 표피의 대부분을 차지한다.
• 기저층 : 진피와 경계를 이루는 물결모양의 단층으로 표피의 가장 깊은 곳에 위치한 세포층이다.

30 • 농포 : 구진은 화농성으로 진행된 것이다.
• 팽진 : 두드러기, 모기 등에 물린 자국으로 부종성의 평평하게 올라온 것이다.
• 구진 : 여드름, 사마귀, 뾰루지 등이며 속이 단단하고 볼록 나온 병변으로 표피성과 진피성으로 나뉜다.
• 결절 : 섬유종, 황색종으로 만지면 단단한 덩어리처럼 느껴지며 구진보다는 크고 깊으며 일반적으로 지속되는 경향이 있다.

31 카드뮴 : 대부분 호흡기를 통해 흡수되지만 위장을 통해서도 5% 정도가 흡수되며 카드뮴으로 처리한 용기에 담긴 산성 음식이나 음료수를 섭취해도 오염될 수 있다.

32 UV-B
• 대부분은 오존층에 흡수되지만, 일부는 지표면에 도달하며 지구에 도달하는 그 강도가 UV-A보다 훨씬 강하여 피부에 심각한 영향을 준다.
• 비타민 D의 합성을 촉진하는 장점이 있다.
• 홍반, 일광화상을 일으키는 등 피부에 광 손상을 일으킨다.
• 파장이 짧아 유리를 통과하지 못하므로 실내에서는 안전하다.

33 • 심포지엄 : 여러 사람의 전문가가 자기입장에서 어떤 일정 주제에 관하여 발표하는 방법
• 버즈세션(6-6법) : 제한된 연사가 제한된 시간에 발표를 하게 하여 짧은 시간과 적은 인원으로 진행하는 방법
• 패널 토론 : 몇 명의 전문가가 청중 앞에서 자기들끼리 대화를 진행하는 형식으로 사회자가 이야기를 진행, 정리해 감으로써 내용을 파악, 이해할 수 있게 하는 방법

34 오탁지표
• 실내오탁지표 : CO_2
• 대기오탁지표 : SO_2
• 수질오염지표 : 대장균
• 하수오염지표 : BOD

35 철분 : 피부의 혈색과 밀접한 관계에 있으며 결핍되면 빈혈이 일어나는 영양소이며 헤모글로빈을 구성하는 매우 중요한 물질이다.

36 원숭이 : 황열

37 고압증기멸균 소독 대상물 : 금속제품, 유리제품, 종이 또는 섬유, 물 등 멸균에 적합하다.

38 인공능동면역 : 예방접종에 의해 형성된 면역이다.

39 유행성 이하선염 : 기침, 재채기, 침뿐만 아니라 오염된 물건과 표면과의 접촉을 통해 사람으로부터 사람으로 전파된다.

40 물리적 소독법
• 건열에 의한 소독법 : 화염멸균 소독법, 소각법, 건열멸균법
• 습열에 의한 소독법 : 자비멸균법, 고압증기멸균법, 간헐멸균법, 저온멸균법

41 노화현상 : 피부는 탄력성을 잃고 늘어지며, 혈액순환도 잘 안되는 이유로는 콜라겐과 엘라스틴이 줄어들기 때문이다.

42 진피의 구조 : 유두층, 망상층

43 독감 : 인플루엔자 바이러스에 의해서만 발병한다.

44 물에 탄산나트륨(중조) 1~2%, 붕사 1~2%, 석탄산 5%, 크레졸 비누액 2~3%를 가하면 멸균효과를 높인다.

45 에탄올 소독 : 에탄올수용액을 머금은 면 또는 거즈로 기구의 표면을 닦아주거나 에탄올이 70%인 수용액에 10분 이상 담가둔다.

46 소독법의 살균작용
소독방법 : 감염병의 종류, 전파 방법, 병원체의 종류, 소독대상의 종류와 양을 파악하여 소독 및 살균이 이루어진다.
• 균체 단백 응고작용 : 석탄산, 알코올, 크레졸, 포르말린, 승홍수
• 균체 효소 불활성화작용 : 알코올, 석탄산, 중금속염
• 세포막의 삼투압 변화작용 : 석탄산, 중금속염, 역성 비누
• 가수분해작용 : 강한 산성과 알칼리성, 열탕

47 혈액의 pH : pH 7.4

48 이용업 신고증 및 면허증 원본을 게시하지 않거나 업소 내 조명도를 준수하지 않은 경우
• 1차 위반 : 경고 또는 개선명령
• 2차 위반 : 영업정지 5일
• 3차 위반 : 영업정지 10일
• 4차 위반 : 영업장 폐쇄명령

49
- 시장·군수·구청장은 보건복지부령이 정하는 바에 의하여 위생서비스평가의 결과에 따른 위생관리등급을 해당공중위생영업자에게 통보하고 이를 공표하여야 한다.
- 공중위생영업자는 시장·군수·구청장으로부터 통보받은 위생관리등급의 표시를 영업소의 명칭과 함께 영업소의 출입구에 부착할 수 있다.
- 시·도지사 또는 시장·군수·구청장은 위생서비스평가의 결과 위생서비스의 수준이 우수하다고 인정되는 영업소에 대하여 포상을 실시할 수 있다.
- 시·도지사 또는 시장·군수·구청장은 위생서비스평가의 결과에 따른 위생관리등급별로 영업소에 대한 위생감시를 실시하여야 한다. 이 경우 영업소에 대한 출입, 검사와 위생감시의 실시주기 및 횟수 등 위생관리등급별 위생감시기준은 보건복지부령으로 정한다.

50 바이러스 감염에 의한 피부질환 : 단순포진, 사마귀, 대상포진, 수두, 홍역, 풍진 등

51 공중위생영업의 신고 및 폐업신고 : 공중위생영업을 하고자 하는 자는 공중위생영업의 종류별로 보건복지부령이 정하는 시설 및 설비를 갖추고 시장·군수·구청장에게 신고하여야 한다. 보건복지부령이 정하는 중요사항을 변경하고자 하는 때에도 또한 같다.

52 이·미용사의 면허를 받은 자가 아니면 이·미용업을 개설하거나 그 업무에 종사할 수 없다. 다만, 이용사 또는 미용사의 감독을 받아 이용 또는 미용 업무의 보조를 수행할 수 있다.

53 목욕장업자 준수사항 : 발한실 안에는 온도계를 비치하고 주의사항을 게시하여야 한다.

54 1년 이하의 징역 또는 1천만 원 이하의 벌금
- 공중위생영업신고를 하지 아니한 자
- 영업정지명령 또는 일부 시설의 사용중지명령을 받고도 그 기간 중에 영업을 하거나 그 시설을 사용한 자 또는 영업소 폐쇄명령을 받고도 계속하여 영업을 한 자

55 자외선을 차단 또는 산란시켜 자외선으로부터 피부를 보호하는 기능을 가진 화장품

56 화장수의 종류
- 유연화장수 : 피부 각질층에 수분을 공급하여 유연하게 한다.
- 수렴화장수 : 피지분비의 수렴 및 억제 작용을 한다.
- 세정화장수 : 세정작용을 한다.

57 린스의 목적 : 모발 손상의 억제 및 보습성과 유연효과로 모발에 자연적인 광택과 촉감이 좋아져 대전방지에 효과와 모발 손질이 용이하다.

58 영업신고를 하지 아니하고 영업소의 소재지를 변경한 때
- 1차 위반 : 영업정지 1월
- 2차 위반 : 영업정지 2월
- 3차 위반 : 영업장 폐쇄명령

59 염료는 크게 나누어 천연염료와 합성염료가 있다.
- 천연염료 : 식물성 염료, 동물성 염료, 광물성 염료
- 합성염료 : 천연염료에 비하여 가격이 저렴하고 색상이 다양하며 사용 방법이 간단하다.

60 시닝 가위 : 두발의 길이는 자르지 않고 숱을 자연스럽게 쳐내는 데 사용한다.

01 이용업무와 가장 거리가 먼 것은?

① 조발술
② 면체술
③ 정발술
④ 소제술

02 레이저를 이용하여 모발을 자를 때 가장 적합한 날의 각도는?

① 25°
② 35°
③ 45°
④ 55°

03 두피손질 중 화학적인 방법이 아닌 것은?

① 양모제를 바르고 손질한다.
② 헤어크림을 바르고 손질한다.
③ 헤어로션을 바르고 손질한다.
④ 빗과 브러시로 손질한다.

04 피부의 비타민 D 합성과 가장 관계가 있는 것은?

① 갈바닉 전류 미안기
② 자외선등
③ 적외선등
④ 패러딕 전류 미안기

05 다음 중 두발의 볼륨을 살릴 때의 아이론 각도로 가장 이상적인 것은?

① 15°
② 45°
③ 90°
④ 120°

06 정발 시술 시 컬리 아이론을 사용하는 주목적은?

① 경모를 연모로 변화시키기 위해서
② 두발의 질을 좋게 하기 위해서
③ 손님의 기분을 좋게 하기 위해서
④ 두발의 흐름과 볼륨을 주기 위해서

07 다음 중 셰이핑 레이저와 관계가 있는 것은?

① 사용자의 숙련도가 높아야 한다.
② 사용상 안전도는 있으나 시간적으로 효율이 떨어진다.
③ 세밀한 작업이 용이하다.
④ 지나치게 자를 우려가 있다.

08 부족 시 모발이 건조해지고 부스러지는 것은?

① 비타민 A
② 비타민 B₂
③ 비타민 C
④ 비타민 E

09 면도 시 스티밍(찜타월)의 방법 및 효과에 대한 설명 중 틀린 것은?

① 찜타월과 안면과의 사이에 밀착이 되지 않도록 한다.
② 수염을 유연하게 한다.
③ 면도날에 의한 자극을 줄여 준다.
④ 피부의 먼지와 이물질 등을 비눗물과 함께 닦아 낸다.

10 두부(Head) 내 각부 명칭의 연결이 잘못된 것은?

① 전두부 – 프런트(Front)
② 두정부 – 크라운(Crown)
③ 후두부 – 톱(Top)
④ 측두부 – 사이드(Side)

11 퍼머넌트 웨이브의 역사로 틀린 것은?

① 고대 로마인들은 나일강 유역의 산성성분 진흙을 가는 막대를 이용하여 웨이브를 만들었다.
② 그리스, 로마는 불로 가열한 철막대기를 이용하여 웨이브를 만들었다.
③ 19세기에는 석유램프를 이용하여 웨이브를 만들었다.
④ 1875년에 마샬 그라또가 고안한 헤어 아이론을 이용하여 웨이브를 만들었다.

12 염발 및 가발을 처음 사용하여 유행하던 시대는?

① 르네상스 시대
② 중세 시대
③ 로마 시대
④ 고대 이집트 시대

13 이용업소에서의 면도날 사용에 대한 다음 설명 중 가장 적합한 것은?

① 면도날은 면체술 외에는 일체 사용할 수 없다.
② 반드시 1회용 면도기를 1인에게 1회만 사용하고 사용 직후 폐기처리한다.
③ 면도날은 한 번 사용한 후 깨끗이 소독하여 손님에게 계속 사용해도 무방하다.
④ 일자 면도날(일도)은 계속해서 매번 재사용하고 1회용 면도기날은 1회에 한해서 사용한다.

14 덧돌에 대한 설명 중 가장 적합한 것은?

① 덧돌에는 천연석과 인조석이 있다.
② 덧돌은 숫돌보다 약 2배 정도 크다.
③ 덧돌은 주로 가위를 연마할 때 사용한다.
④ 덧돌은 숫돌이 깨졌을 때 쓰는 비상용이다.

15 아이론의 구조 중 모발이 감기거나 모발의 컬 형을 만드는 부분의 명칭은?

① 프롱
② 그루브
③ 핸들
④ 피봇 스크루

16 우리나라에 단발령이 내려진 시기는?

① 조선 중엽부터
② 해당 후부터
③ 6.25 후부터
④ 1895년부터

17 탈모증 종류에서 유전성 탈모증인 것은?

① 원형 탈모
② 남성형 탈모
③ 반흔성 탈모
④ 휴지기성 탈모

18 두피를 가볍게 문지르면서 왕복운동, 원운동으로 하는 매뉴얼테크닉 방법은?

① 경찰법
② 강찰법
③ 유연법
④ 고타법

19 드라이 샴푸(Dry Shampoo)에 관한 설명으로 가장 거리가 먼 것은?

① 주로 거동이 어려운 환자에게 사용되는 샴푸 방법이다.
② 가발에도 사용할 수 있는 샴푸 방법이다.
③ 건조한 타월과 브러시를 이용하여 닦아낸다.
④ 일반적으로 이용업소에서 가장 많이 사용하고 있는 샴푸 방법이다.

20 면체 후 또는 세발 후 사용되는 화장수(Skin Lotion)는 안면에 주로 어떤 작용을 하는가?

① 세정작용
② 수렴(수축)작용
③ 탈수작용
④ 침윤작용

21 레이저(Razor) 커트를 할 수 있는 헤어스타일로 가장 적합한 것은?

① 블런트 커트(Blunt Cut)
② 스컬프처 커트(Sculpture Cut)
③ 베이비 커트(Baby Cut)
④ 브로스 커트(Brosse Cut)

22 다음 중 정발술에 사용하는 브러시에 대한 설명으로 가장 적절한 것은?

① 동물의 털이면 브러시로 가능하다.
② 딱딱하고 탄력이 있어야 한다.
③ 부드러워야 한다.
④ 나일론 브러시면 아무거나 상관없다.

23 이용사를 바버(Barber)라고 한다. 이용사의 어원은 어디에서 유래된 것인가?

① 사람이름
② 병원이름
③ 화장품 회사이름
④ 가위이름

24 이용기술의 기본이 되는 두부를 구분한 명칭 중 옳은 것은?

① 크라운 – 측두부
② 톱 – 전두부
③ 네이프 – 두정부
④ 사이드 – 후두부

25 다음 기생충 중 송어, 연어 등의 생식으로 주로 감염될 수 있는 것은?

① 유구낭충증
② 유구조충증
③ 무구조충증
④ 긴촌충증

26 감염성 피부병변으로서 바이러스가 원인이 아닌 것은?

① 건선
② 사마귀
③ 단순포진
④ 대상포진

27 사회보장 분류에 속하지 않는 것은?

① 산재보험
② 자동차보험
③ 소득보장
④ 생활보호

28 다음 중 피부에 주름이 생기는 주요 원인은?

① 표피가 위축되어 얇게 되므로 탄성섬유가 변화되기 때문이다.
② 표피가 얇게 되어 케라틴의 생산이 증가되며 피부의 부드러움과 탄력성이 소실된 까닭이다.
③ 진피의 교원 탄성섬유 기질이 변화되어 그 작용이 활발해지기 때문이다.
④ 수분의 함유량이 증가하기 때문이며 피부색은 황색으로 변한다.

29 피부탄력 증진과 주름 개선용 화장품에 주로 사용되는 것은?

① 비타민 A
② 비타민 B
③ 비타민 C
④ 비타민 D

30 피부노화의 내적 원인이 아닌 것은?

① 유전
② 호르몬
③ 내장기능의 이상과 장애
④ 공해

31 다음 중 피부색을 결정짓는 요인으로 가장 적합한 것은?

① 멜라닌의 분포　　② 카로틴의 분포
③ 털의 분포　　　　④ 케라토하이알린의 분포

32 직업병과 직업종사자와의 연결이 옳게 된 것은?

① 잠함병 – 수영선수
② 열사병 – 비만자
③ 고산병 – 항공기조종사
④ 백내장 – 인쇄공

33 다음 중 수인성 감염병에 속하지 않는 것은?

① 발진티푸스　　② 장티푸스
③ 콜레라　　　　④ 세균성 이질

34 온천지역, 자동세탁기 배수구에서 발견이 되는 균은?

① 저온성균　　② 중온성균
③ 고온성균　　④ 호냉성균

35 다음 중 아포를 포함한 모든 미생물을 완전히 멸균시킬 수 있는 가장 좋은 멸균 방법은?

① 자외선멸균법　　② 고압증기멸균법
③ 자비멸균법　　　④ 유통증기멸균법

36 보건행정기획 방법 중 PPBS를 맞게 설명한 것은?

① 기획개발과 소요자원에 대한 예산을 하나로 통합하여 동시에 고려하는 방법
② 해당 환경 아래에서 살아 있는 생물체와 같이 체계, 사업, 봉사, 집행, 운영 등의 전부 또는 일부를 조사, 연구하는 방법
③ 활동들을 순차적으로 배열하고 그 활동에 필요한 소요시간을 추정하여 빠른 방법으로 접근하는 방법
④ 정책결정권자에게 이용 가능한 대책을 알려주고 평가할 수 있도록 하는 것

37 공중보건학의 범위 중에서 질병관리 분야로 가장 적합한 것은?

① 역학　　　　② 환경위생
③ 보건행정　　④ 산업보건

38 화상의 응급처치에 대한 설명으로 가장 적합한 것은?

① 옷 속에 화상을 입은 경우는 옷을 벗겨내어 준다.
② 화상을 입은 사람이 의식이 있고, 토하지 않으면 생리식염수를 공급하는 것이 좋다.
③ 화상으로 생긴 물집은 터트려 주어 화상부위를 깨끗하게 해 준다.
④ 화상의 정도가 심하면 기름이나 바셀린 등을 바른 후에 이송한다.

39 다음 중 독소형 식중독은?

① 살모넬라 식중독
② 비브리오 식중독
③ 병원성 대장균 식중독
④ 포도상구균 식중독

40 자외선을 통해 피부에서 합성되는 것은?

① 비타민 A　　② 비타민 C
③ 비타민 D　　④ 비타민 K

41 다음 중 피부소독에 가장 적합한 소독제는?

① 승홍
② 석탄산(6%)
③ 에탄올
④ 폼알데하이드

42 금속제품을 자비소독할 경우 언제 물에 넣는 것이 가장 좋은가?

① 가열 시작 전
② 가열 시작 직후
③ 끓기 시작한 후
④ 수온이 미지근할 때

43 다음 중 화학적 소독법에 해당하는 것은?

① 자외선 소독법
② 크레졸 소독법
③ 고압증기 멸균법
④ 건열 멸균법

44 소독제의 구비조건이라고 할 수 없는 것은?

① 살균력이 강할 것
② 부식성이 없을 것
③ 표백성이 있을 것
④ 용해성이 높을 것

45 용액 600mL에 용질 3g이 녹아 있을 때 이 용액은 몇 배수로 희석된 용액인가?

① 100배 용액
② 200배 용액
③ 300배 용액
④ 600배 용액

46 내열성이 강해서 자비소독으로 멸균이 되지 않는 것은?

① 장티푸스균
② 결핵균
③ 아포형성균
④ 이질 아메바

47 200만 원 이하의 과태료에 해당하지 않는 것은?

① 위생교육을 받지 아니한 자

② 관계공무원의 출입, 검사 기타 조치를 거부, 방해 또는 기피한 자

③ 이·미용업소의 위생관리 의무를 지키지 아니한 자

④ 영업소 외의 장소에서 이용 또는 미용업무를 행한 자

48 이·미용업 영업자가 영업소 폐쇄명령을 받고도 계속하여 영업을 하는 때에는 해당 영업소에 대하여 어떤 조치를 할 수 있는가?

① 폐쇄 행정처분 내용을 재통보한다.

② 언제든지 폐쇄 여부를 확인만 한다.

③ 해당 영업소 출입문을 폐쇄하고 벌금을 부과한다.

④ 해당 영업소가 위법한 영업소임을 알리는 게시물 등을 부착한다.

49 다음 (   ) 안에 알맞은 것은?

> 공중위생영업을 하고자 하는 자는 공중위생영업의 종류별로 보건복지부령이 정하는 시설 및 설비를 갖추고 (   )에게 신고하여야 한다.

① 세무서장

② 시장·군수·구청장

③ 보건복지부장관

④ 고용노동부장관

50 이·미용기구의 소독기준 및 방법을 규정하는 법령은?

① 대통령령

② 보건복지부령

③ 고용노동부령

④ 행정안전부령

51 공중위생영업을 하고자 하는 자가 영업신고를 하지 아니하고 영업을 한 경우 받게 되는 벌칙기준은?

① 3년 이하의 징역 또는 500만 원 이하의 벌금

② 1년 이하의 징역 또는 1천만 원 이하의 벌금

③ 3년 이하의 징역 또는 1천만 원 이하의 벌금

④ 1년 이하의 징역 또는 500만 원 이하의 벌금

52 이·미용업소의 시설 및 설비기준에 대한 사항으로 옳은 것은?

① 적외선 살균기 등 소독장비를 갖추어야 한다.

② 소독을 한 기구와 소독을 안 한 기구를 따로 보관하는 용기를 비치하여야 한다.

③ 이·미용업소 모두 영업소 내의 장소 간의 구분을 위해서 칸막이를 설치할 수 있다.

④ 영업장 안의 조명도는 55럭스 이상이 되도록 유지하여야 한다.

53 공중위생관리법상 명시된 청문을 실시하여야 할 행정처분 내용은?

① 시설개수   ② 경고

③ 시정명령   ④ 영업정지

54 화장수의 원료로 사용되는 글라이세린의 주작용은?

① 소독작용   ② 방부작용

③ 보습작용   ④ 탈수작용

55 화장품에서 요구되는 4대 품질 특성에 대한 내용으로 옳은 것은?

① 안전성 – 미생물 오염이 없을 것

② 안정성 – 독성이 없을 것

③ 보습성 – 피부표면의 건조함을 막아줄 것

④ 사용성 – 사용이 편리해야 할 것

56 계면활성제에 대한 설명 중 옳지 않은 것은?

① 계면을 활성화시키는 물질이다.

② 친수성기와 친유성기를 모두 소유하고 있다.

③ 표면장력을 높이고 기름을 유화시키는 등의 특성을 지니고 있다.

④ 표면활성제라고도 한다.

57 비누에 대한 일반적인 설명으로 틀린 것은?

① 알칼리성으로 피부의 pH를 높인다.

② 사용 후 피부가 당기는 느낌을 주는 경우가 있다.

③ 경수(Hard Water)에서 거품생성이 잘 되지 않는다.

④ 경수에서 물때(Scum)를 만들지 않는다.

58 시트러스 계열 정유가 아닌 것은?

① 레몬

② 그레이프프루트

③ 라벤더

④ 오렌지

59 다음 중 타이로시네이스(Tyrosinase)의 작용을 억제하여 피부의 미백효과를 나타내는 것은?

① 알부틴(Arbutin)

② 판테놀(Panthenol)

③ 비오틴(Biotin)

④ 멘톨(Menthol)

60 다음 중 기능성 화장품이 아닌 것은?

① 세안용 화장품

② 셀프 태닝 화장품

③ 미백 화장품

④ 주름개선 화장품

01 ④	02 ③	03 ④	04 ②	05 ④	06 ④	07 ②	08 ①	09 ①	10 ③
11 ①	12 ④	13 ②	14 ①	15 ①	16 ④	17 ②	18 ①	19 ④	20 ②
21 ②	22 ②	23 ①	24 ②	25 ④	26 ①	27 ②	28 ①	29 ①	30 ④
31 ①	32 ③	33 ①	34 ③	35 ②	36 ①	37 ①	38 ②	39 ④	40 ③
41 ③	42 ③	43 ②	44 ③	45 ②	46 ③	47 ②	48 ④	49 ②	50 ②
51 ②	52 ②	53 ④	54 ③	55 ④	56 ③	57 ④	58 ④	59 ①	60 ①

01 이용사의 업무범위
- 이발 : 조발술
- 아이론 : 정발술
- 면도 : 면체술
- 머리피부손질
- 머리카락염색 및 머리감기 : 세발술

02 레이저(Razor) : 모발을 자를 때에는 45°의 각도가 적당하다.

03 물리적 방법 : 두피에 빗과 브러시를 사용하여 물리적 자극을 하여 두피 및 두발의 생리기능을 건강하게 유지하는 방법이다.

04 자외선 : 살균, 소독, 비타민 D 합성 유도와 혈액순환의 촉진

05 탑이나 크라운 부분에 볼륨을 주기 위한 모발의 각도는 110~130°가 알맞다.

06 컬리 아이론 사용 목적 : 120~140℃의 일정한 열을 가함으로써 웨이브(Wave)나 컬(Curl)의 흐름과 볼륨을 자연스럽고 아름답게 만들 수 있다.

07 셰이핑 레이저 : 레이저(면도칼)를 말하며 날이 톱니식으로 돼 있어 안전하게 사용할 수 있으나 시간적으로 오래 걸려 효율이 떨어진다.

08 결핍 시 증상
- 비타민 B₂ : 구순염, 설염
- 비타민 C : 괴혈병
- 비타민 E : 근육마비, 불임증

09 찜타월과 안면과의 사이에 공간이 없도록 밀착시켜야 찜타월의 효과를 높일 수 있다.

10 ・후두부 : 네이프(Nape)
・두정점 : 톱(Top point)

11 퍼머넌트 웨이브의 역사 : B.C 3000년경 이집트인들이 나일강 유역의 알칼리 토양 진흙을 모발에 바른 후 나무 봉에 감아 태양열에 건조시켜 웨이브를 만든 것이다.

12 가발 : BC 30세기경 고대 이집트에서 처음 사용되었다.

13 1회용 면도날은 손님 1인에 한하여 사용하여야 한다.

14 ・천연석과 인조석으로 된 가장 작은 돌이다.
・성분은 숫돌의 성분이지만 숫돌에 비하여 비교적 단단한 편이다.

・덧돌은 일종의 숫돌 정비용으로 사용되며 숫돌을 오래 사용하면 평면이 유지되지 않으므로 이때 덧돌로 골고루 문질러서 숫돌의 평면을 유지시키고 숫돌물을 내기 위함이다.

15 프롱은 두발을 위에서 누르는 작용을 한다.

16 단발령 : 김홍집 내각이 1895년(고종 32) 11월 성년 남자의 상투를 자르도록 내린 명령이다.

17 남성형 탈모 : 안드로젠과 유전적 소인이 주원인이다.

18 손 마사지(매뉴얼테크닉의 방법)
- 경찰법(스트로킹) : 손 전체로 부드럽게 쓰다듬기
- 강찰법(프릭션) : 손으로 피부를 강하게 문지르는 방법
- 유연법(니딩) : 손으로 주무르는 방법
- 고타법(퍼커션) : 손으로 두드리는 방법

19 드라이 샴푸 : 거동이 불편한 환자나 임산부에 가장 적당하다.

20 수렴작용 : 피부를 수축시키는 것

21 스컬프처 커트 : 남성클래식 커트에 해당하는 커트 유형으로 가위와 스컬프처 전용레이저로 두발을 각각 세분하여 커트하고 브러시로 세팅한다.

22 브러시 선택 방법 : 나일론이나 비닐계 강모는 헤어 드레싱이나 블로 드라이 스타일링에 적당하며 브러시용으로는 비교적 뻣뻣하고 탄력 있는 양질의 자연 강모가 좋다.

23 세계 최초의 이용사 : 프랑스의 장 바버(Jean Barber)이다.

24 ・크라운 : 두정부
・네이프 : 후두부
・사이드 : 측두부

25 ・유구낭충증 : 돼지고기
・유구조충증 : 돼지고기
・무구조충증 : 소고기
・긴촌충증 : 병・송어(어류)

26 바이러스에 의한 피부질환 : 단순포진, 대상포진, 사마귀, 수두, 홍역, 풍진 등

27 사회보장제도
- 국민들에게 불의의 생활상의 위험이나 소득의 중단으로 정상적인 생활을 유지할 수 없을 때 그 생활을 보장하는 수단을 국가가 책임을 지고 수행하는 제도를 말한다.
- 사회보험 : 국민연금, 고용보험, 건강보험, 산재보험
- 공공부조 : 생활보호, 의료보호

- 사회복지서비스 : 공공서비스, 보건의료서비스

28 ・표피가 얇아져 콜라겐의 생산이 감소되며 피부의 부드러움과 탄력성이 소실된 까닭이다.
・진피의 교원 탄성섬유 기질이 변화되어 그 작용이 감소하기 때문이다.
・수분의 함유량이 줄어들기 때문에 피부색은 칙칙해진다.

29 주름 개선용 화장품 : 비타민 A는 피부 재생을 촉진하여 피부의 표피층과 진피층의 세포사멸을 막아 주름 예방 및 탄력을 주어 매끄러운 피부로 유지된다.

30 외적 원인 : 공해

31 멜라닌의 색소 생성 능력에 따라 피부색이 결정된다.

32 ・잠함병 : 교량공, 해녀, 잠수부
・열사병 : 제련공, 군인
・백내장 : 원자력 발전소 근무자

33 수인성 감염병의 종류 : 장티푸스, 파라티푸스, 세균성 이질, 콜레라, 유행성 간염, 소아마비 등

34 ・고온성균 : 온천지역, 자동세탁기의 배수구에서 발견된다.
・발육온도 : 40~47℃
・최적온도 : 55~60℃

35 고압증기멸균법 : 고압증기솥을 사용해 121℃, 2기압에서 15~20분 증기열에 의해 멸균한다.

36 ・OR : 해당 환경 아래에서 살아 있는 생물체와 같이 체계, 사업, 봉사, 집행, 운영 등의 전부 또는 일부를 조사, 연구하는 방법
・PERT : 활동들을 순차적으로 배열하고 그 활동에 필요한 소요시간을 추정하여 빠른 방법으로 접근하는 방법
・SA : 정책결정권자에게 이용 가능한 대책을 알려주고 평가할 수 있도록 하는 것

37 역학의 궁극적인 목표 : 질병의 치료, 감염병 관리, 감염병의 전파양식 파악, 질병발생 양상과 원인 규명 및 예방 및 관리이다.

38 화상 시 응급처치법
・옷이나 양말은 먼저 물을 끼얹은 후 벗기고, 벗기기 힘들면 가위로 자른다.
・수포는 절대 터트리지 않으며 수포가 생긴 범위가 넓으면 환부를 냉각만 하고 즉시 병원으로 옮겨 치료를 받는다.

39 독소형 식중독 : 포도상구균 식중독, 보툴리누스 식중독

40 표피의 과립층에서 자외선에 의해 비타민 D 전구물질을 활성화 시킨다.

41 알코올(농도 70~80%) : 이·미용업소의 기구 및 손이나 피부 등의 소독에 가장 적합하다.

42 자비소독법은 100℃의 끓는 물에 15~20분간 소독하며 면 의류, 타월, 금속성 식기, 도자기 소독에 사용된다.

43 물리적 소독법 : 자외선 소독법, 고압증기 멸균법, 건열 멸균법

44 표백성이 없어야 한다.

45 희석배수 계산법 : 희석배수 = 용질량 / 용매량 = 1 / 배
∴ 3 / 600 = 1 / 200
('희석배수 = 용질의 양'으로 계산하여 분자수가 1일 때 분모수가 용액의 양이 희석배수가 된다.)

46 ・자비소독법 : 세균포자, 간염바이러스, 원충류의 시스트에는 효과가 없다.
・고압증기 멸균법 : 아포형성균의 멸균에 가장 효과적이다.

47 관계공무원의 출입, 검사 기타 조치를 거부, 방해 또는 기피한 자는 300만 원 이하의 과태료에 처한다.

48 영업소 폐쇄명령을 받고도 계속하여 영업을 하는 영업소에 대하여 취할 수 있는 조치
・해당 영업소의 간판 기타 영업표지물의 제거
・해당 영업소가 위법한 영업소임을 알리는 게시물 등의 부착
・영업을 위하여 필수불가결한 기구 또는 시설물을 사용할 수 없게 하는 봉인

49 공중위생영업을 하고자 하는 자는 공중위생영업의 종류별로 보건복지부령이 정하는 시설 및 설비를 갖추고 시장·군수·구청장(자치구역구청장에 한한다)에게 신고하여야 한다. 보건복지부령이 정하는 중요사항을 변경하고자 하는 때에도 또한 같다.

50 이·미용기구의 소독기준 및 방법은 보건복지부령으로 정한다.

51 1년 이하의 징역 또는 1천만 원 이하의 벌금
・공중위생영업신고를 하지 아니한 자
・영업정지명령 또는 일부 시설의 사용중지명령을 받고도 그 기간 중에 영업을 하거나 그 시설을 사용한 자 또는 영업소 폐쇄명령을 받고도 계속하여 영업을 한 자

52 ・자외선 살균기 등 소독장비를 갖추어야 한다.
・영업장 안의 조명도는 75럭스 이상이 되도록 유지하여야 한다.

53 보건복지부장관 또는 시장·군수·구청장은 다음의 어느 하나에 해당하는 처분을 하려면 청문을 하여야 한다.
・신고사항의 직권 말소
・이용사와 미용사의 면허취소 또는 면허정지
・영업정지명령, 일부 시설의 사용중지명령 또는 영업소 폐쇄명령

54 글리세린 : 수분 유지 및 보습 작용을 한다.

55 화장품의 4대 요건
・안전성 : 피부에 대한 트러블 및 독성이 없어야 한다.
・안정성 : 미생물의 오염이 없어야 하며 보관에 따른 변색, 변질, 변취가 없어야 한다.
・유효성 : 세정 및 보습, 자외선차단, 미백, 노화억제 등의 효과가 부여되어야 한다.
・사용성 : 피부에 잘 스며들며 사용이 편리해야 한다.

56 물의 표면장력을 낮게 하여 기름과 섞이게 해야 한다.

57 비누의 특징
・장점 : 거품이 풍성하게 잘 생기며 사용할 때 뽀득뽀득한 감촉을 주고 잘 헹구어진다.
・단점 : 경수에서 거품생성이 잘 안 되는 알칼리성으로 피부의 pH를 높여 사용 후 피부가 당기는 느낌을 준다.

58 시트러스 : 레몬, 버가못, 오렌지 스위트, 라임, 그레이프 프루트, 만다린 등이 있다.

59 알부틴 : 미백에 관여하는 원료로서 타이로시네이스(Tyrosinase)에 직접 작용하며 멜라닌 생성을 억제한다.

60 기초 화장품 : 세안용 화장품, 피부정돈 화장품, 피부보호 화장품

01 빨간색의 보색은?
① 파란색
② 노란색
③ 청록색
④ 보라색

02 음란물을 관람하게 하거나 진열 또는 보관할 때, 1차 위반 시 행정처분 기준은?
① 경고
② 업무정지 15일
③ 영업정지 15일
④ 업무정지 30일

03 감염병에서 매개체로 연결지어진 것은?
① 파리 – 장티푸스
② 진드기 – 발진티푸스
③ 모기 – 황열
④ 벼룩 – 페스트

04 화장품의 4대 요건으로 적합하지 않은 것은?
① 유효성
② 보호성
③ 사용성
④ 안정성

05 우리나라에서 단발령이 처음으로 내려진 시기는?
① 1880년 10월
② 1881년 8월
③ 1891년 8월
④ 1895년 11월

06 정발 시술 순서 중 첫 번째로 시술해야 하는 곳은?
① 가르마 → 측두부 → 천정부
② 가르마 → 전두부 → 천정부
③ 가르마 → 후두부 → 천정부
④ 가르마 → 천정부 → 측두부

07 피부 피지막의 pH는?
① pH 4~5
② pH 4.5~5.5
③ pH 7~8
④ pH 8.5~9

08 아이론 정발 시 사용되는 아이론의 온도로 가장 적합한 것은?
① 130℃ ~ 150℃
② 90℃ ~ 100℃
③ 150℃ ~ 180℃
④ 110℃ ~ 130℃

09 둥근 얼굴에 어울리는 가르마 위치로 알맞은 것은?
① 3 : 7
② 4 : 6
③ 5 : 5
④ 2 : 8

10 커트 시술 시 작업 순서를 바르게 나열한 것은?
① 구상 – 제작 – 소재 – 보정
② 소재 – 제작 – 구상 – 보정
③ 소재 – 구상 – 제작 – 보정
④ 구상 – 소재 – 제작 – 보정

11 다음 중 레이저(Razor) 커트 시술 후 테이퍼링하고자 하는 경우와 가장 거리가 먼 것은?
① 두발 끝부분의 단면을 붓 끝처럼 만든다.
② 두발 끝부분의 단면을 1/2 상태로 만든다.
③ 두발 끝부분의 단면을 1/3 상태로 만든다.
④ 두발 끝부분의 단면을 요철 상태로 만든다.

12 다음 중 모기가 매개하는 감염병인 것은?
① 페스트
② 발진열
③ 말라리아
④ 장티푸스

13 이·미용 업소에 대한 위생서비스 수준의 평가 결과에 따른 위생관리등급 구분 표시 방법으로 틀린 것은?
① 녹색등급
② 적색등급
③ 황색등급
④ 백색등급

14 면도기를 잡는 방법 중 칼 몸체와 핸들이 일직선이 되게 똑바로 펴서 마치 막대기를 쥐는 듯한 방법은?
① 프리 핸드(Free Hand)
② 백 핸드(Back Hand)
③ 스틱 핸드(Stick Hand)
④ 펜슬 핸드(Pencil Hand)

15 이용 연마 용구인 천연 숫돌의 종류에 속하지 않는 것은?
① 중 숫돌
② 막 숫돌
③ 금강사 숫돌
④ 고운 숫돌

16 일반적인 매뉴얼테크닉 방법 중 경찰법에 대한 설명으로 옳은 것은?
① 손으로 두드리는 방법
② 손으로 주무르는 방법
③ 손으로 진동하는 방법
④ 손 전체로 부드럽게 쓰다듬기

17 안면의 면도 시술 시 각 부위별 레이저(Face Razor) 사용 방법으로 틀린 것은?

① 우측의 볼, 위턱, 구각, 아래턱 부위 - 백 핸드(Back Hand)
② 좌측 볼의 인중, 위턱, 구각, 아래턱 부위 - 펜슬 핸드 (Pencil Hand)
③ 우측의 귀밑 턱 부분에서 볼 아래턱의 각 부위 - 프리 핸드 (Free Hand)
④ 좌측의 볼부터 귀부분이 늘어진 선 부위 - 푸시 핸드 (Push Hand)

18 가위의 형태가 약간 휘어져 있어서 세밀한 부분의 수정이나 곡선 처리에 적합한 가위는?

① 미니가위
② R 시저스(R Scissors)
③ 시닝 시저스(Thinning Scissors)
④ 커팅 시저스(Cutting Scissors)

19 면도 전 스팀타월을 사용하는 이유로 틀린 것은?

① 수염과 피부를 유연하게 한다.
② 피부의 상처를 예방한다.
③ 지각 신경의 감수성을 조절함으로써 면도날에 의한 자극을 줄이는 효과가 있다.
④ 피부의 온열 효과를 주어 모공을 수축시킨다.

20 이발기인 바리캉(클리퍼)의 어원은 어느 나라에서 유래되었는가?

① 독일
② 미국
③ 일본
④ 프랑스

21 다음 중 싸인볼의 색종류 중 사용하지 않는 것은?

① 백색
② 적색
③ 청색
④ 황색

22 공중위생감시원의 업무에 해당하지 않는 것은?

① 위생지도 및 개선명령 이행여부 확인
② 공중위생영업자의 민원사항 확인 및 조치
③ 법률 규정에 의한 시설 및 설비의 확인
④ 공중위생영업자의 영업자 준수사항 이행 여부의 확인

23 다음 중 소독의 강도를 옳게 표시한 것은?

① 멸균 〉 소독 〉 방부
② 소독 〈 방부 〈 멸균
③ 소독 = 방부 〉 멸균
④ 방부 〈 멸균 〈 소독

24 정발 시술 순서 중 첫 번째로 시술해야 하는 곳은?

① 가르마 → 측두부 → 천정부
② 가르마 → 전두부 → 천정부
③ 가르마 → 후두부 → 천정부
④ 가르마 → 천정부 → 측두부

25 가위를 모발 끝에서부터 모근 쪽으로 향해 미끄러뜨려서 자르는 커트 방법은?

① 블런트 커트
② 스컬프처 커트
③ 스트로크 커트
④ 레이저 커트

26 퍼머넌트 웨이브 1제의 주성분이 아닌 것은?

① L-시스테인
② 티오글라이콜산
③ 시스테아민
④ 브로민산염

27 이용사의 이용작업 자세와 가장 거리가 먼 것은?

① 고객의 의견과 심리를 존중해 우선 고객의 의사에 맞춰 시술한다.
② 청결한 의복을 갖추고 작업한다.
③ 작업장을 깨끗이 관리한다.
④ 작업 중 반지나 팔찌 등 악세서리를 착용하여 최대한 아름답게 꾸미고 시술한다.

28 두부의 명칭 중 크라운(Crown)은 어느 부위를 말하는 것인가?

① 전두부
② 측두부
③ 두정부
④ 후두부

29 장발형 남성 고객이 장교스타일을 원할 때 일반적으로 먼저 시작하는 커트 부위와 방법으로 가장 적합한 것은?

① 후두부에서부터 바리캉으로 끌어올린다.
② 측두부에서부터 밀어 깎기로 자른다.
③ 전두부에서부터 지간 깎기로 자른다.
④ 후두부에서부터 끌어 깎기로 자른다.

30 다음 감염병 중에서 파리나 바퀴벌레가 전파할 수 없는 것은?

① 폐흡충증
② 회충
③ 폴리오
④ 콜레라

31 클렌징 제품에 대한 설명 중 틀린 것은?

① 클렌징 워터는 포인트 메이크업의 클렌징 시 많이 사용되고 있다.
② 클렌징 오일은 건성피부에 적합하다.
③ 클렌징 폼은 클렌징 크림이나 클렌징 로션으로 1차 클렌징 한 후에 사용하는 것이 좋다.
④ 클렌징 크림은 지성피부에 적합하다.

32 정발 시 두발에 포마드를 바르는 방법에 대한 설명으로 가장 적합한 것은?

① 머리(두부)가 흔들리지 않도록 발라야 한다.
② 두발의 표면만을 바르도록 한다.
③ 손가락 끝으로만 발라야 한다.
④ 시술 순서는 우측 두부, 좌측 두부, 후두부 순으로 바른다.

33 세계 이용 역사상 초기 이용사는 주로 어떤 신분 출신이었는가?

① 귀족   ② 농민
③ 평민   ④ 천민

34 염색할 때 주의사항 중 가장 거리가 먼 것은?

① 염모제 1제와 2제를 혼합 후 바로 사용한다.
② 머리카락이 젖은 상태에서만 시술을 한다.
③ 금속용기나 금속 빗을 사용해서는 안 된다.
④ 두피질환이나 상처가 있으면 염색을 하지 않는다.

35 정발 시 머리 모양을 만드는 데 필요한 이용기구로서 가장 적합한 것은?

① 핸드 푸셔   ② 헤어 스티머
③ 스탠드 드라이어   ④ 핸드 드라이어

36 다음 중 수질검사에서 대장균 지수가 의미하는 것은?

① 가스 형성
② 병원성 세균이나 분변의 오염 추측
③ 해수오염의 지표
④ 부패성 추측

37 가발 착용 방법과 관련한 내용으로 옳지 않은 것은?

① 가발을 착용할 위치와 가발의 용도에 따라 착용한다.
② 가발과 기존 모발의 스타일을 연결한다.
③ 가발의 스타일을 정리, 정돈한다.
④ 착탈식 가발은 탈모가 심한 사람들이 주로 착용한다.

38 모발색채이론 중 보색에 대한 내용으로 틀린 것은?

① 보색을 혼합하면 명도가 높아진다.
② 빨간색과 청록색은 보색관계이다.
③ 보색은 1차색과 2차색의 관계이다.
④ 보색이란 색상환에서 서로의 반대색이다.

39 다음 중 바이러스에 의한 피부질환은?

① 대상포진   ② 농가진
③ 식중독   ④ 족부백선

40 생산연령 인구가 많이 유입되는 도시지역의 인구 구성으로 생산층 인구가 전체 인구의 50% 이상을 차지하는 것은?

① 항아리형   ② 종형
③ 별형   ④ 피라미드형

41 캐리어 오일로써 부적합한 것은?

① 미네랄 오일   ② 아보카도 오일
③ 포도씨 오일   ④ 살구씨 오일

42 다음 중 댄드러프 스캘프 트리트먼트(Dandruff Scalp Treatment)를 시술해야 하는 경우는?

① 두피가 건조할 때
② 두피가 보통 상태일 때
③ 두피의 비듬을 제거할 때
④ 두피의 지방이 부족할 때

43 두부(Head) 내 모량을 조절하는 데 가장 효과적인 것은?

① 전자식 클리퍼   ② 미니가위
③ 레이저(Razor)   ④ 시닝가위

44 퍼머넌트의 역사로 틀린 것은?

① 고대 로마인들은 나일강 유역의 산성 성분 진흙을 가는 막대를 이용하여 웨이브를 만들었다.
② 1875년에 마샬 그라또가 고안한 헤어 아이론을 이용하여 웨이브를 만들었다.
③ 그리스, 로마는 불로 가열한 철막대기를 이용하여 웨이브를 만들었다.
④ 19세기에는 석유램프를 이용하여 웨이브를 만들었다.

45 이용사를 바버(Barber)라고 한다. 이용사의 어원은 어디에서 유래된 것인가?

① 가위 이름   ② 병원 이름
③ 화장품 회사 이름   ④ 사람 이름

46 정발 시술 순서로 가장 적합한 것은?

① 좌측 가르마선(7:3) → 우측 두부 → 후두부 → 좌측 두부 → 전두부 → 두정부
② 좌측 가르마선(7:3) → 좌측 두부 → 후두부 → 우측두부 → 두정부 → 전두부
③ 우측 두부 → 좌측 가르마선 → 좌측 두부 → 후두부 → 두정부 → 천정부
④ 좌측 두부 → 좌측 가르마선(7:3) → 후두부 → 우측 두부 → 전두부 → 두정부

47 모발의 생성주기에서 모발이 제거되는 휴지기의 기간은?

① 3년   ② 6년
③ 3개월   ④ 3주

48 다음 중 진피의 탄탄한 조직을 결정짓는 요인으로 가장 적합한 것은?

① 망상섬유
② 유극섬유
③ 교원섬유와 탄력섬유
④ 망상섬유와 탄력섬유

49 이·미용실에서 사용하는 가위 등의 금속제품 소독으로 적합하지 않은 것은?

① 석탄산수
② 역성비누액
③ 승홍수
④ 에탄올

50 이용업이 의료업에서 분리 독립된 때는?

① 르네상스 시대
② 나폴레옹 시대
③ 로마 시대
④ 미합중국 시기

51 항산화 비타민으로 아스코브산(Ascorbic Acid)으로 불리는 것은?

① 비타민 B
② 비타민 A
③ 비타민 D
④ 비타민 C

52 민감성 피부(Sensitive Skin)에 대한 설명으로 가장 적합한 것은?

① 어떤 물질이나 자극에 즉시 반응을 일으키는 피부
② 피지 분비가 적어서 거친 피부
③ 땀이 많이 나는 피부
④ 멜라닌 색소가 많은 피부

53 원발진에 속하지 않는 것은?

① 농포
② 반흔
③ 종양
④ 구진

54 다음 중 일본뇌염의 중간 숙주가 되는 것은?

① 돼지
② 소
③ 벼룩
④ 쥐

55 음식을 냉장하는 이유로 거리가 먼 것은?

① 자기소화의 억제
② 신선도 유지
③ 멸균
④ 미생물의 증식 억제

56 에탄올 소독에 가장 적합하지 않은 대상은?

① 빗(Comb)
② 레이저(Razor)
③ 가위
④ 핀, 클립

57 아로마 오일을 피부에 효과적으로 침투시키기 위해 사용하는 식물성 오일은?

① 트랜스 오일
② 캐리어 오일
③ 미네랄 오일
④ 에센셜 오일

58 제1급 감염병에 속하는 것은?

① 파상풍
② 성홍열
③ 페스트
④ 말라리아

59 아이론 시술 시 탑이나 크라운 부분에 강한 볼륨을 만들 때 모발의 각도는?

① 45°
② 130°
③ 90°
④ 100°

60 자비소독의 방법으로 옳은 것은?

① 20분 이상 100°C의 물속에 직접 담그는 방법
② 끓는 물에 승홍수(3%)를 첨가하여 소독하는 방법
③ 10분 이하 120°C의 건조한 열에 접촉하는 방법
④ 끓는 물에 10분 이상 담그는 방법

01 ③	02 ①	03 ①	04 ②	05 ④	06 ①	07 ②	08 ④	09 ①	10 ③
11 ④	12 ③	13 ②	14 ③	15 ③	16 ④	17 ②	18 ②	19 ④	20 ④
21 ④	22 ②	23 ①	24 ①	25 ③	26 ④	27 ④	28 ③	29 ③	30 ①
31 ④	32 ①	33 ①	34 ②	35 ④	36 ②	37 ③	38 ①	39 ①	40 ③
41 ①	42 ③	43 ④	44 ①	45 ④	46 ②	47 ③	48 ③	49 ③	50 ②
51 ④	52 ①	53 ②	54 ①	55 ③	56 ①	57 ②	58 ③	59 ②	60 ①

01 보색중화

붉은 계통의 보색 색상	녹색
주황 계통의 보색 색상	파랑
노란 계통의 보색 색상	보라

02 행정처분기준(공중위생관리법 시행규칙「별표 7」)
- 1차 위반 : 경고
- 2차 위반 : 영업정지 15일
- 3차 위반 : 영업정지 1월
- 4차 이상 위반 : 영업장 폐쇄명령

03
- 파리 : 장티푸스
- 벼룩 : 발진열, 재귀열
- 쥐 : 페스트
- 모기 : 말라리아

04 화장품의 품질특성 4대 요건
- 안전성 : 피부에 대한 트러블 및 독성이 없어야 한다.
- 안정성 : 미생물의 오염이 없어야 하며 보관에 따른 변색, 변질, 변취가 없어야 한다.
- 유효성 : 세정 및 보습, 자외선차단, 미백, 노화억제 등의 효과가 부여되어야 한다.
- 사용성 : 피부에 잘 스며들며 사용이 편리해야 한다.

05 단발령 : 김홍집 내각이 1895년(고종 32) 11월 성년 남자의 상투를 자르도록 내린 명령이다.

06 가르마를 시작으로 측두부, 천정부 순으로 시술한다.

07 피지와 함께 피지막은 피부의 산성막을 형성하며 pH 4.5∼5.5로서 세균, 이물질로부터 피부를 보호한다.

08 아이론의 온도로는 모발의 손상도나 모질의 상태에 따라 110℃ ∼ 130℃(또는 120℃ ∼ 140℃)가 적당하다.

09 가르마의 기준

긴 얼굴	2:8
사각형 얼굴	4:6
역삼각형 얼굴	5:5
둥근 얼굴	3:7

10
- 소재 : 고객의 신체의 일부로 성격, 얼굴형, 직업, 개성미 등을 파악하는 것이 중요하다.
- 구상 : 특징을 생각하여 계획하는 단계이다.
- 제작 : 구체적으로 표현하는 단계이다.
- 보정 : 부족한 곳의 수정·보완하는 과정이다.

11
- 테이퍼링 : 두발 끝부분의 단면을 붓 끝처럼 만든다.
- 노멀 테이퍼 : 두발 끝부분의 단면을 1/2 상태로 만든다.
- 엔드 테이퍼 : 두발 끝부분의 단면을 1/3 상태로 만든다.
- 딥 테이퍼 : 두발 끝부분의 단면을 2/3 상태로 만든다.

12
- 쥐 : 페스트
- 벼룩 : 발진열
- 파리 : 장티푸스
- 모기 : 일본뇌염, 말라리아, 사상충

13
- 녹색 : 최우수업소(90점 이상)
- 황색 : 우수업소(80점 이상)
- 백색 : 일반관리 대상업소(80점 미만)

14
- 프리 핸드 : 면도 자루를 쥐는 형태로 손에 잡는 가장 기본적인 방법이다.
- 백 핸드 : 면도를 프리핸드의 잡은 자세에서 날의 방향을 반대로 운행하는 기법이다.
- 펜슬 핸드 : 면도기를 연필 잡듯이 쥐고 운행하는 기법이다.

15 숫돌의 종류
- 천연 숫돌 : 고운 숫돌, 중 숫돌, 막 숫돌
- 인조 숫돌 : 금상사, 자도사, 금속사

16 손 마사지(매뉴얼테크닉의 방법)
- 고타법 : 손으로 두드리는 방법
- 진동법 : 손으로 진동하는 방법
- 유연법 : 손으로 주무르는 방법
- 강찰법 : 손으로 피부를 강하게 문지르는 방법
- 경찰법 : 손 전체로 부드럽게 쓰다듬기

17 프리핸드 : 좌측 볼의 인중, 위턱, 구각, 아래턱 부위이며 우측의 귀밑 턱 부분에서 볼 아래턱의 각 부위를 말한다.

18 가위별 사용법
- 미니가위 : 정밀한 블런트 커트 시 사용함
- 커팅 시저스 : 두발을 커트하고 주로 싱글링 커트 시 많이 사용함
- 시닝 시저스 : 두발의 길이는 자르지 않고 숱을 쳐내는 데 사용함

19 면도 시 스팀타월을 사용하는 목적
- 피부의 노폐물, 먼지 등의 제거에 도움을 주며 면도를 쉽게 한다.
- 피부에 온열 효과를 주어 쾌감을 주는 동시에 모공을 확장시켜 수염과 피부를 유연하게 하여 피부의 상처를 예방한다.
- 지각 신경의 감수성을 조절하여 면도날에 의한 자극을 줄이는 효과가 있다.

20 1871년 프랑스의 기구제작소인 바리캉 마르(Bariquandet Marre)사에서 이용기구인 바라캉(클리퍼)을 최초로 제작 판매하였다.

21 이발소를 표시하는 세계 공통의 기호이며 청색 / 정맥, 적색 / 동맥, 백색 / 붕대를 나타낸다.

22
- 위생지도 및 개선명령 이행 여부를 확인한다.
- 시설기준과 설비의 위생 상태 확인 및 검사한다.
- 영업자 준수사항 이행 여부를 확인한다.

23
- 멸균 : 병원성 또는 비병원성 미생물 및 포자를 가진 것을 전부 사멸한다.
- 소독 : 각종 약품의 사용으로 병원 미생물의 생활력을 파괴시켜 감염의 위험성을 없애고 세균의 증식 억제 및 멸살시킨다.
- 방부 : 병원성 미생물의 발육 및 작용 제거, 정지시켜 음식물의 부패와 발효를 방지한다.

24 가르마를 시작으로 측두부, 천정부 순으로 시술한다.

25
- 블런트 커트(Blunt Cut) : 직선적으로 커트하는 방법이다.
- 스컬프처 커트(Sculpture Cut) : 두발을 각각 세분하여 커트한다.

26 퍼머넌트 웨이브 1제의 주성분 : 티오글라이콜산, L-시스테인, DI-시스테인, 염산시스테인, 시스테아민이다.

27 작업 중에는 반지나 팔찌 등 악세서리를 착용하지 않는다.

28 두부(Head) 내 각부 명칭
- 전두부(프론트, Front)
- 측두부(사이드, Side)
- 두정부(크라운, Crown)
- 후두부(네이프, Nape)

29 장발형 남성 고객이 장교스타일 진행 시 전두부에서부터 지간 깎기로 자른다.

30 바퀴벌레에 의해 감염될 수 있는 것은 살모넬라증, 장티푸스, 이질, 콜레라, 디프테리아, 소아마비, 파상풍, 폴리오 등이 있으며 폐흡충증은 가재에 의해 감염된다.

31 클렌징 크림은 노화피부나 건성피부, 예민성 피부에 적합하다.

32 포마드 바르는 법은 두발의 뿌리부터 바른 후 손에 남아 있는 포마드를 모발 끝 쪽에 바른다.

33 세계 이용 역사상 초기 이용사는 귀족 출신이었다.

34 염색은 모발이 건조된 상태에서 시술한다.

35 핸드 드라이어를 이용하여 정발 시술을 한다.

36 병원성 세균이나 분변의 오염을 추측한다. 분변오염을 추정하는 지표로는 암모니아성 질소화합물이 있으며, 대장균은 음용수로 사용할 상수의 수질오염 지표 미생물로 주로 사용된다.

37 착탈식은 주로 장년층이 많이 착용하는 방식으로 제모에 대한 거부감이 강하거나 가발을 늘 착용하지 않는 사람들이 착용하게 된다.

38 감산혼합, 색료의 혼합 : 보색의 혼합은 명도가 낮아지며 마이너스 혼합이라 한다.

39 바이러스에 의한 피부질환은 사마귀, 단순포진, 수두, 홍역, 풍진, 대상포진 등이 있다.

40 인구 구성 형태

항아리형	• 출생률이 사망률보다 낮은 형 • 인구감소형, 선진국형
종형	• 출생률, 사망률 모두 낮은 형 • 인구정지형, 가장 이상적인 형
별형	• 청·장년층의 전입인구가 많은 형 • 도시형, 유입형
피라미드형	• 출생률이 사망률이 모두 높은 형 • 인구 증가형, 후진국형
표주박형	• 청·장년층의 전출인구가 많은 형 • 농촌형, 유출형

41 캐리어 오일 : 살구씨, 아보카도, 올리브, 카놀라, 포도씨 오일처럼 씨앗에서 추출되는 모든 식물성 오일이다.

42
- 두피가 건조할 때 : 드라이 스캘프 트리트먼트
- 두피가 보통 상태일 때 : 플레인 스캘프 트리트먼트

43 시닝가위는 숱가위로 뭉친 부분이나 자연스럽지 못한 부분을 커트하여 모발을 가벼운 느낌으로 만든다.

44 퍼머넌트 웨이브의 역사 : B. C 3000년경 이집트인들이 나일강 유역의 알칼리 토양 진흙을 모발에 바른 후 나무 봉에 감아 태양열에 건조시켜 웨이브를 만든 것이 기원이 되었다.

45 세계 최초의 이발사는 프랑스 장 바버(Jean Barber)이다.

46 좌측 가르마를 시작으로 좌측 두부, 후두부, 우측 두부, 두정부, 전두부 순으로 시술한다.

47 모발의 휴지기 기간은 3개월이다.

48 교원섬유(엘라스틴)와 탄력섬유(콜라겐)는 그물모양으로 서로 짜여 있어 피부에 신축성과 탄력성을 부여한다.

49 승홍수는 독성이 강하고 금속을 부식시키므로 점막이나 금속기구 소독에 부적합하다.

50 이용사와 의사를 겸직하던 것이 1804년 나폴레옹 시대에 사회구조 다양화 및 인구증가 등으로 외과 의사인 장 바버가 외과와 이용을 완전 분리시켜 세계 최초의 이용원을 창설하였다.

51 아스코브산(Ascorbic Acid)이라는 수용성 항산화 성분은 비타민 C이다.

52 비누, 일광차단제, 화장품 등을 사용한 후 과민하게 반응하는 피부를 민감성 피부(Sensitive Skin)라 한다.

53 속발진 종류 : 찰상, 인설, 미란, 균열, 궤양, 반흔, 가피, 태선화 등이 있다.

54 바이러스의 자연계 보유 숙주는 조류이며, 닭, 돼지 등의 가축은 증폭성 중간숙주이고, 사람에게 전파하는 매개체는 뇌염모기이다.

55 음식물을 냉장고에 넣는 것은 식중독의 증식과 성장만 억제되고, 사멸되는 것은 아니다.

56 빗(Comb) 소독방법으로는 역성비누, 석탄산수, 포르말린, 크레졸수, 자외선 등으로 소독하여 물기를 제거한다.

57 아몬드 오일, 호호바 오일, 아보카도 오일 등 주로 식물의 씨앗에서 추출한 캐리어 오일은 에센셜 오일과 희석시켜 피부에 자극 없이 피부 깊숙이 전달해 주는 매개체 역할을 한다.

58 성홍열은 2급 감염병이고, 파상풍, 말라리아는 3급 감염병이다.

59 톱이나 크라운 부분에 강한 볼륨을 만들 때 모발의 각도는 110°~130°가 알맞다.

60 자비소독 : 끓는 물에 최소 15~20분 동안 유지시켜야 한다.

01 면도 시 스팀타월(안면습포, 물수건)에 관련한 내용으로 옳지 않은 것은?

① 피부 및 털의 유연성을 주어 면도날에 의한 자극을 감소시킨다.
② 스팀타월의 효과를 높이기 위해 피부와 잘 밀착시켜야 한다.
③ 피부에 온열을 주어 쾌감을 주는 동시에 모공을 수축시킨다.
④ 피부의 노폐물, 먼지 등의 제거에 도움을 준다.

02 두피 매뉴얼테크닉(마사지)의 방법이 아닌 것은?

① 경찰법(문지르기)
② 회전법(돌리기)
③ 유연법(주무르기)
④ 진동법(떨기)

03 다음 중 드라이 샴푸 방법이 아닌 것은?

① 핫 오일 샴푸
② 파우더 드라이 샴푸
③ 에그 파우더 샴푸
④ 리퀴드 드라이 샴푸

04 가모 패턴 제작에서 '고객에게 적합하도록 고객의 모발과 매치, 인모 색상, 재질, 컬 등을 고려'하는 과정은?

① 테이핑
② 가모 피팅
③ 가모 커트
④ 가모 린싱

05 음용수로 사용할 상수의 수질오염지표 미생물로 주로 사용되는 것은?

① 대장균
② 중금속
③ COD
④ 일반세균

06 거동이 어려운 환자나 임산부에게 사용되는 샴푸 방법은 무엇인가?

① 핫 오일 샴푸(Hot Oil Shampoo)
② 드라이 샴푸(Dry Shampoo)
③ 플레인 샴푸(Plain shampoo)
④ 에그 파우더 샴푸(Egg Powder Shampoo)

07 공중위생감시원의 업무에 해당하지 않는 것은?

① 공중위생영업자의 현장 민원사항 확인 및 조치
② 위생지도 및 개선명령 이행여부 확인
③ 법률 규정에 의한 시설 및 설비의 확인
④ 공중위생영업자의 영업자 준수사항 이행 여부의 확인

08 다음 중 하수에서 용존산소(DO)에 대한 설명으로 옳은 것은?

① 용존산소(Do)가 낮다는 것은 수생식물이 잘 자랄 수 있는 물의 환경임을 의미한다.
② 용존산소(Do)가 높으면 생물학적 산소요구량(BOD)은 낮다.
③ 온도가 높아지면 용존산소(DO)는 증가한다.
④ 세균의 호기성 상태에서 유기물질을 20에서 5일간 안정화 시키는 데 소비한 산소량을 의미한다.

09 건열멸균법에 대한 내용으로 적절하지 않은 것은?

① 고무제품은 사용이 불가하다.
② 유리기구, 주사침, 유지, 분말 등에 이용된다.
③ 젖은 손으로 조작하지 않는다.
④ 190℃ 이상의 건열멸균기에 2~3시간 넣어서 멸균하는 방법이다.

10 면도기를 잡는 방법 중 칼 몸체와 핸들이 일직선이 되게 똑바로 펴서 마치 막대기를 쥐는 듯한 방법은?

① 프리 핸드(Free Hand)
② 스틱 핸드(Stick Hand)
③ 백핸드(Back Hand)
④ 펜슬 핸드(Pencil Hand)

11 두부(Head) 내 각부 명칭의 연결이 잘못된 것은?

① 전두부 - Front
② 두정부 - Crown
③ 측두부 - Side
④ 후두부 - Top

12 이·미용실 화장실 바닥 청소에 적합한 소독 방법은 무엇인가?

① 석탄산
② 승홍
③ 포르말린수
④ 역성비누

13 다음 중 모발의 화학 결합이 아닌 것은?

① 수소결합
② 시스틴결합
③ 펩타이드결합
④ 배위결합

14 미생물이 증식해 나가는 환경과 밀접한 관계가 없는 것은?

① 기압
② pH
③ 온도
④ 습도

15 라틴어로 '씻다(Wash)'라는 뜻에서 유래된 아로마 오일은?

① 올리브 오일
② 밍크 오일
③ 라벤더 오일
④ 메도폼 오일

16 다음 중 7 : 3 가르마를 할 때 가르마 기준선으로 옳은 것은?

① 눈꼬리 기준으로 한 기준선
② 안쪽 눈매를 기준으로 한 기준선
③ 얼굴 정가운데를 기준으로 한 기준선
④ 눈 안 정가운데를 기준으로 한 기준선

17 자루면도기(일도)의 손질법 및 사용에 관한 설명이 아닌 것은?

① 정비는 예리한 날을 지니도록 한다.
② 날이 빨리 무뎌진다.
③ 녹이 슬면 새 날로 교체한다.
④ 일자형으로 칼자루가 칼날에 연결되어 있다.

18 머리숱이 유난히 많은 고객의 두발 커트 시 가장 적합하지 않은 방법은?

① 딥테이퍼
② 레이저 커트
③ 블런트 커트
④ 스컬프처 커트

19 샴푸 후 마른 수건의 사용 순서로 바른 것은?

① 귀 → 눈 → 목 → 얼굴 → 머리
② 눈 → 귀 → 얼굴 → 목 → 머리
③ 눈 → 귀 → 머리 → 목 → 얼굴
④ 목 → 머리 → 얼굴 → 귀 → 눈

20 영업소 외의 장소에서 이·미용의 업무를 할 수 있는 경우가 아닌 것은?

① 농번기에 농민을 위해 동사무소에서 비용을 지불하여 요청한 경우
② 방송 촬영에 참여하는 사람에 대해 그 촬영 직전에 이용 또는 미용을 하는 경우
③ 특별한 사정이 있다고 인정하여 시장, 군수, 구청장이 정하는 경우
④ 혼례에 참여하는 자에 대하여 그 의식 직전에 이·미용을 하는 경우

21 이용업 또는 미용업의 영업장 실내조명 기준은?

① 50럭스 이상
② 120럭스 이상
③ 30럭스 이상
④ 75럭스 이상

22 가발 사용 시 주의사항으로 틀린 것은?

① 샴푸 시 강하게 빗질하거나 거칠게 비비지 않는다.
② 자연스럽게 힘을 적게 주고 빗질한다.
③ 가발은 습기와 온도에 상관없이 보관한다.
④ 정전기를 발생시키거나 손으로 자주 만지지 않는다.

23 아이론을 시술하는 목적과 가장 거리가 먼 것은?

① 곱슬머리를 교정할 수 있다.
② 모발에 변화를 주어 원하는 형을 만들 수 있다.
③ 모발의 양이 많아 보이게 할 수 있다.
④ 약품을 이용하는 것보다 오랜 시간 세팅이 유지될 수 있다.

24 이·미용실의 기구 및 소독으로 가장 적당한 것은?

① 승홍수　　　　　　② 석탄산
③ 알코올　　　　　　④ 역성비누

25 공중위생영업신고를 하지 않고 영업을 한 자에 대한 벌칙 기준은?

① 100만원 이하의 벌금
② 200만원 이하의 벌금
③ 1년 이하의 징역 또는 1천만원 이하의 벌금
④ 2년 이하의 징역 또는 3천만원 이하의 벌금

26 비타민 A와 관련된 화합물의 총칭으로서 피부세포 분화와 증식에 영향을 주고 손상된 콜라겐과 엘라스틴의 회복을 촉진하는 것은?

① 폴리페놀　　　　　② 알부틴
③ 레티노이드　　　　④ 피노스핑고신

27 인체에서 칼슘(Ca)대사와 가장 밀접한 관계를 가지고 있는 비타민은?

① 비타민 A　　　　　② 비타민 E
③ 비타민 D　　　　　④ 비타민 C

28 헤어 용어에서 귀 앞 지점(S.C.P: 사이드 코너 포인트)의 좌우를 연결한 선은?

① 측두선　　　　　　② 정중선
③ 페이스 라인　　　　④ 네이프 백 라인

29 공중위생영업소의 위생관리등급에 관련사항으로 틀린 것은?

① 통보받은 위생관리등급의 표지는 영업소의 명칭과 함께 영업소 내부에만 부착할 수 있다.
② 위생서비스평가의 결과에 따른 위생관리등급을 해당 공중위생영업자에게 통보하고 이를 공표하여야 한다.
③ 위생서비스평가의 결과 위생서비스의 수준이 우수하다고 인정되는 영업소에 대하여 포상을 실시할 수 있다.
④ 위생서비스평가의 결과에 따른 위생관리 등급별로 영업소에 대한 위생 감시를 실시하여야 한다.

30 영구적인 염모제(Permanent color)의 설명으로 틀린 것은?

① 염모 제 1제와 산화 제 2제를 혼합하여 사용한다.
② 지속력은 다른 종류의 염모제보다 영구적이다.
③ 백모커버율은 100% 된다.
④ 로우라이트(Low light)만 가능하다.

31 연마 도구인 숫돌 중 천연 숫돌에 해당되는 것은?
① 금상사 숫돌　　② 막 숫돌
③ 금반 숫돌　　④ 자도사 숫돌

32 과산화수소의 대한 설명으로 옳지 않은 것은?
① 침투성과 지속성이 매우 우수하다.
② 발생기 산소가 강력한 산화력을 나타낸다.
③ 발포 작용에 의해 상처의 표면을 소독한다.
④ 표백, 탈취, 살균 등의 작용이 있다.

33 남성 퍼머넌트 머리를 커트 시 사용하기에 적합한 가위는?
① R 시저스　　② 커팅 시저스
③ 틴닝 시저스　　④ 미니 가위

34 다음 중 멜라닌 색소를 함유하고 있는 부분은?
① 모피질　　② 모유두
③ 모표　　④ 모수질

35 진피에 대한 설명으로 옳은 것은?
① 진피는 표피와 비슷한 두께를 가졌으며 두께는 약 2~3mm이다.
② 진피 조직은 비탄력적인 콜라겐 조직과 탄력적인 엘라스틴섬유 및 뮤코다당류로 구성되어 있다.
③ 진피 조직은 우리 신체의 체형을 결정짓는 역할을 한다.
④ 진피는 피부의 주체를 이루는 층으로 망상층과 유두층을 포함하여 5개의 층으로 나뉘어져 있다.

36 라운드 브러시(Round Brush)를 이용하여 블로 드라이 스타일링 시 두발의 상태는?
① 두발이 탈색된다.
② 두발이 부스스해진다.
③ 두발이 꺾여져 손상된다.
④ 두발에 윤이 난다.

37 질병 발생의 3요소 중 하나로 사람이나 동물의 체내에서 질병을 일으키는 미생물은?
① 숙주　　② 병인
③ 유전　　④ 환경

38 위생교육을 받아야 하는 대상자가 아닌 것은?
① 면허증 취득 예정자
② 공중위생영업자
③ 공중위생영업의 승계를 받은 자
④ 공중위생영업의 신고를 하고자 하는 자

39 모발 화장품 중 양이온성 계면활성제를 주로 사용하는 것은?
① 헤어 샴푸　　② 반영구 염모제
③ 헤어 린스　　④ 퍼머넌트 웨이브제

40 다음 중 영구적 염모제에 속하는 것은?
① 합성 염모제
② 컬러 린스
③ 컬러 파우더
④ 컬러 스프레이

41 커트 시 이미 형태가 이루어진 상태에서 다듬고 정돈하는 방법은?
① 페더링　　② 슬라이싱
③ 테이퍼링　　④ 트리밍

42 이·미용실의 기구 및 소독으로 가장 적당한 것은?
① 석탄산　　② 알코올
③ 승홍수　　④ 역성비누

43 세안 시 가장 적절한 물의 온도는?
① 18℃ ~ 22℃　　② 30℃ ~ 33℃
③ 24℃ ~ 28℃　　④ 36℃ ~ 40℃

44 사람의 피부색과 관련이 없는 것은?
① 헤모글로빈　　② 멜라닌 색소
③ 카로틴 색소　　④ 클로로필 색소

45 신체 부위 중 투명층이 가장 많이 존재하는 곳은?
① 두정부　　② 손바닥
③ 목　　④ 이마

46 모발 미세구조에서 색소(Melanin)함량이 가장 높은 부분은?
① 모표피　　② 모수질
③ 모상　　④ 모피질

47 한 나라의 건강 수준을 다른 국가들과 비교할 수 있는 지표로 세계보건기구가 제시한 내용은?
① 평균수명, 조사망률, 국민소득
② 인구증가율, 평균수명, 비례사망지수
③ 의료시설, 평균수명, 주거상태
④ 비례사망지수, 조사망률, 평균수명

48 브러시 손질법으로 알맞은 것은?
① 잘 헹군 브러시는 털이 아래로 가도록 하여 응달에 말린다.
② 승홍수로 소독한다.
③ 비눗물이나 석탄산수에 씻는다.
④ 포르말린수에 소독한다.

49 다음 중 지렛대의 원리를 이용하여 자르는 도구는?
① 시닝가위
② 레이저
③ 컬리 아이론즈
④ 일렉트릭 바리캉

50 다음 감염병 중 기본 예방접종의 시기가 가장 늦은 것은?
① 폴리오　　　　② 디프테리아
③ 일본뇌염　　　④ 백일해

51 이용 사인보드에 대한 설명으로 옳은 것은?
① 청, 백, 적, 황의 네 가지 색으로 구분한다.
② 이용실은 사인보드를 반드시 사용하도록 법으로 규제되어 있다.
③ 미국에서의 이용사 직무의 변천에서 유래한다.
④ 전 세계를 통용하여 사용한다.

52 발한작용을 일으키며 모공을 확장시켜 크림, 앰플 등의 침투를 촉진시키며 노화피부나 건성피부에 효과적인 팩은?
① 미백팩　　　　② 파라핀팩
③ 머드팩　　　　④ 왁스팩

53 다음 중 위생교육에 관한 설명으로 틀린 것은?
① 위생교육을 받아야 하는 자 중 영업에 직접 종사하지 아니하거나 2 이상의 장소에서 영업을 하는 자는 종업원 중 영업장별로 공중위생에 관한 책임자를 지정하고 그 책임자로 하여금 위생교육을 받게 하여야 한다.
② 위생교육의 내용은 「공중위생관리법」 및 관련 법규, 소양교육(친절 및 청결에 관한 사항을 포함한다), 기술교육, 그 밖에 공중위생에 관하여 필요한 내용으로 한다.
③ 위생교육 대상자 중 보건복지부장관이 고시하는 섬, 벽지지역에서 영업을 하고 있거나 하려는 자에 대하여는 위생교육 실시단체가 편찬한 교육교재를 배부하여 이를 익히고 활용하도록 함으로써 교육에 갈음할 수 있다.
④ 위생교육 실시단체의 장은 위생교육을 수료한 자에게 수료증을 교부하고, 교육실시 결과는 교육 후 즉시 시장, 군수, 구청장에게 통보하여야 하며, 수료증 교부대장 등 교육에 관한 기록을 1년 이상 보관, 관리하여야 한다.

54 건강한 손톱에 대한 설명으로 틀린 것은?
① 윤기가 흐르며 노란색을 띠어야 한다.
② 단단하고 탄력이 있어야 한다.
③ 아치 모양을 형성해야 한다.
④ 바닥에 강하게 부착되어야 한다.

55 식생활이 탄수화물이 주가 되며, 단백질과 무기질이 부족한 음식물을 장기적으로 섭취함으로써 발생되는 단백질 결핍증은?
① 괴혈병　　　　② 각기병
③ 펠라그라　　　④ 콰시오르코르증

56 두발의 주성분인 케라틴은 어느 것에 속하는가?
① 석회질　　　　② 단백질
③ 당질　　　　　④ 지방질

57 손님에게 도박 그 밖의 사행 행위를 하게 한 때에 대한 1차 위반 시 행정처분은?
① 영업정지 1월
② 영업정지 2월
③ 영업정지 3월
④ 영업장 폐쇄명령

58 출생 시 모체로부터 받는 면역은?
① 인공능동면역
② 인공수동면역
③ 자연능동면역
④ 자연수동면역

59 자외선 차단제의 올바른 사용법은?
① 자외선 차단제는 아침에 한번만 바르는 것이 중요하다.
② 자외선 차단제는 도포 후 시간이 경과되면 덧바르는 것이 좋다.
③ 자외선 차단제는 피부에 자극이 되므로 되도록 사용하지 않는다.
④ 자외선 차단제는 자외선이 강한 여름에만 사용하면 된다.

60 다음 중 명칭이 잘못 연결된 것은?
① 후두부 – Nape
② 측두부 – Top
③ 두정부 – Crown
④ 전두부 – Front

01 ③	02 ②	03 ①	04 ②	05 ①	06 ②	07 ①	08 ②	09 ④	10 ②
11 ④	12 ①	13 ④	14 ①	15 ③	16 ④	17 ③	18 ③	19 ②	20 ①
21 ④	22 ③	23 ④	24 ③	25 ③	26 ③	27 ③	28 ②	29 ①	30 ④
31 ②	32 ①	33 ④	34 ①	35 ②	36 ④	37 ①	38 ①	39 ③	40 ①
41 ④	42 ②	43 ④	44 ④	45 ②	46 ④	47 ④	48 ①	49 ①	50 ③
51 ④	52 ②	53 ④	54 ①	55 ④	56 ②	57 ①	58 ④	59 ②	60 ②

01 피부에 온열을 주어 모공을 확장시키고 동시에 쾌감을 준다.

02 두피 매뉴얼테크닉(마사지)의 방법으로는 경찰법, 유연법, 진동법, 고타법, 강찰법, 압박법 등이 있다.

03 핫 오일 샴푸잉은 화학약품으로 인해 건조된 두발에 모근 강화와 지방 공급을 위해 고급 식물성 유와 트리트먼트 크림을 두피와 두발에 발라 마사지 한다.

04 모발 매치, 인모 색상, 재질, 컬 등을 고려하는 것은 가모 피팅이다.

05 오탁지표

대기오탁지표	SO_2
실내오탁지표	CO_2
수질오염지표	대장균
하수오염지표	BOD

06 • 플레인 샴푸 : 합성세제, 비누, 물을 이용한 보통 샴푸
• 핫 오일 : 건성일 때 사용하며 플레인 샴푸 전에 고급 식물성유인 춘유(동백유), 올리브유, 아몬드유나 트리트먼트 크림을 먼저 사용한다.
• 에그 샴푸 : 두발이 지나치게 건조한 경우 및 표백된 머리, 염색에 실패한 머리 등에 날달걀을 샴푸제로 사용한다.
• 드라이 샴푸 : 물 없이 머리를 감을 수 있는 샴푸이다.

07 • 위생지도 및 개선명령 이행 여부를 확인한다.
• 시설기준과 설비의 위생 상태 확인 및 검사한다.
• 영업자 준수사항 이행 여부를 확인한다.

08 깨끗한 물은 BOD(생물학적 산소요구량)가 낮고 DO(용존산소)가 높으면, COD(화학적 산소요구량)가 낮다.

09 건열멸균법 : 160~180℃의 건열멸균기 속에서 1~2시간 (140℃에서 4시간) 넣어서 멸균하는 방법으로 유리기구, 주사침 등의 멸균에 사용된다.

10 • 프리 핸드 : 면도자루를 엄지와 검지로 잡으며 자루의 끝부분을 약지와 소지 사이에 끼우는 방법이다.

• 백핸드 : 면도기의 깎는 날을 역으로 돌려 잡는 방법이다.
• 펜슬핸드 : 면도기를 검지와 중지 사이에 끼어 연필을 잡듯이 칼머리 부분을 밑으로 해서 잡는 방법이다. (연필을 잡듯 면도칼을 잡는 동작)

11 • 두정점 : 톱(Top)
• 후두부 : 네이프(Nape)

12 • 석탄산 : 고무제품, 의류, 가구, 의료용기, 넓은 지역의 방역용 소독
• 승홍 : 손, 피부 소독
• 포르말린수 : 무균실, 병실, 금속, 고무, 플라스틱 제품 소독
• 역성비누 : 손, 식기 소독

13 모발의 화학 결합 : 수소결합, 시스틴결합, 펩타이드결합, 염결합

14 미생물 증식의 환경 조건 : 영양, pH, 온도, 습도, 산소

15 라벤더(Lavender) : 속명 '라반둘라'의 '라바'는 라틴어로 '목욕하다', '씻다'란 뜻이 있다.

16 가르마의 기준

긴 얼굴	2:8	눈꼬리 기준으로 한 기준선
둥근 얼굴	3:7	눈 안 정가운데를 기준으로 한 기준선
사각형 얼굴	4:6	눈(눈썹) 안쪽을 기준으로 나눈다.
역삼각형 얼굴	5:5	얼굴 정가운데를 기준으로 한 기준선

17 자루 면도기
• 일자형이며 칼자루가 칼날에 연결되어 단단하면서 가벼워 사용이 편리하다.
• 날이 빨리 무디어지는 단점이 있으며, 칼날은 녹슬지 않도록 기름으로 닦아 관리해야 한다.

18 블런트(Blunt) 커트 : 직선적으로 커트하는 방법으로 머리숱이 많은 두발을 커트할 때 적합하지 않다.

19 수건의 사용 순서 : 눈 → 귀 → 얼굴 → 목 → 머리

20 영업장소 외에서의 이·미용 업무
- 질병, 고령, 장애나 그 밖의 사유로 영업소에 나올 수 없는 자에 대하여 이·미용을 하는 경우
- 혼례나 그 밖의 의식에 참여하는 자에 대하여 그 의식 직전에 이·미용을 하는 경우
- 「사회복지사업법」에 따른 사회복지시설에서 봉사활동으로 이·미용을 하는 경우
- 방송 등의 촬영에 참여하는 사람에 대하여 그 촬영 직전에 이·미용을 하는 경우
- 이외에 특별한 사정이 있다고 시장, 군수, 시청장이 인정하는 경우

21 공중위생영업자가 준수하여야 하는 위생관리기준 등(공중위생관리법 시행규칙 「별표 4」) 영업장 안의 조명도는 75럭스 이상 되도록 유지하여야 한다.

22 가발은 온도가 높지 않고 습기가 없으며 통풍이 잘되는 곳에 보관하는 것이 좋다.

23 아이론 : 열을 이용하여 컬이나 웨이브를 형성 후 자연스러운 머리 모양을 유지할 수 있다.

24 알코올 : 이·미용업소의 기구 및 피부 소독에 가장 적합하다.

25 벌칙
다음의 어느 하나에 해당하는 자는 1년 이하의 징역 또는 1천만원 이하의 벌금에 처한다.
- 공중위생영업신고를 하지 아니한 자
- 영업정지명령 또는 일부 시설의 사용중지명령을 받고도 그 기간 중에 영업을 하거나 그 시설을 사용한 자
- 영업소 폐쇄명령을 받고도 계속하여 영업을 한 자

26 피부 깊은 곳에서 세포들이 형성되는 과정에 좋은 영향을 미치는 레티노이드는 비타민 A에서 파생된 수많은 성분이다.

27 비타민 D의 주요 기능 : 혈중 칼슘과 인의 수준을 정상 범위로 조절하고 평형을 유지하는 것이다.

28
- 측두선 : 눈 끝을 수직으로 세운 머리 앞에서 측중선(E.P–T.P–E.P)까지 연결선
- 정중선 : 코를 중심으로 머리 전체를 수직으로 2등분 한 선
- 페이스 라인 : 얼굴부분의 머리카락이 나오는 시작점인 귀 앞 지점의 선
- 네이프 백 라인 : (N.S.P)의 좌, 우 목 옆쪽지점의 연결선

29 위생관리등급 공표 : 공중위생영업자는 시장, 군수, 구청장으로부터 통보 받은 위생관리 등급의 표지를 영업소의 명칭과 함께 영업소의 출입구에 부착할 수 있다.

30 모발에 하이라이트나 변화를 주고 싶어 하거나 흰머리를 젊고 매력적으로 보이게 하기 위해서는 염색이 매우 유용하다.

31 숫돌의 종류
- 천연 숫돌 : 고운 숫돌, 중 숫돌, 막 숫돌
- 인조 숫돌 : 금상사, 자도사, 금속사

32 과산화수소는 피부조직 내 생체촉매에 의해 분해되어 생성된 산소가 피부 소독 작용을 하며 침투성과 지속성이 약하며 강한 산화력이 있다.

33
- R 시저스 : 세밀한 부분의 수정이나 곡선 처리에 적합하다.
- 커팅 시저스 : 두발을 커트하고 주로 싱글링 커트 시 많이 사용한다.
- 틴닝 시저스 : 모량 감소처리에 적합하다.
- 미니가위 : 정밀한 블런트 커트 시 사용되며, 곱슬머리나 퍼머넌트 커트 사용 시 적합하다.

34 멜라닌 색소가 있는 모수질은 모발의 색상을 결정짓는다.

35
- 진피층을 피부 부피의 대부분을 차지하고 있으며 약 2~3mm의 두께를 가진다.
- 피하 조직은 우리 몸의 체형을 결정짓는 역할을 한다.
- 피부의 주체를 이루는 층으로 망상층과 유두층으로 구분되며 진피는 표피 바로 밑층에 위치한다.

36 라운드 브러시 : 롤 형태로 모발 결의 방향성을 만드는 데 중요한 역할을 하며 둥근 곡선 및 컬을 만들 때 사용한다.

37 질병의 발생요인
- 개인 혹은 민족적, 심리적, 생물적 특성 등의 감수성 있는 인간 숙주이다.
- 병인(병원체)은 영양, 화학적, 물리적, 정신적 원인이 되는 질병의 모든 것이다.
- 환경적 요소는 물리적, 생물학적, 사회적, 문화적, 경제적인 환경적 조건이다.

38 위생교육
- 공중위생영업자는 매년 위생교육을 받아야 하며 공중위생영업의 신고를 하고자 하는 자는 미리 위생교육을 받아야 한다. 다만, 보건복지부령으로 정하는 부득이한 사유로 미리 교육을 받을 수 없는 경우에는 영업개시 후 6개월 이내에 위생교육을 받을 수 있다.
- 위생교육을 받아야 하는 자 중 영업에 직접 종사하지 아니하거나 두 개 이상의 장소에서 영업을 하는 자는 종업원 중 영업장별로 공중위생에 관한 책임자를 지정하고 그 책임자로 하여금 위생교육을 받도록 하여야 한다.

39 계면활성제의 종류
- 양이온성 계면활성제 : 살균, 소독작용(린스, 헤어 트리트먼트)
- 음이온성 계면활성제 : 세정, 기포형성 작용(비누, 샴푸, 클렌징 폼)
- 비이온성 계면활성제 : 피부자극 적용, 세정작용(화장수, 크림, 클렌징 크림)
- 양쪽성 계면활성제 : 피부자극, 세정작용(저자극성 샴푸, 베이비 샴푸)

40 염모제의 종류
- 일시적 염모제 : 컬러 스프레이, 컬러 파우더, 컬러 크레용(컬러 스틱), 컬러 크림
- 반영구 염모제 : 컬러 린스, 헤어매니큐어, 헤어 왁싱
- 영구적 염모제 : 식물성 염모제, 금속성 염모제, 합성 염모제

41 • 모발의 끝을 붓끝처럼 점점 가늘어지게 하는 커트 방법을 테이퍼링(페더링)이라 한다.
　• 가위로 두발의 숱을 감소시키는 방법을 슬라이싱이라 한다.

42 알코올(농도 : 70~80%)은 이·미용 기구(가위, 면도기, 칼 등) 및 손이나 피부 소독에 가장 적합하다.

43 38℃ 전후의 미지근한 물이 좋다.

44 식물의 엽록체 속에 카로티노이드와 공존하는 색소를 클로로필 색소라 한다.

45 투명층은 손바닥과 발바닥에 많이 존재한다.

46 모피질 : 모발의 색상을 결정짓는 멜라닌 색소가 있다.

47 WHO의 보건기준(건강지표) : 비례사망지수, 평균수명, 보통사망률(조사망률)

48 • 석탄산 : 고무제품, 의류, 가구, 의료용기, 넓은 지역의 방역용 소독
　• 승홍 : 손, 피부 소독
　• 포르말린수 : 무균실, 병실, 금속, 고무, 플라스틱 제품 소독
　• 역성비누 : 손, 식기 소독

49 가위의 절단 원리 : 지렛대 원리

50 예방접종 시기
　• 폴리오 : 생후 2개월
　• 디프테리아 : 생후 2개월
　• 일본뇌염 : 생후 12개월
　• 백일해 : 생후 2개월

51 사인보드는 이발소를 표시한다. 청색, 적색, 백색의 둥근 기둥은 세계 공통의 기호이다.
청색 / 정맥, 적색 / 동맥, 백색 / 붕대

52 • 미백팩 : 피부의 미백효과를 준다.
　• 머드팩 : 지성피부에 효과적이다.
　• 왁스팩 : 피부의 피지 및 불순물의 배출시키며 탄력성과 보습력 증대로 잔주름 제거에 효과적이다.

53 위생교육 : 위생교육 실시단체의 장은 위생교육을 수료한 자에게 수료증을 교부하고, 교육실시 결과를 교육 후 1개월 이내에 시장, 군수, 구청장에게 통보하여야 하며, 수료증 교부대장 등 교육에 관한 기록을 2년 이상 보관, 관리하여야 한다.

54 윤기가 흐르며 연한 분홍빛을 띠어야 건강한 손톱이다.

55 • 펠라그라 : 비타민 B_3(나이아신) 결핍시
　• 각기병 : 비타민 B_1(티아민) 결핍시
　• 괴혈병 : 비타민 C 결핍시

56 케라틴 단백질은 모발의 주성분으로 동물성 단백질이다.

57 행정처분
　• 2차 위반 시 : 영업정지 2월
　• 3차 위반 시 : 영업장 폐쇄명령

58 • 인공능동면역 : 사균 또는 약독화한 병원체 등의 접종에 의하여 획득한 면역이다.
　• 인공수동면역 : 성인 또는 회복기 환자의 혈청, 양친의 혈청, 태반추출물의 주사에 의해서 면역체를 받는 상태이다.
　• 자연능동면역 : 과거에의 현성 또는 불현성 감염에 의하여 획득한 면역이다.
　• 자연수동면역 : 태반 또는 모유에 의하여 어머니로부터 면역항체를 받는 상태이다.

59 자외선 차단제는 자외선으로부터 피부를 보호하기 위해 사용하는 기능성 화장품으로 시간이 지나면 덧바르는 것이 좋다.

60 • 두정점 : 톱(Top)
　• 측두부 : 사이드(Side)

참고문헌

- 교육부(2020). 샴푸·트리트먼트(LM1201010506_18v3). 한국직업능력개발원.
- 교육부(2020). 정발(LM1201010526_16v2). 한국직업능력개발원.
- 교육부(2020). 이발(LM1201010518_18v3, LM1201010519_18v3)). 한국직업능력개발원.
- 교육부(2020). 기본 면도((LM1201010521_16v2). 한국직업능력개발원.
- 교육부(2020). 기본 염·탈색(1201010524_16v2). 한국직업능력개발원.
- 교육부(2020). 기본 아이론 펌(LM1201010530_18v3). 한국직업능력개발원.
- 교육부(2020). 스캘프 케어(LM1201010532_18v3). 한국직업능력개발원.
- 교육부(2020). 두 개피 관리 상담(LM1201010533_18v3). 한국직업능력개발원.
- 교육부(2020). 모발관리(LM1201010535_18v3). 한국직업능력개발원.
- 교육부(2020). 이용 위생·안전관리(LM1201010560_18v3). 한국직업능력개발원.
- 강신옥·김계숙(2013). 뷰티살롱경영 & 트리트먼트. 훈민사.
- 강정희(2019). 뷰티 경영 마케팅. 훈민사.
- 곽진만·김경은 외(2018). 뷰티서비스 고객관리와 경영관리. 성안당.
- 곽형심·최현숙 외(2012). 모발·두피관리학. 청구문화사.
- 국제미용교육포럼학술위원회(2009). 모발학. 청구문화사.
- 권미윤·최영희 외 (2009). 헤어펌 웨이브 아트. 광문각.
- 권혜영·권선혜 외(2012). NW 피부과학. 메디시언
- 김경희·김창열 외(2021). 알기쉬운 공중보건학. ㈜지구문화.
- 김기현·김상현 외(2010). 화장품학. 현문사.
- 김세정·이유미 외(2016). 서비스인을 위한 고객 관계 관리. 구민사.
- 김영배·김은향 외(2013). 가모 관리학. 훈민사.
- 김은숙·이은우·최윤정 외 (2018). 미용경영학. 메디시언.
- 김정달(1998). 종합이용. 한국산업인력관리공단.
- 김주섭·최은영(2012). 이용인을 위한 이용학개론. 구민사.
- 김진숙·김시원 외(2015). 두피 관리학. 훈민사.
- 김희숙(2012). 미용문화와 퍼스널 컬러. 경기 : 파주 한국학술정보(주).
- 남철현·곽형심 외(2011). 미용인을 위한 공중보건학. 청구문화사.
- 류은주·김종배(2005). 인체 모발 형태학. 대전. 이화.
- 류은주·오강수 외(2009). 모발 미용학의 이해. 신아사.
- 서윤경·엄성례·김순경(2015). 모발과학. 도서출판 예림.
- 심윤정·신재연(2018). 고객 서비스 실무. ㈜한올출판사.
- 양은진·이영미 외(2015). 헤어 컬러링. 메디시언.
- 유광석(2008). 탈모메커니즘. 서울. 다모출판
- 이근광(2004). 화장품 성분과학. 현문사.
- 이득규·이연정(2018). 뷰티 매니지먼트와 고객 관리. 훈민사.
- 이복희·신화남·류은주(2016). 미용학개론. 성안당.
- 임은진·김은희·김종란 외 (2018). 두피·모발관리. 메디시언.
- 장순자(2014). 서비스매너. 백산출판사.
- 전선정(2001). 미용미학과 미용문화사. 청구문화사
- 전연자 (2004). 이론상세특강 이용사. ㈜교학사
- 조소은·박선주 외(2009). 미용인을 위한 공중보건과 위생. 도서출판 성화.
- 종서우·신미숙 외(2015). 공중보건학. 영림미디어.
- 최경임·허순득·장정현 외(2009). 화장품학. 광문각.
- 한국산업인력공단(2006). 종합 이용. 한국산업인력공단.

■학위논문

- 권미숙(2013). 21세기 남성 헤어스타일 연구 –댄디즘 현상을 중심으로–. 한성대학교 예술 대학원. 석사학위논문.
- 김주하(2014). 두피 건선에서 피부 건조도와 보습 치료의 효과에 대한 연구. 고려대학교 대학원. 석사학위논문.
- 박경숙(2005). 탈모 예방에 따른 효율적인 관리 방안 연구. 용인대학교 경영대학원. 석사학위논문.
- 박성현(2006). 남성헤어스타일의 변화에 관한 연구–1960~ 2000년대까지 머리 형태의 변화를 중심으로–. 조선대학교 산업대학원. 석사학위논문.
- 이경화(2016). 탈모 원인을 이용한 두피관리가 탈모 예방관리 및 개선 효과에 미치는 영향 : 광주지역 중심으로. 남부대학교 대학원. 석사학위논문.
- 이영주(2007). 탈모자의 임상적 진단에 따른 두피관리. 서경대학교 미용예술대학원 석사학위논문.
- 주미경(2021). 문제성 두피의 개선 및 발모를 위한 두피관리 프로그램의 개발 및 효과 평가에 관한 연구. 동덕여자대학교 대학원. 박사학위논문.

■학회지

- 김희숙·공차숙(2009). 남성 헤어스타일 변천에 관한연구. 한국인체예술학회지. 제10권 3호.
- 하경연(2008). 색채와 질감에 따른 남성 헤어스타일 이미지 연구. 복식문화연구. 제16권 제2호. 통권 73호.